深圳打造美丽中国典范战略研究与实践探索

熊善高　秦昌波　路　路　万　军　王　越 / 等 著

中国环境出版集团·北京

图书在版编目（CIP）数据

深圳打造美丽中国典范战略研究与实践探索/熊善高等著. —北京：中国环境出版集团，2022.6

ISBN 978-7-5111-5174-2

Ⅰ. ①深… Ⅱ. ①熊… Ⅲ. ①生态环境建设—研究—深圳 Ⅳ. ①X321.265.3

中国版本图书馆 CIP 数据核字（2022）第 100124 号

出 版 人 武德凯
责任编辑 林双双
责任校对 薄军霞
封面设计 金山排版

出版发行 中国环境出版集团
（100062 北京市东城区广渠门内大街 16 号）
网 址：http://www.cesp.com.cn
电子邮箱：bjgl@cesp.com.cn
联系电话：010-67112765（编辑管理部）
发行热线：010-67125803，010-67113405（传真）

印 刷 北京中科印刷有限公司
经 销 各地新华书店
版 次 2022 年 6 月第 1 版
印 次 2022 年 6 月第 1 次印刷
开 本 787×1092 1/16
印 张 22.25
字 数 500 千字
定 价 98.00 元

当代生态环境规划丛书

总 序

保护生态环境，规划引领先行。生态环境规划是我国美丽中国建设和生态环境保护的一项基础性制度，具有很强的统领性和战略性作用。我国的生态环境规划与生态环境保护工作同时起步、同步发展、同域引领。1973 年 8 月，国务院召开了第一次全国环境保护会议，审议通过了《关于保护和改善环境的若干规定（试行草案）》，确定了我国生态环境保护的基本方针，即“全面规划、合理布局、综合利用、化害为利、依靠群众、大家动手、保护环境、造福人民”的“32 字方针”，“全面规划”就是“32 字方针”之首。

自1975 年国务院环境保护领导小组颁布我国第一个国家环境保护规划《关于制定环境保护十年规划和“五五”（1976—1980 年）计划》以来，我国已编制并实施了 9 个五年国家环境保护规划，目前正在编制第 10 个五年规划，规划名称经历了从环境保护计划到环境保护规划，再到生态环境保护规划的演变；印发层级从内部资料升格为国务院批复和国务院印发，已经形成了一套具有中国特色的生态环境规划体系，为我国的生态环境保护发挥了重要作用。

自党的十八大以来，生态文明建设被纳入“五位一体”总体布局，污染防治攻坚战成为全面建成小康社会的三大攻坚战之一，全国生态环境保护大会确立了系统完整的习近平生态文明思想，生态环境保护改革深入推进，生态环境规划也取得长足发展。这期间，生态环境规划地位得到提升，规划体系不断完善，规划基础与技术方法得到加强，规划执行效力显著提高，环境规划学科蓬勃发展，全国各地探索编制了一批优秀的规划成果，为加强生态环境保护、打好污染防治攻坚战、提高生态文明水平发挥了重要作用。

党的十九大绘制了新时期中国特色社会主义现代化建设战略路线图，确立了建设美丽中国的战略目标和共建清洁美丽世界的美好愿景，是新时代生态环境保护的战略遵循。生态环境规划，要坚持以习近平生态文明思想为指导，以改善生态环境质量为核心，系统谋划生态环境保护的布局图、路线图、施工图，在美丽中国建设的伟大征程中，进一步发挥基础性、统领性、先导性作用。

生态环境部环境规划院成立于 2001 年，是一个专注并引领生态环境规划与政策研究的国际型生态环境智库，主要从事国家生态文明、绿色发展、美丽中国等发展战略研究，开展生态环境规划理论方法研究和政策模拟预测分析，承担国家中长期生态环境战略规划、流域区域和城市环境保护规划、生态环境功能区划以及各环境要素和主要环保工作领域规划研究编制与实施评估，开展建设美丽中国和生态文明制度理论研究与实践探索。为了提高生态环境规划影响，促进生态环境规划行业研究和实践，生态环境部环境规划院于2020年启动“当代生态环境规划丛书”编制工作，总结全国近20年来在生态环境规划领域的研究与实践成果，与国内外同行交流分享对生态环境规划的思考与经验，努力讲好生态环境保护“中国故事”。

“当代生态环境规划丛书”选题涵盖了战略研究、区域与城市、主要环境要素和领域的规划研究与实践，主要有4类选题。第一类是综合性、战略性规划，包括美丽中国建设，生态文明建设，绿色发展和碳达峰、碳中和等规划；第二类是区域与城市规划，包括国家重大发展区域生态环境规划、城市环境总体规划、生态环境功能区划以及“三线一单”等；第三类是主要环境要素规划，包括水、大气、生态、土壤、农村、海洋、森林、草地、湿地、保护地等生态环境规划；第四类是主要领域规划，包括生态环境政策、风险、投资、工程规划等。

“当代生态环境规划丛书”注重在理论技术研究与实践应用两个方面拓展深度和广度，注重与我国当前和未来生态环境工作实际情况相结合，侧重筛选一批具有创新性、引领性和示范性特点的典型成果。希望“当代生态环境规划丛书”的出版，可以为提升社会对生态环境规划与政策编制研究的认识、有关机构编制实施生态环境规划、制定生态环境政策提供参考。

展望2035年，美丽中国目标基本实现，生态环境规划将以突出中国在生态环境治理领域的国际视野和全球环境治理的大国担当、系统谋划生态环境保护顶层战略和实施体系为目标，统筹规划思想、理论、技术、实践、制度的全面突破，统筹规划编制、实施、评估、考核、督察的全链条管理，建立国家—省—市—县四级规划管理制度体系。

2021年是生态环境部环境规划院建院20周年。值此建院20周年“当代生态环境规划丛书”出版之际，愿生态环境部环境规划院砥砺前行，不忘初心，勇担使命，在美丽中国建设的伟大征程中，继续绘好美丽中国建设的布局图、路线图、施工图。

中国工程院院士
生态环境部环境规划院院长
2021年6月5日

前言

建设美丽中国是中国特色社会主义现代化建设的重要内容，是全党全国各族人民的奋斗目标。党中央、国务院高度重视美丽中国建设工作。习近平总书记多次作出关于美丽中国建设的重要讲话和指示批示，强调要“努力打造青山常在、绿水长流、空气常新的美丽中国”。党的十九大对建设美丽中国提出了总体要求和实现路径，党的十九届五中全会擘画了 2035 年美丽中国建设目标基本实现的远景目标。要按照党中央对美丽中国建设两步走战略部署，围绕面向美丽中国建设远景目标，鼓励全国各地探索“各美其美”的美丽中国建设路径，探索实践不同层级美丽中国样本，高标准、高质量推进生态文明示范建设，促进经济社会发展全面绿色转型，谱写好新时代中国特色社会主义现代化的美丽中国建设新篇章。

2019 年 8 月，《中共中央　国务院关于支持深圳建设中国特色社会主义先行示范区的意见》（以下简称《意见》）发布，明确了深圳“可持续发展先锋”的战略定位，赋予深圳市“率先打造人与自然和谐共生的美丽中国典范”重大历史使命。为深入贯彻落实党中央、国务院的决策部署，2019 年 12 月，按照深圳市推进中国特色社会主义先行示范区建设领导小组工作部署，深圳市生态环境局组织生态环境部环境规划院和深圳市环境科学研究院成立研究技术组，开展了深圳建设美丽中国典范相关战略研究工作。技术组在阐释美丽中国典范建设内涵的基础上，系统分析了美丽中国典范建设面临的主要问题，开展了体现典范的生态环境目标指标对标与体系设置研究，推出了美丽中国典范建设的总体战略，明确了未来 15 年深圳市建设美丽中国典范的重点领域和主要任务。在扎实的研究基础上，起草形成了《深圳率先打造美丽中国典范规划纲要（2020—2035 年）及行动方案（2020—2025 年）》（以下简称《纲要》），经过多方衔接和意见征求，《纲要》经过深圳市推进中国特色社会主义先行示范区建设领导小组审议后正式印发实施。这是党的十九届五中全会提出 2035 年基本实现美丽中国远景目标后，全国第一个正式发布的推进美丽中国典范建设的纲领性文件。

本书在上述研究成果的基础上提炼整理完成，40 多年来，深圳市秉承生态优先理念，在全市域整体推进生态文明建设，实现国家生态文明建设示范区全市域创建，实现经济效益和生态效益“双提升”，为打造美丽中国典范奠定了坚实基础。但是在社会、经济和环境各领域逐步凸显出一些深层次矛盾，增长边际和资源承载约束等问题高度紧迫；城市发展空间需求与生态空间保护的矛盾突出，局部区域生态功能呈退化趋势；生态环境质量距达到国际先进水平目标有较大差距；生态环境治理体系和治理能力现代化建设需强化完善；建设美丽中国典范面临更高要求，生态环境保护引领高质量发展的“深圳经验”“深圳模式”仍需深入探索。立足面向2035年美丽中国典范建设的形势，瞄准深圳先行示范区建设2025年、2035年、21世纪中叶三个阶段发展目标，本书提出了深圳建设美丽中国典范的总体战略任务，将重点布局高水平建设都市生态、高标准改善环境质量、高要求防控环境风险、高质量推进绿色发展、高品质打造人居环境、高效能推动政策创新和高站位参与全球治理“七大领域”，实施“六个标杆+一个窗口”的重点任务，确保率先打造人与自然和谐共生的美丽中国典范。

本书提供了美丽中国相关战略规划编制的技术方法和具体案例，为国家谋划美丽中国建设顶层设计提供了“深圳经验”，为美丽中国建设的路线实施提供了样本路径。研究内容与正式颁布的《纲要》略有差异，相关内容可供有关政府部门和研究机构参考。

本书在编写过程中，得到了深圳市生态环境局、各市直部门的大力支持，在此表示诚挚的感谢。

全书由万军、秦昌波确定总体思路、基本框架和研究提纲，共分为11个章节，第1章由熊善高撰写；第2章由张瀚文、王越撰写；第3章由薛强撰写；第4章由路路撰写；第5章由熊善高撰写；第6章由曾沛、常旭、冯杰、唐天均撰写；第7章由郗秀平、杨娜撰写；第8章由王静撰写，第9章由强烨撰写，第10章由袁博、丁丹撰写，第11章由张瀚文撰写。全书由熊善高负责统稿和定稿。

由于作者能力有限，书中存在不足之处在所难免，恳请各位读者批评指正。

2021年10月

目 录

第1章　美丽中国建设内涵与要求

美丽中国建设是实现人与自然和谐共生、社会主义现代化的重要板块。建设天蓝、地绿、水清、生态环境更优美的美丽中国，成为普遍的共识。除此之外，结合美丽中国建设基础进程和各省市探索美丽中国建设实践进展，美丽中国的“美丽”还具有丰富的内涵，包括要广泛形成绿色生产生活方式，实现生态环境根本好转，减少碳排放以及降低碳排放强度，推进生态环境治理体系和治理能力现代化。上述四个方面，反映出深圳探索美丽中国的建设实践，要围绕“外在美”“内质美”“制度美”三个层级，聚焦建设全球标杆城市，突出生态文明制度和构建城市绿色发展新格局两个方面，率先建设美丽中国典范城市。

1.1　美丽中国建设内涵特征

党的十八大首次提出了建设美丽中国的伟大构想，提出建设生态文明是关系人民福祉、关乎民族未来的长远大计。面对资源约束趋紧、环境污染严重、生态系统退化的严峻形势，必须树立尊重自然、顺应自然、保护自然的生态文明理念，把生态文明建设放在突出地位，融入经济建设、政治建设、文化建设、社会建设各方面和全过程，努力建设美丽中国，实现中华民族永续发展。党的十九大报告中再次强调建设美丽中国，提出必须树立和践行“绿水青山就是金山银山”的理念，坚持节约资源和保护环境的基本国策，像对待生命一样对待生态环境，统筹山水林田湖草系统治理，实行最严格的生态环境保护制度，形成绿色发展方式和生活方式，坚定走生产发展、生活富裕、生态良好的文明发展道路，建设美丽中国，为人民创造良好生产生活环境，为全球生态安全作出贡献。到 2035 年，生态环境根本好转，美丽中国目标基本实现。党的十九届五中全会提出，广泛形成绿色生产生活方式，碳排放达峰后稳中有降，生态环境根本好转，美丽中国建设目标基本实现。

因此，美丽中国中的“美丽”不是就“美丽”谈美丽，只追求单纯的生态建设，而是有丰富的内涵和外延，应包括四个方面的主要内容：一是广泛形成绿色生产生活方式，清洁低碳、安全高效的能源体系和绿色低碳循环发展的经济体系基本建立，能源、水等资源利用效率达到国际先进水平，实现低消耗、低投入、高产出，经济实现高质量发展，实现绿色发展之美。二是生态环境根本好转，建设青山常在、绿水长流、空气常新的美丽中国，满足人民对新鲜空气、干净水源、安全食品和舒适宜居生活环境等更好生态产品的需求，实现自然环境之美。三是降低碳排放强度，减少碳排放，促进绿色低碳发展，合力应对气候变化和生态环境恶化等全球性挑战，实现可持续低碳之美。四是加快生态文明体制改革，严格立法，公正执法，推动美丽中国建设的制度化、系统化、规范化，推进生态环境治理体系和治理能力现代化，实现生态文明制度之美。

绿色发展之美，人与自然是生态共同体，人类善待自然，自然也会回馈人类，人类对大自然的过度开发利用和其他物种伤害，最终也会伤及人类自身。一次次自然灾害启示我们，人类需要一场自我革命，加快形成绿色生产生活方式，不能忽视大自然一次又一次的警告，沿着只讲索取不讲投入、只讲发展不讲保护、只讲利用不讲修复的老路走下去。要从人类活动出发，人的生产生活必须要遵循自然、顺应自然、保护自然，要向着资源节约、环境友好的方向发展，实现开发建设的强度和规模与资源环境的承载力相适应，生产生活的空间布局要与生态环境格局相协调，生产生活方式与自然生态系统良性循环要相适应。

自然环境之美，就是天更蓝、山更绿、水更清、环境更优美，给子孙后代留下一个天蓝、地绿、水清的美丽家园，大气、水、土壤等环境状况明显改观，生态安全屏障体系基本建立，生产空间安全高效，生活空间舒适宜居，生态空间山青水碧的国土开发格局形成，森林、河湖、湿地、草原、海洋等自然生态系统质量和稳定性明显改善。加快改善生态环境质量，提供更多优质生态产品，还老百姓蓝天白云、繁星闪烁、清水绿岸、鱼翔浅底、鸟语花香的田园风光。

可持续低碳之美，随着人类活动对全球气候的影响加剧，气候危机的影响范围越来越大，越来越严重，几乎无处不在。由于全球变暖，我们正在经历热浪、洪水、干旱、森林火灾和海平面上升等一系列灾害性气候事件。全球平均气温正以前所未有的速度上升，全球变暖保持在相比工业化前不超过 1.5℃的水平迅速降低，人类跨越不可逆转的翻转点的风险也在增加。在不损害后代人满足其自身需要的前提下满足当代人需要的发展，要求为人类和地球建设一个具有包容性、可持续性和韧性的未来而共同努力。必须协调经济增长、社会包容和环境保护，推动自然资源和生态系统的综合和可持续管理。

生态文明制度之美，党的十九大报告明确提出要加快生态文明体制改革，建设美丽中国。《中共中央关于坚持和完善中国特色社会主义制度　推进国家治理体系和治理能力现代化若干重大问题的决定》提出要坚持和完善生态文明制度体系，促进人与自然和谐共生。

1.2　美丽中国建设基础进程

保护生态环境，开展生态文明建设，关系亿万人民福祉，是关系中华民族永续发展的根本大计。自中华人民共和国成立 70 多年以来，生态文明建设和生态环境保护在我国已经受到越来越多的重视，为开展美丽中国建设奠定了坚实的基础。

（1）早期探索阶段（1949—2011 年）

自中华人民共和国成立以来，以毛泽东为代表的中央领导集体遵循为人民服务的基本宗旨，为满足新中国建设发展需要，重点针对这段时期落后的生产力与人口增多、生态环境保护事业总体薄弱、缺乏生态环境保护的意识和政策体系等突出问题，从人与自然辩证发展的角度，在绿化祖国、兴修水利和综合治理、节约资源与开发再生资源等方面的理论和实践的不同层面进行了系列探索。1956 年，毛泽东提出“绿化祖国”的伟大号召。1957 年，国家发布《中华人民共和国水土保持暂行纲要》，以植树造林和森林护育为主。1958 年，《中共中央　国务院关于在全国大规模造林的指示》发布。1959 年，毛泽东提出“实行大地园林化”的奋斗目标。1964 年，中共中央提出“以营林为基础，采育结合，造管并举，综合利用，多种经营”的林业发展方针。这段时期极大地改善林业乱砍滥伐的现象，恢复了林业经济正常秩序。

1973 年，第一次全国环境保护会议的召开拉开了环境保护事业的序幕。第一次全国环境保护会议确定了环境保护的 32 字工作方针，即“全面规划，合理布局，综合利用，化害为利，依靠群众，大家动手，保护环境，造福人民”。会议讨论通过了《关于保护和改善环境的若干规定（试行草案）》；制定了《关于加强全国环境监测工作意见》和《自然保护区暂行条例》。这次会议的重要意义有 4 个方面：第一，在这次会议上，首次承认我国存在比较严重的环境问题，需要认真治理。第二，这次会议是新中国开创环境保护事业的第一座里程碑，标志着环境保护在中国开始列入各级政府的职能范围。第三，会议期间制定的环境保护方针、政策和措施，为开创中国的环境保护事业指明了方向，明确了重点，确定了目标和任务。第四，会议之后，从中央到地方及其有关部门，都相继建立了环境保护机构，并着手对一些污染严重的工业企业、城市和江河进行初步治理，中国的环境保护工作开始起步。1978 年，党的十一届三中全会开启了改革开放的新历程，在取得经济社会建设巨大成绩的同时，以工业污染为特征的环境问题显现。对此，1983年，国家将环境保护确立为基本国策，一系列相关法律法规颁布实施，为之后生态文明建设奠定了基础。1978年，《中华人民共和国宪法》通过全国人大审议，其中规定“国家保护环境和自然资源，防治污染和其他公害”，第一次在宪法中对环境保护作出明确的要求，为我国环境保护法治化开辟了道路。1979年，《中华人民共和国环境保护法（试行）》颁布，成为我国第一部环境保护法律法规。

1983年，第二次全国环境保护会议召开，会议明确表示“环境保护是全国现代化建设中的一项战略任务，是一项基本国策”，将环境保护确立为基本国策。制定了经济建设、城乡建设和环境建设同步规划、同步实施、同步发展，实现经济效益、社会效益、环境效益相统一的指导方针。第二次全国环境保护会议主要的成果及意义，归纳起来有5个方面：第一，总结了中国环保事业的经验教训，从战略上对环境保护工作在社会主义现代化建设中的重要位置作出了重大决策。会议上宣布：保护环境是我国必须长期坚持的一项基本国策。环境保护确立为基本国策，极大地增强了全民的环境意识，并把环保意识升华为国策意识。第二，制定了中国环境保护的总方针、总政策，即“经济建设、城乡建设、环境建设，同步规划、同步实施、同步发展，实现经济效益、社会效益和环境效益相统一”。这一方针政策的确立，为走出一条符合中国国情的环境保护道路奠定了基础。第三，会议提出，要把强化环境管理作为环境保护工作的中心环节，长期坚持抓住不放。第四，推出了以合理开发利用自然资源为核心的生态保护策略，防止对土地、森林、草原、水、海洋以及生物资源等自然资源的破坏，保护生态平衡。第五，建立与健全环境保护的法律体系，加强环境保护的科学研究，把环境保护建立在法治轨道和科技进步的基础上。1984年，《国务院关于环境保护工作决定》强调：“保护和改善生活环境和生态环境，防止污染和自然生态环境破坏，是我国社会主义现代化建设中的一项基本国策。”1986年，《中国自然保护纲要》颁布实施，明确要求将自然保护纳入国家经济社会发展计划中。

1989年，第三次全国环境保护会议召开，提出要加强制度建设，深化环境监管，向环境污染宣战，促进经济与环境协调发展。会议通过了两份重要文件和两个指导性的工作目标，两份文件是《1989—1992年环境保护目标和任务》和《全国2000年环境保护规划纲要》。会议形成了“三大环境政策”，即环境管理要坚持预防为主、谁污染谁治理、强化环境管理三项政策。“预防为主”，是指在国家环境管理中，通过计划、规划及各种管理手段，采取防范性措施，防止环境问题的发生；“谁污染谁治理”，是指对环境造成污染危害的单位或者个人有责任对其污染源和被污染的环境进行治理，并承担治理费用；“强化环境管理”的主要措施包括制定法规，使各行各业有所遵循，建立环境管理机构，加强监督管理。1989 年，第七届全国人民代表大会常务委员会第十一次会议正式通过了《中华人民共和国环境保护法》，开启了生态环境保护的新篇章。1992 年，《中国环境与发展十大对策》明确宣布实施可持续发展战略："所谓可持续发展，就是既要考虑当前的发展需要，又要考虑未来的发展需要，不要以牺牲后代人的利益为代价来满足当代人的利益。"1994 年，根据 1992 年联合国环境与发展大会精神，为在中国推行可持续发展战略，审议通过了《中国 21 世纪议程》，阐明了中国实施可持续发展战略的行动计划和措施。1995 年，党的十四届五中全会将可持续发展确立为我国现代化建设的核心战略，指出要把控制人口、节约资源、保护环境放到重要位置，使人口增长与社会生产力相适应，使经济建设与资源、环境相协调，实现良性循环。

1996 年，第四次全国环境保护会议召开，提出了保护环境的实质就是保护生产力，要坚持污染防治和生态保护并举，全面推进环保工作。会议提出，自然资源和生态保护要坚持开发利用与保护增殖并举，依法保护和合理开发土地、淡水、森林、草原、矿产和海洋资源，坚持不懈地开展造林绿化工作，加强水土保持工程建设；搞好防风治沙试验示范区、"三化"草地的治理和重点牧区建设。要大力建设农业系统各类保护区，积极防治农药和化肥污染，加快自然保护区建设和湿地保护，到"九五"末期，全国自然保护区面积力争达到国土面积的 10%；加强生物多样性保护，做好珍稀濒危物种的保护和管理。积极开展生态示范区建设，搞好退化生态区域的恢复。1996 年，第八届全国人民代表大会第四次会议通过《中华人民共和国国民经济和社会发展"九五"计划和 2010 年远景目标纲要》，明确把实施可持续发展、推进社会事业全面发展作为战略目标。党的十五大报告进一步提出我国是人口众多、资源相对不足的国家，在现代化建设中必须实施可持续发展战略。2000 年，党的十五届五中全会把实施可持续发展战略放在更突出位置，强调将其继续实施下去。《中共中央关于制定国民经济和社会发展第十个五年计划的建议》将"重视生态建设和环境保护"作为 21 世纪实施可持续发展战略的新思路。

2002 年，第五次全国环境保护会议召开。会议提出环境保护是政府的一项重要职能，要按照社会主义市场经济的要求，动员全社会的力量做好这项工作。时任国务院总理朱镕基在会上指出，保护环境是我国的一项基本国策，是可持续发展战略的重要内容，直接关系到现代化建设的成败和中华民族的复兴。朱镕基指出，"十五"期间，环境保护既是经济结构调整的重要方面，又是扩大内需的投资重点之一。要明确重点任务，加大工作力度，有效控制污染物排放总量，大力推进重点地区的环境综合整治。凡是新建和技改项目，都要坚持环境影响评价制度，不折不扣地执行国务院关于建设项目必须实行环境保护污染治理设施与主体工程"三同时"的规定。要注意保护好城市和农村的饮用水水源。要切实搞好生态环境保护和建设，特别是加强以京津风沙源和水源为重点的治理和保护，建设环京津生态圈。要抓住当前有利时机，进一步扩大退耕还林规模，推进休牧还草，加快宜林荒山荒地造林步伐。2002 年 3 月，江泽民在中央人口资源环境工作座谈会上指出，实现可持续发展，核心问题是实现经济社会和人口、资源、环境协调发展。2002 年 10 月，江泽民在全球环境基金成员国大会上提出，发展经济、消除贫困，是实现可持续发展的基本前提。针对我国传统工业化发展对环境造成的污染状况，党的十六大报告中明确提出了“走出一条科技含量高、经济效益好、资源消耗低、环境污染少、人力资源优势得到充分发挥的新型工业化路子”的观点，走新型工业化道路拓展了可持续发展战略内涵，为实现经济社会可持续发展指明了现实途径。党的十六大以后，随着群众的资源诉求不断提高，环境信访量居高不下，环境问题引起的群发性事件时有发生。其原因一是我国人口数量多、环境容量有限；二是经济发展方式的转变，迫切需要一种新的生态文明理念与之匹配。针对当时日益凸显的环境问题，党中央在可持续发展战略的基础上，提出了科学发展观、构建社会主义和谐社会等重大战略思想。2003 年 8 月，胡锦涛在江西考察时第一次提到科学发展观。2003 年，在党的十六届三中全会上，胡锦涛正式提出科学发展观。2003 年 11 月，胡锦涛在中央经济工作会议上提出科学发展观是解决经济社会矛盾必须要坚持的原则。2004 年，胡锦涛将以人为本理念融入科学发展观内涵中。2005 年，胡锦涛在中央人口资源环境座谈会上指出，要大力推进循环经济，建立资源节约型、环境友好型社会。2005 年，在党的十六届五中全会上，党中央正式提出了建设资源节约型、环境友好型社会的战略任务。

2006 年，第六次全国环境保护大会召开，会议提出了推动经济社会全面协调可持续发展的方向。强调做好新形势下的环保工作，要加快实现三个转变，即从重经济增长轻环境保护转变为保护环境与经济增长并重；从环境保护滞后于经济发展转变为环境保护和经济发展同步；从主要用行政办法保护环境转变为综合运用法律、经济、技术和必要的行政办法解决环境问题。在落实、贯彻实施三个转变具体工作中，明确三个转变是对我国经济与环境关系的根本性调整，是环境保护道路的重大创新，是优化资源配置的重大改革；明确三个转变的核心就是要坚决摒弃以牺牲环境换取经济增长的做法，坚持以保护环境优化经济增长，促进环境与经济相互促进、相互协调、内在统一；明确三个转变无论是从经济与环境的关系来看，还是从人与自然的关系来看，无论是从环境保护的发展模式来看，还是从环境保护的资源配置来看，都是全局性、整体性、战略性、方向性、根本性的转变，是历史性的转变。2007 年，党的十七大报告中再次强调“两型社会”的重要地位，强调加强能源资源节约和环境保护。概括和总结了科学发展观的内涵、精神实质、理论体系和基本要求，并将其写入党章，成为党的指导思想。

2011 年，第七次全国环境保护大会召开，会议强调要坚持在发展中保护、在保护中发展，把环境保护作为稳增长转方式的重要抓手，把解决损害群众健康的突出环境问题作为重中之重，把改革创新贯穿于环境保护的各领域各环节，积极探索代价小、效益好、排放低、可持续的环境保护新道路，实现经济效益、社会效益、资源环境效益的多赢，促进经济长期平稳较快发展与社会和谐进步。关键是要做到四个结合：一是把优化产业结构与推进节能减排结合起来，从源头上减少污染；二是把企业增效与节约环保结合起来，大规模实施企业节能减排技术改造，同时提高新建企业环境准入门槛；三是把扩大内需与发展节能环保产业结合起来，大力发展节能环保技术装备、专业管理、工程设计、施工运营等产业，拓展新的经济增长空间；四是把生产力空间布局与生态环保要求结合起来，实行差别化的产业政策，切实防止污染转移。

（2）理念提出阶段（2012—2017 年）

2012 年，党的十八大报告第一次提出了“美丽中国”这个全新概念，首次把“美丽中国”作为未来生态文明建设的宏伟目标，强调必须树立尊重自然、顺应自然、保护自然的生态文明理念，把生态文明建设摆在“五位一体”社会主义建设总体布局的高度来论述，表明我们党对中国特色社会主义总体布局认识的深化，也彰显出中华民族对子孙后代、对世界人民负责的精神。2013 年 3 月，习近平参加第十二届全国人民代表大会第一次会议江苏代表团审议时指出，要扎实推进生态文明建设，实施“碧水蓝天”工程，让生态环境越来越好，努力建设美丽中国。2015 年 4 月，《中共中央　国务院关于加快推进生态文明建设的意见》出台，强调把生态文明建设放在突出的战略位置，融入经济建设、政治建设、文化建设、社会建设各方面和全过程，协同推进新型工业化、信息化、城镇化、农业现代化和绿色化，以健全生态文明制度体系为重点，优化国土空间开发格局，全面促进资源节约利用，加大自然生态系统和环境保护力度，大力推进绿色发展、循环发展、低碳发展，弘扬生态文化，倡导绿色生活，加快建设美丽中国，使蓝天常在、青山常在、绿水常在，实现中华民族永续发展。2015 年 11 月，习近平在亚太经济合作组织（APEC）工商领导人峰会发表演讲时表示，中国将更加注重绿色发展，把生态文明建设融入经济社会发展各方面和全过程，致力于实现可持续发展，全面提高适应气候变化的能力，坚持节约资源和保护环境的基本国策，建设天蓝、地绿、水清的美丽中国。2016 年 9 月，中共中央办公厅、国务院办公厅印发《关于省以下环保机构监测监察执法垂直管理制度改革试点工作的指导意见》，改革环境治理基础制度，建立健全条块结合、各司其职、权责明确、保障有力、权威高效的地方环境保护管理体制，切实落实对地方政府及其相关部门的监督责任，增强环境监测监察执法的独立性、统一性、权威性和有效性，适应统筹解决跨区域、跨流域环境问题的新要求，规范和加强地方环保机构队伍建设，为建设天蓝、地绿、水净的美丽中国提供坚强体制保障。2017 年 10 月，党的十九大报告中指出，建设生态文明是中华民族永续发展的千年大计。必须树立和践行“绿水青山就是金山银山”的理念，坚持节约资源和保护环境的基本国策，像对待生命一样对待生态环境，统筹山水林田湖草系统治理，实行最严格的生态环境保护制度，形成绿色发展方式和生活方式，坚定走生产发展、生活富裕、生态良好的文明发展道路，建设美丽中国，为人民创造良好生产生活环境，为全球生态安全作出贡献。

（3）全面开启阶段（2018 年至今）

2018 年，全国生态环境保护大会召开，会议确立了习近平生态文明思想，提出要通过加快构建生态文明体系，使我国经济发展质量和效益显著提升，确保到 2035 年节约资源和保护环境的空间格局、产业结构、生产方式、生活方式总体形成，生态环境质量实现根本好转，生态环境领域国家治理体系和治理能力现代化基本实现，美丽中国目标基本实现。到 21 世纪中叶，建成富强民主文明和谐美丽的社会主义现代化强国，物质文明、政治文明、精神文明、社会文明、生态文明全面提升，绿色发展方式和生活方式全面形成，人与自然和谐共生，生态环境领域国家治理体系和治理能力现代化全面实现，建成美丽中国。

2020 年，党的十九届五中全会通过的《中共中央关于制定国民经济和社会发展第十四个五年规划和二〇三五年远景目标的建议》（以下简称《建议》），擘画了我国 2035 年基本实现社会主义现代化的宏伟目标，部署了“十四五”时期经济社会发展主要目标和重大举措。建设美丽中国是基本实现社会主义现代化的主要目标之一，《建议》提出到 2035 年广泛形成绿色发展生产生活方式，碳排放达峰后稳中有降，生态环境根本好转，美丽中国建设目标基本实现。

按照全国生态环境保护大会和党的十九届五中全会的战略部署，美丽中国建设分为两个阶段目标要求。第一阶段：到 2035 年，节约资源和保护环境的空间格局、产业结构、生产方式、生活方式总体形成，生态环境质量实现根本好转，生态环境领域国家治理体系和治理能力现代化基本实现，美丽中国目标基本实现。第二阶段：到 21 世纪中叶，绿色发展方式和生活方式全面形成，人与自然和谐共生，生态环境领域国家治理体系和治理能力现代化全面实现，建成美丽中国。

1.3　美丽中国建设探索实践

（1）省级层面探索

浙江省作为习近平生态文明思想的重要萌发地和“绿水青山就是金山银山”理念的发源地与率先实践地，自 2002 年提出生态省建设战略以来，历届省委、省政府始终秉持“绿水青山就是金山银山”理念，以“八八战略”为统领，在浙江全省掀起了一场全方位、系统性的绿色革命，初步形成了经济强、生态好、百姓富的现代化发展格局。2019 年，浙江通过生态省试点验收，国家生态文明建设示范市县和“绿水青山就是金山银山”实践创新基地创建走在了全国前列，成为建设美丽中国的先行者和排头兵。2020 年 8 月，浙江省发布《深化生态文明示范创建高水平建设新时代美丽浙江规划纲要（2020—2035 年）》（以下简称《纲要》），成为浙江生态省建设的“升级版”，也成为向世界展示中国生态文明建设的重要窗口。《纲要》提出要全面建成美丽中国先行示范区，到 2025 年实现近期目标：生态文明建设和绿色发展先行示范，生态环境质量在较高水平上持续改善，基本建成美丽中国先行示范区；到 2030 年实现中期目标：美丽中国先行示范区建设取得显著成效，为落实联合国《2030 年可持续发展议程》提供“浙江样本”；到 2035 年实现远期目标：高质量建成美丽中国先行示范区，天蓝水澈、海清岛秀、土净田洁、绿色循环、环境友好、诗意宜居的现代化美丽浙江全面呈现。

在建设路径上，明确了向世界展示习近平生态文明思想的重要窗口、绿色低碳循环可持续发展的国际典范、“绿水青山就是金山银山”转化的实践样板、生态环境治理能力现代化的先行标杆、全民生态自觉的行动榜样 5 个战略定位，布局了构建集约高效绿色的全省域美丽国土空间、发展绿色低碳循环的全产业美丽现代经济、建设天蓝地绿水清的全要素美丽生态环境、打造宜居宜业宜游的全系列美丽幸福城乡、弘扬“浙山浙水浙味”的全社会美丽生态文化、完善科学高效完备的全领域美丽治理体系 6 项重点任务，谋划了美丽国土空间、美丽现代经济、美丽生态环境、美丽幸福家园、生态文化弘扬、生态环境治理能力提升 6 项重大建设工程，以期为美丽中国建设提供更多更好的“浙江样本”。

（2）市级层面探索

2013 年年初，习近平总书记指出，杭州山川秀美，生态建设基础不错，要加强保护，尤其是水环境的保护，使绿水青山常在。希望你们更加扎实地推进生态文明建设，努力使杭州成为美丽中国建设的样本。同年 7—8 月，为贯彻落实总书记重要指示，杭州市委、市政府先后作出《中共杭州市委关于建设“美丽杭州”的决议》，率先提出了 6 个

"美丽城市"的目标体系；发布《中共杭州市委、杭州市人民政府关于印发"美丽杭州"建设实施纲要（2013—2020年）》（以下简称《实施纲要》）及行动计划。杭州2013年率先提出了"山清水秀的自然生态（自然美）、天蓝地净的健康环境（环境美）、绿色低碳的产业体系（产业美）、宜居舒适的人居环境（人居美）、道法自然的人文风尚（人文美）、幸福和谐的品质生活（生活美）"的6个"美丽城市"目标体系，率先启动美丽中国城市层级样本建设，将美丽中国由宏伟愿景落实到行动纲领，在美丽中国建设实践中发挥了示范带头作用，率先取得"六个一"标志性成果：生动实践了一个思想，即习近平生态文明思想；奋力开创了一个时代，即"美丽"建设走向实践的新时代；引领示范了一个潮流，即带动各层级、各领域美丽建设全面推进；创新形成了一套理论，即"美丽城市"理论体系；全面提升了一座城市，即推动经济、政治、社会、文化、生态文明水平协同提升；先行探索了一批样本，即"建设美丽中国"的杭州模式、杭州经验。《实施纲要》发布以来，美丽杭州建设成效明显，连续4年获美丽浙江考核"优秀"。在美丽杭州建设的统领下，杭州既保持经济高度发达和高质量发展，又保持自然生态本底长期良好和环境质量持续改善，在协同推进高质量发展和高水平保护综合引领方面起到了很好的示范标杆作用。2016年G20峰会期间，杭州被习近平总书记誉为"创新活力之城、历史文化名城、生态文明之都"。杭州"全方位美丽"和"综合冠军"的特征鲜明，为美丽中国样本的建设提供了城市范本，示范意义更加突出。

2019年，在美丽中国建设的新形势、新要求下，杭州努力加快新时代美丽杭州建设新征程，在2020年发布《新时代美丽杭州建设实施纲要（2020—2035年）》，并提出要持续改善环境质量，深化大气环境系统治理，优化产业、能源、交通、用地结构，深化"五气共治"。统筹流域水生态环境综合治理，建立以流域水生态环境控制单元为核心的管控体系。强化土壤和固废环境监管，建立建设用地土壤污染风险管控和修复名录制度。同时做好精心打造宜居城乡、传承发展美丽人文、建立健全生态文明制度体系等工作。通过大力实施纲要，全面提升生态环境治理体系和治理能力现代化水平，不断厚植生态文明之都特色优势，深入推进美丽中国样本建设，奋力打造闻名世界、引领时代、最忆江南的"湿地水城"，努力成为全国宜居城市建设的"重要窗口"。

1.4 深圳打造美丽中国典范建设

在中国知网上进行文献搜索，以"美丽中国典范"为主题词共搜索出36篇文献，主要刊载于报纸或杂志。其中，提出打造美丽中国典范城市的有昆明、成都、厦门、本溪、浏阳5个（表1-1），一般围绕生态文明建设的六大体系展开，其中，重点突出生态环境质量、绿地发展质量等内容。因此，深圳美丽中国典范建设应以小及大、小中见大、制定典范准则、提炼典范经验、形成典范榜样，产生连锁反应，最大限度地释放美丽中国典范的作用。其主体内容在围绕“外在美”“内质美”“制度美”三个层级的基础上，重点围绕建设全球标杆城市，突出生态文明制度和构建城市绿色发展新格局两个方面，率先建设美丽中国典范城市。

表 1-1　公开提出美丽中国典范城市统计表

城市	提出时间	战略目标	建设体系
本溪	2013 年 1 月	以“大干 2013 年，加快建设新本溪”为基础，把山清水秀、和谐幸福的新本溪建设成“美丽中国典范城市”	以“青山、碧水、蓝天”三大工程为载体的生态保护工程抓紧抓好、抓出成效，努力使本溪市的生态文明建设水平再上新台阶，使本溪的山更绿、水更清、天更蓝，人与自然更加和谐
厦门	2013 年 11 月	《美丽厦门战略规划》将从国际、国家、对台、区域、城市 5 个层面推进，把厦门建设成为国际知名的花园城市、美丽中国的典范城市、两岸交流的窗口城市、闽南地区的中心城市、温馨包容的幸福城市	“美丽厦门共同缔造”活动的核心是“共同”，让全体市民参与城市建设发展；其实现路径是实施“大海湾”“大山海”“大花园”三大发展战略；实施产业升级、机制创新、收入倍增、生态优美等十大计划
成都	2016 年 9 月 11 日	《中共成都市委关于推进绿色发展建设美丽中国典范城市的实施意见》，到 2020 年，成都生态环境质量明显改善，城市生态承载力不断增强，群众绿色发展获得感持续提升，资源节约型、环境友好型社会建设取得重大进展，努力打造碧水蓝天、森林环绕、绿草成茵、绿色出行、宜业宜居的美丽中国典范城市	生态修复和环境治理、城市发展品质、经济绿色发展、绿色发展制度
浏阳	2016 年 11 月	第二届全国生态文明建设高峰论坛暨城市与景区成果发布会在北京举行。湖南省浏阳市被授予“美丽中国典范城市”荣誉称号，成为湖南省唯一获此殊荣的城市	浏阳市将“美丽乡村、幸福屋场”建设作为着力点，围绕“全国先进、全省样板”目标，在全省率先启动全域美丽乡村建设示范县（市）创建工作，并将农村精神文明建设与美丽乡村建设全面统筹起来，打造“美丽浏阳”的升级版
昆明	2019 年 12 月 31 日	中国共产党昆明市第十一届委员会第八次全体会议提出建设“美丽中国典范城市”	构建生态文明建设体系、生态文化体系、生态经济体系、目标责任体系、生态文明制度体系、生态安全体系

第2章　区域特征

借着改革开放的春风，深圳经济发展总量及增速逐步跻身世界城市前列。创新驱动成为城市发展主动力，人口、人才呈现持续净流入状态，经济社会发展充满活力，单位 GDP 能耗平稳下降，实现了以更少的资源能源消耗推动更高质量的发展。生态环境保护经过了“起步阶段—创新发展逐步引领阶段—可持续发展有力推动阶段—生态文明建设全面推进”四个阶段，使深圳实现了生态环境主要指标均位居全国大中城市前列的目标，朝着率先打造人与自然和谐共生的美丽中国典范的方向奋勇前行。

2.1　区域范围

深圳是中国广东省辖地级市，国家副省级计划单列市，别称“鹏城”，是中国南部海滨城市。地处广东省南部，珠江口东岸，东临大亚湾和大鹏湾；西濒珠江口和伶仃洋；南边深圳河与中国香港相连；北部与东莞、惠州两城接壤。辽阔海域连接南海及太平洋。陆地最东端位于东南部南澳街道东冲海柴角，最西端位于西北部沙井街道民主村，最南端位于西南面珠江口中的内伶仃岛，最北端位于西北部松岗街道罗田社区。深汕特别合作区位于广东省东南部，粤港澳大湾区最东端，西北与惠州市惠东县接壤，东与汕尾市海丰县相连。全市总面积约 1 997.47 km^2，包括 9 个行政区、1 个新区和 1 个特别合作区，具体包括福田区、罗湖区、南山区、盐田区、宝安区、龙岗区、坪山区、龙华区、光明区、大鹏新区和深汕特别合作区（图 2-1）。截至 2019 年年底，全市（含深汕特别合作区）共有 78 个街道办事处、810 个居民委员会，年末常住人口 1 343.88 万，其中，户籍人口 494.78 万，城市化率达到 100%。

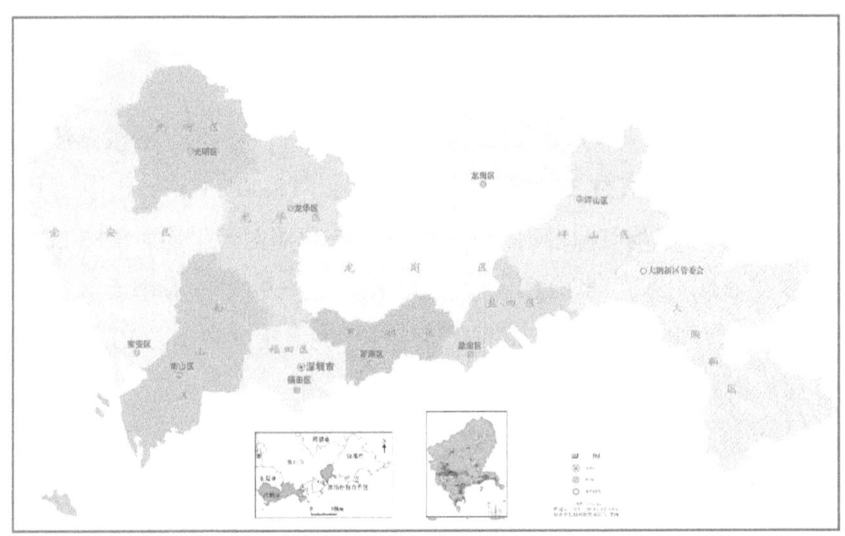

图 2-1　深圳行政区划

资料来源：深圳市规划和自然资源局、深汕特别合作区官方网站及文献。

2.2　自然环境特征

2.2.1　地形地貌

深圳位于中国第三大阶梯（大兴安岭—太行山—雪峰山及云贵高原以东地区），整体海拔较低，其地貌类型包括高程在 500～700 m 的低山、300～400 m 的高丘陵、100～150 m 的低丘陵、45～80 m 的高台地、5～25 m 的低台地以及 5 m 以下的平原。其中，海拔 150 m 以下的地貌类型为深圳市主要地貌类型。

地势由东南向西北方向逐渐降低。东南部以低山为主，为深圳山脉主要分布区，山脉连片，间有少量平缓台地发育。区域内分布梧桐山、梅沙尖、马峦山、笔架山、排牙山、七娘山等低山，最高峰是梧桐山，位于该区域东南，海拔 944 m。区域内海岸及外围岛屿广泛发育海蚀地貌，如海蚀崖、海蚀平台等，大亚湾仙人石为海拔最低点，海拔高度为 2.2 m。中部相对地势较低，经河流切割后形成以丘陵和台地为主的丘陵谷地地貌。西北部及西部以平原、丘陵为主，区域内丘陵呈环状分布，中心为羊台山，海拔 587 m，是深圳西部的最高峰，其外围由铁岗水库、西丽水库、石岩水库以及观澜河区域的台地构成。最外环是凤凰山、平峦山、塘朗山、鸡公头、吊神山等组成的丘陵带。平原主要分布在沿海区域，以冲积—海积平原为主，高程低于 5 m。

2.2.2 气候特征

深圳属南亚热带季风气候，长夏短冬，气候温和，日照充足，雨量充沛。年平均气温 23.0℃，历史极端最高气温 38.7℃，历史极端最低气温 0.2℃；一年中 1 月平均气温最低，为 15.4℃，7 月平均气温最高，为 28.9℃；年日照时数平均为 1 837.6 h；年降水量平均为 1 935.8 mm，全年 86%的雨量集中在汛期（4—9 月）。春季天气多变，常出现“乍暖乍冷”的天气，盛行偏东风；夏季长达 6 个多月（平均夏季长 196 天），盛行偏南风，高温多雨；秋冬季节盛行东北季风，天气干燥少雨。

2019 年，受弱厄尔尼诺事件和南海季风活跃的影响，深圳天气呈现出“开汛偏早、龙舟水重，雷雨大风强、台风影响弱，全年气温高、秋冬干燥长”等气候特点。全年累计平均雨量为 1 882.9 mm，共记录到 58 天局地暴雨以上降水，为近 10 年最多；全年记录短时大风日数为 26 天，为 2014 年以来最多；有 4 个台风进入 500 km 范围，台风强度弱，风雨影响小；全年平均气温 24℃，较常年显著偏高 1℃，与 2015 年并列为 1953 年以来最高。

2.2.3 水文水系

全市流域面积大于 1 km^2 的河流共有 362 条，其中，独立河流 94 条，一级支流 144 条，二级支流 93 条，三级、四级支流 31 条。河道总长度为 1 198.57 km。境内河流分属珠江、东江、粤东沿海水系；地势为东南高、西北低，主要山脉走向从东到西，贯穿中部，成为主要河流发源地和分水岭。深汕特别合作区河流 52 条，分属赤石河流域、小漠、鲘门水系，河流自北向南流向，汇入红海湾。共有蓄水工程 183 座［其中，大型水库 2 座，中型水库 14 座，小（1）型水库 63 座，小（2）型水库 104 座］，总控制集雨面积 621.906 km^2，总库容 9.73 亿 m^3。海堤主要包括东部海堤、西部海堤、深汕特别合作区海堤，共计 31 段，总长 105.98 km。

2.2.4 资源禀赋

（1）水资源

深圳水资源主要来源于天然降水，2019 年深圳市降水量为 1 918.17 mm，水资源总量为 26.65 亿 m^3，其中，地下水资源量为 5.71 亿 m^3。多年平均降水量为 1830 mm，空间分布不均，东南多，西北少，呈自东向西递减的趋势，东部地区约为 2 000 mm，中部地区为 1 700～2 000 mm，西部地区约为 1 700 mm；全市降水时间分布亦不均匀，降水主要集中在汛期 4—10 月，约占全年降水量的 85%。由于降水时空分布不均，干旱和洪涝常交替出现。

（2）矿产资源

目前已发现矿产有 30（亚）种，矿产地（含矿点，下同）共 80 处。其中能源矿产 2 种，矿产地 6 处；金属矿产 11 种，矿产地 26 处；非金属矿产 15 种，矿产地 39 处；水气矿产 2 种，矿产地 9 处。已查明资源储量的矿种 16 种，具有开发利用价值的主要有矿泉水、地热及建筑用花岗岩等，其中，地热 2 处，允许开采量 293 m^3/d；矿泉水 11 处，允许开采量 2 240 m^3/d；建筑用花岗岩分布广泛，资源丰富。

（3）土地资源

全市总面积约 199 747 hm^2，城镇村及工矿用地、交通用地等建设用地占比最大。其中，耕地 3 618 hm^2，占比 1.81%；园地 20 190 hm^2，占比 10.11%；林地 57 393 hm^2，占比 28.73%；草地 2 247 hm^2，占比 1.12%；城镇村及工矿用地 86 182 hm^2，占比 43.15%；交通用地 10 462 hm^2，占比 5.24%；水域及水利设施用地 15 192 hm^2，占比 7.61%；其他用地 4 463 hm^2，占比 2.23%。从各区土地利用结构来看，福田区、南山区、宝安区、龙岗区、光明区、坪山区、龙华区占比最大的用地类型均为城镇村及工矿用地，其中，福田区城镇村及工矿用地占比高达 62.90%；罗湖区、盐田区及大鹏新区林地占比最大，大鹏新区林地占比高达 63.61%，城镇村及工矿用地占比仅为 10.67%。

（4）生物资源

深圳野生动植物资源较为丰富，辖区共记录野生动物 110 科 513 种，具体包括山溪鱼类 31 种，两栖类 28 种，爬行类 61 种，鸟纲记录 340 种，其中，国家一级保护野生动物 3 种，国家二级保护野生动物 39 种，主要分布在东部大鹏半岛、梧桐山、七娘山、排牙山、田头山、三洲田、马峦山、羊台山、塘朗山和内伶仃岛等区域。深圳湾为鸟类主要栖息地，每年有 10 万只以上的候鸟在此停歇和越冬。全市野生维管束植物 2 080 种，共有国家重点保护野生植物 16 种，其中，国家一级重点保护野生植物 1 种，为仙湖苏铁；国家二级重点保护野生植物 15 种，常见的有土沉香和金毛狗等，主要分布在梧桐山、羊台山、三洲田、塘朗山、七娘山、田头山、排牙山和内伶仃岛等区域。

2.3 经济社会发展状况

2.3.1 经济发展现状

（1）GDP 持续增长，总量及增速跻身世界城市前列

深圳 GDP 总量始终保持较快增长，总量跃居内地城市第三，但人均水平与世界先进城市仍有差距。其中，“十三五”期间，深圳经济稳中有进、稳中提质、稳中趋好（图 2-2），经济总量增长 40.9%，年均增长 7.1%，超越中国香港，成为粤港澳大湾区经

济总量排名第一的城市。自 2018 年以来已连续 3 年稳居亚洲城市前五，仅次于东京、上海、北京、新加坡市。人均 GDP 约为 3 万美元，位列全国第一，与西班牙、韩国、意大利等发达国家的城市水平较为接近，但与世界先进城市仍存在一定差距。

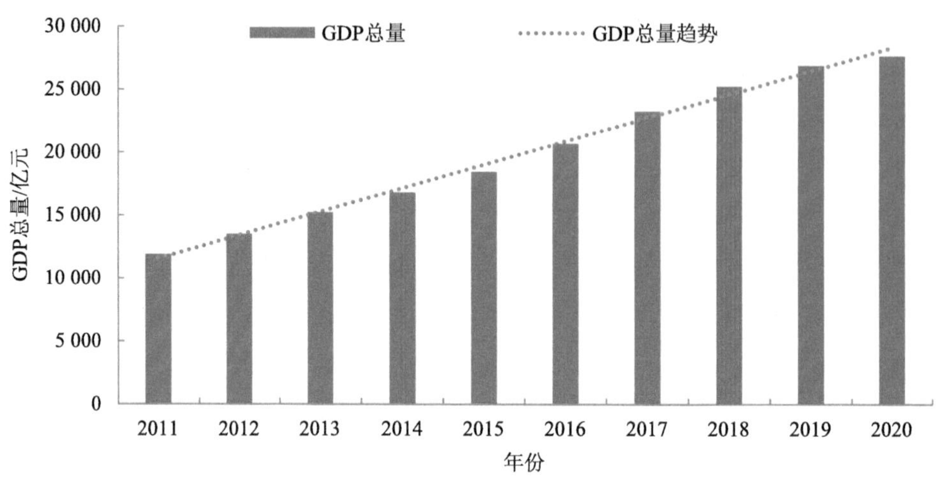

图 2-2 2011—2020 年深圳经济发展情况

（2）经济结构合理，产业优化升级显著

深圳经济结构合理，三次产业结构持续优化，第一产业贡献率极低，第二、第三产业并重发展。由于土地资源相对不足，深圳市一直非常重视发展，支持“以知识经济、创新科技为主轴的新经济”，尤其是极具战略价值的先进制造业、高技术制造业（图 2-3）。2020 年，深圳第一产业增加值占比仍不足 0.1%；全市规模以上工业增加值增速开始逐渐放缓，第二产业占 GDP 比重降至 37.78%，先进制造业和高技术制造业增加值分别占规模以上工业比重的 72.5%和 66.1%，同比增速分别为 3.9%和 2.3%，分别比规模以上工业增速高 1.9 个百分点和 0.3 个百分点；第三产业占 GDP 比重上升至 62.13%，其中，全市现代服务业增加值为 13 084.35 亿元，同比增长 6.4%，现代服务业占第三产业增加值比重超过 70%，达到 76.1%，但距离世界先进城市第三产业占比约 90%的差距仍然较大。

以战略性新兴产业为主的高端产业持续快速发展。2020 年，全市战略性新兴产业增加值 10 272.72 亿元，同比增长 3.1%（图 2-4），战略性新兴产业占地区生产总值比重为 37.1%。其中，新一代信息技术产业增加值 4 893.45 亿元，同比增长 2.6%；高端装备制造产业增加值 1 380.69 亿元，同比增长 1.8%；绿色低碳产业增加值 1 227.04 亿元，同比增长 6.2%；海洋经济产业增加值 427.76 亿元，同比增长 2.4%；生物医药产业增加值 408.25 亿元，同比增长 24.4%。

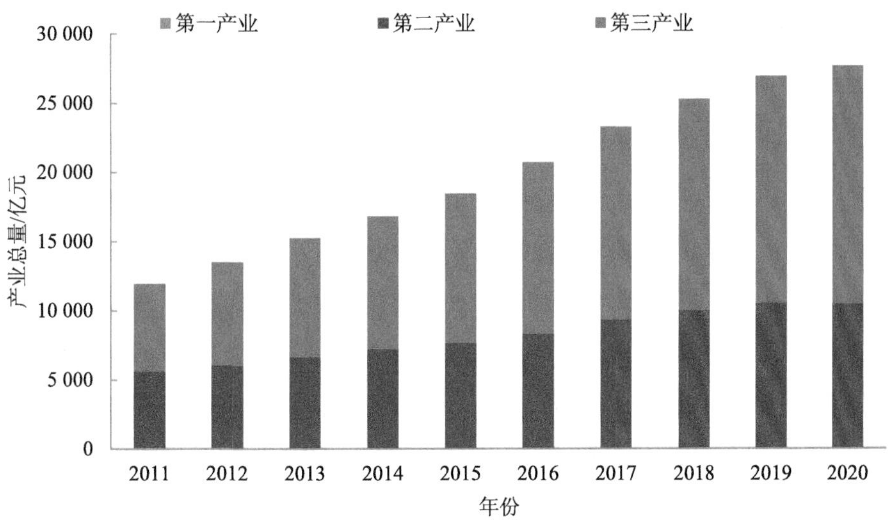

图 2-3 2011—2020 年深圳产业结构情况

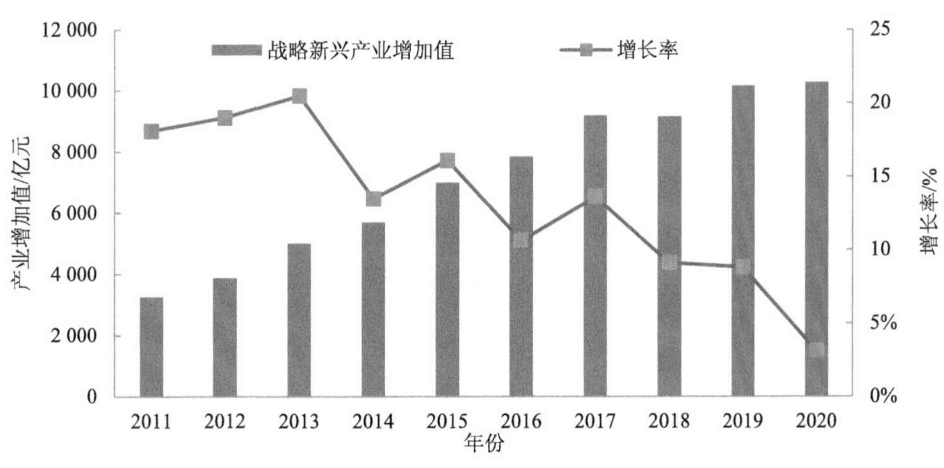

图 2-4 2011—2020 年深圳战略性新兴产业发展情况

（3）创新驱动成为发展主动力，综合经济竞争力保持高水平

深圳加快转换发展动力，从根本上改变了经济发展对资源要素的依赖，转向更多依靠技术进步的内涵式增长、创新驱动发展。深圳研发经费投入从 2015 年到 2019 年年均增长 16.0%，2019 年深圳全社会研发投入经费达 1 328 亿元，投入强度达到全球领先水平。2020 年，深圳《专利合作条约》（PCT）国际专利申请量 2.02 万件，是 2015 年的 1.5 倍，居世界前列，深圳的发展创新引领的特征特别明显。2020 年中国社会科学院（财经院）创新工程重大成果《中国城市竞争力报告 No.18——劲草迎疾风：中国的城市与楼市》显示，在全国 291 个城市中，深圳综合经济竞争力排名领先于中国香港、上海、

北京、广州，蝉联全国首位。

2.3.2 社会发展现状

（1）人口持续流入，城镇化率高

深圳总人口和常住户籍人口比重稳步升高，近年来增速有所放缓，城镇化水平始终保持高位。2011—2019 年，深圳市总人口增加了约 300 万，常住户籍人口比重增加 10.13 个百分点，2017—2019 年，常住人口的增加虽然呈现逐步下滑趋势，但是整体仍处于高位（图 2-5）。与此同时，外来人口仍是深圳常住人口的重要组成部分，体现了深圳“移民城市”的典型特征。城镇化率方面，由于没有农村行政建制，深圳城镇化率起点较高，2000 年就达到了 92.46%，2005 年、2010 年以及 2014—2016 年全市城镇化率达到 100%，2017—2019 年城镇化率则始终保持在 99%以上。

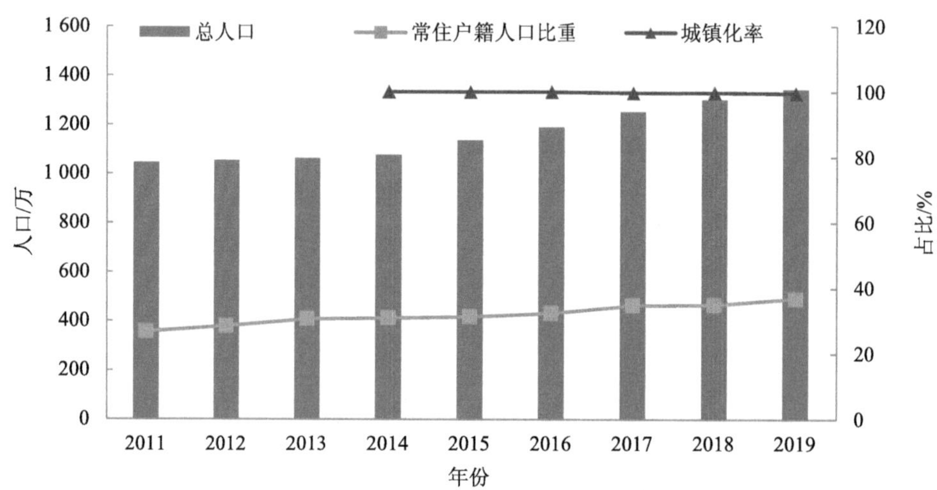

图 2-5 2011—2020 年深圳人口及城镇化率变化情况

深圳人口、人才呈现持续净流入状态，年轻化趋势明显，经济社会发展充满活力。2011—2019 年，深圳人口净流入共计 306.68 万，2015 年净流入人口较多，全年净流入达到 59.98 万，2018 年净增人口为 49.83 万，居全国一线城市第一位（图 2-6）。《2019 年粤港澳大湾区产业发展及人才流动报告》显示，从外界流入大湾区的人才中有 40%流向了深圳，深圳流入人才占比最高。人口的增长与人才的集聚，将为深圳提升高新技术产业核心竞争力、发展活力、创新能力提供人才保证，为深圳消费增长提供有效支撑，为深圳未来经济社会发展注入强大活力。此外，近年来，深圳市常住人口的平均年龄为 33 周岁，65 周岁及以上的老年人占比很低，适龄劳动人口保持了较优比例，总体呈现“两头低、中间高”的特征，人口增长空间仍然较大。《2018 全国城市年轻指数》显示，作为连续 3 年“最年轻的一线城市”，深圳的年轻指数为 87，远超其他城市，显示了深圳对年轻人的强烈吸引力。人口的流入和年轻化趋势为深圳的高质量发展提供了不竭动力。

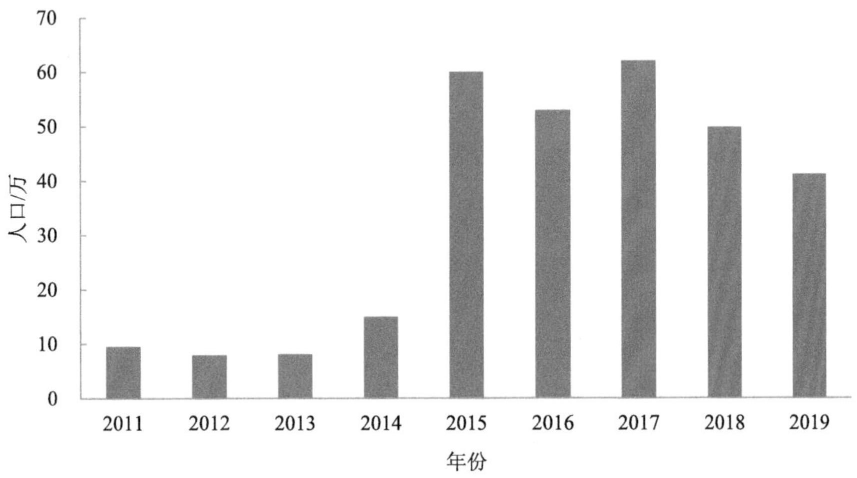

图 2-6 2011—2020 年深圳人口净流入情况

（2）就业规模稳步扩大，就业结构深刻变化

深圳不断完善就业政策，就业总量保持稳步增长，就业形势总体稳定。深圳就业总人口从 2015 年的 1 100.80 万人增加到 2019 年的 1 283.37 万人（图 2-7）。2019 年年末，第一、第二、第三产业就业人员分别为 1.30 万人、509.33 万人、772.74 万人，三次产业就业人员结构为 0.1∶39.7∶60.2。2014—2018 年，第二产业就业人员比重持续下降，第三产业就业人员比重稳步上升，2019 年，三次产业就业人员均有一定幅度回落，但总体呈现稳定趋势。

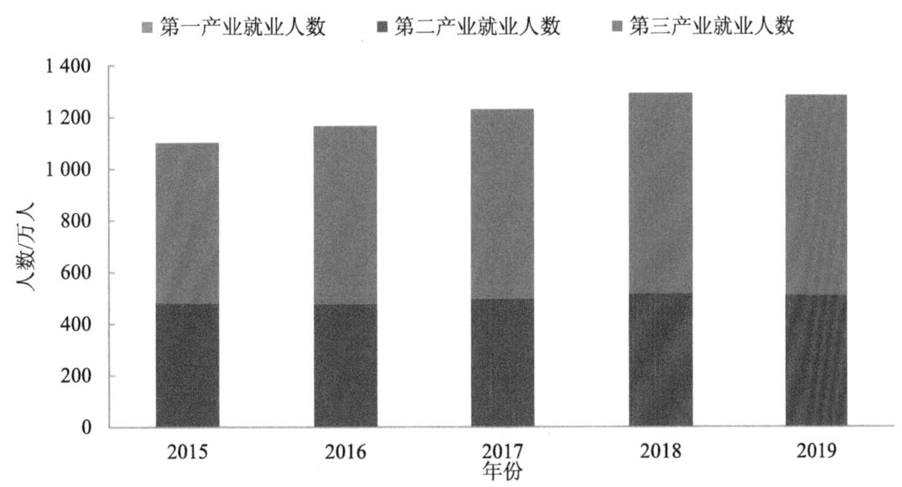

图 2-7 2015—2019 年深圳三次产业就业人数情况

（3）人民生活水平和质量普遍提升，消费结构不断优化

深圳居民人均可支配收入和消费支出呈双增长趋势，逐步向消费型社会转型。人均可支配收入持续稳步增长（图 2-8）。从 2017 年开始，收入增幅大于支出，2019 年深圳居民人均可支配收入达到 62 522.4 元，比 2018 年名义增长 8.7%。居民家庭恩格尔系数逐年下降，消费结构不断优化，2019 年深圳居民人均消费支出为 43 112.65 元，比 2018 年增长 6.4%，主要消费支出为食品烟酒和居住，占比均接近 30%，其次为交通通信和教育文化娱乐，占比均约为 15%，其他项目支出均在 10%以下（图 2-9）。

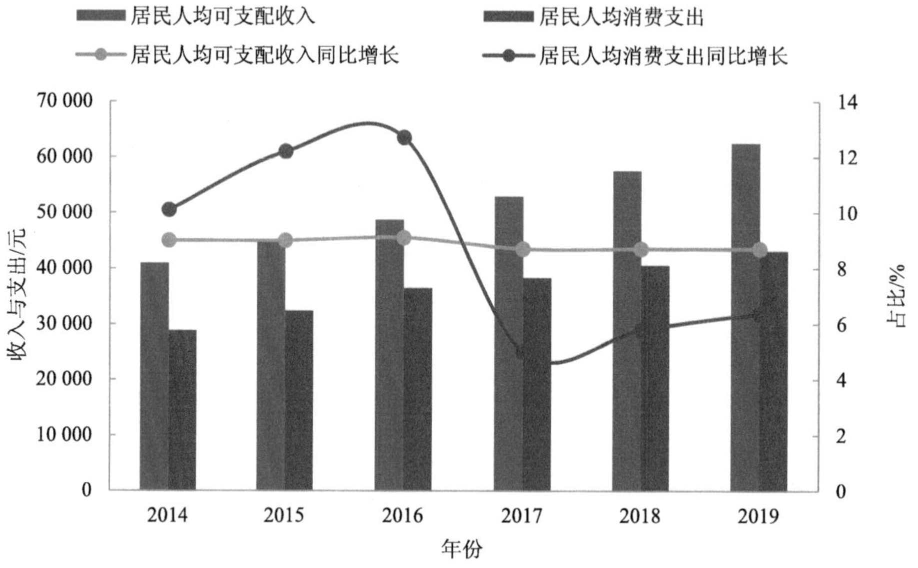

图 2-8 2014—2019 年深圳居民生活水平

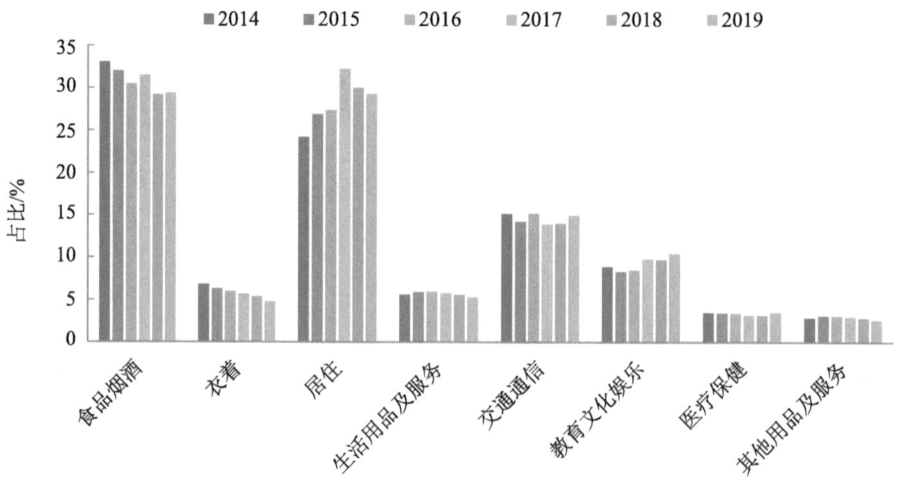

图 2-9 2014—2019 年深圳居民人均消费支出及构成

2.3.3 资源能源利用

（1）水资源

深圳水资源受降水量影响较大，水资源总量和人均水资源量波动变化。深圳年降水量丰、枯变化明显（图 2-10）。2011—2019 年中，2016 年降水量较大，属丰水年。2013 年、2018 年属偏丰年，2012 年、2014 年、2017 年、2019 年降水量较平均，属平水年，2015 年降水量较小，属偏枯年，2011 年属枯水年（2018 年、2019 年数据包含深汕合作区）。深圳水资源主要来源于天然降水，水资源总量受降水量影响大。受降水量影响，2011—2019 年人均水资源波动明显（图 2-11）。

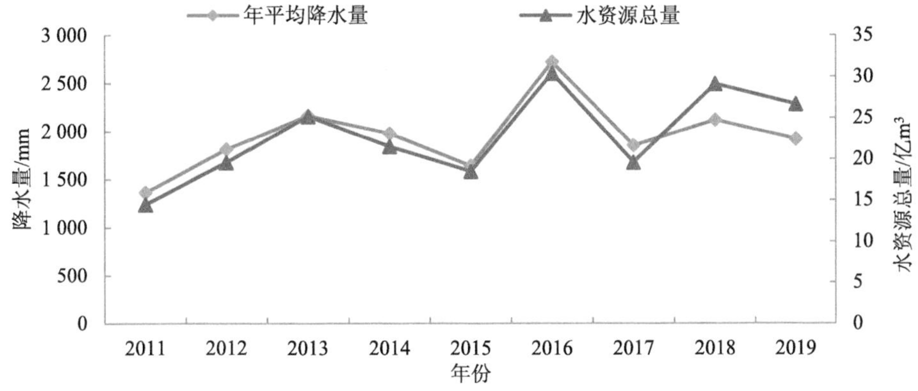

图 2-10　2011—2019 年深圳年平均降水量和水资源总量

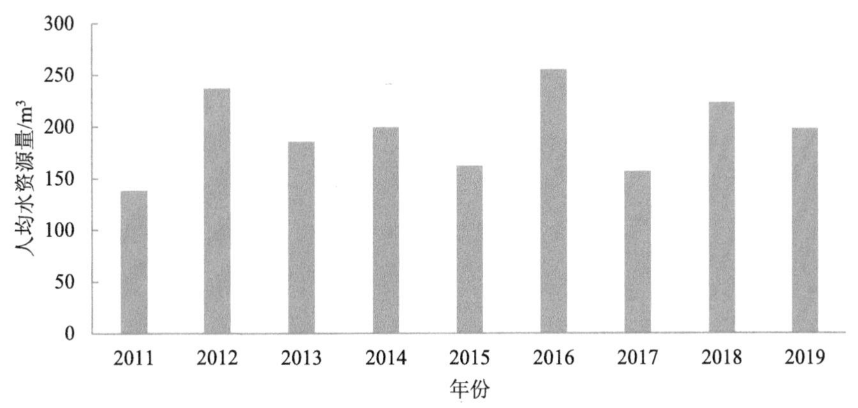

图 2-11　2011—2019 年深圳人均水资源量

深圳用水结构调整趋势明显，以城市居民生活用水为主，人均用水量降低，用水效率提升。从 2011 年开始，全市用水量较往年明显增加，总用水量达到 19.55 亿 m^3（图 2-12）。随着最严格水资源管理制度的逐步落实，“三条红线”指标体系初步确立，产业结构不断优化升级，用水效率提升，2011—2013 年总用水量呈减少趋势，2013—2019 年总用水量呈增加趋势，2019 年达到 21.06 亿 m^3（2018 年、2019 年总用水量统计包含深汕合作区）。从用水结构来看（图 2-13），深圳用水构成以城市居民生活用水为主。自 2011 年以来，随着第三产业增加值占全市生产总值的比重逐年增长，城市公共用水量占总用水量的比重呈逐年上升趋势，城市公共用水上升为用水构成的第二大部分。同时，随着产业结构优化升级，第二产业增加值占全市生产总值的比重逐年下降，城市工业用水量占总用水量的比重呈逐年下降趋势，2015 年开始工业用水量被城市公共用水量赶超，从用水构成的第二大部分下降至第三大部分。2019 年，城市居民生活用水约占总用水量的 37.50%，其次是城市公共用水量，约占 29.00%，工业用水和其他用水分别约占 22.70% 和 10.80%。

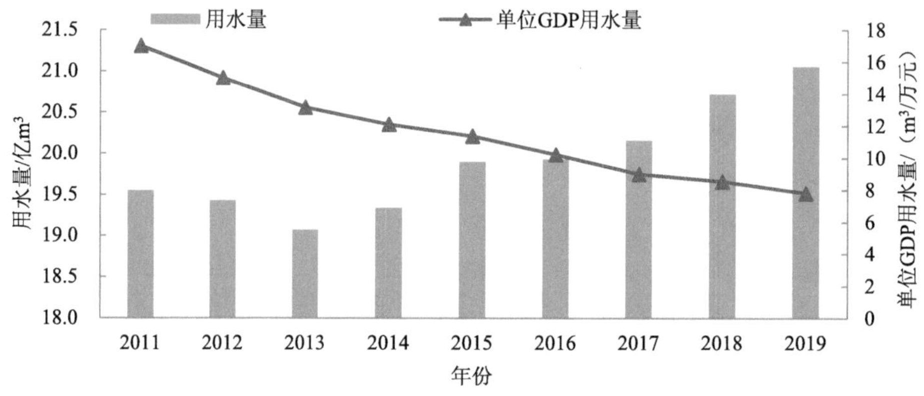

图 2-12　2011—2019 年深圳用水总量及用水效率

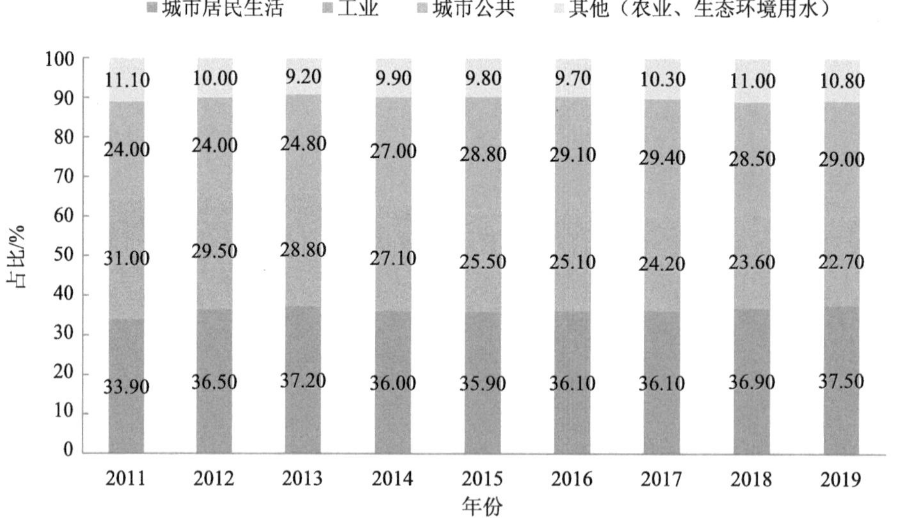

图 2-13　2011—2019 年深圳用水结构

（2）能源

能源消费总量持续增加，终端消费以第三产业为主。随着城市的快速发展，深圳市 2011—2019 年能源消费总量持续增加，2019 年全市能源消费总量达到 4 534.14 万 t 标准煤（图 2-14）。从终端能源消费结构来看（图 2-15），从 2016 年开始，全市能源消费以第三产业为主，其次为第二产业，第一产业占比极低，近年来随着生活水平的提高，生活能源消费稳步提升，2019 年占比达到 18.51%。

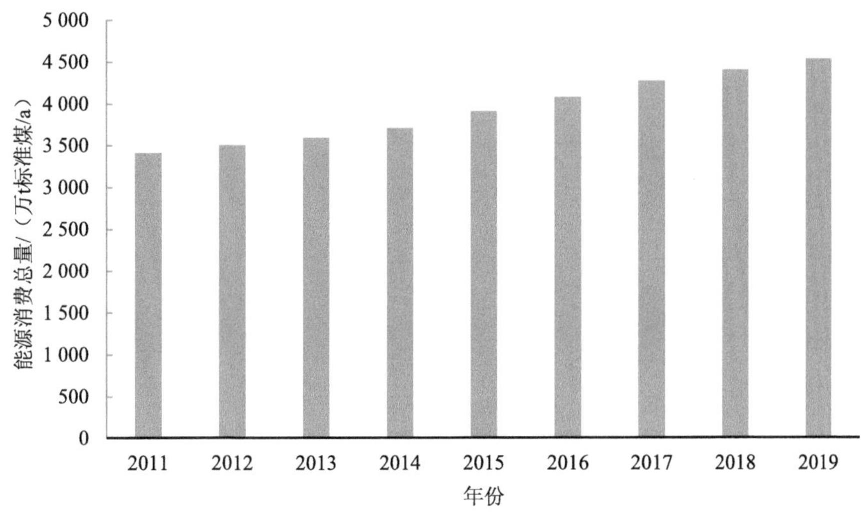

图 2-14　2011—2019 年深圳能源消费总量

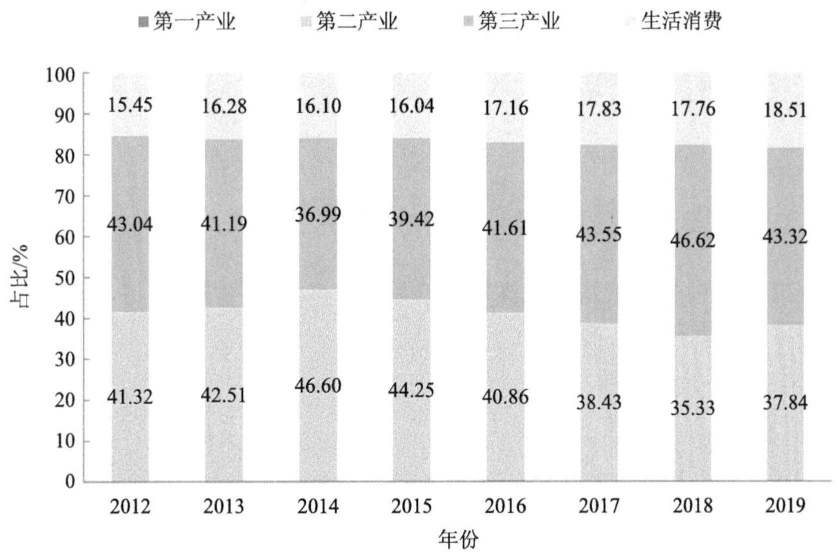

图 2-15　2012—2019 年深圳能源终端消费构成

深圳单位 GDP 能耗和电耗均平稳下降。面临资源约束趋紧等严峻形势，深圳通过加快转变生产方式，优化产业结构，大力发展高新技术产业和战略性新兴产业等政策，采取一系列节能降耗措施，实现了以更少的资源能源消耗推动更高质量的发展。2011—2019 年，深圳单位 GDP 能耗和电耗均平稳下降（图 2-16），其中，单位 GDP 能耗绝对量已与发达国家水平相当，在国内处于领先水平。与此同时，深圳单位 GDP 工业增加值能耗也有较大幅度的下降。

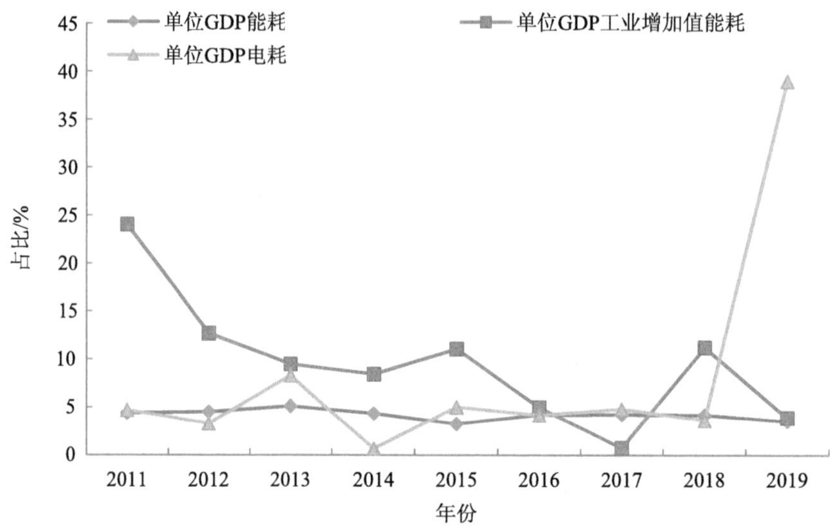

图 2-16 2011—2019 年深圳能源利用效率

2.4 生态环境保护历程

2.4.1 生态环境保护起步阶段（1979—1992 年）

1979 年 7 月，中共中央决定在深圳建立特区。1980 年 8 月 26 日，第五届全国人民代表大会常务委员会第十五次会议通过了由国务院提出的《广东省经济特区条例》，批准在深圳设置经济特区。1979 年 3 月，深圳市开启全市工业“三废”污染的防治工作，这表明深圳已经认识到城市发展过程可能导致的严重环境问题，也显示了深圳治理环境问题的主观意愿，更是为后续环保机构改革奠定了良好的基础。同年，深圳市环境保护监测中心站成立，主要服务于全市的环境监测工作。1981 年，深圳蛇口区环境监测站成立，这是内地首家由企业建立的环保机构。随后，全市各区（县）相继设立环保机构。1986 年，深圳市环境保护委员会的成立，标志着环保机构的职能进一步扩大。从 20 世纪 80 年代中期起，深圳市环境科学学会、深圳市环境保护产业协会等社会性的环保组织相继成立。1988 年 10 月，深圳市环境保护局成立，并于 1992 年 2 月被正式确定为市政府 32 个职能部门之一。由此可见，深圳市已经初步形成了由市级环保局、各区级环保局、各主要工业区和企业集团环保机构、各种社会性的环保组织组成，覆盖市、区、镇（街道办事处）、企业的多层次的环境管理网络。

随着环境保护相关机构的建设进度加快，深圳各项环境保护法律法规和政策制度也逐步确立。深圳严格执行国家及广东省颁布的环保法律法规，实施建设项目“三同时”、污染源限期治理、排污收费等国家环境管理“八项制度”，环境管理工作逐步走上了规范化、制度化的轨道。深圳于 1982 年颁布《深圳市环境保护管理暂行条例》，该条例成为深圳市首部环境保护领域的基础性法规制度。1984 年年初，在邓小平首次视察深圳并指出绿化不足的问题之后，深圳市委审核通过《深圳经济特区城市绿化规划方案》，并提出“开发一片，绿化一片，把深圳建设成一座绿草如茵、林木葱郁、空气清新、环境优美的花园城市”的要求，将园林绿化纳入城市整体规划，加速提升深圳的城市绿化和花园城市建设水平。并以此为契机，深圳市政府相继颁布《市容卫生十不准禁令》《违反深圳市市容卫生十不准禁令处罚暂行办法》《深圳市公共卫生管理条例》《深圳市园林绿化管理条例》等一系列政策制度，有效改善了市容市貌和生态环境质量。1986 年，《深圳经济特区总体规划》批准实施，提出划定绿化隔离带作为抑制城市组团无序扩张的办法，体现出深圳作为特区所具有的相对超前的规划理念，对日后发展影响深远。与此同时，深圳的生态建设也在不断向前发展，1988 年，福田自然保护区成功晋升为国家级自然保护区，1989 年《广东内伶仃岛——福田国家级自然保护区总体规划》正式发布，成为深圳最早的自然保护专项规划，建立了全国唯一的位于城市中心的国家级自然保护区。

总体来说，在这一起步时期，生态观念开始萌发和进步，生态环境保护在深圳整体工作中受重视程度和地位不断提高，但仍然面临着城市人口急剧增长，工业企业排污量加大，排入环境的各类污染物总量逐年增加，氮氧化物、降尘、酸雨等污染加剧的问题，深圳市生态环境保护工作总体仍处于初步探索阶段。

2.4.2 创新发展逐步引领（1993—2000 年）

20 世纪 90 年代，深圳积极调整经济发展战略，大力发展高新技术产业和第三产业，限制淘汰重污染企业，推动产业结构转型。深圳将发展定位为“以高新技术为先导，先进工业为基础”，推动经济发展方式由高污染、高能耗、高排放、资源密集型和劳动密集型向高附加值知识密集型和技术密集型转变。在这一阶段，深圳市加大环境管理力度，限制和逐步淘汰重污染企业，产业结构逐渐开始转型。此时，各区环保机构也相继进入市政府职能序列，1993 年，宝安县撤县设区，宝安区、龙岗区环保局成立，随后两区 20 个镇(街道办事处)均设立环保所，全市环境管理体制和运行机制得到了加强和完善。

1992 年，《关于授予深圳市人民代表大会及其常务委员会和深圳市人民政府分别制定法规和规章在深圳经济特区实施的决定》首次赋予深圳经济特区以立法权，2000 年《立法法》中规定的“较大的市”再一次确认其立法权。深圳由此开始了依法治市的阶段，也在环境立法与执法中大胆创新，初步形成了具有自身特色的地方环保法规体系。1993 年 12 月 24 日，深圳市第一届人民代表大会常务委员会第二十次会议通过《环境噪声污染防治条例》。1994 年 9 月 16 日，深圳市第一届人民代表大会常务委员会第二十五次会议通过《深圳经济特区环境保护条例》，从法律法规上确立环境保护的权责等基本内容，是当时行政处罚最严厉、罚款额度最高的环保法律，为深圳的生态环境保护工作提供基本遵循。同年，深圳市第一届人民代表大会常务委员会第二十七次会议通过《深圳市经济特区饮用水源保护条例》。1998 年 8 月，深圳市第二届人民代表大会常务委员会第二十五次会议通过《深圳经济特区控制吸烟条例》。1999 年 6 月，《深圳经济特区市容和环境卫生管理条例》经深圳市第二届人民代表大会常务委员会第三十三次会议通过。11 月，《深圳经济特区海域污染防治条例》经深圳市第二届人民代表大会常务委员会第三十六次会议通过。至 2000 年，深圳先后制定颁布地方性环保法规 6 部、政府规章 6 项、规范性文件 61 件，基本涵盖环保工作的各个方面，初步形成了适应社会主义市场经济发展和有自身特色的地方环保法规体系，深圳的环境管理工作走上有法可依、有法必依、违法必究的轨道。深圳在资源有偿使用制度方面也率先开展了探索。1992 年制定《深圳经济特区土地使用权出让办法》，1994 年 6 月 18 日，深圳市第一届人民代表大会常务委员会第二十三次会议通过《深圳经济特区土地使用权出让条例》，对土地使用权可以有偿转让与有偿出让进行了规定。1994 年出台的《深圳经济特区水资源管理条例》、1996 年制定的《深圳市水资源费收取办法》，对水资源费的收取和使用进行了规定。

总体来说，在这一时期，深圳市环境保护进入全面综合整治阶段，污染恶化趋势得到遏制，环境质量持续改善，特区立法权自主创新成为深圳生态文明建设先行先试的“利剑”，生态观念更新和提升，并逐步落地实施，但经济社会的加速发展致使资源环境承受的压力不断加大。

2.4.3 可持续发展有力推动（2001—2011 年）

2001 年，《中共深圳市委、深圳市人民政府关于加强生态环境建设和保护 实施可持续发展战略的决定》颁布，把实施可持续发展战略摆到更加突出的位置，提出加强环境综合整治，全面提高城市环境质量，努力建设生态城市。2005 年，深圳市将“生态立市”纳入全市“十一五”发展规划。2007 年年初，深圳《关于加强环境保护建设生态市的决定》首次提出“生态文明”概念，确立了生态立市的战略，全面启动生态文明的建设。2011 年市政府《关于加强深圳市生态环境建设和保护　实施可持续发展战略的实施方案》对生态城市建设提出明确原则、目标、重点任务和分工，进一步加大了深圳实施可持续发展战略力度，全面推进生态环境建设和保护工作，促进经济、社会、人口、资源、环境的协调发展，为深圳率先基本实现社会主义现代化创造良好的环境。

在可持续发展战略下，2004 年，深圳市成立了市治污保洁工程领导小组办公室，以实施治污保洁工程为载体，制定考核制度，对 6 个区政府、市政府 23 个职能部门以及大型国有企业治污工程进行考核，成为推动环保工程项目建设的有力手段。2005 年，正式全面搭建治污保洁工程平台，成立了由市长任组长的领导机构，调动了全市各区、相关政府职能部门、国有集团公司及重点企业的力量，先后制定了治污保洁工程实施方案、五年行动计划和年度目标任务，将治污保洁工程打造成全市环境污染综合整治的平台，这一平台的建立实现了规划目标、行动方案、工程实施的有机衔接，形成了举全市之力、加快环境建设和生态保护的有利局面，逐步构筑起了深圳“大环保”的格局。2009 年深圳推进国家综合配套改革试验区建设，推进大部制改革，深圳市环境保护局于同年 10 月成立深圳市人居环境委员会，主要负责统筹环境治理和生态保护等工作。以“大部制”建成完整人居环境工作系统，运行“1+3”大部门体制，实行决策、执行和监督相互协调制约，有效发挥了促进经济发展和生态文明建设功能。

在政策制度方面，2006 年，深圳出台了第一个生态城市建设整体规划《深圳市生态市建设规划》。这是深圳社会经济发展史上推行的首个整体性建设生态城市的规划。2008 年，深圳市政府颁布了《深圳生态文明建设行动纲领（2008—2010）》，加上 9 个配套文件和 80 个生态文明建设工程项目合称“1980 文件”，成为国内首个专题围绕生态文明城市建设而提出的地方政府文件。在绿色低碳发展方面，从 2004 年起，市政府将循环经济发展列为一项重要工作，逐步完善循环经济发展政策环境，初步形成了促进循环经济发展的地方性多层次法规政策体系。2006 年 3 月，颁布《深圳经济特区循环经济促进条例》，成为国内首部发展循环经济的地方性法规。2006 年 4 月，深圳市委市政府作出了《关于全面推进循环经济发展的决定》，明确了发展循环经济的主要思路，同时出台了《深圳市全面推进循环经济发展近期实施方案（2006—2008）》，指出了深圳当前所要完成的主要任务。在生态空间管控制度方面，深圳市率先划定基本生态控制线，是国内首条划定的生态控制线和真正意义上的“生态红线”。在公众参与方面，深圳较早地开展了具有地方特色的环保宣传教育活动。从 2005 年起，设立“深圳市民环保奖”，强化评选典型的正面影响效应，充分展现深圳人民秉承绿色低碳理念、自觉建设宜居生态人居环境的良好风貌。从 2005 年起，举办“青少年环保节”并成为深圳市环保教育名片，每年参与者都达到数万人次。2009 年，深圳修订了《深圳经济特区环境保护条例》，率先将“公众参与”专章写入条例中。

总体来说，在这一阶段，深圳生态城市建设加速推进，生态环保工作实现了跨越式发展，生态环境质量总体保持良好水平，荣获“国家生态园林城市”称号，被环境保护部批准为首批生态文明试点地区。更重要的是，生态文明观念在全社会牢固树立，全社会进一步认识到生态环境是生产发展、生活富裕的前提保障和重要依托，走可持续发展之路已成深圳全市的共识。

2.4.4 生态文明建设全面推进（2012 年至今）

2012 年，深圳市提出构建“生态格局、生态经济、生态环境、生态制度、生态文化”五大生态文明体系。在接下来的一段时间内，深圳先后制定出台《关于推进生态文明、建设美丽深圳的决定》《深圳市生态文明建设规划（2013—2020 年）》《深圳市生态文明行动计划》等一系列推动生态文明建设的纲领性文件。2013 年，深圳印发《深圳市全面深化改革总体方案（2013—2015 年）》，要求大力推进生态文明体制机制创新，树立尊重自然、顺应自然、保护自然的生态文明理念，通过推进生态环境管理体制创新，进一步加强生态环境保护与治理，提升城市的生态环境质量。2019 年 8 月，中共中央、国务院发布《关于支持深圳建设中国特色社会主义先行示范区的意见》，明确了深圳“可持续发展先锋”的战略定位，赋予深圳“率先打造人与自然和谐共生的美丽中国典范”重大历史使命，为深圳开展生态文明建设提供了方向指引。同时，进一步在执法体制改革、环境管理机制、环境保护市场机制等方面不断创新。

探索环境监测和执法体制改革。2015 年，深圳市人居环境委员会等部门以严格监管所有污染物排放为目标，推进生态环境监管执法体制优化调整，围绕改善环境质量的目标，对内设职能进行了调整，并按“查管分离”模式优化了市环境监察支队的机构和职能，充实了一线查案办案人员，加大了执法力度。2018 年，全面修订实施《深圳市环境行政处罚裁量权实施标准》，在全市建立最严、定额、精细的处罚裁量标准，建立限产停产、按日连续处罚、查封扣押等综合执法手段的应用指引，以及茅洲河流域顶格惩处标准，为全市开展各执法行动提供统一的执法约束和指导。2019 年，在深圳市人居环境委员会基础上设立深圳市生态环境局，确定 18 项主要职责、12 个内设机构和 83 名行政编制，并在深圳市首次实行生态环境垂直管理制度，在 11 个行政区/新区/合作区派驻管理局，34 个街道派驻管理所，形成了市、区、街道三级生态环境管理体系。

不断创新环境管理机制。2013 年，深圳印发《深圳市生态文明建设考核制度（试行）》，

2017 年，制定印发《深圳市生态环境保护“党政同责、一岗双责”实施规定（试行)》，建立健全覆盖党委、政府、领导班子成员及其各部门的生态环境保护责任体系，将生态环境保护与经济社会工作同规划、同部署、同落实、同考核、同追责。2018 年发布《深圳市生态环境保护工作责任清单》，并于 2020 年针对机构改革进行修订完善，进一步夯实了“党政同责、一岗双责”制度基础，与《深圳市生态文明建设考核制度（试行)》中规定的生态文明建设考核制度以及《深圳市党政领导干部生态环境损害责任追究办法（试行)》规定的生态环境损害责任终身追究制度紧密衔接，共同构建了完备的生态环境损害责任追究体系，形成了健全的分责、定责、追责的制度链条，有效树立绿色发展政绩导向。通过开展相关自然资源资产审计工作，创新自然资源资产管理改革，探索自然资源资产审计制度。在大鹏新区试点开展自然资源资产数据采集、领导干部自然资源资产离任审计制度。有效促进了全市党政领导干部树立正确、科学的政绩观，更好地落实生态环境保护责任。

建立完善环境保护市场机制。自 2012 年以来，深圳市相关部门相继出台了《深圳市循环经济与节能减排专项资金管理暂行办法》《深圳市港口、船舶岸电设施和船用低硫油补贴资金管理暂行办法》《深圳市新能源公交车示范推广期运营补贴办法》《深圳市大气环境质量提升补贴办法》等一系列不同领域的文件，进一步加强绿色财政补贴。深圳市出台国内首部确立排放权交易制度的地方性法规——《深圳经济特区碳排放管理若干规定》，逐步建立完善管控制度、配额管理制度、碳排放抵消制度等六大制度，在全国 7 个试点省市中率先启动碳交易工作。目前，以全国试点碳市场 2.5%的配额规模，实现了全国试点碳市场 13.64%的交易额和 14.04%的交易量，为深圳绿色低碳发展做出了突出贡献。持续推进重点保护地区纵向生态补偿，制定了生态发展转移支付政策，明确市级财政根据生态控制线和垃圾处理厂、污泥处理厂等大型市政设施的基本情况以及各区生态保护成效，通过统一的转移支付渠道，由市财政安排专项补助资金给予各区专项用于生态保护和基本公共服务等工作。推行绿色金融，开展环保部门与金融系统的合作，将环保诚信企业和环保违法企业的信息纳入金融机构的企业信用信息基础数据库，充分发挥金融机构的信贷调控作用，抑制高污染行业的扩张，推动企业开展污染治理，探索进一步推行环境污染第三方治理的路径。

完善环保执法与刑事司法衔接机制。深圳不断健全完善环保执法与刑事司法衔接机制，联合公安部门研究探索在公安部门成立专门警察力量，开展涉嫌环境犯罪案件和适用行政拘留的环境违法行为的侦办和查处，加强环保联合执法，切实加大对环境违法犯罪行为的打击力度。

构建环境经济核算框架体系。2015 年年初，深圳盐田区首创全国城市 GEP 核算系统，该系统有别于针对湖泊、林地等生态系统的 GEP 核算体系，包含盐田所有山、海、港、城等要素特点并通过城市管理、生态工程等方式弥补生态系统自我修复不足。2016 年 3 月，环境保护部确定深圳为全国 6 个环境经济核算研究试点地区之一。大鹏新区积极探索沙滩生态产品价值实现机制，努力为国家做出先行示范。此后，深圳按国家试点要求，陆续研究构建了深圳市环境经济核算（绿色 GDP2.0）框架体系，制定了深圳市绿色 GDP2.0 核算技术方案，构建了深圳市生态系统生产总值（GEP）核算体系，并展开了相关数据收集和核算研究工作。

总体来说，这一时期生态文明体制改革逐步进入深水区，深圳不断探索将生态文明建设融入经济建设、政治建设、文化建设和社会建设，以前所未有的力度系统全面开展污染治理、宜居环境建设和生态环境保护等工作，各项生态文明改革有不同程度的进展，环境质量开始根本好转，“深圳蓝”“深圳绿”成为城市名片，生态环境主要指标均位居全国大中城市前列，朝着率先打造人与自然和谐共生的美丽中国典范的方向奋勇前行。

第 3 章　基础与形势

坚持生态建设一以贯之的战略思想和行动体系，使深圳具备率先打造人与自然和谐共生的美丽中国典范的基础条件，但也面临着新的挑战。围绕打造全球标杆性城市发展的目标，通过与美国纽约、英国伦敦、法国巴黎、日本东京、中国香港、新加坡市等城市对标，发现深圳在城市生态建设、环境质量改善、应对气候变化、绿色生活方式等领域还存在一定差距。厘清深圳城市发展的坐标，初步预判深圳经济社会发展趋势与特征，为谋划深圳率先打造美丽中国典范提供了支撑。

3.1　深圳打造美丽中国典范建设基础

自改革开放以来，深圳各项事业都取得显著成绩，生态文明建设不断创新，已具备率先打造人与自然和谐共生的美丽中国典范的基础条件，但也面临新的机遇和挑战。

一是坚持生态优先的思想基础，确保生态文明建设战略一以贯之。历年来，深圳市委、市政府从战略布局上不断谋划推进生态文明建设（图 3-1）。1988 年 5 月，广东内伶仃福田国家级自然保护区成立，总面积约 921.64 hm^2，成为全国唯一一个处于城市腹地的国家级森林和野生动物类自然保护区。2006 年 10 月被国家林业局列为国家级示范自然保护区。1997 年，荣获首批“国家环境保护模范城市”称号。2001 年，提出加强生态环境建设和保护，加大实施可持续发展战略的目标。2007 年，深圳市委 1 号文《关于加强环境保护建设生态立市的决定》确定了深圳市加快构建协调发展的生态经济体系、自然宜居的生态环境体系、和谐友好的生态文化体系、权责明晰的生态环境执法和保障体系五大生态体系，“生态立市”成为城市发展的重要战略方针，深圳开创了以环境保护优化经济增长、促进社会和谐的新局面。2008 年，环境保护部将深圳选定为“国家首

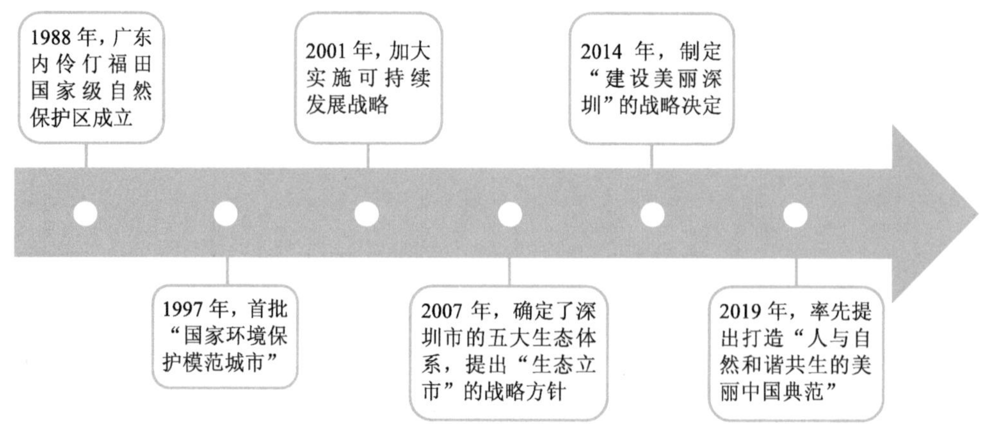

图 3-1 深圳市生态文明建设战略途径示意图

批生态文明建设试点”。2014 年，深圳市委、市政府作出“推进生态文明、建设美丽深圳”的战略决定，确定要将深圳建成绿色发展大市和低碳发展强市。2019 年，深圳市率先提出打造“人与自然和谐共生的美丽中国典范”战略目标，进一步明确了“深圳高质量发展高地、法治城市示范、城市文明典范、民生幸福标杆、可持续发展先锋”的战略定位。

二是坚持绿色高效的发展基础，持续提升发展内生动力和质量效益。近 40 年来，深圳完成了三次重大产业升级，实现了从劳动密集的“深圳制造”到创新驱动的“深圳创造”的转变。根据中国人民大学国家发展与战略研究院 2018 年发布的《绿色之路——中国经济绿色发展报告 2018》，深圳绿色发展指数是 74.44，经济绿色发展水平居全国首位。深圳以占全国约 0.02%的土地、0.94%的人口、0.95%的能源消费量、0.89%的化学需氧量排放量、0.64%的氨氮排放量、0.19%的二氧化硫排放量、0.98%的氮氧化物排放量，贡献了全国 2.67%的国内生产总值。万元 GDP 能耗、水耗总体强度分别约为全国平均值的 1/3 和 1/9。单位 GDP 二氧化硫、氮氧化物排放量处于全国大中城市最低水平。规模位居全国前列，全市新建民用建筑 100%执行建筑节能和绿色建筑标准，绿色建筑标识项目面积达 1.2 亿 m^2，高星级绿色建筑占比近 40%。深圳是全球新能源汽车推广规模最大的城市之一，已累计推广新能源汽车 7.2 万辆，在全球率先实现公交车、出租车 100%纯电动化，成功获评“国家公交都市建设示范城市”称号。深圳拥有全国首个碳交易市场，碳交易履约率达到 99.72%，支持节能环保领域技术攻关项目 150 多项，新增各类环保创新载体 17 家，建设绿色低碳创新载体 45 家。

三是坚持普惠民生的环境基础，持续改善生态环境质量。自“十三五”以来，全力打好水污染防治攻坚战，围绕“安澜静美、绿水清美、鱼草丰美、岸带秀美、人文弘美、治水慧美”六大内涵，聚焦河湖“安全、生态、美丽、人文、智慧、为民”六大目标，统筹“水安全、水资源、水环境、水生态、水文化、水管理”六大要素，实施“治水十策”和“十大行动”，全市累计投入超过 1 200 亿元用于水环境治理，在全国率先实现全市域消除黑臭水体，全市水环境质量实现历史性转折。真正做到生态美丽河湖高质量建设，水生态环境修复成效显著，仅用 4 年时间补齐了过去近 40 年的“水环境历史欠账”，黑臭水体全面消除，茅洲河、深圳河水质达到近 30 年来的最佳水平，茅洲河治理成为“督察整改看成效”的正面典型案例。建立海洋环境保护管理机制，推动深圳成为“十四五”国家海洋生态环境保护规划编制试点城市；恢复“水清岸绿、鱼翔鸟栖”景象。空气质量稳居全国城市前列，$PM_{2.5}$ 年均浓度已达到世界卫生组织第二阶段标准，“深圳蓝”品牌越来越响亮。建立公园总数达 1 090 个（不含深汕特别合作区），提前一年实现“千园之城”，全市公园总面积约 39 319.4 hm^2，公园绿地 500 m 服务半径覆盖率达到 90.87%，真正实现了“公园里的深圳”。率先发布全国首个地方土壤环境背景值标准，率先打通重点行业企业“用地调查全流程”，并在全国推广。积极开展“无废城市”建设，完成 139 个绿色制造体系认证和 1 426 个“无废城市细胞建设”，固体废物无害化处置与资源化利用能力大幅提升至 6 627 万 t/a，19 家危险废物经营单位收集处理能力达到 93 万 t/a，各类固体废物无害化处置率为 100%。

四是坚持探索创新的实践基础，生态文明践行始终充满生机活力。2006 年，深圳颁布《深圳经济特区循环经济促进条例》，成为我国首个对循环经济立法的城市。首创按日计罚、查封扣押制度，成功后的经验被国家环境保护立法吸收。2007 年在全国率先开展生态补偿政策，对大鹏半岛原村民通过转移支付的方式，发放大鹏半岛生态保护专项基本生活补助。首次将排污许可证“一证式”管理纳入《深圳经济特区环境保护条例》。首创运用微信召开环保立法听证会。首创环保协管员制度。最早在城市环保法规中专章规定公众参与权利、义务和参与途径。2007 年，首次明确提出建立党政领导班子和领导干部环保实绩考核制度，把考核结果作为干部任免奖惩的重要依据之一。2013 年，深圳将已开展 6 年的环保工作实绩考核“升级”为生态文明建设考核，将生态文明建设和管理加入领导班子和干部的审核中，在全国率先启动生态文明建设考核。大鹏新区在全国首推自然资源资产负债表，建立全国首例领导干部任期生态审计制度。盐田区率先在全国建立生态系统生产总值核算体系，开展了全国首个生态文明“城市 GEP 核算体系”，率先建立生态文明“碳币”体系。2017 年，深圳率先在全国城市尺度启动陆域生态调查评估项目研究；2020 年，率先在城市尺度完成陆域生态系统调查评估。2020 年，深圳出台《深圳经济特区生态环境公益诉讼规定》，这是在全国范围内具有先行示范意义的地方性法规；出台全国首部绿色金融领域的法律法规——《深圳经济特区绿色金融条例》，为全国绿色金融法治化发展提供了先行示范。

3.2 主要生态环境问题

一是经济高质量发展水平还有较大提升空间。深圳经济发展水平与国际城市存在较大差距，人均、地均国内生产总值分别是东京、纽约等国际先进城市的 20%～40%和30%～50%。深圳碳排放强度处于国内领先水平，但想率先实现碳排放总量达峰依然存在巨大挑战，能耗、水耗、地耗等指标虽然逐年降低，但相应消耗总量仍处于增长态势。第一，能源消耗需求依然旺盛，由人口增长带来的居民生活和交通运输能耗增长较快，且大量新基建项目将带来新的能耗需求。第二，结构性减碳空间有限，深圳市第三产业占 GDP 比重达到 60%，清洁能源占能源消费总量比重超过 60%，通过产业结构调整和能源结构优化实现碳减排提升空间较小。第三，可再生能源资源禀赋不高，太阳能、风能等零碳能源开发利用的潜力有限，区域发展呈现“西密东疏、西强东弱”的不平衡特征，东部地区整体发展低于全市平均水平。

二是城市发展空间需求与生态空间保护的矛盾突出，局部区域生态功能呈退化趋势。全市土地开发强度接近 50%，远超 30%的国际警戒线，可供开发的土地空间基本饱和，存量土地持续开发难度加大。未来 5 年，城镇人口预计新增约 240 万，地区生产总值预期增长超 1 万亿元，建设用地总量仍有增量需求。近 40 年，森林和湿地生态系统面积显著减少，森林生态系统面积减少近 44%，约 84%的城镇用地由森林转化而来。气候调节、水源涵养等生态系统服务功能出现不同程度的下降。热岛强度在珠三角城市群中最高，约 15.9%的海岸线处于脆弱状态。河流总体丧失了自净功能，高风险外来入侵物种比例较高。随着经济社会快速发展，全市资源环境供需矛盾将进一步凸显，水资源和能源供给、城市污水和固体废物处理、自然生态系统保护等方面仍将面临高位压力。

三是生态环境质量距达到国际先进水平目标仍有较大差距。在大气环境质量方面，$PM_{2.5}$ 年均浓度虽然达到世界卫生组织第二阶段标准，但与国际先进城市相比仍然存在差距，其浓度是同期纽约、东京、旧金山湾区的 2 倍。臭氧已成为制约全市空气质量进一步优化提升的首要污染物，其形成机理和控制措施均缺乏可以借鉴的成熟经验。地表水环境质量，2019 年Ⅰ～Ⅲ类水体仅占约 24.2%，Ⅴ类水质监测断面占比为 9%，治水进程仍处在刚刚达到Ⅴ类水体质量的阶段。深圳河、茅洲河在国家考核断面水环境质量状况的排名并列倒数第四。在海洋环境质量方面，西部海域水质长期劣于海水第四类标准，总氮的外来负荷高达 91.2%，单纯依靠本地治理改善海洋水质的难度很大，主要污染物为无机氮和活性磷酸盐。全域环境噪声等效声级平均值为 57.2 dB，处于一般水平。北环大道、香蜜湖路、月亮湾大道等部分路段道路交通噪声有超标现象。水污染、固体废物等领域处理处置能力仍存在明显“短板”，处理模式和运营水平均低于国际领先水平。新能源等新技术、新业态的发展带来了新型生态环境问题。跨区域、流域的生态环境问题，亟待区域协同治理，但粤港澳大湾区、深圳都市圈生态环境保护工作尚未形成有效合力，生态环境治理任重道远。

四是生态环境治理体系和治理能力现代化建设需强化完善。深圳生态文明体制改革进入攻坚期，改革的系统性、协调性、使命感有待进一步增强。部分改革仍处于研究阶段，自然资源资产核算和审计、生态环境损害责任追究等重点领域制度建设亟须率先突破落地。气候投融资机制需要进一步完善、区域空间生态环境影响评价机制亟待落地应用，生态环境管理体系、执法体系、监测体系等均有待于在新定位、新职能下重新磨合，相应的队伍建设、信息化建设、场所建设、装备设备建设等仍有待完善，如入海排污口分类管理制度需要探索建立等。

五是建设美丽中国典范面临更高要求，生态环境保护引领高质量发展的“深圳经验”“深圳模式”仍需深入探索。深圳肩负建设中国特色社会主义先行示范区、创建社会主义现代化强国新路径的光荣使命。作为改革开放最前沿，在深入推进“一带一路”绿色发展、应对全球气候变化、加强海洋生态环境保护合作、履行联合国可持续发展 2030 年议程的关键时期，深圳需积极主动地发挥典范引领作用，为全球生态文明建设贡献深圳智慧。

3.3　国际对标分析

2019 年，国际管理咨询公司科尔尼在北京发布了 2019 年全球城市指数报告，其中，《全球城市综合排名》（GCI）反映了当前世界顶级城市的现状。该排名不是单纯的经济体量排名，而是主要基于 5 个维度（商业活动、人力资本、信息交流、文化体验、政治事务）的 27 个指标对城市的现状进行的综合排名，所以并不是经济越发达排名就越靠前。本书重点选择美国纽约、英国伦敦、法国巴黎、日本东京、中国香港、新加坡市等城市，开展深圳与其在城市生态环境保护方面的对标分析。

表 3-1　全球城市综合排名及得分

2019 年排名	2018 年排名	排名变化情况	城市
1	1	—	美国纽约
2	2	—	英国伦敦
3	3	—	法国巴黎

2019 年排名	2018 年排名	排名变化情况	城市
4	4	—	日本东京
5	5	—	中国香港
6	7	+1	新加坡市
7	6	−1	美国洛杉矶
8	8	—	美国芝加哥
9	9	—	中国北京
10	11	+1	美国华盛顿特区

注：该表改绘自《科尔尼 2019 年全球城市指数报告》。

3.3.1 国际先进城市生态环境保护

3.3.1.1 纽约

（1）生态环境保护重点

①实施绿色基础设施行动，应对水安全和水环境问题。纽约市是世界上最大的滨水城市之一，拥有长达 96.6 km 的滨水岸线。然而，由于飓风、强降雨、热带风暴甚至极端高位潮水带来的水安全和水环境问题，其具有一定的脆弱性，如拥有 7.15 万栋建筑和 40 万居民居住的洪泛区每年有 1%的可能性会被淹没，以及存在降雨引发的地表径流污染和合流制溢流问题等。2014 年，纽约市推出了《纽约绿色基础设施规划》，它集成了绿色基础设施以及小型灰色设施，多管齐下，通过模块化和适应性的方法，以较低的成本达到广泛、即时的效果。其作用主要分为三个方面：

一是改善水质，提升了环境质量。纽约市为了尽可能达到《清洁水法》所要求的水质标准，将控制焦点集中在减少污水处理厂的氮排放以及将合流制排水系统的溢流污染量（以下简称 CSO）降低到不致影响水质的水平。实施此计划后，年 CSO 削减量为 82%。改善水质可以保障纽约港大部分区域（116 平方英里①水域）全年都能安全地进行娱乐活动，为公众提供有意义的滨水体验，还有一部分区域（29.4 平方英里水域）可用于钓鱼和划船。

二是涵养生态，增强城市安全。纽约高密度住房绿色基础设施改造试点项目，通过多种改造形式，完成绿色基础设施部署，在达到控制 10%不透水面径流目的的同时可提升雨水利用率，降低内涝风险。

① 1 平方英里≈2.6 km^2。

三是覆盖绿植，提高城市可持续性效益。根据《纽约市森林资源分析》（MFRA）估算植被所覆盖的绿色基础设施所带来的环境效益，预测纽约市采用一半绿化屋顶（7 698 英亩[①]）时，可以降低 0.8℉[②]的环境温度。除此之外，绿色基础设施可以减少加热和冷却所需的能源，初步估算纽约市街道种植的植物具有气候补偿效应，每年可减少 11.3 t 二氧化碳，并清除 129 t 臭氧、63 t 颗粒物。除此之外，纽约市的“蓝带项目”利用生态系统来管理雨水，在较小范围内，街道树和绿色屋顶可以为各种鸟类、蝴蝶、蜜蜂和其他昆虫提供筑巢、迁徙和觅食的栖息地。

②通过建设开放空间，提升空间品质和使用效率，探索在高密度地区打造宜居环境。2002—2007 年，纽约市增加了超过 300 英亩的公园绿地，这些空地多数是数十年前的工业废弃的滨水区复垦之后的土地，但由于人口的快速增加，纽约人均绿地面积仍低于美国其他大城市。调查数据显示，82%的纽约市民认为开放空间是他们最重视的城市资产之一，公共空间对公众健康的影响至关重要。2007 版《纽约城市规划》中提出“到 2030 年，要让每个纽约人居住在可以 10 min 步行到达公园的环境里”，并提出了如下措施与建议：一是提高现有休闲游憩场地的使用率。首先，开放全市的校园作为新的公共娱乐场地，节约资源和成本的同时提高地区活力。其次，为竞技体育提供高质量的比赛场地，为运动员提供更多的选择。最后，完成未竣工的公园，与附近的社区共同建立绿色空间、活动中心和设施等。二是延长现有休闲游憩场地的使用时间。为了更好地满足居民对游憩场地不断增长的需求，首先，提供更多的多功能用地，如将沥青场地转化为多功能草地；其次，安装新的照明设备，通过额外的夜间照明最大限度地延长现有草地的使用时间。三是重新设计公共领域。居民普遍喜欢绿树成荫的街道环境和有趣的公共空间。纽约市首先争取为每个社区建设一个公共广场，将社区中的空地变为活跃和生机勃勃的公共空间；其次通过美化公共空间来提高行人的步行体验，给社区提供更加绿色的环境、清新的空气和更高的地产价值。

③开展以恢复环境介质功能为主的环境治理。以水环境为例，即使当前纽约市的水体溶解氧水平已经达到我国地表水Ⅱ类水的标准，纽约市大部分水体仍然被列入受损水体名单，主要原因是水质现状对水生生物的影响及居民对水中娱乐潜在风险认识的提高。从纽约市环境治理的经验来看，大气污染物可以在较短时间内得到有效治理，如 2012—2013 年，纽约市冬天二氧化硫浓度比 2008 年下降了 69%、镍浓度下降了 35%。而 2009—2011 年，纽约市的 $PM_{2.5}$ 浓度相比 2005—2007 年下降了 23%。其主要原因是对主要污染物来源及其影响的精确分析，其中细化到社区和道路的空气监测网络在纽

---

① 1 英亩≈4 046.86 m^2。

② 1℉≈−17.22℃。

约市和纽约州制定关于燃料油排放的法规方面具有重要意义。

④大力推行绿色出行等绿色生活方式。2010 年，纽约市曼哈顿区的公共交通出行占比为 73.2%，而纽约外围四区的公共交通出行占比为 36.2%（含步行）。机动化出行中公共交通占比可达 43%（含步行）。纽约市在周边区域与市中心建立了快捷交通联络，计划增加 20%的高峰期通勤至曼哈顿 CBD 的公共交通运力，将与曼哈顿 CBD 的平均通勤时间缩短为 26 min，距离站点 300 m 的覆盖率达到 95%。拓展慢行交通网络，尤其是自行车交通的线路网总长度。未来 4 年计划新增 200 英里[①]自行车道，使自行车通勤人数增加一倍。进一步改善残疾人公共交通设施，提升公共交通效率。至 2040 年保证 90%的市民乘坐公共交通的通勤时间在 45 min 之内。

（2）主要生态环境目标与指标

近年来，面对日益复杂的环境问题和人口增长的压力，纽约的城市发展策略也面临转型。2007 年，纽约发布了第一版《纽约城市规划：更绿色、更美好的纽约》，它是在应对人口持续增长、基础设施老化、环境质量恶化和全球气候变暖的背景下出台的，重点关注城市物质环境的改善，以及为未来创造机遇的能力。该规划从土地、水、交通运输、能源、空气和气候变化 6 个方面提出了 127 项计划，以实现城市的可持续发展，并首次将减少温室气体排放量作为承诺目标。

在此基础上，2011 年，纽约发布了主题为“A Greener，Greater New York”的更新版规划，以应对城市发展变化中面临的更多挑战，并强调更新版的规划不是重新规划，而是深化 2007 版规划中的措施，并且补充了在犯罪、贫困、教育、公共健康、社会服务等其他方面采取的措施，共包含 132 项改善纽约基础设施、环境、生活质量和经济的计划。2012 年 10 月，纽约遭受“桑迪”飓风重创，为了应对气候变化带来的更加恶劣的自然灾害、提高城市基础设施的弹性，重建受“桑迪”影响的社区，2013 年，纽约发布了新的规划——《纽约城市规划：更强壮、更具弹性的纽约》，提出了城市为适应气候变化影响应采取的策略，这些影响包括海平面上升和极端气候事件。近年来，尽管纽约繁荣依旧，但也不断面临新的挑战：城市的生活成本不断升高，收入不平等加剧，保障性住房供不应求等。在此背景下，2015 年纽约发布了《“一个纽约”规划：建设一个富强而公正的纽约》。“一个纽约”规划中形成了“愿景—策略—行动”框架体系，提出了 2040 年的四个愿景，分别是增长、公平、可持续性、韧性。其中，生态环境相关指标主要涉及第三个愿景“可持续城市”和第四个愿景“韧性城市”，提出至 2050 年减少 80%的温室气体排放量，空气质量达到全美主要城市的最优水平。至 2030 年，降低 50%的二氧化硫排放量，减少 20%的 $PM_{2.5}$ 的排放量，改善建筑质量，提升至百年一遇的防

① 1 英里≈1.609 km。

洪标准，增加百年一遇洪水区内医院的病床数量及比例。具体指标见表 3-2。

表 3-2　第三愿景和第四愿景中有关生态环境目标指标[①]

愿景	指标	内容	目标	最新数据
第三愿景：可持续城市	愿景总指标	相对于 2005 年的温室气体减排量	至 2050 年，排放量较 2005 年减少 80%	19%
		相对于 2005 年减少的总废物处理量	到 2030 年减少 90%	12%
		减少大多数受影响社区的暴雨洪水风险	减少	—
	零废物	相对于 2005 年基准，纽约市卫生局收集的垃圾量（不包括收集用于再利用/再循环的材料）约为 360 万 t	到 2030 年，与 2005 年相比减少 90%	3 193 800 t
		路边和集装箱分流率	增加	15.40%
		全市转移率（包括所有废物流：住宅，商业，建筑和拆除以及填埋）	增加	52%
	空气质量	美国主要城市的空气质量排名	第 1 名	第 4 名
		各个城市社区之间的 SO_2 差异	到 2030 年减少 50%（2.25 ppb[②]）	4.51 ppb（2013 年）
		各个城市社区之间 $PM_{2.5}$ 水平的差异	到 2030 年减少 20%（5.32 mg/m^3）	6.65 mg/m^3（2013 年）
	棕地	自 2014 年 1 月 1 日起已修复的数量	750	71
	水管理	违反《安全饮用水法》	没有违反	0
		打捞池维修工作积压	<0.1%	0.25%
		污水溢流综合截流率	增加	78%
	公园及自然资源	居住在公园步行距离以内的纽约人的百分比	2030 年为 85%	79.5%
第四愿景：韧性城市	海防	增加海岸线的保护长度	增加	36 500
		增加海岸生态系统的恢复面积	增加	—
		增加受益于沿海海防和生态系统恢复的居民人数	增加	200 000

① https://www.adaptationclearinghouse.org/resources/one-new-york-the-plan-for-a-strong-and-just-city-one-nyc.html.

② 1 ppb=10^{-9}。

3.3.1.2 巴黎

（1）生态环境保护重点

巴黎对城市绿色基础设施建设、促进城市生物多样性、应对气候变化和协调多样化的使用功能等方面的作用进行了卓有成效的探索。

作为欧洲人口密度最高的城市，巴黎在其高密度城市中构建绿色基础设施所面临的挑战非同寻常，因而也具有更宝贵的借鉴价值。在绿色基础设施的构建中，巴黎首先充分挖掘了现有绿色空间资源以及计划增加的绿色空间资源。对于计划增加的绿色空间，除了利用传统绿化方式以外，还特别重视与交通基础设施及建筑结合等新方式。巴黎人口密度高达 21 346 人/km^2，为欧洲之最，因而人均绿地面积仍远小于多数欧洲其他大都市。同时，巴黎的平均建筑密度达 40%，一些区域甚至超过了 60%。

“绿色和蓝色框架”（TVB）是确保生态连续性的重要方式。巴黎将“绿色和蓝色框架”（TVB）纳入城市发展规划中，将城市分为四大分区：一般建设区（以下简称 UG 区）、市政服务区（以下简称 UGSU 区）、城市绿地区（以下简称 UV 区）以及自然和森林区（以下简称 N 区）。与组成绿色基础设施的绿色空间关系最为密切的是 UV 区和 N 区，但对城市尺度的绿色基础设施构建来说，占据城市面积绝大部分的 UG 区的绿化也很重要。

为了最大限度地将城市中有潜力的土地变为绿色空间，巴黎准备增加的或有潜力变为绿色空间的地块共有 45 hm^2，多数位于 UV 区，也有一些分散在其他三个区域中。面对如此高密度的城市建设，巴黎在增加绿色空间的数量上已经尽了最大努力，通过一种“见缝插针”的方式深入挖掘可能对城市绿色基础设施有所贡献的空间，并将它们进行叠加形成了巴黎绿色基础设施的蓝图。

从 2005 年开始，巴黎颁布了一项政策，要求所有公共建筑的新建或改建项目必须采用平屋顶并覆绿。这项政策在 2005—2010 年为巴黎创造了超过 4 hm^2 的绿色屋顶。目前，巴黎有 44 hm^2 的绿色屋顶，尚有 460 hm^2 未覆绿的平屋顶。其中，面积大于 200 m^2、坡度小于 2°、具有一定强度的屋顶约有 80 hm^2，它们具有成为绿色屋顶的巨大潜力。除了屋顶绿化，建筑立面绿化，如阳台、露台、廊架、围墙上自发形成的绿化方式也在巴黎城市中开始被鼓励和实施。2016 年年初，巴黎市政府开始推行“绿化创新”行动，计划到 2020 年，使巴黎市区墙面和屋顶的植被总面积达到 100 万 m^2，其中，1/3 为蔬果种植园。政府鼓励市民使用无公害可持续方法种植，所有居民都可以获得一份 3 年有效期的绿化许可证，政府将提供种植工具包（含种子和土壤）给市民。巴黎的建筑立面正在悄悄地变绿，街头的墙体被改造成了垂直花园，形成了真正的“城市绿洲”。

（2）主要生态环境目标与指标

由于巴黎特殊的战略地位，在法国《城市规划法典》中明确规定了“巴黎大区战略规划”（SDRIF）的特殊法定地位及其编制要求。在法国城市规划体系中，SDRIF 代替了“大区国土规划纲要”（SRADT），法律效力相当于“空间规划指令”（DTA），即它虽然是大区层面的战略性规划，但在土地使用方面具有指令性，直接指导省和市镇层级的规划。在编制过程中，《城市规划法典》对此规划提出了明确的要求，包括保证巴黎的国际地位，修正巴黎大区社会、经济和空间不平等，协调区域交通，保护开放空间和农地，尊重社会多样性和混合的土地利用，防止环境污染等。

在总体理念的指导下，提出了三个空间层面的规划策略，即“三根柱子”：联结与组织、集聚与平衡、保护与增值。

联结与组织。主要对应交通规划策略，旨在构建巴黎大区更外向、更紧密联结、更可持续的交通系统。在对外交通层面，新的轨交站点以及高铁线路将使外向联系更方便，港口、铁路和内河航道将被整合进综合物流系统以减少道路交通的压力和污染。内部交通方面，公共交通系统将随着大巴黎轨道快线的实施、常规公交和有轨电车线路的外延而进一步完善，中心城和外围区域间的联系将更为便捷。同时，在地方层面，无论是中心城区还是农村地区，限速和交通稳静化措施将使交通更安全、更人性化。

集聚与平衡。主要应对进一步城市化的需求以及住房紧缺问题，旨在构建一个多中心的大都市区结构以满足居民职住距离较近的需求，同时防止城市蔓延。所谓集聚，是指在已城市化的区域，根据其距离公交站点的距离和现状密度，进一步增加用地强度，将住宅密度提高 10%～15%，提升功能混合性，从而提供更多的住房和就业岗位。所谓平衡，是指通过加密措施来发展大都市区副中心，以改变单中心的极化空间结构。

保护与增值。主要针对自然和开发空间的保护以及城市蔓延的控制，旨在重塑城市和自然的关系。城市增长边界和绿带将作为重要的控制城市蔓延的措施。同时，自然地、农林地和绿地将得到严格保护，生态廊道的连续性将得到保证。此外，绿色空间的农业生产和绿色休闲的功能将进一步得到开发和利用。

表 3-3 是巴黎大区 2030 年规划主要目标。

表 3-3　巴黎大区 2030 年规划主要目标

	规划主要内容
所面临的挑战	社会团结和稳定、气候变化、环境保育、经济社会稳定发展
主要规划目标	构建更外向、更紧密连接、更可持续的交通体系； 进一步促进集聚（住宅密度提高 10%～15%）； 重塑自然和社会的关系

2018年巴黎出台了新的《巴黎气候行动计划》，目标是在2030—2050年实现韧性、包容性、碳中和，且100%使用可再生能源的城市。适应极端气候事件，并能应对危机和冲击（表3-4）。巴黎的温室气体排放的主要来源分为两个途径："本地排放"（来自巴黎地区的直接排放，与住宅、第三产业/服务业和工业部门的能源消耗、市中心交通运输以及巴黎产生的废物相关的排放）和"全域碳足迹"（本地排放加上上游在能源消耗、食品和建筑行业以及巴黎以外的运输，包括航空运输过程中产生的排放）。巴黎市计划到2050年减少100%的"本地排放"，实现零排放目标；同时促进碳足迹减少80%。为实现"本地排放为零"的目标，巴黎的能源消耗将需要减半，并100%使用可再生能源。此外，在绿色发展方面，巴黎市政府还制定了《2017—2020巴黎循环经济计划》和《2015—2020年可持续粮农计划》，并提出一系列行动建议，以发展对环境影响程度最小的绿色经济，体现出其在废物回收、循环利用、低碳消费方面所做出的努力。

表3-4　巴黎市《巴黎气候行动计划》2030年、2050年目标

目标年份	愿景	目标
2030年	"本地"温室气体排放	–50%
	"全域"碳足迹	–40%
	能源消耗	–35%
	可再生能源在总能源消耗中的占比	45%
	化石燃料和家庭取暖燃油使用	0
	符合世界卫生组织关于空气质量的建议	—
2050年	温室气体排放	0
	巴黎的碳足迹	–80%
	可再生能源在总能源消耗中的占比	100%
	能源消耗	–50%
	抵消剩余排放，以达到碳中和	—

3.3.1.3　伦敦

（1）生态环境保护重点

①注重绿地系统的保护与修复。

早在1935年，伦敦区域规划委员会就发表了修建绿带的政府建议。1938年，英国第一个《绿带法》颁布，以立法的形式赋权地方政府购置伦敦周围土地作为绿地。20世纪90年代中后期，伦敦城区周边建成了很宽的绿带，占整个伦敦面积的23%，1980

年该绿化带的面积达到 4 434 km^2，绿带内不准建筑房屋，只准植树育草，既保持了田园风光，又限制了城市盲目扩展，改善了城市环境质量，成为世界各国学习的典范。伦敦人均公共绿地面积为 140.18 m^2，绿地覆盖率达到了伦敦总面积的 42%，伦敦绿地和水体占土地面积的 2/3，公园绿地连绵不断。除了市区公园，还有大量社区公园，处处可见绿地与人们喜爱的娱乐设施。儿童与老人活动区域的地面均为安全的软性地面，如塑胶地面、细沙地面或者铺上细小木屑的地面。

②建立提高客运效率与强化慢行品质并举的公共交通系统。

伦敦精细化设计自行车道系统，建设总长为 200 英里的对外自行车公路，自行车出行分担率提高至 5%。规划三种形式的自行车道：自行车高速路、自行车安静通道和城市自行车道。建立连接公园、河流和主要亮点的自行车安静通道，设置超过 18 000 个自行车停车点，以轨道站服务半径为准进行居住区布置。至 2030 年，新建房屋用地需选址在现状及规划轨道站 800 m（以距离分为 3～6 个等级）范围内，规划公共交通出行率达到 90%。

③着力推进城市绿色化和低碳化。

为了应对气候变化，伦敦从整体层面制定了城市空间发展的战略规划，将气候变化作为伦敦需要应对的重要环境问题之一。主要的对策有提高建筑设计标准，降低建筑物排放；提高现有建筑的可持续标准，达到节能减排的目的；增加清洁能源使用，降低化石能源使用，提高清洁能源的使用比重；增加城市公共绿化面积；对城市建筑进行绿化。此外，伦敦市还继续加强对城市交通的管理，通过创新性地征收拥挤税的政策，对城市私家车进行收费以缓解城市交通拥挤问题。同时推行低污染排放区政策，加快污染严重的车辆更新换代。

（2）主要生态环境目标指标

2016 年，伦敦市对《伦敦规划》进行了修改，该规划为伦敦至 2035 年的行动纲领。它强调向内和向上增长，以便降低增长成本，创建宜居社区，振兴城市社区和商业区，保护农田以及减少温室气体和能源消耗。在规划中，其环境政策主要围绕三个方向开展：①自然遗产：主要是识别、保护、增强和管理自然遗产系统；②自然和人为危害：主要是将与自然和人为危害相关的风险降至最低；③自然资源：主要是识别、保护和修复自然资源。

根据对伦敦碳排放控制、森林城市建设规划等的分析，梳理伦敦关注的生态环境控制目标指标（表 3-5）。

表 3-5 生态环境目标指标①

指标	内容
温室气体排放量（较 1990 年）	至 2020 年，减少 15%；至 2030 年，减少 37%；至 2050 年，减少 80%
树冠覆盖率	2014 年为 23%，2035 年为 28%，2065 年为 34%
交通出行目标	至 2030 年，公共交通出行达到 20%（2016 年为 12.5%）；慢行出行达到 15%（2016 年为 9%）；私家车出行减少到 60%（2016 年为 73.5%）

《伦敦零碳：1.5℃兼容气候行动计划》中设置了中远期目标指标（表 3-6），涵盖了能源能效、废物处置、交通和建筑排放等方面。

表 3-6 伦敦市《伦敦零碳：1.5℃兼容气候行动计划》目标指标

年份	目标指标
2020—2030 年	2020 年在每个家庭和中小企业安装智能电表 2018—2022 年二氧化碳排放减少 40% 2021 年“超低排放区”（ULEZ）限制扩展到伦敦市中心的轻型车市场 2025 年设立本地零排放区 2023—2027 年二氧化碳排放减少 50% 2026 年消除废物堆填区 完成剩余公寓和空心墙绝热产品的安装；更换低效率气体锅炉 满足 15%的可再生能源和地区能源需求
2030—2040 年	2028—2032 年二氧化碳排放减少 60% 2030 年起，所有奔驰集团重型车都不使用化石燃料 2030 年起，100 MW 太阳能光伏装置 全市普遍采用热泵等低碳供热系统 2037 年所有公交车实现零排放
2040—2050 年	天然气和电力网络达到零碳排放 2 GW 太阳能光伏装置 所有剩余排放抵消 交通和建筑零排放

① http://www.london.ca/residents/Environment/Energy/Pages/Energy-and-Greenhouse-Gas-Emissions.aspx.

3.3.1.4　东京

（1）生态环境保护重点

①在城市生态保护领域，东京以城市绿地建设作为提升城市生态环境品质的重要途径，着重考虑绿地率、公园绿地面积（人均公园面积）、居民实感指标等指标。

日本是亚洲最早开始公园与绿地建设的国家，1977 年，日本建设省首次提出制定完整的城市“绿地总体规划”的必要性，对绿地指标作出明确要求，并在全国范围内开展了规划的编制工作。1994 年，正式将编制城市绿地系统规划制度化，将“绿地总体规划”与“城市绿化推进计划”合并为“绿地基本规划”，奠定了当前绿地基本规划体系的重要基础。京都 23 个特别区是东京最主要的高密度都市区，针对各区不同的情况，已先后完成了绿地基本规划的编制及修改工作。规划目标方面，各区对指标的选择没有统一的标准，主要依据各区现状及规划理念进行确定，呈现出多样化的特点。绿地率、公园绿地面积（人均公园面积）、区民实感指标三项是各区较为常用的指标，此外还有绿化覆盖率、绿视率、大型树木保护、绿化活动团体数与参与人数等指标。

表 3-7　东京 23 区绿地基本规划指标完成统计

地区	绿地率	公园绿地面积（人均公园面积）	区民实感指标（满足度、绿感度）	绿化覆盖率	绿视率	大型树木保护	绿化活动团体数与参与人数	道路绿化	其他（亲水空间、民有地绿化、绿茵等）
千代田区	√	√				√			
中央区	√				√				
港区	√	√							
新宿区	√	√	√	√					
文京区	√	√							
台东区	√	√	√	√					
墨田区	√		√						
江东区	√	√	√						
品川区				√					√
目黑区	√	√							
大田区	√	√	√				√		
世田谷区		√		√					
涉谷区	√				√				

地区	绿地率	公园绿地面积（人均公园面积）	区民实感指标（满足度、绿感度）	绿化覆盖率	绿视率	大型树木保护	绿化活动团体数与参与人数	道路绿化	其他（亲水空间、民有地绿化、绿茵等）
中野区	√	√		√					
杉区	√		√					√	
豊岛区	√		√		√			√	√
北区	√	√				√			√
荒川区	√	√							
板桥区		√	√	√			√		
练马区	√	√							
足立区	√	√	√	√	√				
葛饰区	√	√							√
江户川区		√	√			√			
总计	19	17	10	7	4	3	2	2	4

②在绿色发展方面，将温室气体排放量作为控制的主要指标。

东京能源的清洁化、低碳化发展对东京创建低碳城市、建设全球环境负荷最小的城市具有重要意义。东京环境战略实施中始终伴随能源战略的转变，由煤主油向石油转换，到石油危机后的能源多样化战略，再到 21 世纪后的清洁、低碳能源战略。20 世纪 60 年代初，得益于国际低价且稳定的石油供应，东京石油超越煤炭成为第一大能源，这对解决当时的“黑烟事件”具有积极影响；20 世纪 70 年代，石油危机爆发，促使日本实施能源多样化和节能战略，天然气海外进口增加，核电开发加速，可再生能源受到重视，节能措施不断引入，使能源消费结构不断优化，促使东京环境质量在这一时期达标。到 21 世纪，东京提出低碳城市发展战略，重视太阳能与氢能源的开发和利用，目标是到 2020 年，东京的温室气体排放量在 2000 年的基础上降低 25%。东京都政府（TMG）在 2019 年东京举行的 U20 市长峰会上宣布，东京将寻求在 2050 年达到 1.5℃的目标和零排放，承担主要能源消费国的责任，以实现全球二氧化碳零排放。

③建设以人居的绿色生活目标。

根据 2014 年发布的《日本东京都 2015—2020 年城市发展规划解读》以及《2025 年的东京都长期发展规划研究》来看，在绿色生活方面涉及以下几个方面：建造以人为本、城市基础设施高度发达的大都市，在各个竞技场周边，无电线杆化、无障碍化，整体改进基础设施，确保周边十分顺畅的交通环境。形成广阔的海、路、空城市交通网和物流网。构建顺畅的、舒适的城市综合交通体系。构建良好环境，确保市民安心抚育下一代，保障儿童茁壮成长。构建适合老年人安度晚年的社会环境。构建良好医疗环境，使市民能够接受优质医疗服务，享受健康生活。构建残障人士能够安心生活的社会环境，构建所有人都能充分发挥各自作用的社会。加强城市建设，将优美的环境和完备的基础设施留给下一代。创造智慧节能型城市。构建青山绿水、人与自然和谐相处的城市。提高城市基础设施的安全性，构建放心社会。减轻交通体系对人和环境的压力，建设方便自行车利用者及步行者的城市交通空间，满足每年超过 1 亿人次的航空旅客对首都圈机场利用的需求。无缝对接铁路、公交等多重交通方式，实现零距离换乘。该长期规划主要涉及的绿色生活方面的指标见表 3-8。

表 3-8　绿色生活指标体系

指标	最新统计数据	目标
体育活动的实施率维持	N/A	70%
连接车站与生活设施等的新建城市道路的无障碍设计		90 km
方便散步、竞走的步道建设		43 km
外国游客对东京市内免费 Wi-Fi 服务满意度		＞90%
东京市民的志愿活动参与率		40%
东京港游轮观光客总数		50.2 万人/a（2028）
完成应对暴雨用的环状七号线地下广域调节池（暂称）的配备		2025
公立小学学区路线覆盖监控摄像头		1 296 所（2018）
市民参加运动的比重	53.9%	70%（2020）
雇佣的护理人员		4 万人（2024）
能源消耗总量（万 t 标准煤）	2 730 万（2000）	减少 20%（2020） 减少 30%（2030）
可再生能源发电比例	6%（2012）	20%（2024）
太阳能光伏发电累计装机容量		1 000 MW（2024）
燃料电池车		10 万辆（2025）
氢气燃料站		80 座（2025）
岛屿的候船室、机场等地方的 Wi-Fi 覆盖率和稳定性		提高（2020）
无废气排放的燃料电池车等无公害车		2020 年加快引入
东京都道路、包括马拉松跑道铺设隔热性、保水性材料		136 km（2020）
东京都内所有地区在城市道路内追加英语标识		100%（2020）
电子看板设置		100 块（2019）

指标	最新统计数据	目标
在所有公立的14家医院提供多语种服务		2020
徒步等简单活动的路线的整备		43 km（2024）
海上公园内自行车骑行路径的整备		10 km（2024）
自行车专用车道的整备		264 km（2020）
都立文化设施的多种语言应对		100%（2020）
延长都立文化设施的开馆时间		100%（2020）
都内全域的滞洪池等的储水量		2025年是2013年的1.7倍
家庭事务所的储备实施率		100%（2020）
居民能参与的抗灾训练		2 000万（2024）
都立高中特殊学校的住宿防灾训练		44万人（2024）
无处可去的回家困难人群的安全保证全员		92万人（2020）
建设野外体验及山林体验基地		8处（2024）
汇总诊疗数据，构建用于研究的基础设施		14家（100%，2024）
防止新型流感的发生，推进社区保健医疗制度的建立、医疗设备的储备以及应对方法等的普及开发		—
青年（20～34岁）就业率	78.2%（2012）	81%（2022）
非本人意愿未正规就业人数	167 100人（2012）	83 000人（2022）
老年人（60～69岁）就业率	53.4%（2022）	56%（2022）

（2）主要生态环境目标指标

2019年，东京为了建设一个可持续发展城市，迎接2020年的奥林匹克运动会，发布了《东京环境政策》，围绕“建设零排放的东京”这一目标，从气候改变和城市能源、可持续物质和废物管理、城市生物多样性和绿地、洁净的空气四个方面，提出了2020年和2030年的目标指标。

表3-9 东京市《创建可持续发展的城市：东京的环境政策》愿景及目标指标

目标年份	愿景	目标
2020	政府设施中的LED照明普及	约100%LED照明
	减少塑料购物袋使用	免费分发塑料袋
2030	温室气体排放（与2000年相比）	降低30%（2017年增长4.2%）
	能源利用效率（与2000年相比）	能源消耗降低38%（2017年降低22.7%）

目标年份	愿景	目标
2030	可再生能源占电力使用比例	约 30% （2017 年约为 14.1%）
	零排放汽车在新乘用车销售中的市场份额	50%
	城市生活垃圾回收率	37% （2017 年为 23%）
	废物的最终处置量 （与 2012 年相比）	减少 25% （2016 年减少 24%）
	减少源自家庭和大型办公大楼的塑料垃圾焚烧量	减少 40%
	增加电动汽车充电器数量； 增加电动汽车快速充电器数量	增加 100%； 达到 1000 个
	参加环保绿化的人员	58 000 人 （2015—2018 年约为 17 100 人）
	所有监测站的光化学氧化剂浓度	小于 0.07 ppm[①] （年第四高日最高 8 小时浓度，平均 3 年以上）

3.3.1.5 中国香港

（1）生态环境保护重点

①通过划定保护区的方式，积极保护自然及维护生物多样性，保护水平在世界主要经济体中排名第二。

中国香港在保护自然及维护生物多样性方面所采取的主要措施之一是将具有重要生态价值的地点化为保护区，以全面保护当地的生态系统，原址保育野生生物。此外，政府制定了行政措施，并与私有土地者合作，以保护这些具有价值的生态系统。根据 1976 年颁布的《郊野公园条例》，中国香港设立了 24 个郊野公园和 22 个特别地区，其中涵盖了 44 300 hm^2 的树林、草地和大部分河流的源头，占中国香港土地总面积近 40%。此外，从 1995 年起，根据《海岸公园条例》，已制定四个海岸公园和一个海岸保护区，所占水域面积共达 2 430 hm^2，旨在保护和管理具有重要生态价值的珊瑚群落、海草和海藻林、岩岸等。全港通过划定保护区，使接近 98%的本地陆生野生生物等具有代表性的族群在受保护地区内。综观全球经济体中，其陆地和海洋自然保护区所占的面积比例，中国香港排名第二。

---

① 1 ppm=10^{-6}。

②大力推进绿色生活，积极实施气候行动。

根据《香港气候行动蓝图 2030+》，其中，“绿色生活”主要涉及以下几个方面：继续减少在本地的发电中使用煤，使用可再生能源，使区域楼宇及基建更具有能源效益。改善公共交通，提倡以步代车，增强中国香港应对气候变化的能力，减少使用能源和水，避免浪费食物，选搭公共交通工具、多行走几步和减少整体废物量，以求善用资源。使用低碳建筑材料。铁路在公共交通乘客人次所占的比例由现在的40%上升至45%～50%，75%的人可以轻易到达铁路站，进一步改善城市各地之间的连接、舒缓交通拥堵、降低汽车污染。根据 2017 年发布的《公共交通策略研究》报告显示，中国香港每天公共交通工具使用人次在出行总人次中所占比例约为 90%，在全球是最高的。《香港气候行动蓝图 2030+》中提出，在建设环境和行人网络的规划和设计中采用了“易行”的概念，并会在各个规划阶段的项目中落实此概念，即提供清晰方便的资讯，让市民可“行得醒”；完善步行网络，令市民“行得通”；缔造舒适写意的步行环境，让市民“行得爽”；提供安全高质的步行环境，以确保“行得妥”。建设海滨长廊，让步行变得更舒适，让其变为一种绿色活动，有助于减少市民在短程和中程距离中对交通工具的需求，也是绿色生活的选择。在合适的地方推行骑单车。通过智能技术将渗漏情况减低，通过 15 年的设计，更换和修复了 3 000 km 长的老化水管，中国香港的水管渗漏从大于 25%（2000 年）降低至 15%（2015 年）。通过智能水表的安装，帮助解决供水问题。提高用户的节水意识。

（2）主要生态环境目标指标

为了应对人口以及楼宇老化问题，中国香港在 2015 年年初展开了跨越 2030 年的《香港 2030+：跨越 2030 年的规划愿景与策略》规划策略研究，简称为《香港 2030+》，以前瞻、务实和行动为本的方针，拟定香港到 2030 年的规划策略和空间发展方向，对中国香港内外的形势作出策略性的回应。《香港 2030+》提出三大元素作为拟定全港发展策略的基础，落实香港成为具有竞争力、适宜安居且可持续发展的亚洲国际都市的愿景。三大元素分别为：规划宜居的高密度城市、迎接新的经济挑战与机遇和创造容量以达到可持续发展。其中，在概念性环境保护及自然保育规划框架中重点考虑优化生物多样性和改善环境两个方面，这将成为下一步环境保护与自然保育工作的重点。

此外，根据香港资源循环蓝图、清洁空气计划、生物多样性计划、都市节能蓝图、香港气候行动蓝图的内容，香港重点关注的生态环境目标指标主要集中在减碳、资源化、空气质量等方面，见表 3-10。

表 3-10 中国香港主要生态环境目标指标[①]

要素	指标内容
空气	至 2020 年，PM_{10}浓度较 2012 年下降 40%；至 2020 年，NO_2浓度较 2012 年下降 40%
固体废物人均弃置量	2020 年，较 2011 年减少 40%，每日弃置量达到 0.8 kg 以下
能源强度	以 2005 年作为基年，在 2025 年之前将能源强度减少 40%
人均碳排放量	2020 年小于 4.5 t；2030 年在 3.3～3.8 t（相对于 2005 年）
绝对碳排放量减幅	2020 年下降 20%，2030 年下降 26%～36%（相对于 2005 年）
碳强度下降目标	2020 年下降 50%～60%；2030 年下降 65%～70%（相对于 2005 年）
二氧化硫减排幅度（较 2010 年）	2020 年减少 35%～75%
氮氧化物减排幅度	2020 年减少 20%～30%
可吸入悬浮粒子	2020 年减少 15%～40%
挥发性有机化合物	2020 年减少 15%

3.3.1.6 新加坡市

（1）生态环境保护重点

①在规划制定—规划执行—严格执法中，体现环保先行理念。

新加坡市按照“可持续新加坡”目标的要求，充分体现“环保优先”理念，提出了“洁净的饮水、清新的空气、干净的土地、安全的食物、优美的居住环境和低传染病率”等环境目标。新加坡把全国分成若干个分区，优先规划绿地和集水区，以生态建设和水资源保护为龙头，确保经济发展对环境产生尽可能小的破坏。新加坡市对国土的每个具体区域均进行了环境功能区划，颁布了详细的环境质量标准体系，并对工业类项目设立了严格的排放标准。政府要求工业发展规划必须同环境规划紧密衔接，必须集约发展工业，建立独立的工业区，并与住宅区之间设立足够的缓冲带，同时利用缓冲带增加绿化率。工业区应在下风向并远离原有的生态系统，污染物经过集中处理达标后方可排放到相关系统。

新加坡市的规划执行包括每个具体项目的审批和建设方面。他们特别重视部门协调，成立了若干个横跨相关部局的专门理事会，处理很多需要协调配合的业务，并严格按照环保优先的规划要求进行项目审批。对每个项目的审批，新加坡市普遍采用首办负责制，

① 来源：《香港清洁空气计划 2013—2017 年进展报告》《香港资源循环蓝图 2013—2023 年》《香港都市节能蓝图概况 2015—2025 年》《香港气候行动蓝图 2030+》。

按不同项目类别由某个部门牵头办理相关业务，并会同其他相关部门定期或不定期召开专门理事会或部门联席会议，详细商讨每个项目的具体细节，在实际操作前就有关原则问题，特别是环保要求基本达成一致。在整个审批过程中，国家环境局在每个项目的审批环节中都发挥着重要作用，对每个项目严把环境准入关，特别是环境影响比较大的项目，都要按照规划要求审议危险性定量分析报告和污染控制方案，要求经过广泛深入的论证并通过后，方予批准。

在城市规划过程中，新加坡市优先规划建设绿地、集水区和自然保护区，对于可开发的区域同步规划基础设施，包括道路、绿带、供水、供电、燃气、通信、雨水管网、污水管网、公交、地铁等。在城市建设中，新加坡市优先进行绿化，优先建设环保基础设施，在主要道路的地下，先行建设整套标准的基础设施管网，特别是覆盖了整个新加坡市的污水收集系统，确保所有生活污水和工业废水 100%得到收集和处理。在居民住宅区全部建设垃圾通道，在各个社区配套建设垃圾收集中转设施。可焚化废物利用气动输送系统集中压缩后送往焚化厂。生物与医疗废物则经过特别装袋包装，送往特殊的生物焚化厂。

新加坡市 2008 年制定了最新的环保法规，规定了节能环保优惠政策。开发商若超过了当初的规划要求，进一步提高了用水效率、排放标准、绿化面积、能源效率等指标，政府则给予优惠奖励。凡是安装进一步节省能源的装备以及高效污染监控设备的企业，均可获得第一年 100%的折旧率。这些政策的实施进一步推动了规划的顺利执行，确保了环保优先政策的实施。

新加坡市在执法司法方面具有独到的彻底性，按照“有法必依、执法必严、严刑峻法”的原则管理整个社会，树立了城市管理的典范。经过几十年的努力，新加坡市普遍崇尚“法律之上没有权威、法律之内最大自由、法律之外没有民主、法律面前人人平等”。政府相关部门按照法律法规的要求严格执法，尤其是对破坏资源环境的行为均会进行严厉处罚，开出巨额罚单或勒令停产整顿。

②注重多部门合作、区域性合作，并培育环保意识。

新加坡市政府有多个肩负环境保护责任的部门，包括环境和水资源部、国家环境署、环境研究院等。它们分别从政策法规制定和执行，具体措施及项目的策划和推进，科学研究等多个不同方面负责新加坡市的环境保护事业。这些部门之间分工细致，合作紧密，保证了政府可以对整个环境保护做到详尽周全的安排和落实。

新加坡市政府充分认识到环境保护不仅仅是新加坡市自身的责任和利益，因此，针对环境、气候、疾病等一系列区域内的环境热点问题，主导和推动了东南亚的多边合作。

为了确保新加坡市的环境得到可持续的保护，政府和社会的共识是将环境保护形成一种代表国家的文化，进行延续和传承。为此，首先是对环境保护进行宣传和推广，如印发《气候变化如何影响你》《新加坡的天气与气候》《展望》等书籍、杂志和出版物，以及开展“清洁和绿色新加坡”“环境之友奖”和“循环利用周”等活动。其次是培养青年的环境意识，使他们能够传承环境保护的文化。为此，政府特别针对青年的爱好，举办了“青年环境日”“生态音乐节”等大型公益活动。

③在绿色生活方面，新加坡市将重点放在营造一批包容、绿色的街区，重视历史文化，提升公共交通水准等。

一是建设宜居和包容的社区，为所有年龄段的人提供更愉快、更高质量的生活环境，构建儿童友好和老年人友好的社区。新镇的规划和设计更加注重智慧和可持续发展，都是以科技为动力，为居民带来创造方便和自然的环境以保障他们的福祉。一些住宅项目将城市绿化和屋顶花园相结合。此外，住宅区鼓励步行和骑自行车的出行方式，尽可能地优先考虑人的流动而不是汽车的移动。体现“以人为中心”的规划思维。为了使生活更加方便和尽量减少不必要的交通，社区中心整合多种服务设施，包括商业、医疗、文化、体育等，以更好地满足居民的需要，并促进不同人口群体之间的社会互动。该规划提出要创造惹人喜爱的空间。提供优质的公共空间让人们互动，或只是享受气氛，有助于创造难忘的体验。

市区重建局与利益相关者合作，以各种方式保持新加坡市的特征，建立更多熟悉地方的共享记忆。同时在部分区域开展城市更新，新的公共空间，升级的街景，将许多新的特征注入新的家园和服务设施中。

新加坡市通过加强已有的轨道网络来加强整个新加坡的城市发展，轨道交通仍然是新加坡公共交通的支柱。交通的便利带动生活的便利，因为每 10 个家庭中就有 8 个住在轨道站点旁，步行时间在 10 min 之内。当地政府也正在研究“按需巴士”，以便为市民提供更便捷的巴士路线，减少巴士转乘。在设计道路时，注重为公共交通和活跃的慢行交通提供更多的空间。改善步行环境和公共交通，将开辟更多的步行和自行车专用路径并努力形成网络。建立储物柜联盟，即可供各家递送公司访问的包裹储物柜网络，使包裹可以更有效地传送到靠近家庭和站点的集成点，方便消费者获取。新加坡市的公共交通出行率为 63%，目标是在 2030 年达到 75%。

④坚持“以人为本”的环境风险管控理念，充分考虑不同用地类型之间的环境相容性，合理优化布局，严格风险管控。

作为世界上人口密度最高的国家之一，新加坡市有限的土地上承载了多个大型石化企业。新加坡市拥有世界第三大炼油中心和重要的石化中心，同时被誉为“花园城市”，这与其在重工业发展过程中重视环境风险管控密不可分。为兼顾土地资源高效利用和环境协调，新加坡市区重建局在土地利用规划阶段首先确保有足够的土地用于污水收集处理、固废处置等环境基础设施建设，其次根据用地污染程度将工业划分为无污染工业（包括软件设计、IT 等共 16 小类）、轻工业（包括食品、生物技术等共 17 小类）、一般工业（轻工纺织等共 32 小类）和特殊工业（炼油等化工企业共 63 小类）四类，与环境要求最高的居住用地通过商业用地隔离，按照逐步远离人群居住区的原则设置缓冲区。除无污染工业可以不设置缓冲区外，轻工业、一般工业和特殊工业与居住区之间必须设置 50 m、100 m 和 500～1 000 m 的缓冲区，其中，炼油、化工等可能产生有毒有害气体的特殊工业用地与居住区的距离至少要达到 1 000 m，其他工业需要与食品工业保持可以避免其造成污染的安全距离，可能意外排放有毒化学品的特殊工业需远离集水区范围。通过环境优先的规划理念和技术手段，新加坡形成了较为合理的城市土地利用格局。

⑤实施垃圾分类和循环利用，进行垃圾等固废管理。

虽然新加坡国土面积仅有 724.4 km^2，人口却超过 564 万，随着城市进程不断推进，城市垃圾产生量剧增。为了减少垃圾量，新加坡国家环境局制定了 4 个重要策略：一是用焚化减少垃圾体积。在新加坡有 4 个负责焚烧可燃烧垃圾的焚烧场，可减少 90%的垃圾体积。二是垃圾循环利用。新加坡市推行“环保绿化计划 2012”，计划在 2012 年前达到 60%的垃圾循环率，该计划在社区中推广、落实。三是减少垃圾埋置场的垃圾。新加坡市通过资源化利用、焚烧和循环利用等途径，大大减少了垃圾填埋的数量。四是减少垃圾的总体数量。为了从源头上控制垃圾的增长，新加坡市通过减少产品的包装等方法来实现垃圾减少。此外，新加坡市垃圾分类非常详细，主要有家庭垃圾、瓶子、罐子以及塑料饮料瓶、塑料资源垃圾、纸箱板、报纸、杂志、小型金属、家电等。2001 年，新加坡市的垃圾收集开始全面私有化。垃圾处理费由企业、商户、居民用户缴纳，与政府无关，这就需要收集商自负盈亏。对违法行为处以不同程度的罚款。在垃圾分类上，公民自觉将垃圾进行分类，并按照相关的规定处理。在商品制造方面，在生产的过程中充分考虑产品包装的环保性，减少产品包装材料及提高材料的可再循环利用性。

（2）主要生态环境目标指标

新加坡于 2009 年首次发布《可持续新加坡蓝图（2009）》，提出建设活力宜居的新加坡。并于 2015 年根据环境治理和社会经济建设进展和国际国内最新形势更新发布了《可持续新加坡蓝图（2015）》，在蓝图中提出建设更加宜居和可持续的新加坡国家总体战略和 2030 年目标指标体系。

表 3-11 《可持续新加坡蓝图》（2015—2030 年）目标指标体系①

领域	指标	2015年现状	2020年目标	2030年目标	2030年变化比率
蓝绿空间	空中绿化面积/hm^2	72	—	200	+178%
	公园面积/hm^2	4 172	—	0.8 $hm^2/10^3$ 人	—
	公园绿道长度/km	302	—	400	+32%
	水体面积/hm^2	974	—	1 039	+7%
	水上休闲带长度/km	98	—	100	+2%
	自然廊道长度/km	68	—	180	+165%
	公园 10 min 步行服务半径覆盖家庭占比/%	83	—	90	7%
公共交通	自行车道路长度/km	355	—	700	+97%
	高峰时段公共交通出行率/%	66	—	75	+9%
	铁路网长度/km	200	—	360	+80%
	火车站步行 10 min 以内覆盖家庭比例/%	60	—	80	+20%
公众管理	绿色志愿者数量	1 500	—	5 000	+233%
	社区数/个	995	—	2 000	+101%
资源可持续性	达到 BCA Green Mark 认证等级的建筑物比例/%	31	—	80	49%
	能源强度改善率（较 2005 年水平）	24.1	—	35	10.9%
	人均每天生活用水量/L	151	—	140	−7%
	资源回收率/%	61	—	70	+9%
空气质量	$PM_{2.5}$ 年均浓度/（μg/m^3）	24	12	10	下降 50%（2020 年变化率）
	$PM_{2.5}$ 日均浓度（99 百分位）/（μg/m^3）	145	37.5	25	下降 75%（2020 年变化率）
	PM_{10} 年均浓度/（μg/m^3）	37	20	—	下降 45%（2020 年变化率）
	PM_{10} 日均浓度（99 百分位）/（μg/m^3）	186	50	—	下降 73%（2020 年变化率）
	SO_2 浓度（最大日均值）/（μg/m^3）	75	50	20	下降 33%（2020 年变化率）
	O_3 浓度（8 小时最大日均值）	152	100	—	下降 34%（2020 年变化率）
（已达标指标）	NO_2 年均浓度/（μg/m^3）	22	—	40	—
	NO_2 小时浓度（最大均值）/（μg/m^3）	99	—	200	—
	CO 小时浓度（8 小时最大日均值）/（mg/m^3）	3.3	—	10	—
	CO 小时浓度（最大均值）/（mg/m^3）	3.5	—	30	—
城市排水	洪涝易发地区面积/hm^2	32	—	23	下降 28%

① 来源：*Sustainable Singapore Blueprint.*

新加坡在 2015 年承诺在 2030 年之前将碳排放强度从 2005 年的水平（0.176 kg CO_2e/S$GDP）降低 36%（降至 0.113 kg$CO_2e$/S$GDP），并稳定排放量，以期在 2030 年前后达到峰值。由于新加坡在替代能源方面的潜力有限，为实现 2030 年的减碳目标，新加坡气候行动计划制定了一系列提升能源与碳效率的战略目标（表 3-12）。

表 3-12 新加坡《气候行动计划》2030 年战略目标

类目	目标
工业	提高工业能源效率 减少工业过程中产生的非二氧化碳温室气体 使用更清洁的燃料
建筑	到 2030 年，80%的建筑获得 BCA Green Mark 绿色建筑标志 提高写字楼能源效率 提高数据中心的能源效率
水和废物	减少塑料垃圾焚烧 提高海水淡化和水处理的能源效率
家庭	提高并为更多电器引入家用电器的最低能效标准（MEPS） 鼓励采用高效器具模型 引入智能家居技术
交通	到 2030 年，公共交通使用率达到 75% 鼓励骑车和步行 提高车辆燃油效率

3.3.2 深圳与国际先进城市生态环境对标

为了进一步分析深圳与国际先进城市的差距，从城市生态、环境质量、气候变化、绿色生活四个方面各选择相应指标进行比较。指标选择的原则主要考虑三个方面：一是要能充分反映环境要素实际水平；二是国际城市普遍采用；三是基于目前研究进度所能获取到的数据。

3.3.2.1 城市生态

（1）受保护地区面积占总面积的比例

根据全球《2019 年旅游业竞争力报告》，对全球 140 个经济体受保护地区面积占国土总面积比例分析来看，中国香港该项指标为 48.90%，在 140 个经济体中排名第 2 位。法国该项指标为 33.20%，排名第 9 位。新加坡该项指标为 2.5%，排名第 120 位。中国该项指标为 14.60%，排名第 57 位。深圳基本生态控制线占全市总面积（陆地+海域）的 31.10%，略低于法国（图 3-2）。

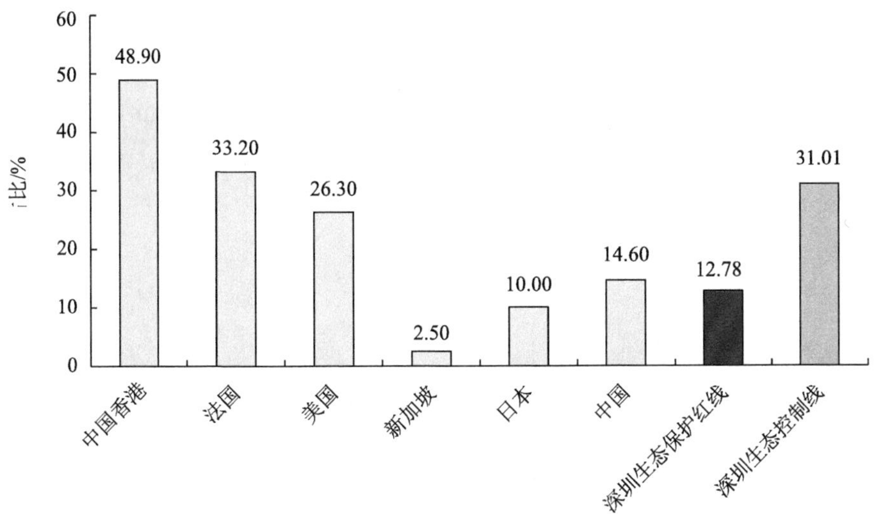

图 3-2　受保护区地区面积占总面积比例图

（2）建成区绿化覆盖率

早在 20 世纪 60 年代，发达国家已经提出建设“森林型生态城”的口号，开始关注城市建设中森林绿地的覆盖率。尽管世界各国对城市绿地的需求、功能与使用的认识、分类方法等不尽相同，但总体上主要采用绿地率、人均公园面积（相当于我国的公共绿地面积）、（森林）林木覆盖率三项指标来反映城市森林建设的水平。对比深圳与其他地区和城市的建成区绿化覆盖率发现，深圳处于上游水平，说明深圳在城镇区绿化方面取得的成效显著。

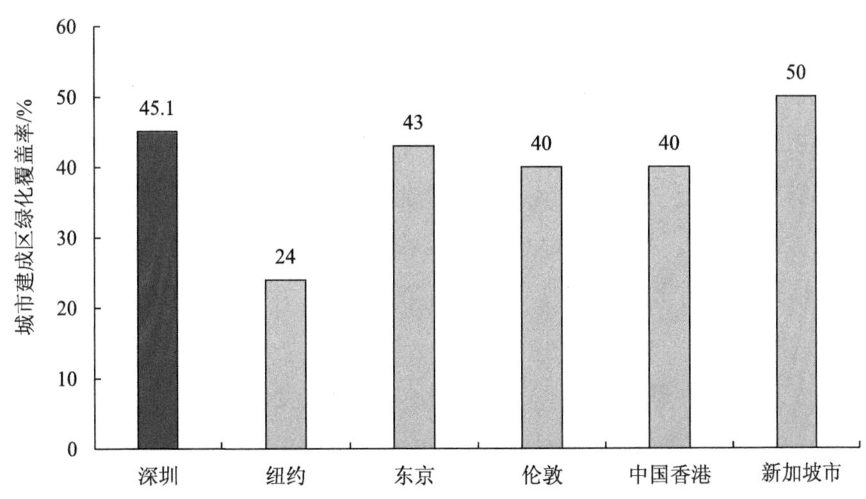

图 3-3　深圳与国内、国际先进城市建成区绿化覆盖率的比较

（3）人均公园绿地面积

联合国生物圈生态与环境组织提出首都城市人均公园面积 60 m^2 为最佳居住环境，英国规定人均绿地面积 20～30 m^2、德国规定人均绿地面积 30～40 m^2、美国规定人均绿地面积 40 m^2、日本规定人均绿地面积 20～30 m^2。从图 3-4 中可知，深圳与其他城市在人均公园绿地面积之比差距仍然较大。

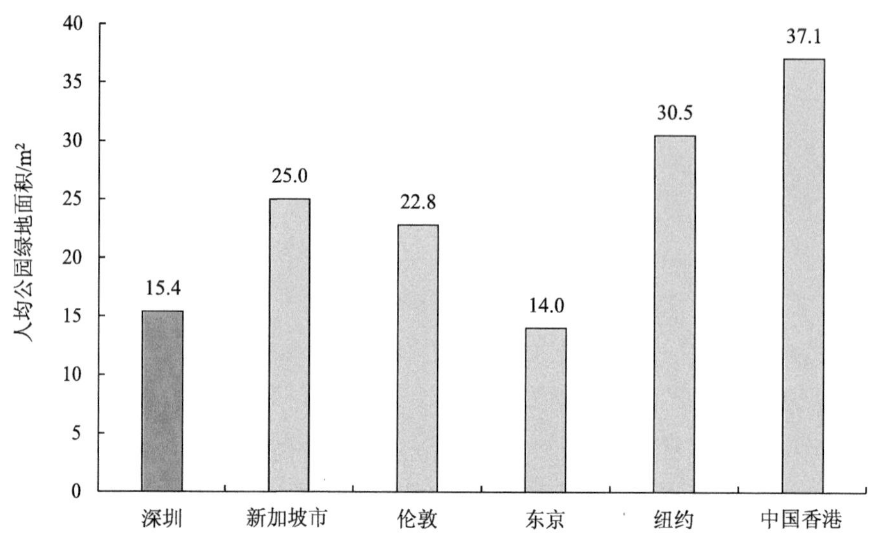

图 3-4　深圳与国内、国际先进城市人均公园绿地面积的比较

3.3.2.2　环境质量

（1）$PM_{2.5}$ 浓度

根据全球《2019 年旅游业竞争力报告》，在主要发达经济体中，英国的 $PM_{2.5}$ 年平均浓度为 8.3 μg/m^3，在 140 个经济体/国家中排名第 43 位；美国 $PM_{2.5}$ 年均浓度为 10.1 μg/m^3，排名第 59 位；法国 $PM_{2.5}$ 年均浓度为 10.7 μg/m^3，排名第 61 位；日本 $PM_{2.5}$ 年均浓度为 12.9 μg/m^3，排名第 80 位；中国香港 $PM_{2.5}$ 年均浓度为 23.7 μg/m^3，排名第 129 位；新加坡 $PM_{2.5}$ 年均浓度为 27.5，排名第 132 位；中国年均 $PM_{2.5}$ 浓度为 43.8，排名第 137 位（图 3-5）。

与其他 6 个世界主要城市相比，深圳 $PM_{2.5}$ 年均浓度仍是最高，与其他城市还有不小差距，与中国香港最为接近。新加坡市、巴黎、东京、伦敦 4 市已低于世界卫生组织第三阶段标准（15 μg/m^3），纽约空气质量最优，已达到世界卫生组织基准值（10 μg/m^3）（图 3-6）。

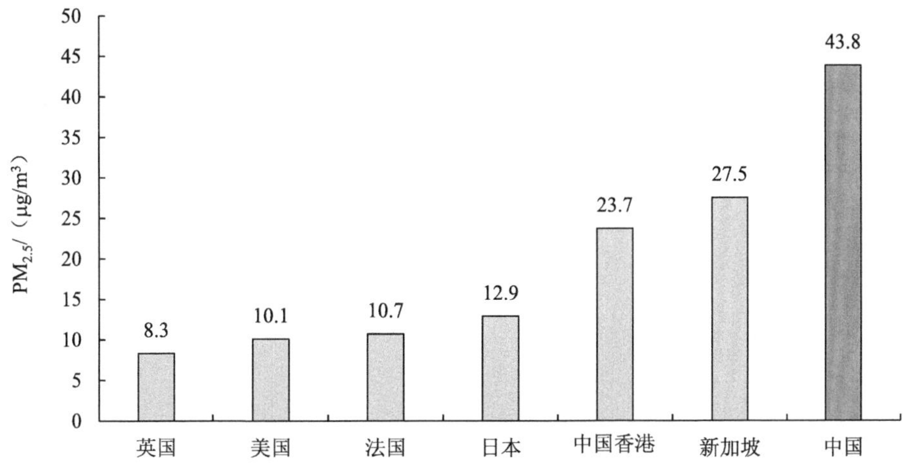

图 3-5　主要发达经济体 $PM_{2.5}$ 浓度排名

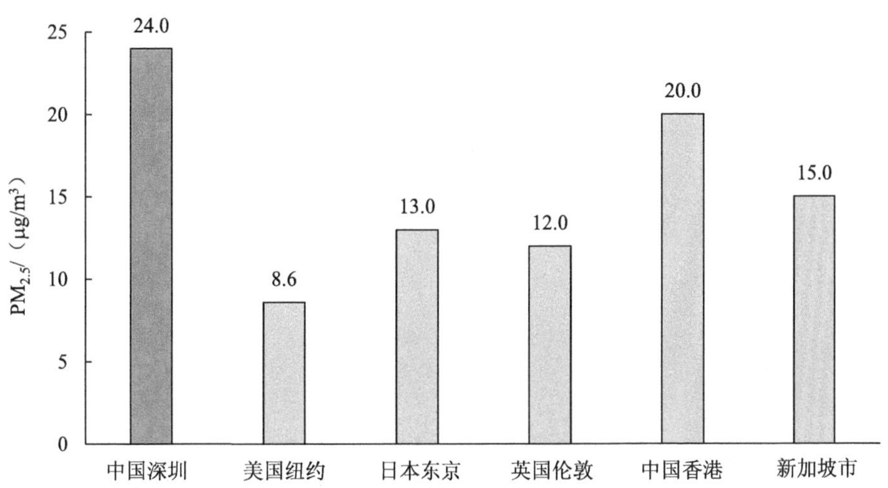

图 3-6　深圳和世界主要城市 $PM_{2.5}$ 年平均浓度比较

注：深圳、纽约为 2019 年数据，其他城市为 2018 年数据。

从世界主要城市 $PM_{2.5}$ 指标变化来看，在 $PM_{2.5}$ 浓度高于 20 μg/m^3 时，改善进程相对较快。以中国香港为例，2015 年中国香港 $PM_{2.5}$ 年均浓度为 25 μg/m^3，2018 年降至 20 μg/m^3，3 年下降了 5 μg。在 $PM_{2.5}$ 浓度低于 20 μg/m^3 时，尽管治理力度不减，受气象条件等因素综合影响，$PM_{2.5}$ 浓度总体呈下降趋势，数值越小下降难度越大，且易出现波动。以纽约为例，2000 年 $PM_{2.5}$ 年均浓度为 18.5 μg/m^3，2008 年 $PM_{2.5}$ 年均浓度为 13.5 μg/m^3，用 8 年时间稳定下降至 15 μg 以下；2019 年 $PM_{2.5}$ 年均浓度为 8.6 μg/m^3，用 11 年时间才首次下降至 10 μg/m^3 以下（图 3-7）。

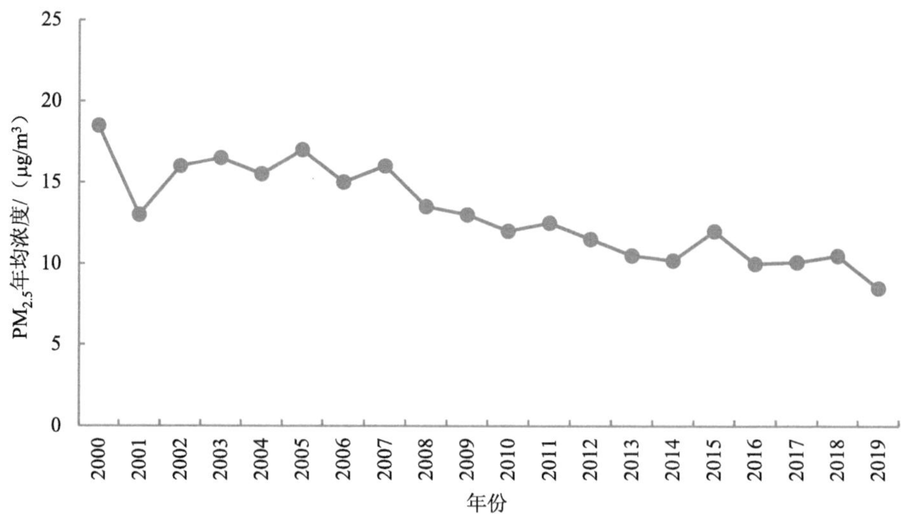

图 3-7　纽约 $PM_{2.5}$ 年平均浓度变化趋势

（2）臭氧（O_3）浓度

深圳 O_3 浓度总体呈上升趋势，已成为影响空气质量的主要指标。2019 年，深圳 O_3 日最大 8 小时平均第 90 百分位数浓度为 156 μg/m^3（O_3 平均浓度为 64 μg/m^3），同比上升 23.8%，为历史有监测数据以来的最高值，已接近国家二级标准值（160 μg/m^3），其中，仅 2018 年 O_3 浓度同比下降（图 3-8）。

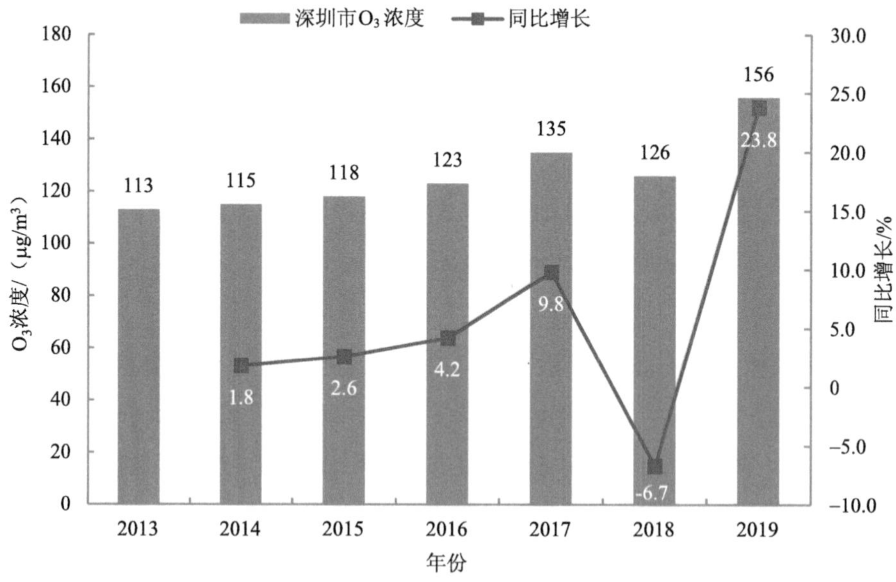

图 3-8　深圳 O_3 浓度变化趋势

由于不同国家或组织制定的 O_3 标准存在明显差异，难以直接将深圳与国际主要城市进行比较。

表 3-13　中国同部分国家/组织臭氧标准比较

	中国	日本	美国	欧盟	世界卫生组织	
					过渡目标	指导值
小时达标准则	O_3 8 h≤ 160 μg/m³ O_3 1 h≤ 200 μg/m³	O_3 1 h≤ 0.06 ppm（约 128 μg/m³）	O_3 8 h≤ 0.075 ppm（约 161 μg/m³）	O_3 8 h≤ 120 μg/m³	O_3 8 h≤ 160 μg/m³	O_3 8 h≤ 100 μg/m³
年达标准则	O_3 8 小时第 90 百分位数不大于 160 μg/m³	—	每年第四高的 O_3 8 小时的 3 年均值不大于 0.075 ppm	平均 3 年内每年不能超标 25 次	—	—

从世界主要城市 O_3 指标变化来看，以纽约为例（图 3-9），2019 年纽约 O_3 浓度为 0.073 ppm，将美国 O_3 标准与我国标准衔接测算，约等于 157 μg/m³，与深圳当前 O_3 的浓度相当。但应看到，深圳 O_3 浓度仍然呈上升趋势，对空气质量的影响将进一步加大，而纽约 O_3 浓度总体已呈下降趋势。

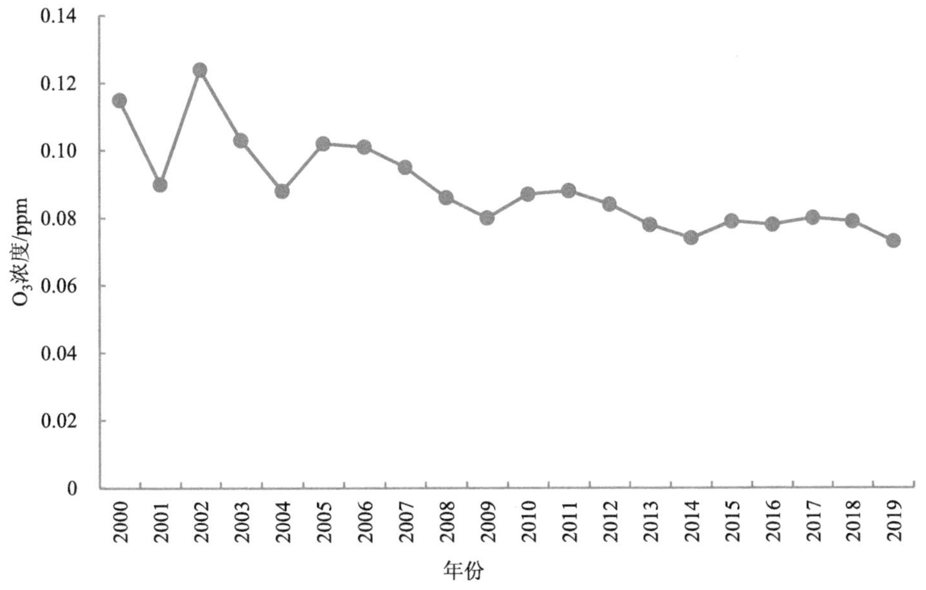

图 3-9　纽约 O_3 浓度变化趋势

以中国香港为例，自 1990 年以来，中国香港 O_3 平均浓度总体呈现缓慢上升趋势，2018 年，中国香港一般监测站点 O_3 平均浓度同比上升 2%，其中，市区 O_3 平均浓度为 50 μg/m^3，郊区 O_3 平均浓度为 70 μg/m^3，总体上与深圳 O_3 平均浓度（64 μg/m^3）相当。

（3）达到或好于Ⅲ类水体占地表水比例

2019 年，深圳 368 个监测断面中，Ⅰ～Ⅲ类水质断面比例为 24.2%；其中 61 个断面符合地表水Ⅰ～Ⅱ类标准，占总监测断面数的 16.6%，水质为优；28 个断面符合地表水Ⅲ类标准，占总监测断面数的 7.6%，水质良好。84 个断面符合地表水Ⅳ类标准，占总监测断面数的 22.8%，水质为轻度污染。33 个断面符合地表水Ⅴ类标准，占总监测断面数的 9%，水质为中度污染（表 3-14）。

表 3-14　2019 年深圳各流域监测断面水质类别统计

名称	断面个数	Ⅰ～Ⅲ类断面比例/%	Ⅳ类、Ⅴ类断面比例/%	劣Ⅴ类断面比例/%	水质状况
茅洲河流域	61	1.6	26.2	72.2	重度污染
珠江口流域	48	8.3	16.7	75.0	重度污染
深圳河流域	47	14.9	48.9	36.2	中度污染
深圳湾流域	33	12.1	69.7	18.2	轻度污染
观澜河流域	37	8.1	32.4	59.5	重度污染
龙岗河流域	49	8.2	32.7	59.1	重度污染
坪山河流域	20	30.0	40.0	30.0	中度污染
大鹏湾流域	37	75.7	21.6	2.7	良好
大亚湾流域	36	88.9	8.3	2.8	良好
总体	368	24.2	31.8	44.0	重度污染

从国际主要城市来看，因不同国家水质监测指标和标准存在差异，难以直接比较。以中国香港为例，中国香港选取酸碱值、悬浮固体、溶解氧、BOD_5、COD 5 个有代表性的参数用作计算各监测站的水质指标达标率。2018 年，中国香港河溪的水质维持良好，其水质指标整体达标率为 88%，在过去 10 年的浮动范围之内（87%～91%）。

中国香港以溶解氧、BOD_5 和 NH_3-N 水平这三项重要参数作为评估基础，从而反映河溪的一般生态健康状况，并将其分为极佳、良好、普通、恶劣和极劣 5 个评级。2018 年有 83%的监测站水质被评为良好或极佳，相比之下，1987 年只有 26%的监测站水质达到这两项评级，反映河溪水质在过去 30 年间已经大为改善，河道的污染已大幅减少。

以东京为例，平成 30 年（2018 年），日本关东地区水环境满足 BOD、COD 指标要求的比例为 82%，同比上升 1 个百分点，连续 11 年达到 80%及以上。

（4）近岸海域水质劣四类比例

近岸海域水质劣于四类水质的比例。2019 年，深圳近岸海域环境质量点位水质监测结果表明，近岸海域水质劣于四类水质的比例为 66.7%，全部位于西部海域，超标项目为无机氮、活性磷酸盐、COD 和非离子氨，水质综合污染指数下降 12.1%，污染程度有所减轻（表 3-15）。

表 3-15 2019 年深圳近岸海域环境质量综合污染指数监测结果及比较

海域	监测点位	2019 年	2018 年	变化幅度	超标项目/超标倍数
东部海域	GD0302	0.127	0.167	−24.0%	—
	GD0305	0.094	0.151	−37.7%	—
	GD0309	0.136	0.138	−1.4%	—
	东部均值	0.119	0.152	−21.7%	—
西部海域	GD0301	1.107	1.088	1.7%	无机氮（5.2）、活性磷酸盐（0.1）、COD（0.1）、非离子氨（0.1）
	GD0303	0.686	0.921	−25.5%	无机氮（3.1）
	GD0304	0.845	0.873	−3.2%	无机氮（2.7）、活性磷酸盐（1.3）
	GD0306	0.596	0.757	−21.3%	无机氮（2.1）
	GD0307	0.698	0.815	−14.4%	无机氮（3.5）
	GD0308	0.479	0.560	−14.5%	无机氮（1.5）
	西部均值	0.735	0.836	−12.1%	无机氮（3.0）、活性磷酸盐（0.02）

以中国香港为例，根据全港开放水域水质监测站的四个重要水质指标参数（溶解氧、总无机氮、非离子化氨氮及大肠杆菌）测算，2018 年，中国香港海水水质指标整体达标率为 88%，同比上升 3 个百分点，为 1986 年以来的最好水平。

从水质指标来看，大肠杆菌及非离子化氨氮水质指标自 2015 年已连续 4 年在所有适用的水质管制区完全达标。溶解氧的达标率为 90.8%，同比下降 2.6 个百分点，而 2018 年总无机氮的达标率为 68.1%，同比上升 13 个百分点。

从与深圳接壤的中国香港海域看，中国香港东部大鹏湾水质管制区 2018 年整体水质达标率为 100%，水质良好，溶解氧含量高而总无机氮水平低。同时，该水质管制区亦符合为次级接触康乐活动分区所订立的细菌水质指标。中国香港西部缓冲区水质管制区水质指标整体达标率为 83%，总无机氮及非离子化氨氮水平皆完全符合水质指标。

中国香港西北部的后海湾水质管制区 2018 年水质指标整体达标率为 53%，相比 2008 年至 2017 年 10 年的平均值 46%高。与往年相比，后海湾水质管制区的营养物水平较高。后海湾水质管制区分为内海和外海两个水质管制分区，各有不同的总无机氮水质指标。2018 年，后海湾内海分区及外海分区的总无机氮水平均超过了相关的水质指标。虽然与其他水质管制区相比，该水质管制区的总无机氮水平相对较高，但高背景悬浮固体水平限制了水中浮游植物的光合作用和生长，因此后海湾甚少发生红潮。2018 年，管制区内共 5 个监测站均完全符合非离子化氨氮的水质指标，但 2 个位于内湾的监测站未能符合溶解氧的水质指标。

3.3.2.3 绿色发展

根据国际城市人均 GDP 和碳排放量相关分析可知，纽约、伦敦、巴黎等城市在全球城市中人均碳排放效率最高，也代表了全球城市的先进水平。

（1）温室气体排放总量

深圳市温室气体排放总量约为 5 741 万 tCO_2e，在 7 个城市中处于较高水平，仅次于东京，与纽约和新加坡市较为接近。深圳处于城市化和工业化后期，城市化发展、人口数量上升和经济成长等因素导致温室气体排放量仍处于高位（图 3-10）。

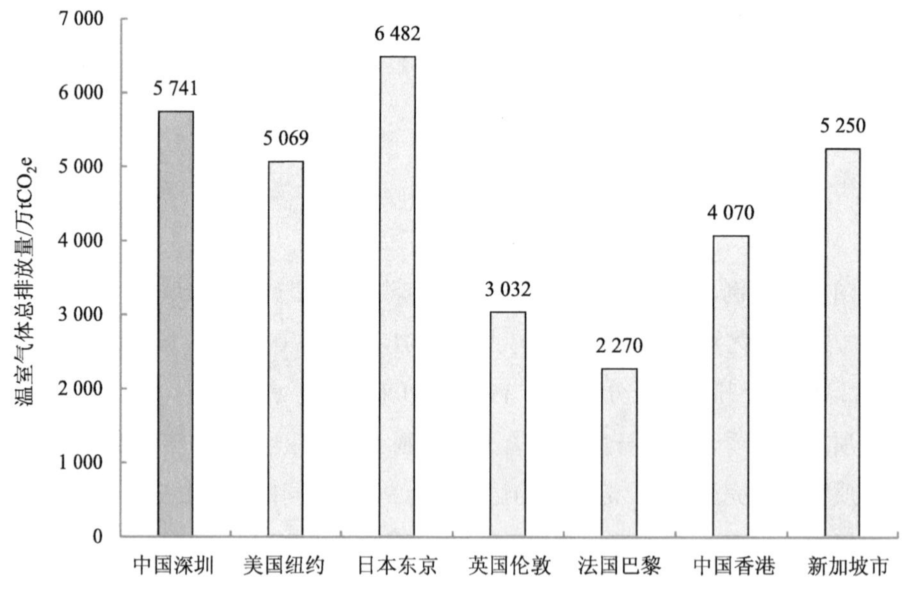

图 3-10 深圳和世界主要城市温室气体总量排放比较

注：深圳、巴黎为 2018 年数据，新加坡市为 2016 年数据，其他城市为 2017 年数据。

（2）人均温室气体排放量

由于深圳属于紧凑、人口稠密型城市，且拥有较多的公共交通和能源网络，深圳人均温室气体排放量较低，约为 4.41 tCO_2e，与东京、中国香港接近，略高于伦敦（图 3-11）。

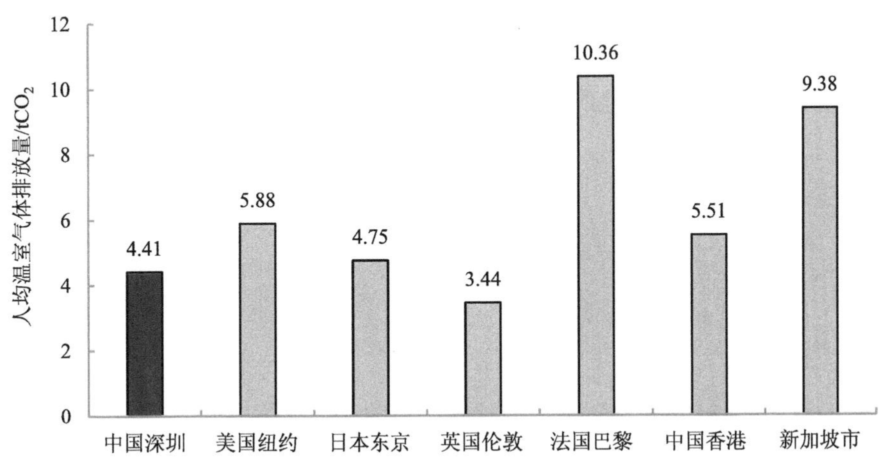

图 3-11 深圳和世界主要城市人均温室气体排放量比较

注：深圳、巴黎为 2018 年数据，新加坡市为 2016 年数据，其他城市为 2017 年数据。

（3）温室气体排放强度

深圳温室气体排放强度远高于纽约、东京、伦敦和巴黎，略高于新加坡市，与代表全球先进水平的纽约、伦敦等相比，差距约 6 倍。目前国际先进城市已基本采用世界资源研究所和 C40 城市气候领导小组的《社区规模温室气体全球协议》（GPC）的标准，以温室气体排放量为评估指标，扩展并细化了测量范围（图 3-12）。

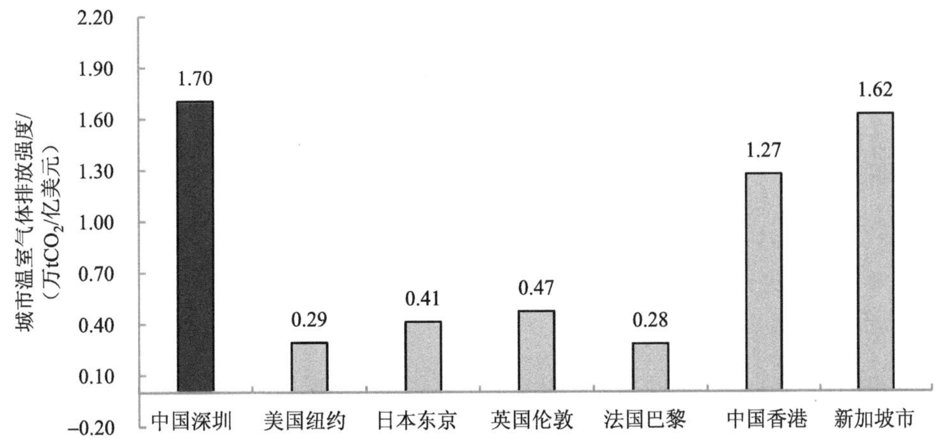

图 3-12 深圳和世界主要城市温室气体排放强度比较

注：深圳、巴黎为 2018 年数据，新加坡市为 2016 年数据，其他城市为 2017 年数据。

（4）碳足迹

由于深圳数据缺失，由全球碳足迹的网格化模型和图 3-13 所示的粤港澳大湾区碳足迹范围，可将广州和香港作为深圳碳足迹的参考城市。7 个城市在其所属国家的碳足迹排名中均为最高；除伦敦和巴黎外，均位列国际前 10。巴黎和伦敦属于国际上较早将碳足迹列入温室气体排放指标的城市，其较为全面地考虑了排放源范围，并制定了针对性举措以便尽早控制各类可能的排放（表 3-16）。

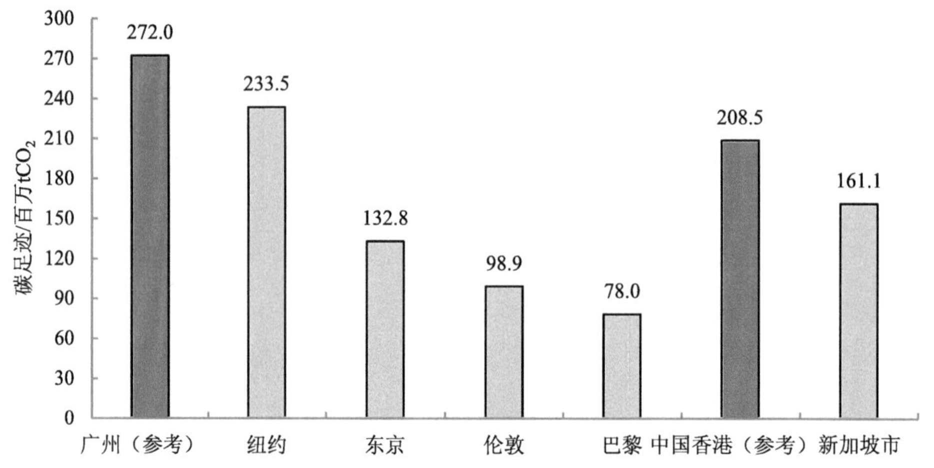

图 3-13 世界主要城市碳足迹比较

注：数据时间范围为 2015 年前后。

表 3-16 国际城市碳足迹及排名对比

城市	碳足迹/10^6 t CO_2	碳足迹国际城市排名	碳足迹本国城市排名
深圳	—	—	—
广州（参考）	272.0	2	1
中国香港（参考）	208.5	4	2
东京	132.8	9	1
伦敦	98.9	16	1
巴黎	78.0	23	1
新加坡市	161.1	7	1

对比 7 个城市的绿色发展中远期目标，国际发达城市明确设定了温室气体排放量、二氧化碳排放量、碳强度、碳足迹等与气候相关的碳排放具体减量目标；以及能耗、能源强度、可再生能源占比等能源效率提升目标。其中，纽约、伦敦、巴黎将碳中和作为

2050 年远期目标（表 3-17 和表 3-18）。

表 3-17 深圳与世界主要城市气候及排放相关目标比较

城市	目标
深圳	2025 年碳排放达峰
纽约	2050 年：较 2017 年温室气体排放量降低 100%，实现碳中和
东京	2030 年：较 2000 年温室气体排放量降低 30%
伦敦	2023—2027 年：二氧化碳排放量减少 50%； 2028—2032 年：二氧化碳排放量减少 60%； 2050 年：二氧化碳排放量减少 100%，实现剩余排放抵消
巴黎	2030 年：温室气体排放量减少 50%，碳足迹减少 40%； 2050 年：温室气体排放为零，实现零排放目标；碳足迹减少 80%
中国香港	2030 年：碳强度由 2005 年的水平降低 65%～70%，相当于 26%～36%绝对减排量；人均排放量减至 3.3～3.8 t
新加坡市	2030 年之前将碳排放强度从 2005 年的水平（0.176 kgCO_2e/S$GDP）降低 36%（0.113 kg$CO_2e/SGDP）

表 3-18 深圳与世界主要城市能源利用效率目标比较

城市	目标
深圳	2025 年：全市新能源发电装机占比达到 83%
纽约	2040 年：清洁能源占总电力的比例为 100%
东京	2030 年：能源消耗降低 38%；可再生能源占电力使用比例约为 30%
伦敦	2030 年：满足 15%的可再生能源和地区能源需求
巴黎	2030 年：能源消耗降低 35%，城市可再生能源比例达到 45% 2050 年：能源消耗降低 50%，100%依赖可再生能源
中国香港	2025 年：将能源强度由 2005 年水平减少 40%
新加坡市	2030 年：80%的建筑获得 BCA Green 绿色建筑标志，使用更清洁燃料

3.3.2.4 绿色生活

（1）公共交通占机动化出行分担率

深圳市对比亚洲其他城市和地区，公共交通占机动化出行分担率还较低，目前还属于低水平，对比中国香港地区 90%、东京 74%、新加坡市 63%，还有一定的差距（图 3-14）。未来，在深圳，首先，应该提高公共交通能力的分担率，在公交站点和轨道交通换乘区间，增加绿色走廊的设置，使行人在相对短途的路程中采取步行或自行车的方式。其次，应增加公交站点的路线以及密度、地铁的间隔时长应缩短，使人们更愿意去乘坐公共交通通勤。最后，在市区停车应该给予一定的限制性措施。

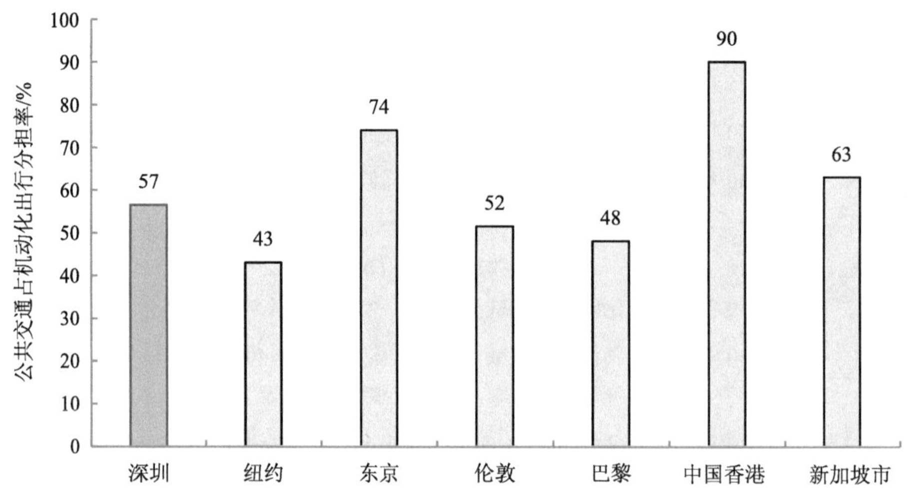

图 3-14 深圳与国内、国际先进城市在公共交通出行分担率的比较

（2）生活垃圾填埋比例

对包括深圳在内的 5 个城市的生活垃圾填埋比例进行比较对比发现，新加坡市生活垃圾填埋比例最低。深圳生活垃圾填埋比例略低于伦敦，远高于旧金山和东京。新加坡市的生活垃圾填埋比例仅为深圳的 6.5%（图 3-15）。

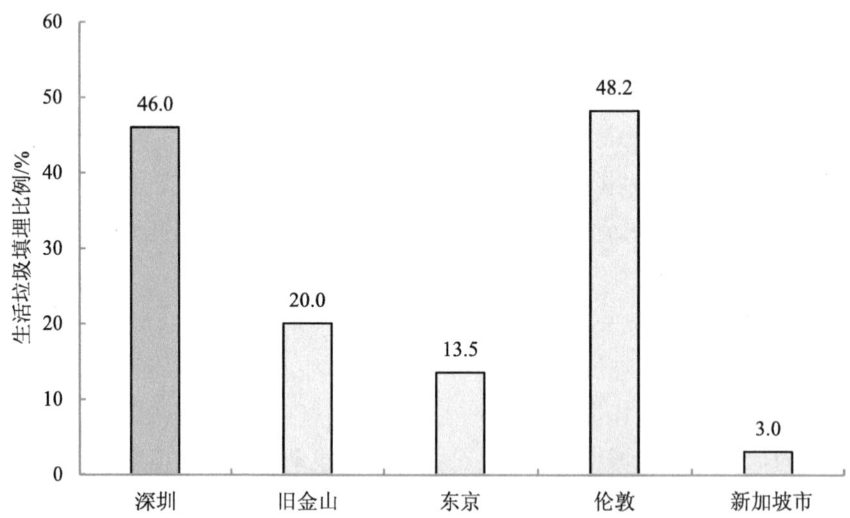

图 3-15 深圳与国内、国际先进城市在生活垃圾填埋比例的比较

3.3.3 小结与建议

根据深圳与国际城市的对标分析，对深圳建设美丽中国典范提出如下建议：

（1）明确率先建设美丽中国典范的战略定位

坚持战略引领，明确将深圳率先打造成人与自然和谐共生的美丽中国典范。一是坚持标准引领。对标国际一流湾区生态环境质量、污染治理水平和绿色发展水平，探索建立深圳建设美丽中国典范的目标与评价指标体系。二是强化政策供给。坚持把深圳打造成为全球生态文明建设的标杆城市、绿色低碳标杆城市、蓝色清洁标杆城市、清洁空气治理标杆城市、应对气候变化标杆城市，并提供有力的政策支撑。三是优化体制机制，加快推进深圳生态环境治理体系与治理能力现代化。加强区域联动，强化生态环境保护与生态系统治理的协同协作，共同保护修复自然生态系统，推动环境污染防治，推进能源生产和消费革命，实施资源能源消费总量和强度协同控制。四是坚持科技创新驱动。改革科技创新机制，强化生态环境保护与生态系统治理的科技供给。

（2）实施重大生态环境保护与生态系统修复工程

按照“山水林田湖草”生命共同体的理念，积极谋划实施一批重大生态保护修复工程。一是实施生态环境整治工程。集中治理水、空气、土壤等污染问题，深入推进源头减量、资源化利用和无害化处置。二是实施森林、湿地、海洋等自然生态系统保护修复工程。保护修复低效林、沿海红树林、城市湿地公园、海洋自然保护区等生态系统的生态功能。三是实施自然保护地建设工程。建立符合高密度都市区区域特点的自然保护地体系，有效解决自然保护地中保护与利用矛盾的突出问题，提升典型生态系统和生物多样性保护水平。四是实施蓝色清洁建设工程。集中保护水生态和水环境。五是实施绿色发展示范工程。着力构建绿色发展方式，大力发展清洁能源和可再生能源。

（3）加强海洋和水资源环境保护

海洋资源和水资源、水环境是深圳生产生活和生物多样性的生命线，要加强保护。一是要全面构建海洋资源保护管理制度体系。完善调查观测业务体系，推进减灾业务体系建设，健全空间规划和用途管制制度。二是要加强深圳水安全保障。遵循“节水优先、空间均衡、系统治理、两手发力”的治水方针，落实“水利建设补短板，水利行业强监管”的总基调，为促进节水、绿色、安澜与智慧深圳的建设。三是强化水资源流域与区域统一调度和水资源配置体系建设。加强水资源的科学管理与调度，科学利用雨洪资源。四是加强水环境、水生态安全保障建设。完善河长制、湖长制建设，规范入河排污口，严控入河污染物排放，严格水生态空间管控，实施河口生态保护修复。

（4）积极应对气候变化，打造气候先锋城市

在当前全球气候变暖背景下，气候变化带来的极端天气气候事件增多，对经济社会发展各方面的影响越来越显著。深圳应积极应对气候变化。一是加强粤港澳三地防灾减灾协作。充分利用不同体制优势，建立并完善粤港澳三地灾害会商、信息互通、协同处置机制，实现区域内防灾减灾先进技术共享共用。二是制定适应气候变化路线图，打造气候先锋城市。加强科技研发，深入认识气候变化影响，制定适应气候变化路线图，建设应对气候变化试点示范基地。加强城市公众预警防护系统建设，提升城市应急保障服务能力，降低应对气候变化风险，积极探索符合深圳实际的适应气候变化建设管理模式，打造气候先锋城市。

（5）创新生态产品和服务供给模式

一是创新生态产品和服务的供给模式。转变政府工作方式，从生态产品和服务的提供者向购买者和促进者转变，更好地发挥市场主体的作用和功能。二是创新生态产品经营模式。政府应积极创造条件，探索引入社会经营主体，实现生态产品和服务的市场化供给。三是充分利用新技术提升供给水平。综合运用大数据、物联网等新技术，提升生态产品和服务的供给水平。四是大力发展绿色金融。建立绿色信贷、绿色债券、绿色基金“三位一体”的绿色金融体系，积极探索森林、湿地、水、海洋等自然资本产权运作，推动自然资本的产权明晰和价值核算，繁荣自然资源产权交易市场，因地制宜运用抵质押贷款、证券化等金融手段盘活森林、湿地等自然资源，实现市场化运作、可持续的生态产品价值实现路径。

（6）吸收采纳国际先行城市关注目标指标

从国际先进城市关注重点和生态环境保护目标来看，建议深圳在率先建设美丽中国典范的进程中，首先关注气候变化和公园绿地等城市自然生态空间目标指标，其次关注空气质量、固废管控、绿色出行等目标指标（表 3-19）。

表 3-19 国际先进城市生态环境保护主要关注的目标指标

类别	指标	纽约	伦敦	巴黎	东京	中国香港	新加坡市	频次
气候变化	温室气体排放量	√	√	√	√	√		6
	公交车、电力网络、交通、建筑温室气体排放量		√		√			
	碳足迹			√				
	可再生能源使用占比			√	√			
	化石燃料和家庭取暖燃油使用占比			√				

类别	指标	纽约	伦敦	巴黎	东京	中国香港	新加坡市	频次
	能源消耗量			√	√			
	LED照明普及				√			
气候变化	能源强度					√	√	6
	人均碳排放量					√		
	绿色建筑					√	√	
	废弃物减量化与处置量	√	√		√	√		
	生活垃圾减量化	√						
固废管理	塑料购物袋零使用				√			5
	生活垃圾回收率				√			
	资源回收率						√	
	$PM_{2.5}$浓度	√				√	√	
	SO_2浓度	√					√	
	符合世界卫生组织的空气质量			√				
	光化学氧化剂浓度				√			
空气质量	PM_{10}浓度					√	√	5
	NO_2浓度					√		
	SO_2减排幅度					√		
	NO_x减排幅度					√		
	挥发性有机化合物减排量					√		
	臭氧浓度						√	
棕地	已修复数量	√						1
	居民步行距离覆盖比例	√					√	
	树冠覆盖率		√					
公园绿地	绿带等自然空间保护			√		√		6
	城市生物多样性					√		
	蓝绿空间面积				√		√	
	饮用水	√						
水管理	污水溢流截留率	√						2
	人均生活用水量						√	
	城市洪涝已发地区面积						√	

类别	指标	纽约	伦敦	巴黎	东京	中国香港	新加坡市	频次
	公共汽车出行率		√					
	慢行出行率		√					
绿色出行	私家车出行率		√					4
	公共交通出行率			√			√	
	增加电动汽车充电器数量				√			
	海岸线保护	√				√		
海洋保护	生态系统恢复面积	√						2
	受益于居民人数	√						
	参加环保绿化人员				√			
环保意识	绿色志愿者数量						√	2
	绿色社区						√	

（7）部分指标持续强化和重点突破

根据深圳与国际先进城市对标分析结果可知（表 3-20），3 项指标无差距，2 项指标略有差距，8 项指标差距大。深圳在环境质量、气候变化等方面差距较大，应重点突破。在城市生态保护和绿色生活等方面虽然已经取得一定成绩，但还需要进一步强化。

表 3-20 深圳与国际先进城市指标对标情况

序号	领域	指标	最高水平代表城市	深圳与其差距
1	城市生态	受保护地区占国土总面积的比例/%	中国香港（48.9）	无差距（45.1）
		建成区绿化覆盖率/%	新加坡市（50）	无差距（45.1）
		人均公园绿地面积/m^2	中国香港（37.1）	略有差距（15.4）
2	环境质量	$PM_{2.5}$ 浓度/（$\mu g/m^3$）	美国纽约（8.6）	差距较大（24）
		臭氧日最大 8 小时平均第 90 百分位数浓度/（$\mu g/m^3$）	美国纽约（157）	差距较大（156）
		达到或好于Ⅲ类水体占地表水比例/%	美国纽约、日本东京等（绝大部分达到我国Ⅱ类标准）	差距较大（治水仍处在攻坚消除黑臭水体、达到Ⅴ类水体阶段）
		近岸海域水质劣四类比例/%	中国香港（中国香港海水水质指标整体达标率为 88%）	差距较大（西部海域海水水质较差，全海域均为海水劣四类）

序号	领域	指标	最高水平代表城市	深圳与其差距
3	气候变化	温室气体排放总量/万 tCO_2e	法国巴黎（2270）	差距较大（5741）
		人均温室气体排放量/tCO_2e	英国伦敦（3.44）	略有差距（4.41）
		温室气体排放强度/（万 tCO_2e/亿美元）	美国纽约（0.29）、法国巴黎（0.28）	差距较大（1.7）
		碳足迹/10^6 tCO_2	法国巴黎（78）	差距较大（参考广州指标 272）
4	绿色生活	公共交通占机动车出行分担率/%	中国香港（90）	无差距（57）
		生活垃圾填埋比例/%	新加坡市（3）	差距较大（46）

3.4 经济社会发展形势研判

3.4.1 经济发展形势

（1）经济发展保持高位增长，GDP 总量及增速进入世界城市前列

2018 年深圳 GDP 首次超越中国香港，成为粤港澳大湾区经济总量排名第一的城市。预计深圳经济将稳中求进，继续保持高位增长，在深入推进供给侧结构性改革和实施创新驱动战略方面取得成效，实现高质量发展。深圳地区生产总值呈现高总量、大增量的趋势，每个 5 年内 GDP 新增量仍然大幅增长（表 3-21），预期“十四五”期间 GDP 年均增速为 6.2%左右，GDP 新增量可达到 4 万亿元人民币左右，相当于 2016 年 GDP 的 2 倍左右；“十六五”时期年均增速预计为 5.3%左右，2035 年经济总量预计达到 6.6 万亿元人民币左右。

深圳经济外向度较高，高度融入国际市场，对于全球经济形势变化十分敏感。随着经济全球化进程深度调整，贸易保护主义抬头，国际贸易和投资壁垒快速增加，不利于深圳外贸发展。然而，世界经济将呈现新的特征，延续“东升西降”趋势，为深圳发展提供重要战略机遇期。国内宏观经济发展环境对深圳市的发展整体向好，不断有“双区”叠加的历史契机，粤港澳大湾区、珠三角城市群、都市核心圈等国家战略布局有利于深圳扩能赋权，提升影响力与辐射力。新科技革命将成为世界经济增长主动力，有利于深圳打造“国际创新之都”。深圳综合经济实力、发展质量将跻身于全球城市前列。2025 年、2035 年经济增量将以新兴产业为主的高质量发展格局基本形成。表 3-22 为 2035 年世界 GDP 前十城市。

表 3-21 深圳 GDP 年均增速对比及预测

发展阶段	GDP 年均增速/%
深圳特区前 40 年	26.2
深圳“十三五”时期（2016—2020）	8.4（预计值）
深圳“十四五”时期（2021—2025）	5.6～6.5（以 6.2 为基准）
深圳“十六五”时期（2031—2035）	5.3
中国香港、新加坡市	低于 5（2012 年以来）
日本东京	低于 3（2012 年以来）

表 3-22 2035 年世界 GDP 前十城市

城 市	2035 GDP/ （万亿美元，2018 年可比价格）
纽 约	2.5
东 京	1.9
洛杉矶	1.5
伦 敦	1.3
上 海	1.3
北 京	1.1
巴 黎	1.1
芝加哥	1.0
广 州	0.9
深 圳	0.9

数据来源：伦敦牛津研究院。

（2）产业结构优化升级加速，制造业规模国内外领先

深圳经济结构合理，三次产业结构持续优化，第二、第三产业并重发展。由于土地资源的相对不足，深圳市一直非常重视发展、支持以“知识经济、创新科技为主轴的新经济”，尤其是极具战略价值的先进制造业、高技术制造业。2019 年，深圳先进制造业和高技术制造业增加值占规模以上工业增加值比重分别提升至 71.19%和 66.6%，在国内大中城市中这两项数据均为最高，对第二产业比重上升产生了一定的拉动作用。深圳规模以上工业增加值增速逐渐放缓，第二产业占 GDP 比重降至 39%。第三产业占 GDP 比重上升至 60.9%，现代服务业占服务业比重提高至 70%以上，距离世界先进城市第三产业占比约 90%的差距仍然较大。深圳的经济增量以新兴产业为主，新兴产业对 GDP 增

长贡献率达 40.9%。以新一代信息技术产业、文化创意产业、互联网产业、新材料产业、新能源产业、节能环保产业以及生物产业在内的新兴产业增加值呈增长趋势。“十四五”期间，深圳将大力发展战略性新兴产业，在未来通信高端器件、高性能医疗器械等领域创建制造业创新中心；积极发展智能经济、健康产业等新产业、新业态，打造数字经济创新发展试验区；提升金融服务实体经济能力；推动数字货币研究与移动支付等创新应用逐步落地；在港澳金融市场互联互通、金融产品互认，人民币国际化先行先试方面取得新进展。预计到 2025 年，第二产业仍处于结构性转型阶段，深圳三次产业结构水平不会发生根本性转变，制造业占比仍将保持在 35%～40%。现代产业体系核心竞争力大幅提升，高技术制造业增加值占工业增加值比例预计达到 70%，现代服务业增加值占服务业比重达 72.6%；先进制造、高技术制造业助推深圳工业迈向高端，形成制造业与新兴产业、现代服务业良性互动的新格局，向智能化、数字化、集成化方向转型。到 2035 年，第二产业占比将下降至 20%～25%，制造业高端化，产业定位将更加偏重服务业，以信息技术和金融业为代表的现代服务业在 GDP 中的占比加重，全面实现质量型增长。

（3）以新经济为主导，创新驱动成为发展主动力

深圳坚持有质量的稳定增长、可持续的全面发展，结构转型升级和发展方式转变加快，根本改变了经济发展对资源要素的依赖，转向更多依靠技术进步的内涵式增长、向创新驱动转变的趋势。2016 年中国社科院《2015 年城市竞争力蓝皮书：中国城市竞争力报告》显示，深圳综合经济竞争力位居内地城市第一，超越中国香港、上海和北京，已经走上了内涵式发展道路。

随着双循环国家战略的推进和新基建、新消费的兴起，新经济将成为深圳发展新模式，智能经济、消费经济、健康经济、数字经济将成为深圳经济关键的增长点和发力点。预计“十四五”期间，随着政策的深入布局和企业的持续创新，深圳新经济增速仍将保持 9%的平均增速；到 2025 年新经济规模预计将突破 2 万亿元人民币，占 GDP 比重将达到 50%，预计能够创造近 500 万个工作岗位。预计到 2025 年，深圳将基本建成国际科技产业创新中心，科技和产业竞争力居国际前列，高新技术产业整体迈向全球中高端序列，成为推动全国高新技术产业发展的重要引擎；源头创新供给能力和引领式创新能力大幅提升，形成完善的创新生态链。产学研深度融合的创新优势将继续强化，研发投入强度、产业创新能力达到世界一流水平，全社会研发支出占 GDP 比重上升至 4.7%，研发投入结构明显优化，基础研发经费占 R&D 经费比重超过 6.2%；5G、人工智能、网络空间科学与技术、生命信息与生物医药实验室等前沿科技产业将成为未来经济增长的生力军。产业化创新能力将得到充分发挥，依托华为、中兴、腾讯、比亚迪等领先世界的创新型企业力量，培育和集聚国际国内创新资源；世界 500 强企业数量将预计超过 10

家，独角兽企业将超过 30 家；有望成为全球经济枢纽与创新枢纽，突出创新策源地和国际创新要素集聚，突出金融科技、产融结合和跨境金融创新，突出新消费，跻身全球城市 TOP50。到 2035 年，建成可持续发展的全球创新创意之都，科技和产业竞争力全球领先，高新技术产业引领全球发展，跻身世界创新型城市先进行列（表 3-23）。

表 3-23 世界城市影响力及创新实力排名

	深圳	北京	上海	中国香港	伦敦	纽约	东京	巴黎	新加坡
GaWC 2020 世界城市排名	46 Alpha −	6 Alpha +	5 Alpha +	3 Alpha +	1 Alpha ++	2 Alpha ++	9 Alpha +	8 Alpha +	4 Alpha +
2020 年全球金融中心指数排名	11	7	4	6	2	1	3	15	5
2019 年全球大都市世界 500 强总部数量/个	7	56	8	7	15	18	38	27	3

3.4.2 社会发展形势

（1）人口保持峰值增长，户籍人口趋于稳定

深圳常住人口增量除新流入人口外，相当大比例来自非常住人口的就地转化，未来常住人口仍将保持高位运行、小幅微增态势，人地矛盾仍然突出。在“十三五”时期，深圳已经突破原 2020 年人口总量 1 200 万的目标，“十四五”时期人口总量实际增长态势仍有可能超过预期目标。按 2001—2018 年年均增速 3.5%测算，2020 年深圳常住人口预计为 1 400 万；“十四五”期间人口增速进一步下降，按年均 2.5%增速测算，2025 年深圳常住人口数量预计将达到 1 580 万；2035 年常住人口预计为 1 800 万～2 000 万，人口达到峰值。随着深圳落户政策较 2016 年的“实质性”收紧，常住户籍人口比重增速放缓，户籍人口增长速度减慢，预计中长期深圳户籍人口增长将趋于稳定（表 3-24）。

表 3-24 深圳常住人口预测

年份	期末常住人口/万人	常住人口增速/%
2020	1 400	3.5
2021—2025	1 580	2.5
2026—2035	1 800～2 000	2.0～2.5

（2）就业规模稳步扩大，就业结构深刻变化

深圳不断完善就业政策，就业总量保持稳步增长，就业形势总体稳定，从 2014 年的 899.66 万人增加到 2018 年的 1 050.25 万人。2018 年年末，第一、第二、第三产业就业人员分别为 1.63 万、444.75 万、603.87 万，三次产业就业人员结构为 0.2∶42.3∶57.5。自 2014 年以来，第二产业就业人员比重持续下降，第三产业就业人员比重稳步上升。预计未来深圳就业规模将稳步扩大，到 2025 年就业人数预计达到 1 200 万，2035 年达到 1 500 万；就业结构不断优化，第三产业成为吸纳就业的主力军。高能商务人群、高知双创人才、高研科技精英、高技产业大军将成为人群主力，支撑城市新消费与新科技成长。

（3）人民生活水平和质量普遍提升，进入人口与消费驱动环境压力增长阶段

深圳居民人均可支配收入和消费支出呈双增长趋势，逐步向消费型社会转型。人均收入稳步增长，增幅大于支出。居民家庭恩格尔系数逐年下降。消费结构不断优化，主要消费支出为居住，占比 30%。从中长期来看，随着居民收入与生活水平的提高，深圳居民家庭将更加注重生活品质和未来发展潜力方面的消费支出，“发展型”消费支出（教育、文化、娱乐、医疗保健等）占消费性支出比重将呈现增长趋势。预计到 2025 年，深圳最终消费率将达到 50%，最终消费规模预计将达到 2.2 万亿元，实现翻番，仅次于北京和上海；预计到 2030 年，深圳最终消费规模有望突破 3 万亿元，新兴消费群将进一步打开城市消费空间。城市继续发展带来的人口增长、生活水平提升，以及大量生产要素集聚导致的环境压力将长期存在。深圳 2019 年人均 GDP 约为 3 万美元，位列全国第一，与西班牙、韩国、意大利等发达国家水平较为接近，但与世界先进城市仍存在一定差距。预期到 2025 年，深圳人均 GDP 将达到 3.6 万美元，接近国际二线城市当前水平，超过高收入经济体中位数；2035 年人均 GDP 预计约为 4.5 万美元。

深圳中长期发展定位的基础是“以人民为中心”，未来深圳将从年轻城市步入成熟城市，不仅要建设可持续发展的宜居城市，实现更多深圳人的安居乐业，更要保持多元、包容的移民城市活力，满足更多外来移民和“逐梦新青年”对美好生活的向往。2025 年，深圳公共服务水平将达到国际先进水平，社会保障事业持续推进，社会保障水平逐

步提高，保障体系不断完善；在高等教育方面加大投入力度，引进人才；各类学校数量、在校生人数稳步增长；文体、医疗水平稳步提升。到 2035 年，社会发展将更趋协调，“人民日益增长的对美好生活的需要和不平衡不充分发展之间的矛盾”这一社会主要矛盾将基本解决。届时，人民对美好生活的新需求将充分满足。人民生活更为宽裕，中等收入群体比例明显提高，居民生活水平差距显著缩小，基本公共服务均等化基本实现，全体人民将实现共同富裕。

3.4.3 能源发展形势

深圳通过加快转变生产方式，优化产业结构，大力发展高新技术产业和战略性新兴产业等政策，采取一系列节能降耗措施，实现了以更少的资源能源消耗推动更高质量的发展（图 3-16）。目前，能源消费导致的生态环境压力尚未达到拐点，2020 年深圳一次能源消费总量约为 4 700 万 t 标准煤。预计到 2025 年达到 5 310 万 t 标准煤，用能增速达到 2.4%，与广东平均增速基本一致；“十四五”之后，能源需求总量增速逐步放缓，预计年均增速低于 1%，进入平台期；到 2035 年一次能源消费总量达到 6 700 万 t 标准煤左右。

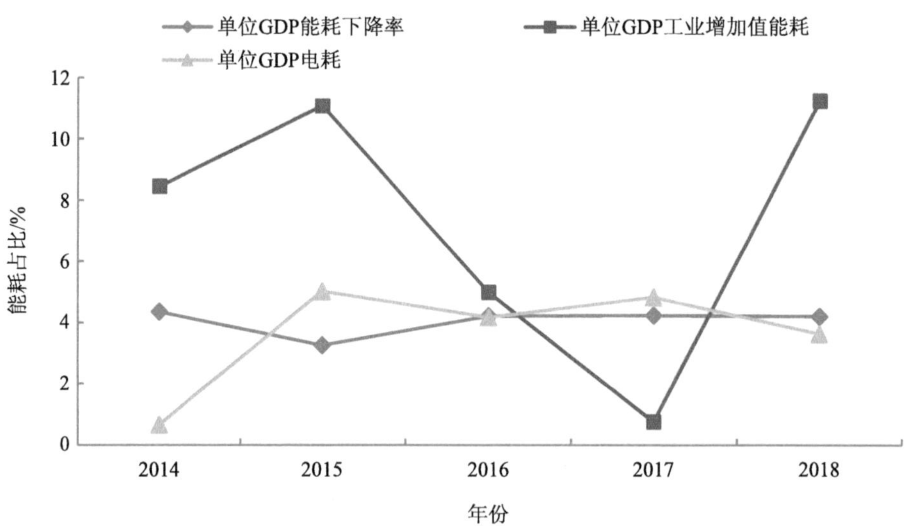

图 3-16 深圳市万元 GDP 能耗与万元 GDP 工业增加值能耗下降率变化趋势

深圳工业增加值能耗下降幅度较大，单位 GDP 能耗绝对量已与发达国家水平相当，在国内处于领先水平。到 2025 年，万元 GDP 能耗下降率保持在 4%左右，达到 0.14 t 标准煤；2035 年万元 GDP 能耗预计约为 0.11 t 标准煤，能源利用效率不断提升（表 3-25）。深圳电力行业向高效清洁节能的方向发展，电力生产以核电、天然气发电和垃圾发电为主，在经济总量不断增长和经济效益不断提升的基础上，万元 GDP 电耗也将不断下降。深圳的工业经济将向低耗电方向转型，非化石能源布局更加优化，新能源发电经济性不断提高。“十四五”时期全国推进绿色发展，将对深圳产生重大利好。深圳通过加大调整能源消费结构力度，新能源和节能环保产业发展迅速，节能降耗成效将不断凸显。

表 3-25 深圳市能耗总量及单位 GDP 能耗预测

年份	一次能源消费总量/（万 t 标准煤/a）	单位 GDP 能耗/（t 标准煤/万元）
2020 年目标	4 700	0.18（2019 年）
2025 年预期	5 310	0.14（年均下降率约为 4%）
2035 年预测	6 700	0.11

中长期能源结构将进一步优化。2014—2018 年，深圳市工业终端能源消费比重逐年下降，降低了 11.27 个百分点，第三产业能源消费占能源消费总量比重提升了 9.63 个百分点，居民生活用能占比也有所提高，未来第三产业终端能源消费占终端能源消费总量的比重仍将为最大（图 3-17）。然而，能源消费的内生动力结构改变，以居民生活用能及机动车、家用电器等耗能产品消费增长驱动的污染物排放压力将逐渐增大。

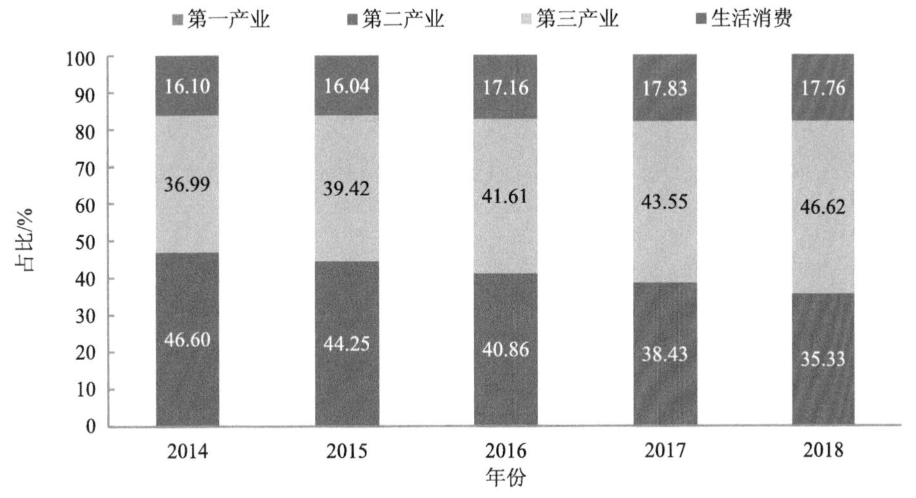

图 3-17 深圳市三次产业和居民生活终端能源消费结构变化趋势

3.4.4 水资源消耗形势

经济发展和产业规模的持续扩张一直以来都是深圳市用水量增长的主要因素。深圳总用水量与地区生产总值和规模以上工业增加值具有较强的协调性。在 2008—2009 年经历世界金融危机的冲击下，深圳的生产总值增长率、规模以上工业增加值增长率及总用水量增长率均在下降后呈反弹上升趋势；之后随着产业结构的调整以及用水效率的提升，增长幅度均减小（图 3-18～图 3-21）。从 2011 年开始，工业用水量逐年下降，全市万元 GDP 用水量和单位工业增加值用水量呈现不断下降的明显趋势。然而，2013 年之后，由于居民生活用水量和城市公共用水量不断增加，总用水量又开始呈现增加趋势。

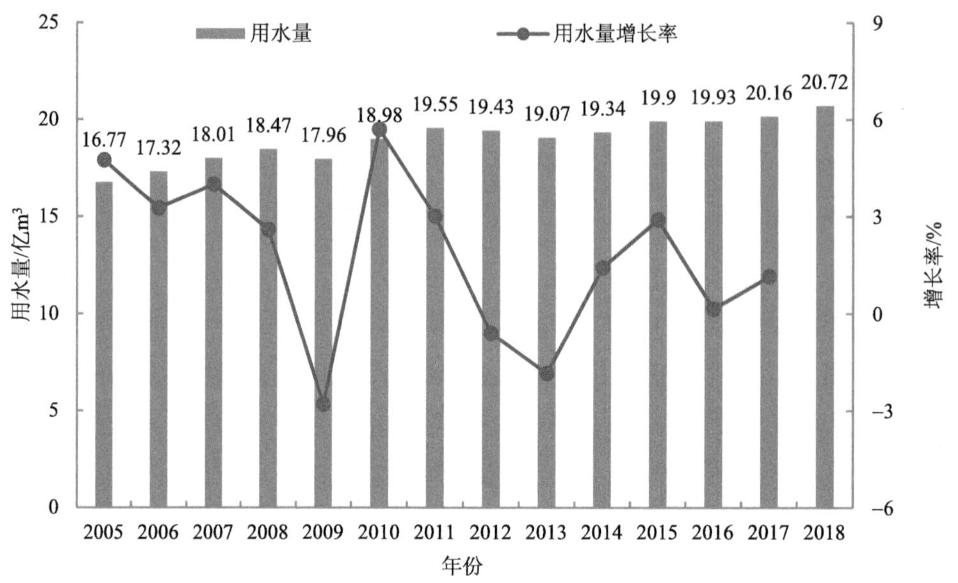

图 3-18　深圳市总用水量及用水量增长率变化趋势

注：2018 年深圳市用水情况包含深汕数据（深汕总用水量为 0.39 亿 m^3）。

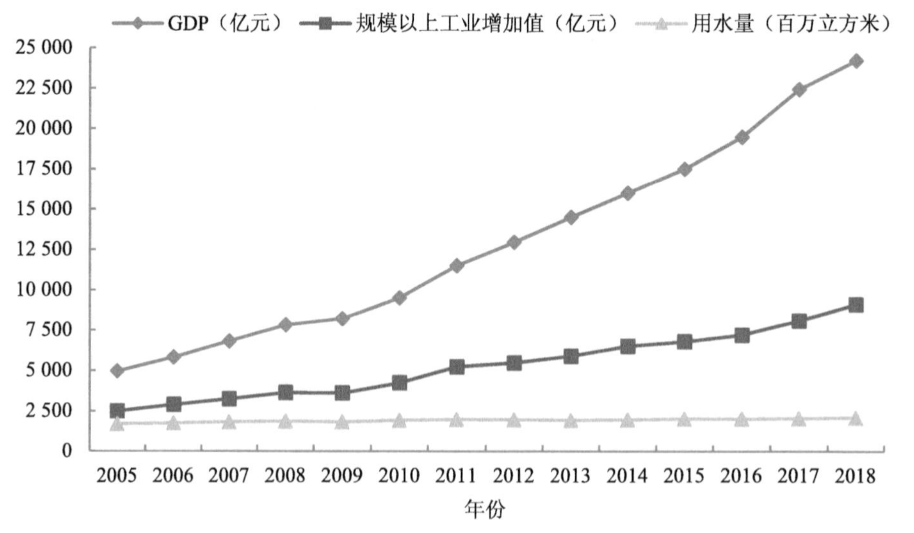

图 3-19　深圳市 GDP、规模以上工业增加值及总用水量变化趋势

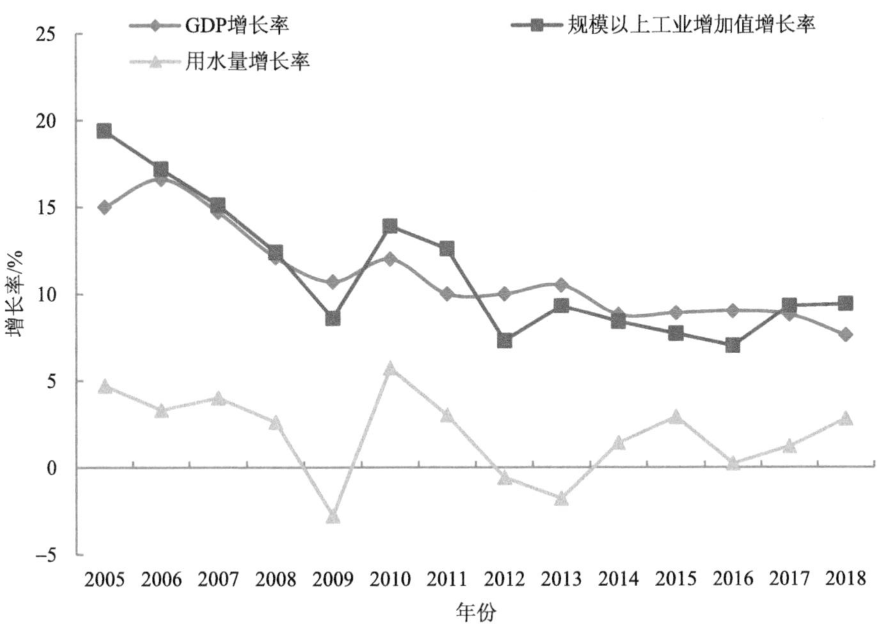

图 3-20　深圳市 GDP 增长率、规模以上工业增加值增长率及总用水量增长率变化趋势

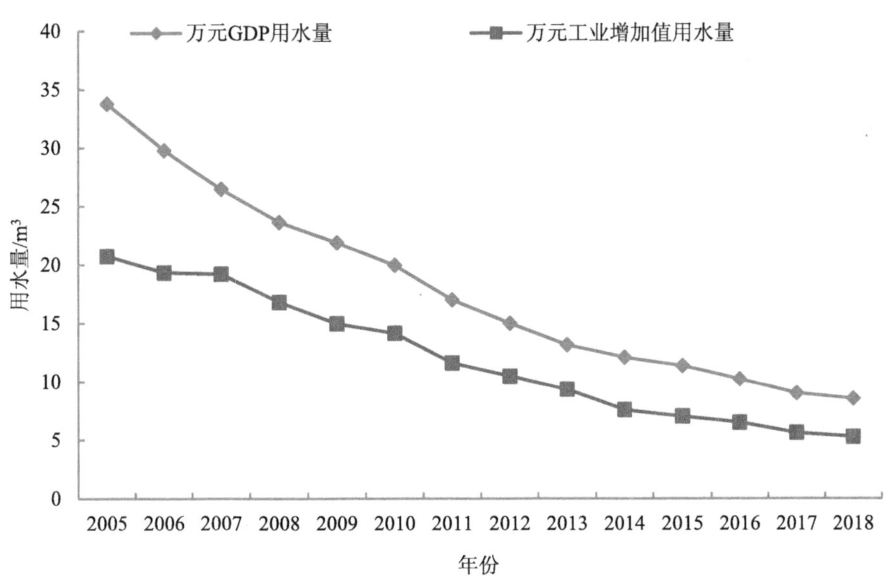

图 3-21　深圳市万元 GDP 用水量及万元工业增加值用水量变化趋势

深圳市总用水量在 2018 年已出现降低现象，但总体降幅趋缓，尚未达到经济增长与资源消耗的理想水平。产业结构和用水效率对深圳市产业用水量变化起负向作用，且在技术引领下的用水效率提升的影响已开始超过产业结构调整的影响，对产业用水量的控制起到越来越重要的作用，与产业结构相近的新加坡相比，深圳市万元 GDP 用水量明显偏高，综合用水效率及行业用水效率未来仍存在较大提升空间（表 3-26）。预计 2025 年，深圳水资源消耗总量约达到 20 亿 m^3，水资源消耗强度将进一步下降，单位 GDP 水耗下降 33%左右；2035 年水资源消耗总量约为 19 亿 m^3，万元 GDP 水耗约为 3 m^3。

表 3-26 深圳市水资源利用总量及万元 GDP 水耗预测

	水资源利用总量/（亿 m^3/a）	单位 GDP 水耗/（m^3/万元）
2020 年目标	20.62	7.93
2025 年预测	20.00	5.26
2035 年预测	19.00	3.00

深圳市用水结构调整趋势明显，以城市居民生活用水为主。其中，城市居民生活用水约占总用水量的 35%，其次是城市公共用水量，约占 30%。从 2011 年开始，随着第三产业增加值占全市生产总值的比重逐年增长，城市公共用水量占总用水量的比重呈逐年上升趋势，城市公共用水上升为用水构成的第二大部分；而随着产业结构优化升级，第二产业增加值占全市生产总值的比重逐年下降，城市工业用水量占总用水量的比重呈逐年下降趋势，2015 年下降至用水构成的第三大部分。预计 2025—2035 年，深圳用水结构将延续这一趋势，工业用水的比重将逐渐下降，生活、公共和生态用水的比重将继续呈上升趋势；工业增加值仍将保持增长，但增幅较之前变缓，与此同时，随着工业用水来源趋于多元化、节水新工艺的大力推广、工业生产结构的不断转型升级，工业用水效率将得到明显提升。随着经济发展以及城市居民生活水平的提高和公共市政设施范围的不断扩大和完善，深圳城市人口、人均用水系数和用水普及率都在相应增加，预计生活用水和公共用水将持续增长。城市公共服务业和居民生活的节水潜力较大，工业节水潜力相对较小。

3.4.5 土地资源时空变化形势分析

3.4.5.1 研究方法

（1）Markov 模型

Markov 模型是一种基于栅格的空间概率模型，具有后续无效性，因此常被用于一些地理事件的预测。该模型也是景观生态学中用来模拟植被动态和土地利用覆被变化最早也最普遍的模型。模型涉及以下基本概念范畴和运算原理，具体涉及马尔可夫过程、状态转移矩阵、状态转移概率矩阵，在本研究中不再赘述。

（2）FLUS 模型

CA 模型是一种时空和状态都离散，具有空间上相互作用和时间上因果关系的局部网络动力学模型，它具有强大的复杂计算功能、并行计算能力、高度动态特征和空间概念。它由元胞、元胞状态、邻域和转换规则构成，其基本原理就是一个元胞下一时刻的状态是上一时刻其邻域状态的函数。模型如下所示：

$$S_{(t+1)} = f\left[S_{(t)}, N\right] \tag{3-1}$$

式中，S —— 有限、离散的元胞状态集合；

N —— 元胞邻域；

$t+1$ —— 不同时刻；

f —— 局部空间元胞状态的转换规则。

CA 模型的基本组成包括元胞、元胞空间、邻域及转换规则四个部分。

从本质上看，马尔可夫模型与元胞自动机都是时间和状态离散的动力学模型。本研究在 GeoSOS-FLUS 的支持下构建模型，对深圳市土地利用的变化进行多情景模拟。首先，该模型利用已有的土地利用类型转移矩阵模拟人类活动与自然影响下的土地利用变化以及未来土地利用的情景。该模型原理来自元胞自动机（CA），并对其进行改进。采用神经网络算法（ANN）从一期土地利用数据与包含人为活动与自然效应的多种驱动力因子（气温、降水、土壤、高程、坡度、坡向、交通、经济、政策等方面）获取各类用地类型在研究范围内的适宜性概率。其次，采用该模型能较好地避免误差传递的发生，在土地变化模拟过程中，FLUS 模型是一种基于轮盘赌选择的自适应惯性竞争机制，该机制能有效处理多种土地利用类型在自然作用与人类活动共同影响下发生相互转化时的不确定性与复杂性，使 FLUS 模型具有较高的模拟精度并且能获得与现实土地利用分布相似的结果。本模型综合了马尔可夫模型的时间动态优势和改进的元胞自动机的空间动态演化能力，利用该模型对深圳市土地利用变化进行模拟，对预测该区域生态环境的变化趋势及制定土地利用和生态环境建设规划具有重要的现实意义。研究技术路线如图 3-22 所示。

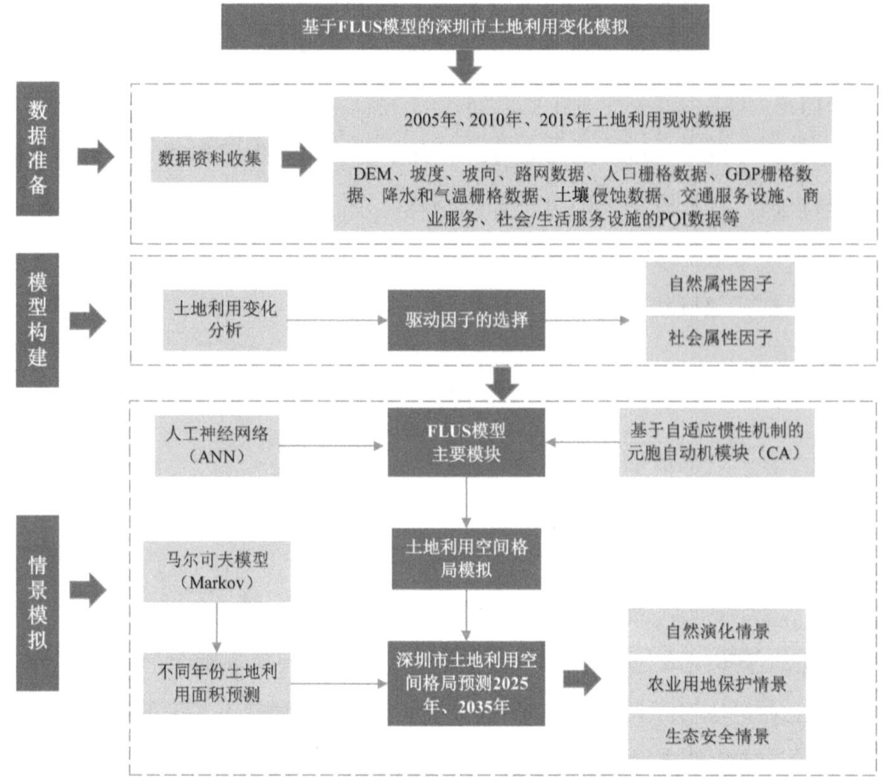

图 3-22　基于 FLUS 模型的深圳市土地利用变化模拟技术路线图

3.4.5.2　土地利用结构与转移矩阵分析

根据实际需要，结合深圳市土地利用实际情况并结合中国科学院资源环境科学数据中心的土地利用分类标准体系，将住宅、工矿仓储、商服用地等统称为建设用地，将耕地和园地合并为农业用地。据此将深圳市土地利用类型分为农业用地，林地，草地，水域和城乡、工矿、居民用地（以下简称建设用地）五大类。本书从土地利用结构、土地利用转移矩阵、土地利用类型转出率、土地利用动态度四个方面来分析深圳市 2005—2015 年土地利用动态变化与转移情况。以注重分类结果为基础，分别统计 2005 年、2010 年、2015 年深圳市各地物类面积。

2005—2015 年，农业用地、林地、建设用地为主要的土地利用类型，分别占到深圳市总面积的 94.6%、95.0%、96.0%，可以看出，逐年呈缓慢上升趋势，在深圳市土地利用中居主导地位。具体来看，2005 年，林地的面积为 803.41 km^2，建设用地面积为 747.94 km^2，林地占据第一位。2010 年、2015 年的土地利用中，建设用地面积均大于林地面积，成为主要的土地利用类型。2015 年作为现状年，其农业用地、林地、草地、水域、建设用地的面积所占比例分别为 8.04%、39.80%、1.21%、2.78%和 48.17%。其中，建设用地面积从 2005 年的 747.94 km^2 增长至 910.23 km^2，10 年内共增长 162.29 km^2，年均增长 16.229 km^2，处于高速扩张状态；除去建设用地，其他类型土地面积都呈现出减少的特征及趋势，减少面积较大的为耕地、林地，分别减少了 84.79 km^2 和 51.31 km^2（表 3-27）

表 3-27　2005 年、2010 年、2015 年深圳市各地类面积统计

土地利用类型	2005 年		2010 年		2015 年	
	面积/km^2	比例/%	面积/km^2	比例/%	面积/km^2	比例/%
农业用地	236.71	12.53	217.62	11.52	151.92	8.04
林地	803.41	42.51	781.60	41.36	752.10	39.80
草地	26.87	1.42	25.86	1.37	22.91	1.21
水域	74.85	3.96	68.66	3.63	52.62	2.78
建设用地	747.94	39.58	796.04	42.12	910.23	48.17

2005—2015 年，深圳市建设用地面积呈增加趋势，而农业用地、林地、草地、水域用地面积呈减少趋势。这主要是由于深圳市的城市化发展使建设用地不断扩展，面积不断增大，在扩展过程中占用到除建设用地外的其他类型土地（图 3-23）。

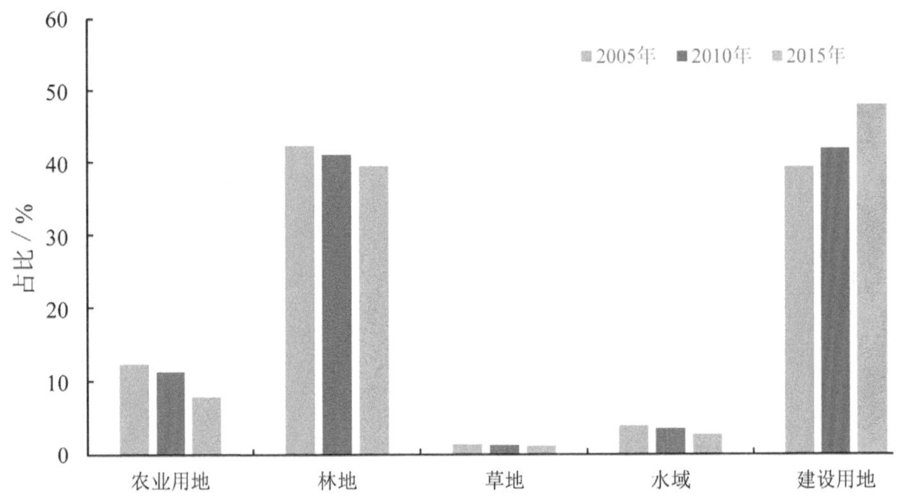

图 3-23　深圳市 2005—2015 年各种土地利用类型面积占比

土地利用转移矩阵是一个行列数均为研究区地类数的矩阵，它是土地转化动态模型，表示在研究时期内某类土地利用类型转变为另一土地利用类型的面积。基本形式为

$$S_{ij}=\begin{matrix} S_{11} & S_{12} & \cdots & S_{1n} \\ S_{21} & S_{22} & \cdots & S_{2n} \\ \cdots & \cdots & \cdots & \cdots \\ S_{n1} & S_{n2} & \cdots & S_{nn} \end{matrix} \tag{3-2}$$

式中，S_{ij} —— 研究时段内第 i 种地物类型转化为 j 地物类型的面积。

本研究基于 2005 年、2010 年、2015 年的三期土地利用数据进行处理，得到深圳市的土地利用面积变转移矩阵，整理如表 3-28 所示。

表 3-28　2005—2015 年深圳市土地利用转移矩阵　　单位：km²

年份	土地利用类型	耕地	林地	草地	水域	建设用地
2005—2010	耕地	217.62	0.21	0	0.09	18.79
	林地	0	781.39	0	0.08	21.94
	草地	0	0	25.86	0	1.01
	水域	0	0	0	68.38	6.47
	建设用地	0	0	0	0.11	747.83
2010—2015	耕地	134.79	8.69	0.34	4.66	69.14
	林地	7.07	686.85	2.59	3.79	81.30
	草地	0.25	1.97	18.15	0.25	5.24
	水域	1.01	3.57	0.83	36.68	26.57
	建设用地	8.80	51.02	1.00	7.24	727.98
2005—2015	耕地	137.11	9.16	0.34	4.71	85.39
	林地	7.38	689.73	3.00	3.83	99.47
	草地	0.25	2.02	18.30	0.25	6.05
	水域	0.95	3.41	0.83	37.25	32.41
	建设用地	6.23	47.78	0.44	6.58	686.91

根据土地利用转移矩阵表，可以看出深圳市 5 种土地利用类型的具体转入、转出情况。2005—2010 年，耕地面积几乎没有增加，且处于转出态势。建设用地处于增加态势，新增建设用地主要来自林地和耕地，分别转入 21.94 km² 和 18.79 km²；2010—2015 年，建设用地依旧处于增加态势，主要来源为林地和耕地，城镇面积在此期间迅速扩张。主要原因是深圳城市化的深度发展，对建设用地的需求依旧旺盛，使城镇化形成外延式持

续扩展。与此同时，耕地的转出远大于转入，转入主要源于林地和小部分建设用地，转出则主要转移为建设用地。

3.4.5.3 土地利用变化驱动力分析

（1）驱动因子选取原则

在进行土地利用驱动因子选取时主要考虑：①驱动因子的可获取性。要根据数据的可获取性选取驱动因子，同时在有条件的情况下，应该开展实地调研，对数据的准确性进行判断。②驱动因子的一致性。数据资料要在时空尺度上保持一致。③驱动因子的具体可量化程度。驱动因子需要输入模型中才能进行土地利用驱动力分析，因此所选取的驱动因子必须具备可定量化的特点。诸如基本农田、生态控制区等因素。④驱动因子的覆盖全面性。土地利用系统的复杂多变性决定了土地利用演化会受到自然、社会、经济、人口等多种因素的影响，因此，选取驱动因子时，必须要多方面考虑，所选取驱动因子必须能全面反映该区域土地利用变化。

（2）驱动因子的选取与计算

本书主要选取自然、社会因子。深圳作为一个高速发展的城市，它的土地利用演化影响因素同样多样化。作为一个多丘陵地带的城市，地势高低不平，坡度和坡向会限制城市的发展方向，同时，到水系的距离也会在一定程度上制约着城市建设用地和农业用地的发展。一般而言，城市的发展均是沿着道路进行发展、开发。随着社会经济的进步、交通便利性的提高与城市设施的完善，到道路的远近影响或许不再那么强烈，但是仍会对城市土地利用有一定影响。人是影响城市化进程与速度的重要因素，一个区域人的多少、人口密度的大小等都会在很大程度上决定这个区域的发展程度与发展趋势，所以本研究选用人口栅格数据进行人口密度的描绘。同时，城市的发展一般围绕经济高的区域拓展发展，采用GDP网格数据进行表征，再次依据《深圳市城市总体规划（2016—2035）》布局，以及2019年2月18日印发的《粤港澳大湾区发展规划纲要》可知城市中心区域和城市区域的组团式发展对城市土地利用变化具有强大的引擎带动作用，因此，本书选取深圳的几个城市中心进行因子可达性分析。除此之外，一些如学校、医院、公园、图书馆、大商场等公共服务设施也会极大地促进城市的扩展进程。此外，还考虑到深圳的气候因子，如降水和气温等也会在一定程度上影响土地的利用和分布。基于以上考虑，从自然、社会经济两个方面共选取了15个指标构建影响深圳市土地利用变化的驱动因子指标体系，见表3-29。

表 3-29 深圳市土地利用变化模拟驱动因子的指标选取及其计算方式

因素选择	驱动因子	描述/来源
自然因素类	高程	地理空间数据云
	坡度	需要用 ArcGIS 处理深圳市 DEM 获取
	坡向	需要用 ArcGIS 处理深圳市 DEM 获取
	多年平均降水	资源环境数据云平台，需要用 ArcGIS 进行重采样
	多年平均气温	资源环境数据云平台，需要用 ArcGIS 进行重采样
	土壤侵蚀数据	中国科学院资源环境科学数据中心
社会经济类	GDP	资源环境数据云平台，需要用 ArcGIS 进行重采样
	人口	资源环境数据云平台，需要用 ArcGIS 进行重采样
	商业服务设施密度	餐饮、购物、娱乐、住宿，利用 GIS 欧式距离计算
	其他公共服务设施密度	金融、科研教育、体育、文化、医疗机构、政府机关
可达性因子	距城市主要道路的距离	利用 ArcGIS 通过欧氏距离计算栅格到城市道路的距离
	距公路的距离	利用 ArcGIS 通过欧氏距离计算栅格到公路的距离
	距铁路和地铁的距离	利用 ArcGIS 通过欧氏距离计算栅格到铁路的距离
	距水系的距离	利用 ArcGIS 通过欧氏距离计算栅格到水系的距离

3.4.5.4 土地利用变化模拟验证与预测

（1）土地利用模拟验证

在模型中的 CA 模块输入 2010 年土地利用数据，利用 2010 年土地利用数据以及驱动因子，输入 2015 年深圳市土地利用类型的预测栅格数，模型参数设置完成后，经过一定时间的迭代计算，得到深圳市 2015 年自然演化情景下的土地利用模拟图（图 3-24）。

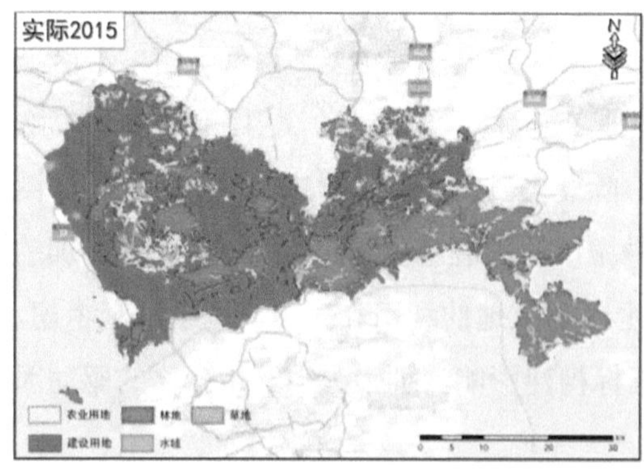

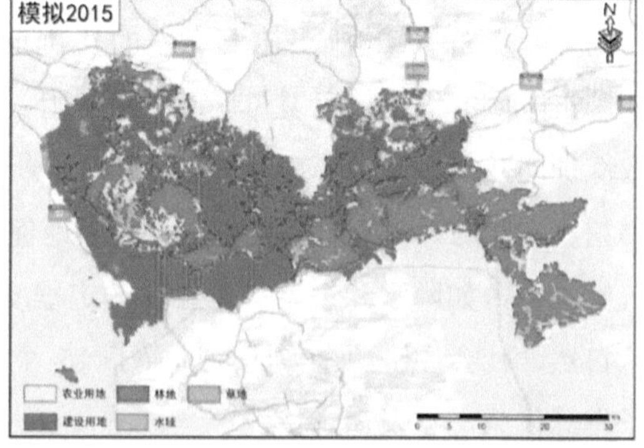

图 3-24 模拟年份与实际年份的对比图

将 2015 年的模拟结果与该年份的土地利用真实数据进行对比来验证模拟精度。在模拟精度验证方面，本书采用各种土地利用模拟精度和 Kappa 系数这两个指标进行检验。其计算公式如下：

$$\text{Kappa} = \frac{P_0 - P_c}{P_p - P_c} \tag{3-3}$$

式中，P_0 —— 模拟结果正确的比例；

P_c —— 随机条件下期望的模拟正确的比例；

P_p —— 理想情况下模拟结果正确的比例。

Kappa 值越接近 1，表明模拟结果精度越高，越接近实际的土地空间分布状况，当 Kappa≥0.75 时，表明模拟效果较好，模拟结果与实际的土地利用分布空间分布吻合度较高；当 Kappa 值在（0.4，0.75）时，表明模拟效果一般；当 Kappa<0.4 时，表明模拟效果的精度较差。

表 3-30 各种土地类型模拟精度

土地利用类型	农业用地	林地	草地	水域	建设用地
模拟精度	0.60	0.87	0.71	0.52	0.90

由表 3-30 可以看出，在此次模拟的 5 种土地利用类型中，水域模拟精度最低，其次为农业用地。林地、草地、建设用地的模拟精度均大于 70%，其中，林地和建设用地最高的精度分别为 90.23%和 87.29%。考虑到近年（2015 年）深圳市实际土地利用类型主要为林地和建设用地，其占比已经达到 87.97%，所以综合考虑本次模拟相对较为理想。而本次模拟的 Kappa 系数总体精度为 0.77，说明此次模拟有一定的效果。

（2）多情景土地利用变化预测

模拟结果说明本次模拟对驱动因子的选取以及其他参数的设定在一定程度上能够符合深圳市土地利用变化情况，可以较好地模拟深圳市土地利用空间分布变化。因此，可以利用 2015 年深圳市土地利用空间分布数据来预测未来近期“十四五”和远期 2035 年深圳土地利用空间分布的情况。基于深圳市发展现状，本研究构建了自然演化情景（不设定任何限制区域，所有的土地利用类型按照 2010—2015 年的 Markov 自然演化情景进行正常演化）、农业用地保护情景（假设在未来发展中农业用地只有转入没有转出，因此将农业用地范围设置为限制区域）、生态安全情景（采用将深圳市生态空间作为限制区域，该区域不得转为其他用地类型），通过设定三种土地利用发展情景，计算在未来规划各种土地利用面积的需求以及限制因子等相关参数，基于此，预测三种情景下中远期 2025 年、

2035 年的深圳市土地利用空间分布情况。三种情景的土地利用需求如表 3-31 所示。

表 3-31　2025 年、2050 年三种演化情景下土地利用需求面积预测结果　　单位：km^2

情景模式	年份	农业用地	林地	草地	水域	建设用地
自然演化情景	2025	88.15	719.74	18.99	39.45	1 048.26
	2035	64.28	696.40	16.60	34.86	1 102.45
农业用地保护情景	2025	128.77	719.17	18.36	39.40	1 007.84
	2035	114.18	694.07	15.64	35.26	1 053.32
生态安全情景	2025	124.63	793.20	22.41	48.28	927.91
	2035	108.04	820.86	21.91	45.38	922.08

通过比较三种情景模式下深圳市 2025 年的预测结果可知（图 3-25），在自然演化情景和农业用地保护情景下，深圳市均为农业用地、林地、草地、水域减少，建设用地增加。而在生态保护情景下，林地和建设用地增加，其他地物类型减少。《深圳市城市总体规划（2010—2020）》提出：2020 年，全市建设用地规模控制在 890 km^2，而《广东省深圳市土地利用总体规划（2006—2020 年）》提出，2020 年，建设用地总规模控制在 976 km^2（城镇工矿用地规模控制在 837 km^2）以内，而上述三种情景模拟在 2025 年土地利用面积分别为 1 048.26 km^2、1 007.84 km^2 和 927.91 km^2。相比较而言，在生态保护情景下，建设用地的预测面积最为接近。在自然情景下，各类土地按照原始的概率不断转移变化，变化最为明显的仍是建设用地有所增加。建设用地在 2015—2025 年，呈现出外延式扩张，面积从 2015 年的 910.23 km^2 发展到 1 048.26 km^2，其扩张以侵占农业用地和林地、草地为主。从空间分布而言，主要发生在光明区、龙岗区、宝安区。在农业用地保护情景下，由于限制了耕地的转化，耕地的稳定性进一步增强，使其他地物类型在转移的过程中对耕地进行避让，所以在模拟结果上，农业用地相对自然情景下有了相应的提升，2015 年农业用地面积为 151.92 km^2。三种情景在 2025 年农业用地面积分别为 88.15 km^2、128.77 km^2、124.63 km^2，耕地保有量得到保障。该情景也对林地和水域造成一定的侵占，相比自然情景下能减少幅度下降。在生态安全情景下，林地转移得到了限制，生态系统稳定性得到进一步提升，使得林地转出量减少，深圳生态安全得以维护。2020 年，深圳市三种情景下的林地面积分别为 719.74 km^2、719.17 km^2、793.20 km^2，主要分布在大鹏新区。除此之外，该情景也让其他地类的转变得到不同程度的调控，与自然演化和农业用地保护两种情景相比，建设用地整体得到限制，面积有了一定程度的下降。然而，草地和水域用地面积依旧减少，由于生态保护只限制了林地转化，城市中心外依旧

存在基本农田被占现象。

综上所述，不同设置的情景虽然会对各地类变化都有一定的影响，且不同的政策对土地利用地类变化产生不同程度的调控作用，但是，单一的情景并不能使经济发展和生态保护得到协同发展。例如，在自然演化情景下，假设不施加任何政策及规划等限制条件，建设用地将会快速增加，对耕地及生态用地产生很大威胁。其余两种情景也或多或少均有生态用地和农业用地被侵占的现象，城市缺乏一定的弹性和韧性，在未来，城市面对多方的不确定性因素越来越多，尤其是后疫情影响下的城市规模发展，更要讲究韧性和存量发展。

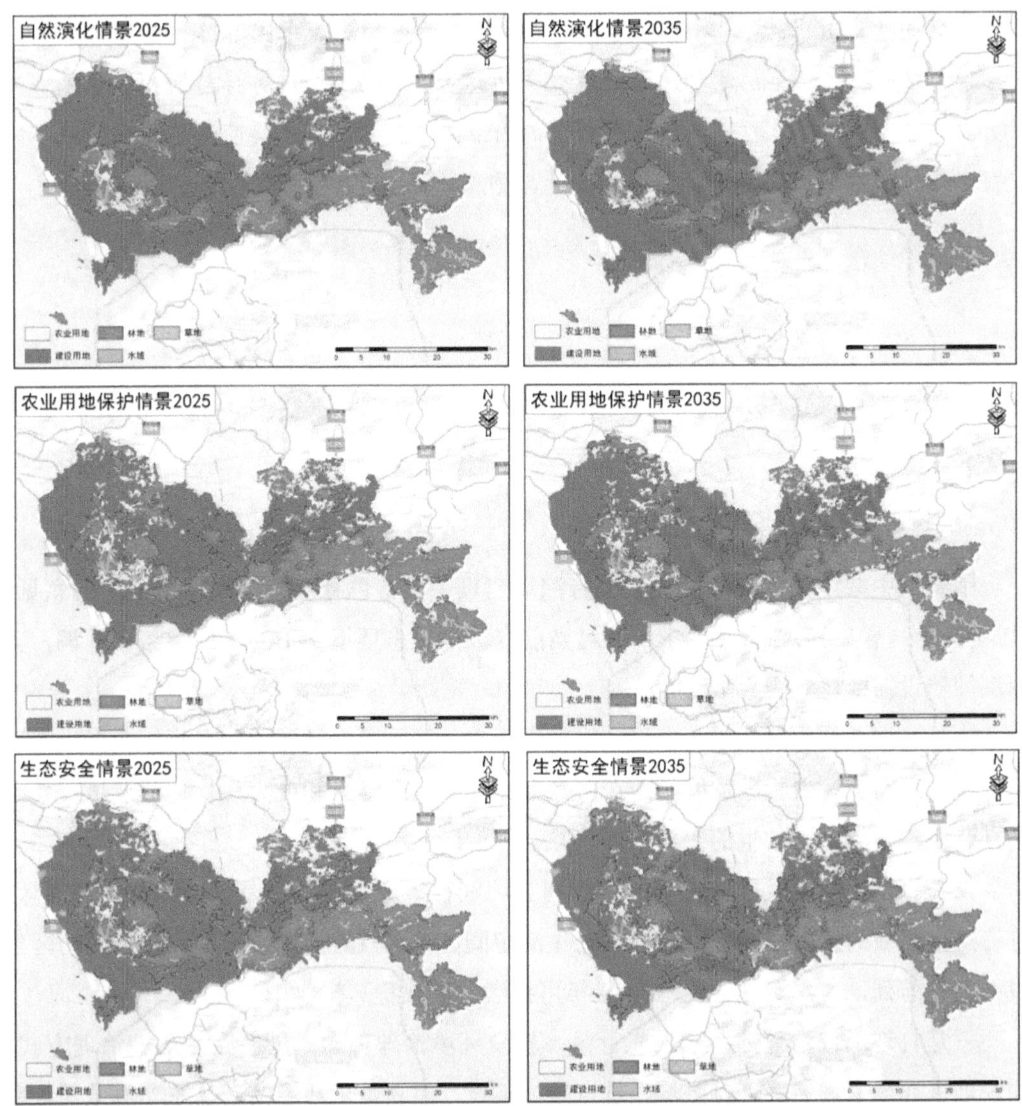

图 3-25　三种不同情景下 2025 年、2035 年深圳市土地利用空间分布预模拟图

第 4 章　总体战略

为严格落实《中共中央国务院关于支持深圳建设中国特色社会主义先行示范区的意见》，围绕“率先打造人与自然和谐共生的美丽中国典范”的目标要求，在系统评估美丽深圳建设的成效与问题、发展与形势、对标与研判的基础上，结合深圳率先打造美丽中国典范的内涵要求，研究提出美丽深圳建设的战略定位、基本原则、目标与指标设计、重点任务。

4.1　典范建设战略思路

4.1.1　战略定位

围绕《中共中央　国务院关于支持深圳建设中国特色社会主义先行示范区的意见》（以下简称《意见》）部署和要求，针对当前深圳市生态环境保护的整体形势和基调，美丽深圳建设需要达到四大战略定位。

一是打造美丽中国建设典范区。以建设生态环境国际一流城市为目标，实现生态环境舒适的外在美、高质量发展的内在美、生态环境治理体系和能力现代化的制度美，率先打造人与自然和谐共生的美丽中国典范。

二是打造可持续发展先锋区。牢固树立和践行“绿水青山就是金山银山”的理念，打造安全高效的生产空间、舒适宜居的生活空间、碧水蓝天的生态空间，在美丽湾区建设中走在前列，为落实联合国《2030 年可持续发展议程》提供中国经验。

三是打造现代治理体系建设先行区。转变环境治理理念，创新完善环境治理方式，加快推进环境治理体系重点区域、重点领域建设，建立健全环境治理体系制度政策，率先完成生态环境治理体系和治理能力现代化建设。

四是生态文明建设国际合作窗口区。立足大湾区、辐射东南亚，以敢于担当的精神积极参与海洋生态环境、生物多样性保护、应对气候变化、环保产业合作等领域的全球生态文明建设，打造国际生态文明建设交流平台。

4.1.2　基本原则

坚持改革创新，示范引领。充分发挥开拓创新、敢闯敢试的基因优势，积极探索打造美丽中国典范的治理体系、治理能力，加快推进重点领域、关键环节改革，形成生态环境保护引领高质量发展的美丽中国典范模式。

坚持“绿水青山就是金山银山”理念，质量核心。必须践行“绿水青山就是金山银山”的理念，深入实施可持续发展战略，努力实现经济社会和生态环境全面协调可持续发展，建设人与自然和谐共生的现代化。以解决突出生态环境问题为导向，以生态环境质量达到国际先进水平为指引，分区域、分阶段、分领域明确生态环境质量改善目标任务。

坚持绿色发展，集约高效。充分发挥生态环境保护对经济发展的优化调整作用，坚持走生态优先、绿色发展之路，深入实施可持续发展战略，加快推动绿色低碳发展，以生态环境高水平保护促进经济高质量发展。

坚持对外开放，对标一流。树立世界眼光、对标国际先进，借鉴国际先进城市生态环境保护治理经验与标准，立足深圳实际，探索形成具有示范意义的美丽中国建设的典范路径、战略路线和模式机制。

坚持共建共享，全民参与。积极探索全社会建设美丽中国典范的路径机制、载体模式，形成人人有责、人人尽责、人人享有的美丽建设共同体。

4.1.3　总体思路

根据美丽中国典范理论内涵，提出深圳美丽中国典范建设由表及里的三层含义：一是清新优美的生态环境，是打造美丽中国典范的基础和外在表象；二是绿色发展、高质量发展，是根本路径和内在本质；三是现代化的制度体系，是重要根源和驱动力，是体现社会主义制度优越性的必然要求。对照美丽中国典范建设要求，本战略研究编制的总体思路是以习近平新时代中国特色社会主义思想为指导，全面贯彻党的十九大和十九届二中、三中、四中、五中全会精神，深入贯彻落实习近平生态文明思想，坚定不移贯彻新发展理念，坚持稳中求进工作总基调，紧扣推动高质量发展主题、服务构建新发展格局，面向建设中国特色社会主义先行示范区目标，落实粤港澳大湾区战略部署，勇担可持续发展先锋重任，实现高水平建设都市生态、高标准改善环境质量、高要求防控环境风险、高质量推进绿色发展、高品质打造人居环境、高效能推动政策创新、高站位参与全球治理，在美丽湾区建设中走在前列，为落实联合国《2030 年可持续发展议程》提供中国经验，在全国率先树立人与自然和谐共生的美丽中国典范。

4.2 目标与指标设计

党的十九大确立了我国新时代生态文明建设的宏伟蓝图和实现美丽中国的战略要求，即到 2035 年基本实现现代化，生态环境根本好转，美丽中国目标基本实现。面向美丽中国目标要求，习近平总书记曾强调“不能一边宣布全面建成小康社会、美丽中国，一边生态环境质量仍然很差”。

从环境保护与社会经济发展的中长期战略、具体实践、阶段性目标层面出发，着眼于美丽中国在城市单元的建设，城市尺度美丽中国格局形成的总体目标同样为“生态环境根本好转”，其中包括一是节约资源和保护环境的空间格局、产业结构、生产方式、生活方式总体形成，绿色低碳循环水平显著提升，绿色发展方式和生活方式蔚然成风。二是资源环境承载能力大幅提升，全国环境质量达到标准，空气质量根本改善，水环境质量全面改善，土壤环境质量稳中向好，环境风险得到全面管控，山水林田湖草生态系统服务功能稳定恢复，蓝天、白云、绿水、青山成为常态，基本满足人民对优美生态环境的需要。三是国家生态环境治理体系和治理能力现代化基本实现。

同时，在《意见》中明确提出深圳市要率先打造人与自然和谐共生的美丽中国典范任务要求。因此要在美丽中国生态环境目标内涵要求上，进一步凝练提升美丽深圳建设的生态环境愿景。率先打造人与自然和谐共生的美丽中国典范，其标志性特征为以新时代人民对美好生活的高品质生态环境需求为基本出发点，创建“人与自然和谐共生”的城市，讲好中国美丽城市建设的“深圳故事”。

4.2.1 保护目标

以打造竞争力、创新力、影响力卓著的全球生态环境标杆城市为奋斗目标愿景，制定了“三个台阶、每五年一方案”的建设战略目标：

到 2025 年，生态环境质量达到国际先进水平，“天蓝水秀、现代宜居”成为美丽深圳生动写照，城市生态系统服务功能增强，细颗粒物（$PM_{2.5}$）年均浓度不高于 20 μg/m^3，景观、游憩等亲水需求得到满足，以碳排放达峰为核心做好工作安排，广泛形成绿色生产生活方式，建立完善的现代环境治理体系。

到 2035 年，生态环境质量达到国际一流水平，“绿色繁荣、城美人和”的美丽深圳全面建成，城市生态系统服务功能进一步提升，$PM_{2.5}$ 年均浓度不高于 15 μg/m^3，生态美丽河湖处处可见，碳排放达峰后稳中有降，绿色生产生活方式更加完善，实现环境治理能力现代化。

到21世纪中叶，力争实现碳中和，城市生态环境治理范式全球领先，成为竞争力、创新力、影响力卓著的全球生态环境标杆城市。

4.2.2 具体指标体系及可达性分析

4.2.2.1 指标设置的总体考虑

深圳美丽中国典范建设指标体系设计主要从以下四个方面考虑：

一是吸收，充分吸收国际先进城市高频关注的生态环境类指标。美丽中国典范建设需要"跳出深圳看深圳"，立足全国，放眼全球，对标国际先进城市，学习经验，避免弯路，实现"弯道超车"。目标指标方面，国际先进城市生态环境目标指标主要集中在气候变化、公园绿地，其次为空气质量、固废管理、绿色出行，然后为水管理、海洋保护、环保意识、土壤保护等领域。二是衔接，有机衔接《美丽中国建设评估指标体系及实施方案》中的指标体系，保持指标的稳定性和延续性，并有所优化。三是解决现阶段突出问题，解决深圳目前生态环境存在的问题和"短板"，与"十四五"生态环境规划和其他部门专项规划进行衔接统筹。四是坚持目标指标可监测、可量化、可考核。

在目标值设定方面，遵循"只能变好、不能变差"原则，注重目标的可行性和可达性，分阶段制定纲要期目标，确保考虑工程和管理措施实施后的目标可达性。

（1）世界湾区和国际先进城市生态环境关注指标

世界三大湾区和国际先进城市关注的生态环境目标指标主要为高频次关注气候变化、城市自然生态空间领域。其中，气候变化主要关注温室气体排放、碳足迹、可再生能源使用占比、化石燃料和家庭取暖燃油使用之比、能源消耗量、LED照明普及率、能源强度、绿色建筑等指标；城市自然生态空间重点关注居民步行距离、公园绿地覆盖比例、树冠覆盖率、绿带等自然空间的保护、蓝绿空间面积、城市生物多样性保护等指标。

较高频次关注空气质量、固废管理、绿色出行等领域。其中，空气质量重点关注$PM_{2.5}$浓度、SO_2浓度、PM_{10}浓度、NO_2浓度、SO_2减排幅度、NO_x减排幅度、挥发性有机化合物减排量、臭氧浓度等指标；固废管理重点关注废弃物减量化与处置量、生活垃圾减量化、塑料购物袋零使用、生活垃圾回收率、资源回收率等；绿色出行重点关注公共汽车出行率、慢行出行率、公共交通出行率、电动汽车充电桩数量等指标。

一般频次关注水管理、海洋保护、环保意识、棕地修复等领域。其中，水管理关注饮用水保护、污水溢流截留率、人均生活用水量、城市洪涝易发地区面积等指标；海洋保护重点关注海岸线保护、海洋生态系统恢复面积、受益于海洋生态系统的居民人数等指标；环保意识重点关注参与环保绿化人员、绿色志愿者数量、绿色社区等指标；棕地修复关注已修复土地项目数量。

（2）联合国可持续发展目标关注指标

2015 年 9 月 25 日，联合国可持续发展峰会上正式通过了《改变我们的世界：2030 年可持续发展议程》（以下简称《2030 年议程》），建立了全球可持续发展目标（Sustainable Development Goals，SDGs），为未来 15 年世界各国的发展和国际合作指明了方向，勾画了蓝图。

可持续发展目标是《2030 年议程》的核心内容，涵盖了经济、社会和资源环境三大领域，包括了 17 个可持续发展目标和 169 个子目标。环境目标是 2030 年 SDGs 的重要组成部分。《2030 年议程》强调资源、环境带来的生存、生活方面的挑战，环境目标几乎直接或间接体现在 SDGs 所有目标与指标中，涉及生态环境保护各个方面。对可持续发展目标和指标进行梳理发现，约有 52.9%的总体目标和 14.2%的子目标与生态环境保护相关，有些环境目标和指标是独立的，有些则是环境目标融入其他发展目标和指标中（表 4-1）。其中，总目标涉及水环境安全（SDG6）、可持续能源（SDG7）、可持续工业化（SDG9）、可持续城市（SDG10）、可持续生产与消费（SDG12）、气候变化（SDG13）、海洋环境（SDG14）、陆地生态系统及物种多样性（SDG15）、可持续全球伙伴关系（SDG17）等，其他总目标中涉及的环境子目标包括化学品污染防治、空气质量、土壤污染状况改善等方面。

表 4-1　《2030 年议程》提出的环境相关目标[①]

总体目标		所涉及环境问题	子目标数量/个
目标 6	为所有人提供水和环境卫生并对其进行可持续管理	水和环境卫生	8
目标 7	确保人人获得负担得起的、可靠和可持续的现代能源	可持续现代能源	5
目标 9	建造抵御灾害能力的基础设施，促进具有包容性的可持续工业，推动创新	可持续工业化	8
目标 11	违设包容、安全、有抵御灾害能力和可持续的城市和人类住区	可持续城市	10
目标 12	采用可持续的消费和生产模式	可持续消费和生产	11
目标 13	采取紧急行动应对气候变化及其影响	气候变化	5
目标 14	保护和可持续利用海洋和海洋资源以促进可持续发展	海洋和海洋资源	10
目标 15	保护、恢复和促进可持续利用陆地生态系统，可持续管理森林，防治荒漠化，制止和扭转土地退化，遏制生物多样性的丧失	陆地生态系统、森林、荒漠化、土地退化、生物多样性	12
目标 17	加强执行手段，重振可持续发展全球伙伴关系	可持续全球伙伴关系	19

① 来源：中国环境与发展国际合作委员会，绿色“一带一路”与《2030 年可持续发展议程专题政策研究报告》。

《2018 年可持续发展目标指数和指示板报告——全球责任：实现目标》以 2017 年为基础，对指标和方法做了更新，分析了全球 156 个国家实现可持续发展目标的长短板，为比较国家间的不同发展水平提供了依据。总体来看，在 2018 年评估的可持续发展总目标和所有指标中，有 9 项总目标和 31 个指标与生态环境保护直接或间接相关（表 4-2）。

表 4-2　2018 年 SDG 指数和指示板报告与生态环境保护相关的目标指标

SDG	指标
2	可持续氮管理指数
3	家庭和环境污染死亡率（每 10 万）
6	淡水获取量/%
	流入地下水枯竭/［m^3/（a·人）］
7	最终消费中的可再生能源/%
	获得清洁燃料和烹饪技术（人口百分比）
	燃料燃烧/电力输出产生的二氧化碳排放量/（$MtCO_2$/TW·h）
11	城市 $PM_{2.5}$/（$\mu g/m^3$）
	改善水源，管道（可访问的城市人口百分比）
12	电子垃圾/（kg/人）
	城市固体废物/［kg/（a·人）］
	废水处理/%
	生产产生的二氧化碳排放量/（kg/人）
	流入二氧化硫净排放量/（kg/人）
	氮生产足迹/（kg/人）
	流入活性氮净排放量/（kg/人）
13	能源二氧化碳排放量/（t/人）
	流入二氧化碳排放量，技术调整/（t/人）
	气候变化脆弱性（0～1）
	化石燃料出口中隐含的二氧化碳排放量/（kg/人）
	有效碳汇率（€）
14	海洋平均保护面积/%
	海洋健康指数—生物多样性（0～100）
	海洋健康指数—清洁水域（0～100）
	海洋健康指数目标—渔业（0～100）
	鱼类资源过度开发或崩溃/%

SDG	指标
15	陆地平均保护面积/%
	淡水平均保护面积/%
	红色名录物种生存指数（0～1）
	森林面积每年变化/%
	流入生物多样性影响/（物种/百万人）

（3）美丽中国目标指标

2020 年 2 月 28 日，国家发展改革委关于印发《美丽中国建设评估指标体系及实施方案》的通知，明确美丽中国建设评估指标体系包括空气清新、水体洁净、土壤安全、生态良好、人居整洁 5 类指标。按照突出重点、群众关切、数据可得的原则，注重美丽中国建设进程结果性评估，分类细化提出了 22 项具体指标。

空气清新包括地级及以上城市细颗粒物（$PM_{2.5}$）浓度、地级及以上城市可吸入颗粒物（PM_{10}）浓度、地级及以上城市空气质量优良天数比例 3 个指标。

水体洁净包括地表水水质优良（达到或好于III类）比例、地表水劣Ⅴ类水体比例、地级及以上城市集中式饮用水水源地水质达标率 3 个指标。

土壤安全包括受污染耕地安全利用率、污染地块安全利用率、农膜回收率、化肥利用率、农药利用率 5 个指标。

生态良好包括森林覆盖率、湿地保护率、水土保持率、自然保护地面积占陆域国土面积比例、重点生物物种种数保护率 5 个指标。

人居整洁包括城镇生活污水集中收集率、城镇生活垃圾无害化处理率、农村生活污水处理和综合利用率、农村生活垃圾无害化处理率、城市公园绿地 500 m 服务半径覆盖率、农村卫生厕所普及率 6 个指标。

（4）深圳“十四五”生态环境目标指标

《深圳市人居环境保护与建设“十三五”规划》（以下简称深圳“十三五”规划）18 项规划指标提前完成 8 项，进展良好的 9 项，进展相对滞后的 1 项，全部指标均有望在 2020 年完成。进展滞后的指标为跨界河流水质达标率（%），要求到 2020 年，全市划定地表水环境功能区划的水体断面消除劣Ⅴ类，其中，西湖村（龙岗河）、上洋（坪山河）、企坪（观澜河）、胫肚（深圳河）、深圳河口（深圳河）和共和村（茅洲河）6 个断面属于跨界河流断面。在这 6 个断面中，径肚（深圳河）要求达到II类，各个年度均达标；其他 5 个断面中，除共和村（茅洲河）断面要求 2020 年达到Ⅴ类外，其余 4 个断面均要求 2018 年达到Ⅴ类。目前来看，虽然经过近几年的大力投入和持续治理，各断面水质呈持续改善趋势，已经逐步接近Ⅴ类水质目标，但受 NH_3-N 和 TP 两项指标的影响，仍然难以按期完成中期目标。

根据《深圳市生态环境保护“十四五”规划》基本思路，以实现国际先进的生态环境质量为核心，构建全要素协同的综合指标体系，包括四大类 25 项指标，其中包括 20 项约束性指标和 5 项预期性指标（表 4-3）。

表 4-3 深圳“十四五”规划指标体系

类型	编号	指标名称	目标值	指标类型	指标来源
绿色发展	1	碳排放总量	以广东省下达标准为准	约束性	《广东省生态环境厅关于下达各地级以上市“十三五”后三年控制温室气体排放目标的通知》（粤环函〔2019〕487 号）
	2	碳强度下降率	以广东省下达标准为准	约束性	
	3	单位 GDP 能耗	以市发改委要求为准	约束性	国家生态环境保护“十四五”规划思路
	4	单位 GDP 水耗	以市水务局要求为准	约束性	国家生态环境保护“十四五”规划思路
	5	主要污染物排放累计下降率	以国家和广东省下达文件为准	约束性	国家生态环境保护“十四五”规划思路
环境质量	6	地表水水质达标断面比例（达到或优于Ⅴ类）	100%	约束性	《水污染防治行动计划》（国发〔2015〕17 号）、《深圳市全面消除黑臭水体攻坚战实施方案》（深水污治指〔2019〕2 号）
	7	近岸海域和重点海湾优良水质比例	≥72.1%（含深汕合作区）	约束性	《深圳市海洋环境保护规划（2018—2035 年）》
	8	西部海域无机氮浓度	≤1.0 mg/L	预期性	《广东省近岸海域水质状况考核评分细则》
	9	饮用水水源水库水质达标率*	100%	约束性	《集中式饮用水水源地环境保护状况评估技术规范》（HJ 773—2015）
	10	$PM_{2.5}$ 年均浓度	≤20 μg/m^3	约束性	《深圳市大气环境质量提升计划（2017—2020 年）》《深圳市可持续发展规划（2017—2030 年）》
	11	臭氧（O_3）日最大 8 小时浓度第 90 百分位数	≤160 μg/m^3	预期性	《深圳市可持续发展规划（2017—2030 年）》《环境空气质量标准》（GB 3095—2012）、《世界卫生组织关于颗粒物、臭氧等空气质量准则》

类型	编号	指标名称	目标值	指标类型	指标来源
环境质量	12	空气质量优良率	≥95%	约束性	《大气环境处“深调研”报告》，广东省尚未下达2025年目标
	13	受污染耕地安全利用率	≥95%	约束性	《国务院关于印发土壤污染防治行动计划的通知》（国发〔2016〕31号）、《广东省人民政府关于印发广东省土壤污染防治行动计划实施方案的通知》（粤府〔2016〕145号）
	14	污染地块安全利用率	≥95%	约束性	《国务院关于印发土壤污染防治行动计划的通知》（国发〔2016〕31号）、《广东省人民政府关于印发广东省土壤污染防治行动计划实施方案的通知》（粤府〔2016〕145号）
	15	声环境功能区总体达标率	≥80%	预期性	
自然生态	16	自然岸线保有率	≥40%	约束性	《深圳市海洋环境保护规划（2018—2035年）》
	17	森林覆盖率	≥40.92%	约束性	《深圳市国家森林城市建设总体规划（2016—2025）》
	18	建成区绿化覆盖率	≥50%	约束性	城市建成区现行国家标准《城市规划基本术语标准》（GB/T 50280—1998）
	19	生态保护红线占陆域国土面积比例	≥20.1%	约束性	《关于划定并严守生态保护红线的若干意见》
	20	湿地保护率	≥52%	约束性	《广东省绿色发展体系》（粤发改资环〔2018〕138号）
	21	区域生物多样性指数	不降低	预期性	《区域生物多样性评价标准》（HJ 623—2011）
治理能力	22	生活垃圾回收利用率	≥38%	约束性	《深圳市“无废城市”建设试点实施方案》
	23	危险废物处理处置率	100%	约束性	《深圳市“无废城市”建设试点实施方案》
	24	污水管网运行效率	以市水务局为准	约束性	
	25	主次干道低噪声路面覆盖率	100%	预期性	

4.2.2.2　目标体系

根据上节指标设置的总体考虑，建立综合体系，初步设置为优美生态、清新环境、健康安全、绿色发展、宜居生活五大类共 22 项，包括约束性和预期性以及 2019 年现状值和 2025 年、2035 年目标值（表 4-4）。

表 4-4　深圳建设美丽中国典范先行区目标

领域	序号			2019 年	2025 年	2035 年	备注
优美生态	1	自然保护地面积占陆域国土面积比例/%		24	以上级部门批复为准	以上级部门批复为准	美丽中国建设评估
	2	大陆自然岸线保有率/%		38.5	≥38.5	≥40	国际先进城市关注、深圳“十四五”生态环境规划约束性
	3	生物物种资源保护	重点生物物种种数保护率/%	—	98	100	美丽中国建设评估体系
			外来物种入侵	—	不明显	不明显	
清新环境	4	$PM_{2.5}$年均浓度/（$\mu g/m^3$）		24	≤20	≤15	国际先进城市关注高频次、美丽中国建设评估体系、联合国可持续发展目标
	5	空气质量优良天数比率/%		91	≥95	≥97	美丽中国建设评估体系
	6	主要河流优良（达到或好于Ⅲ类）水体断面占比/%		25	达到考核要求	达到考核要求	深圳“十四五”生态环境规划关注约束性、美丽中国建设评估体系，与国际先进城市相比差距较大
	7	河湖生态岸线比例/%		—	65	不降低	深圳“十四五”生态环境规划关注约束性
	8	海水水质符合分级控制要求比例/%		76.2	≥95	100	深圳“十四五”生态环境规划关注，与国际先进城市相比差距较大
	9	声环境功能区总体达标率/%		80	≥80	≥90	深圳“十四五”生态环境规划关注
健康安全	10	污染地块安全利用率/%		—	≥97	100	美丽中国建设评估体系、深圳“十四五”生态环境规划关注
	11	受污染耕地安全利用率/%		89.6	≥97	100	美丽中国建设评估体系、深圳“十四五”生态环境规划关注
	12	集中式饮用水水源地水质达标率/%		100	100	100	美丽中国建设评估体系、深圳“十四五”生态环境规划关注

领域	序号		2019 年	2025 年	2035 年	备注
绿色发展	13	万元 GDP 二氧化碳排放下降/%	7.09	完成国家和省下达任务	完成国家和省下达任务	国际先进城市关注高频次、深圳“十四五”生态环境规划
	14	万元 GDP 能耗下降/%	4.18	完成国家和省下达任务	完成国家和省下达任务	国际先进城市关注，与之相比差距较大
	15	万元 GDP 水耗/（m^3/万元）	7.67	≤6	≤4	国际先进城市关注，与之相比差距较大
	16	高星级绿色建筑比例/%	38	≥45	≥55	国际先进城市关注、深圳特色
	17	建筑废弃物综合利用能力/（万 m^3/a）	1 000	1 500	2 500	国际先进城市关注、深圳特色
宜居生活	18	城市公园绿地、广场步行 5 min 覆盖率/%	—	75	85	美丽中国建设评估体系
	19	绿色交通出行分担率/%	78	80	≥85	国际先进城市关注较高频次
	20	城市生活污水集中收集率/%	82.5	92	95	美丽中国建设评估体系
	21	生活垃圾回收利用率/%	33	≥50	不降低	美丽中国建设评估体系
	22	公众对生态文明建设的参与度/%	88.67	90	95	国际先进城市关注、深圳特色

4.2.3 可达性分析

4.2.3.1 优美生态指标

（1）自然保护地面积占陆域国土面积比例

内涵：指以国家公园为主体的自然保护地占本行政辖区面积比例，是反映生态安全水平的重要指标。根据《关于建立以国家公园为主体的自然保护地体系的指导意见》，自然保护地是由各级政府依法划定或确认，对重要的自然生态系统、自然遗迹、自然景观及其所承载的自然资源、生态功能和文化价值实施长期保护的陆域或海域。

$$\text{自然保护地面积占陆域国土面积比例（\%）} = \frac{\text{以国家公园为主体的自然保护地面积}}{\text{本行政辖区面积}} \times 100\%$$

选取理由：一是该指标兼含了生态保护红线、受保护区面积等内容，可总体反映城市生态安全水平。二是国际先进城市均注重该项指标。三是该指标是 2020 年 2 月 28 日，国家发展改革委发布《关于印发〈美丽中国建设评估体系及实施方案〉的通知》（发改环资〔2020〕296 号）中的一项重要内容。

目标值设置：根据全市最新自然保护地体系整合优化方案，自然保护地面积占陆域国土面积比例约为 24%，高于新加坡（2.50%）和日本（10%），低于美国（26.30%）、法国（33.20%）。鉴于深圳生态保护红线和自然保护地正在整合优化，且相关方案已初步上报市政府和省林业局。因此，2025 年、2035 年目标值以上级部门批复为准。

可达性分析：《纲要》实施期间，应强化“四湾一口”整体保护修复，加强滨海湿地、山地森林等典型生态系统修复，严守陆海生态保护红线，完善基本生态控制线管理制度，建立深圳特色自然保护地体系。在此基础上，预计该项指标未来能够稳定达标。

（2）大陆自然岸线保有率

内涵：沿海地区行政区域内限制开发、优化利用岸段中计划予以保留和开发建设后，剩余的自然岸线长度以及列入严格保护的自然岸线长度，占省级人民政府批准的大陆海洋岸线总长度的比例。自然岸线指由海陆相互作用形成的海洋岸线，包括砂质岸线、淤泥质岸线、基岩岸线、生物岸线等原生岸线以及修复后具有自然海岸形态特征和生态功能的海洋岸线。

选取理由：一是深圳属沿海城市，大陆自然岸线作为极其重要的一项生态产品，容易受到侵占。二是国际沿海先进城市，如纽约等，均注重海岸线的保护。三是该指标是 2018 年发布的《深圳市海洋环境保护规划（2018—2035 年）》中一项重要的约束性指标。

目标值设置：2019 年 12 月，深圳市第六届人民代表大会常务委员会《深圳经济特区海域使用管理条例》，要求深圳市自然岸线保有率控制目标为不低于 40%。2018 年发布的《深圳市海洋环境保护规划（2018—2035 年）》提出 2035 年大陆自然岸线保有率不低于 40%。

可达性分析：《纲要》实施期间，将加强滨海湿地生态系统修复，严守陆海生态保护红线，推进海岸带精细化管理。在此基础上，预计该项指标未来能够稳定达标。

（3）生物物种资源保护

内涵：一是重点生物物种种数保护率，指辖区内受保护的重点生物物种种数占应保护重点生物物种种数的比例。重点生物物种指纳入《国家重点保护野生动物名录》《国家重点保护野生植物名录》的国家一级、二级野生动植物。二是外来物种入侵，指在当地生存繁殖，对当地生态或者经济造成破坏的外来物种的入侵情况。要求外来物种入侵对行政区生态系统的结构完整与功能发挥没有造成实质性影响，未导致农作物大量减产和生态系统严重破坏。

选取理由：一是该指标是反映生物多样性保护水平的重要指标。二是该指标是2020年2月28日，国家发展改革委发布《关于印发〈美丽中国建设评估体系及实施方案〉的通知》（发改环资〔2020〕296号）中的一项重要内容。三是该指标也是《国家生态文明建设试点示范区（试行）》中的重要内容之一。

目标值设置：全市层面尚无测算的现状值及目标值。《国家生态文明建设试点示范区（试行）》将“本地物种受保护程度”设定为约束性，目标为≥98%。设定2025年目标为98%，2035年为100%。

可达性分析：《纲要》实施期间，将实施城市生态常态化监管，建立生物多样性友好城市，将生物安全纳入全市安全保障体系。因此，预计该项指标未来能够稳定达标。

4.2.3.2 清新环境指标

（1）$PM_{2.5}$年均浓度

内涵：指一个日历年内各日$PM_{2.5}$平均浓度的算术平均值。

选取理由：该项指标为国际通行，也是《美丽中国建设评估体系及实施方案》中重要评估内容之一。2019年深圳市$PM_{2.5}$浓度降至24 μg/m^3，为2006年有监测数据以来最低，提前达到了世界卫生组织第二阶段标准，与中国香港最为接近，但与其他国际先进城市还有不小差距。新加坡市、东京、纽约等城市现状值已达到世界卫生组织第三阶段标准（15 μg/m^3），其中，伦敦最低，已达到世界卫生组织基准值（10 μg/m^3）。因此，降低$PM_{2.5}$浓度仍是当前城市大气环境质量改善的核心工作之一（表4-5）。

表4-5 深圳与各城市$PM_{2.5}$年均浓度对比汇总表 单位：μg/m^3

	深圳（2019年）	中国香港（2019年）	新加坡市（2018年）	东京（2018年）	纽约（2019年）	洛杉矶（2019年）	柏林（2019年）	伦敦（2018年）
$PM_{2.5}$年均浓度	24	20	15	13	11	13	13	10

目标值设置：深圳环境基础条件与新加坡市较为接近，参照新加坡市和欧盟及世界卫生组织标准，并参考《深圳市可持续发展规划（2017—2030年）》（深府〔2018〕27号）要求，2025年$PM_{2.5}$年均浓度目标值设定为不高于20 μg/m^3，2035年目标值设定为不高于15 μg/m^3。

可达性分析：从$PM_{2.5}$来源类型分析，深圳市主要污染源为道路移动源、非道路移动源、船舶、工业源和扬尘。未来将优化产业和能源结构，推动空气质量改善从污染控制向绿色发展模式转变；加强工业源挥发性有机物治理，确保排放总量持续下降；深化移动源综合减排和新能源汽车推广，加快交通运输结构调整，强化珠三角海域船舶控制区管控。通过与发达国家相应措施减排效果对比，到 2025 年，$PM_{2.5}$ 年均浓度下降至 20 μg/m^3，力争达到 18 μg/m^3（内控目标，新加坡市水平）；到 2035 年，$PM_{2.5}$ 年均浓度下降至 15 μg/m^3，力争达到 12 μg/m^3（内控目标，美国加利福尼亚州标准）。

（2）空气质量优良天数比率

内涵：指空气质量指数（AQI）小于或等于 100 的天数占该城市全年总天数的比值，能够综合反映空气环境质量改善情况。

选取理由：该指标是 2020 年 2 月 28 日，国家发展改革委发布《关于印发〈美丽中国建设评估体系及实施方案〉的通知》（发改环资〔2020〕296 号）中的一项重要内容，也是大气环境管理的综合性体现。优良天数受 $PM_{2.5}$、O_3 等多项污染物影响，是统筹推进大气治理的有效抓手。

目标值设置：根据计算，$PM_{2.5}$ 年均浓度下降 1 μg/m^3，优良天数可以增加 2.3 天，优良天数比例增加 0.6 个百分点；O_3 浓度上升 1 μg/m^3，优良天数减少 0.8 天，优良天数比率减少 0.2 个百分点。为达到至 2025 年力争遏制臭氧浓度上升的目标，同时借鉴《深圳市国家生态文明建设示范市规划（2020—2025 年）》（深环〔2020〕195 号）和《深圳市人民政府关于打造健康中国“深圳样板”的实施意见》，目标值设置为 2025 年优良天数比例为 95%，2035 年优良天数比例为 97%。

可达性分析：《纲要》实施期间，将通过产业结构、能源结构和交通结构调整，进一步加强夏秋季臭氧污染控制，将挥发性有机物纳入总量控制范畴，加强氮氧化物和挥发性有机物的协同治理。据此，预计该项指标未来能够稳定达标。

（3）主要河流优良水体（达到或好于Ⅲ类）断面占比

内涵：选取深圳河流国控、省控断面作为考核对象，考核水质达到或优于地表水Ⅲ类标准的断面数量占断面总数的比例。“十四五”期间河流国控、省控断面调整为深圳河河口、深圳河径肚、茅洲河共和村、龙岗河鲤鱼坝、龙岗河西湖村、观澜河企坪、深汕赤石河小漠桥、坪山河上垟。

选取理由：自 20 世纪八九十年代我国开展地表水环境质量监测以来，该指标一直是表征水环境质量状况的统计数据之一，有较好的基础。同时是 2020 年 2 月 28 日国家发展改革委发布《关于印发〈美丽中国建设评估体系及实施方案〉的通知》（发改环资〔2020〕296 号）中的重要评估内容之一。

目标值设置：2019 年，深圳河流国控、省控断面水质达到或优于Ⅲ类水体比例为 25%，仅有深圳河径肚、赤石河小漠桥 2 个断面达标。通过调研日本、欧盟主要发达国家可知，英国、法国河流的水质达到良好标准比例约为 50%，德国、日本（关东地区）相对较高，分别达到 83%和 90.1%。通过与深圳现状对比分析，同时考虑到“十四五”期间国控断面调整情况，具体数据比例具有较大不确定性，建议以达到国家或省里考核要求为目标。

可达性分析：“十四五”期间，深圳将在雨污分流、正本清源、污水处理厂提标拓能、河流生态修复等方面继续投入。远期目标，深圳河流治理逐步转向恢复健康生态系统及提升自净能力，河流水质将稳步改善。预计到 2025 年、2035 年能够达到国家或省里考核要求。

（4）河湖生态岸线比例

内涵：指深圳市河湖生态岸线长度占河湖总长度的比例，表征河湖岸线生态化程度，包括自然岸线和生态护岸。

选取理由：对标国内外先进城市高品质生活要求，对深圳城市水环境现状进行研判，主要存在三个“短板”：一是河流水质改善成效还不够稳定；二是污水收集处理效能不高；三是河湖整体形象仍需进一步加强。习近平总书记在全国生态环境保护会议上提出要“还给老百姓清水绿岸、鱼翔浅底的景象”。打造人与自然和谐共生的美丽中国典范，尤其应该在打造美丽河湖、营造人水和谐方面率先示范、打造城市样板。生态环境部副部长翟青来深调研时也提出“深圳要在打造美丽河湖上下功夫，率先示范”。对标国内外最优、最好，深圳河湖生态岸线比例仍需进一步提升。

目标值设置：根据《深圳市生态美丽河湖建设总体方案（征求意见稿)》，并结合市水务局意见，提出 2025 年目标值为 65%，2035 年目标值为不降低。

可达性分析：根据对全市河流生态岸线调查结果，2020 年全市河道硬质岸线比例约为 64%，生态岸线比例约为 36%。《纲要》实施期间，将通过碧道建设，高标准开展生态廊道建设，系统开展生态修复和恢复工作，确保达到预期目标。

（5）海水水质符合分级控制要求比例

内涵：指海水水质符合《深圳市海洋环境保护规划（2018—2035 年)》确定的管理分区水质控制要求的比例。

选取理由：一是深圳海水水质与国际先进城市相比还有较大差距；二是目前深圳西部海域水质污染形势还比较严峻。

目标值设置：深圳近岸海域功能区水质总体达标率为 71.3%（含深汕特别合作区)，主要超标污染物为无机氮。根据《深圳市海洋环境保护规划（2018—2035 年)》提出 2025 年、2035 年海水水质符合分级控制要求比例为 80%和 100%。通过对比先进国家和地区可知，2018 年中国香港海水无机氮整体达标率为 88%，日本指定海域总氮整体达标率为 97.4%，据此，到 2025 年和 2035 年，深圳海水水质可分别达到 95%和 100%。

可达性分析：《纲要》实施期间，深圳将对近岸海域环境功能区划进行调整，设置相应的功能区水质目标。同时将建立陆海全防全控治污体系，构建陆海统筹的海洋环境治理新模式，实施总氮入海总量控制，健全河口海域管理机制，建立入海排口全口径管理体系，组建“海上环卫”制度，保护修复海洋生物和典型生境多样性。预计在《纲要》实施期间，该指标能够达到相应要求。

（6）声环境功能区总体达标率

内涵：指城市区域按规划的功能区要求达到相应的国家声环境质量标准。在已划定声环境功能区的城市内，环境噪声达标面积占功能区总面积的百分比。

选取理由：噪声污染是深圳市民对城市环境质量关注的重点之一。对标发现，中国香港、东京、欧盟等国际先进城市均比较注重制定规划标准和加强噪声源管制标准，以此满足市民对良好声环境的需要。当前，我国主要采用功能区达标率等对噪声污染进行评价。

目标值设置：2019 年深圳市声环境功能区总体达标率为 80%。衔接《深圳市生态环境保护“十四五”规划》基本思路，2025 年声环境功能区总体达标率为 80%以上。同时，考虑深圳市对噪声污染控制措施，设定 2035 年提高至 90%。

可达性分析：通过制定有指导性的规划标准，加强噪声源头管控，降低噪声投诉量，提高功能区达标率。通过和中国香港、南京等区域声环境控制措施效果比对，预计到 2035 年可实现噪声功能区全部达标。

4.2.3.3　健康安全指标

（1）污染地块安全利用率

内涵：指符合规划用地土壤环境质量要求的再开发利用污染地块面积，占行政区域内全部再开发利用污染地块面积的比例。

选取理由：地块的再开发利用涉及人居环境安全，《中华人民共和国土壤污染防治法》《土壤污染防治行动计划》（以下简称国家“土十条”）均对地块的再开发利用提出了准入管理要求。国家“土十条”提出的污染地块安全利用率能有效地推动各地加强地块再开发利用的准入管理和联动监管，反映各地地块再开发利用风险情况。同时，该指标是 2020 年 2 月 28 日国家发展改革委发布《关于印发〈美丽中国建设评估体系及实施方案〉的通知》（发改环资〔2020〕296 号）中重要的评估内容之一。

目标值设置：综合国家“土十条”、广东省“土十条”、《深圳市土壤污染防治目标责任书》和《深圳市人民政府办公厅关于印发深圳市土壤环境保护和质量提升工作方案通知》（以下简称深圳“土四十条”）中提出的工作目标与主要任务，结合深圳市土壤环境现状及管理工作实际，确定深圳市建设用地土壤环境风险管控底线，具体管控目标为到 2025 年，污染地块安全利用率达到 97%以上，2035 年力争达到 100%。

可达性分析：《纲要》实施期间，将积极推动市区级部门之间建立污染地块信息共享机制，加强部门间联动监管，完善建设用地流转监管机制，实施全生命周期管理。预计规划期内该指标能够稳定达标。

（2）受污染耕地安全利用率

内涵：指实现安全利用的受污染耕地面积，占行政区受污染耕地总面积的比例。

选取理由：《中华人民共和国土壤污染防治法》、深圳“土四十条”均明确要求推进农业用地分类管理，确保农产品质量安全。深圳“土四十条”提出的受污染耕地安全利用率能有效推动属地政府及农业部门重视农用地分类管理及安全利用工作，引导各地因地制宜采取措施，确保受污染耕地实现安全利用，守住农产品质量安全底线，防止农产品超标事件的发生，提前化解舆情矛盾。同时该指标是 2020 年 2 月 28 日国家发展改革委发布《关于印发〈美丽中国建设评估体系及实施方案〉的通知》（发改环资〔2020〕296 号）中重要的评估内容之一。

目标值设置：综合国家“土十条”、广东省“土十条”、深圳“土四十条”和《深圳市土壤污染防治目标责任书》中提出的工作目标，结合深圳市土壤环境现状及管理工作实际，确定深圳市耕地土壤环境风险管控底线，具体管控目标为到 2025 年受污染耕地安全利用率达到 97%以上，2035 年力争达到 100%。

可达性分析：自国家“土十条”印发实施以来，农业农村部门不断推动各地农业农村部门开展质量类别划定工作，尤其是在完成农用地详查后，加大了组织实施农用地安全利用示范工作力度，正在大范围组织实施。同时生态环境部门积极组织开展农用地治理与修复技术推广应用，在技术层面打下一定的基础。后期将完善农用地土壤分类管理制度，建立土壤污染防治及农产品质量安全动态数据库。受污染耕地安全利用率有望在 2025 年达到 97%以上，2035 年力争达到 100%。

（3）集中式饮用水水源地水质达标率

内涵：指辖区内集中式饮用水水源地，其地表水水质达到或优于《地表水环境质量标准》（GB 3838—2002）Ⅲ类标准、地下水水质达到或优于《地下水质量标准》（GB/T 14848—2017）Ⅲ类标准的水源地个数占水源地总个数的百分比。

选取理由：一是该项指标反映了城市饮用水健康安全的水平。二是该指标是 2020 年 2 月 28 日，国家发展改革委发布《关于印发〈美丽中国建设评估体系及实施方案〉的通知》（发改环资〔2020〕296 号）中的一项重要评估内容。

目标值设置：当前该指标现状值为 100%。《深圳市国家生态文明建设示范市规划（2020—2025 年）》提出了 2025 年，该指标为 100%。因此，设置 2025 年和 2035 年目标值为 100%。

可达性分析：《纲要》实施期间，将加强饮用水水源规范化管理，建立饮用水水源地日常巡查制度；强化水源地入库支流管理，推动周边截污治污工程建设；完善饮用水水源地监测网络，加强境外引水—水源地全流程监测；加快突发污染事故预警预报体系建设，构建水质预警监控网络体系，完善水源地突发污染事故预警预报机制，建立健全与东江周边城市水质预警联动机制；加快饮用水水源地应急能力建设，推动水源地应急物资储备、应急监测及突发环境事件处理处置。预计规划期内，该项指标能稳定达标。

4.2.3.4　绿色发展指标

（1）万元 GDP 二氧化碳排放下降

内涵：指二氧化碳排放总量与地区生产总值比值与基年相比的累计下降率，为反映温室气体减排情况的主要依据。

选取理由：一是该指标易通过万元 GDP 二氧化碳值求得，碳强度为目前国际通用的低碳发展评价，数据可比性较强；深圳为 C40 成员城市，C40 作为应对气候变化的国际城市联合组织，包括了纽约、巴黎、东京等国际先进城市，各成员城市有定期报送碳强度数据的义务，因此数值的可获得性与可比性均较高。二是国际城市发展战略中通常将“温室气体排放下降率（与基准年相比）”作为指标。

目标值设置：考虑到核算方法等因素，建议以广东省下达的控制二氧化碳排放下降率目标作为参考。

可达性分析：2018 年深圳碳排放强度为 0.22 tCO_2/万元，与新加坡市近似，但与中国香港（0.16 tCO_2/万元）、伦敦（0.13 t CO_2/万元）、东京（0.11 t CO_2/万元）、纽约（0.09 tCO_2/万元）仍有一定差距。“十三五”期间，深圳市碳排放强度目标为较 2015 年下降 23%，目前来看，完成考核目标难度较大。根据《深圳市温室气体清单报告》，碳排放总量增速趋缓。《纲要》实施期间，将推动温室气体与大气污染物协同减排，建立完善气候变化风险分担体系，建设气候适应型城市。推动气候投融资促进中心落户深圳，创新碳金融工具，打造深圳碳标签品牌，开展近零碳排放示范区，探索建设低碳自贸区，深化碳排放权交易试点，预计该项指标能稳定达标。

（2）万元 GDP 能耗下降

内涵：指能源消费总量与地区生产总值的比率，可反映能源消费水平和节能降耗状况。

选取理由：一是能源利用效率类指标，能源利用效率的稳定提升对推进绿色发展意义重大。二是国际通用的目标，可根据“能源消耗总量”求得，数据可获得性和可比性较高。

目标值设置：考虑到核算方法等因素，建议以国家和广东省下达的万元 GDP 能耗下降率目标为参考。

可达性分析：深圳 2019 年万元 GDP 能耗为 0.18 t 标准煤/万元，在国际上已经与发达国家水平相当，在国内处于领先水平，但与新加坡市（0.096 t 标准煤/万元）、中国香港（0.045 t 标准煤/万元）、伦敦（0.037 t 标准煤/万元）、东京（0.022 t 标准煤/万元）、纽约（0.035 t 标准煤/万元）、巴黎（0.007 t 标准煤/万元）等世界一流城市仍存在较大差距。“十三五”期间，深圳能源结构逐步优化，万元 GDP 能耗和电耗平稳下降。预计“十四五”之后，能源需求总量增速进一步放缓，能源利用效率不断提升，万元 GDP 能耗下降率能够稳定达标。

（3）万元 GDP 水耗

内涵：指每万元地区生产总值所消耗的水资源量，可反映水资源消耗水平。

选取理由：为用水效率类，是衡量城市绿色发展的重要依据。

目标值设置：深圳市当前万元 GDP 水耗为 7.67 m^3，是全国均值的 1/9，处于全国大中城市较低水平，但与国际一流城市相比，差距仍较大。参照《深圳市建设中国特色社会主义先行示范区节水典范城市工作方案（2020—2025 年）（征求意见稿）》，2025 年万元 GDP 用水量控制在 6 m^3 以内，2035 年目标值为 4 m^3，接近中国香港水平。

可达性分析：深圳市总用水量在 2018 年已出现脱钩现象，预计到 2025 年和 2035 年将持续下降。深圳工业用水比重逐渐下降，工业用水效率明显提升。预计《纲要》实施期间，该项指标未来能够稳定达标，但与产业结构相近的新加坡市相比，深圳万元 GDP 用水量仍然偏高，生活用水效率及行业用水效率未来仍存在较大提升空间。

（4）高星级绿色建筑比例

内涵：指国家二星级或深圳银级以上绿色建筑数量占全部绿色建筑数量的比例。

选取理由：国际先进城市注重绿色建筑水平，如新加坡市提出到 2030 年，80%的建筑获得 BCA Green Mark 绿色建筑标志。深圳与之相比还有较大的差距。

目标值设置：根据《深圳市推动形成绿色发展方式和生活方式实施方案》，深圳市将通过绿色城市更新大力推进高星级绿色建筑建设，提出目标为 2025 年达到 45%，2035 年达到 55%。

可达性分析：截至 2018 年年底，全市国家二星级或深圳银星级以上绿色建筑比例约为 38%。按照《深圳市推动形成绿色发展方式和生活方式实施方案》要求，全市新建民用建筑 100%落实绿色建筑要求，加强施工监管，确保绿色建筑设计有效落实，鼓励项目申报绿色建筑运行标识评价。国家机关办公建筑和政府投资或者以政府投资为主的大型公共建筑，应按照绿色建筑高星级标准进行设计、建设和运行。预计全市高星级绿色建筑比例将稳步提升。

（5）建筑废弃物综合利用能力

内涵：指该城市建筑废弃物每年综合利用的能力。建筑废弃物，指新建、改（扩）建、拆除各类建（构）筑物、管网、道桥以及房屋装饰装修过程中所产生的工程渣土、废弃泥浆、工程垃圾、拆除垃圾和装修垃圾等。

选取理由：一是深圳建筑废弃物产生量大，建筑废弃物占固体废物总量的 91%左右，问题突出、处理需求紧迫。二是国际先进城市非常注重固体废物“零排放”管理，建筑废弃物综合利用能力可以直接体现深圳市建筑废弃物资源化利用的整体情况。

目标值设置：根据市住房建设局意见，2025 年和 2035 年深圳市建筑废弃物综合利用能力目标分别设置为 1 500 万 m^3/a 和 2 500 万 m^3/a。

可达性分析：《纲要》实施期间，将打造建筑废弃物资源化利用产业链，建立房屋拆除废弃物资源化技术，工程渣土泥沙分离综合利用、工程泥浆现场处理技术应用示范；研究制定全市建筑废弃物综合利用设施用地及建设实施方案，规划新增各类建筑废弃物综合利用设施；研究制定综合利用产品推广应用激励政策，提高综合利用产品质量，拓宽市场化应用范围，推动综合利用产品良性发展。据此，预计该项指标未来能够稳定达标。

4.2.3.5　宜居生活指标

（1）城市公园绿地、广场步行 5 min 覆盖率

内涵：指 400 m^2 以上公园绿地、广场周边 300 m 半径范围覆盖率 5 min 步行达到的覆盖居住用地的百分比，是反映城市园林绿化建设水平的重要指标。

选取理由：一是国际先进城市比较注重城市绿地建设，为提升城市生态环境品质的重要途径，重点关注绿地率、公园绿地面积（人均公园面积）等。与之相比，深圳绿地面积总量上虽能达到国际先进水平，但人均面积相比国际先进城市仍有较大差距。二是经征求自然资源部门意见，为加强与在编全市国土空间总体规划衔接，以时间距离作为规划，更加强调人对自然生态空间的体验与感知。

目标值设置：根据市规划和自然资源局意见，为与深圳市国土空间总体规划保持一致，2025 年和 2035 年目标分别设置为 75%和 85%。

可达性分析：《纲要》实施期间，将打造“五河一湖”碧道标杆，推进广东省“万

里碧道”深圳段建设。加快绿道、碧道和森林步道互联互通，形成可达、亲民的绿色开敞空间；完善绿地系统结构，打造“自然公园—城市公园—社区公园—立体公园”的多级公园体系，预计规划期内该项指标能够稳定达标。

（2）绿色交通出行分担率

内涵：指步行、自行车、公共交通等绿色出行量（人次）占该区域出行量（人次）的比例。

选取理由：对标分析指出，国际先进城市均注重绿色交通出行，深圳与之相比还有较大的差距。

目标值设置：该值 2019 年为 78%，参考深圳“十四五”规划纲要调控，预测 2025 年达到 80%；根据深圳市交通白皮书，2035 年达到 85%。

可达性分析：《纲要》实施期间，将倡导绿色出行，推动全市公共交通发展，建立以轨道交通为主体的多层次一体化公交体系；全面推进快速公交系统和公交专用网建设，建立全链条智慧出行服务；建立山、海、城无缝衔接，宜行可达的立体化慢行交通网络。预计规划期内该项指标能稳定达标。

（3）城市生活污水集中收集率

内涵：指城镇生活污水集中总量占生活污水排放总量的比例，可反映城镇生活污水的收集水平。

选取理由：一是国际先进城市如纽约、新加坡市均比较注重城市污水收集处理，与之相比，深圳还有较大的差距；二是该指标是 2020 年 2 月 28 日国家发展改革委发布《关于印发〈美丽中国建设评估体系及实施方案〉的通知》（发改环资〔2020〕296 号）中的一项重要评估内容。

目标值设置：2019 年，该值为 82.5%，根据市水务局意见，按照《住房和城乡建设部生态环境部发展改革委关于印发城镇污水处理提质增效三年行动方案（2019—2021 年）的通知》（建城〔2019〕52 号）要求，深圳市 2021 年城市生活污水集中收集率目标为 88.3%，据此推算，建议 2025 年和 2035 年目标值为 92%和 95%。

可达性分析：《纲要》实施期间，将实施最严格的涉水污染源管控措施，构建“全收集、全处理”的治污体系，推进“污水零直排区”建设。据此，预计规划期内该项指标能够达标。

（4）生活垃圾回收利用率

内涵：指生活垃圾进入焚烧和填埋处理之前，可回收物和易腐垃圾的回收利用量占生活垃圾产生量的百分比。

选取理由：一是国际先进城市非常注重固体废物“零排放”管理。二是该指标是深圳“无废城市”建设体系中的重要内容之一。

目标值设置：2019 年深圳生活垃圾回收利用率为 33%，基本达到世界银行报告中高收入国家平均 33%的水平，落后于新加坡市（59%）、伦敦（50%）。根据《深圳市“无废城市”建设试点实施方案（报批稿）》，2025 年深圳生活垃圾回收利用率达到 50%，2035 年保持不降低。

可达性分析：《纲要》实施期间，将深化生活垃圾强制分类，加快处理设施产业化、园区化、工业化建设改造；深入开展绿色生活创建行动，倡导绿色消费；积极发挥各类社会团体引导作用，全面践行公民生态环境行为规范。预计该项指标规划期内能达标。

（5）公众对生态文明建设的参与度

内涵：指公众对生态文明建设的参与程度。该值通过统计部门或独立调查机构以抽样问卷调查等方式获取，主要调查公众对生态环境建设、生态创建活动以及绿色生活、绿色消费等生态文明建设活动的参与程度。

选取理由：一是该指标是反映公众生态环境意识，积极参与生态环境治理的重要依据，国际也比较关注公众生态环境保护意识。二是深圳公众生态环境保护意识培育在全国走在前列，具有引领示范性。三是该指标也是深圳建设国家生态文明建设示范市的重要内容之一。

目标值设置：《深圳市国家生态文明建设示范市规划（2020—2025 年）》提出了该值 2019 年为 88.67%，2025 年为 90%。据此推算，提出 2035 年该值为 95%。

可达性分析：《纲要》实施期间，将动员社会各界人士积极投身生态文明建设；将生态环境保护类社会组织作为公众参与生态文明建设的重要力量。因此，预计该项指标未来能够稳定达标。

4.3　重点任务

未来深圳美丽中国典范建设将重点布局高水平建设都市生态、高标准改善环境质量、高要求防控环境风险、高质量推进绿色发展、高品质打造人居环境、高效能推动政策创新和高站位参与全球治理“七大领域”，实施“六个标杆+一个窗口”的重点任务。

一是引领都市生态保护，打造优美生态城市标杆。以实现生态资源保护与城市发展相协调为目标，明确了优化国土空间格局、系统实施生态保护修复、强化城市生态监管三个方面任务。着重创新高度城市化地区自然资源保护利用新模式，实施生态空间精细化管理，建立城市生态系统定期调查评估制度，开展生态系统保护成效监测评估，实行城市生态常态化监管，将生态安全纳入全市安全保障体系。

二是引领环境质量改善，打造清新环境城市标杆。盯紧生态环境质量达到国际一流水平目标，确定了打造清新空气城市、营造人水和谐城市、建设美丽海湾城市三个方面任务。重点强化挥发性有机物和氮氧化物协同减排，构建“全收集、全处理、全回用”治污体系，打造生态美丽河湖，推进水生生物多样性恢复，健全河口海域管理机制。

三是引领环境健康管控，打造健康安全城市标杆。以人居环境健康安全为出发点，设置了严守土壤环境安全底线、深化“无废城市”建设、防范重点领域环境风险、提供高品质环境健康保障四个方面的任务。重点强化土地流转全生命周期监管，率先实现自来水全城直饮，建立空气质量健康指数体系，创建安静典范区，打造健康样板城市，打造健康城市“代谢系统”，建立环境应急现场指挥官制度，加强环境激素、抗生素、微塑料等新污染物治理。

四是引领绿色先导发展，打造绿色低碳城市标杆。牢固树立和践行“绿水青山就是金山银山”的理念，从推动转变发展方式入手，明确创新“绿水青山就是金山银山”转化路径、加速绿色产业发展、推进能源资源高效利用、提升绿色创新能力、积极应对气候变化五个方面任务。重点提出建立生态产品市场定价、信用、转化和交易体系，深化“节能环保产业+新基建”融合发展，建立绿色产业认定规则体系，完善本地清洁能源供应机制，实施生态环境导向的城市开发模式，推进能源、建筑、规划、交通等领域绿色技术应用，率先实现碳排放总量达峰。

五是引领人居环境建设，打造宜居生活城市标杆。以提高市民生活品质、打造幸福宜居的标杆城市为目标，设置了营造舒适生活环境、提升幸福生活品质、弘扬创新生态文化三个方面任务。重点实施城市生态修复，加快绿道、碧道和森林步道互联互通，形成可达、亲民的绿色开敞空间，将公众健康与生活体验纳入城市规划，建设美丽街道，建立以生态价值观念为准则的生态文化体系。

六是引领现代环境治理，打造改革创新城市标杆。持续推进生态环境治理体系和治理能力现代化，提出建立最完善的法规标准体系、构建最严明的责任体系、打造最严格的监管执法体系、完善最高效的市场体系、建立现代化的能力体系五个方面任务。重点构建具有深圳特色的完备的生态环境保护法律规范体系、高效的法治实施体系、严格的法治监督体系、有力的法治保障体系，根据授权完善产品环保强制性地方标准，建立与国际接轨的、突出人体健康的生态环境标准体系，建立市、区两级生态环境保护委员会，深化“生态环境评价+重点项目名录”改革，探索建立“恢复性司法实践+社会化综合治理”审判结果执行机制，大力发展绿色金融，打造国内领先的“数字环保”大数据平台，建成陆海统筹、天地一体、上下协同、信息共享的生态环境监测“一张网”。

七是参与全球环境治理，打造国际交流合作窗口。立足粤港澳大湾区，设置推进湾区同保共享、搭建高质量合作平台、深化多领域交流合作三个方面任务。重点推动建立区域统一的生态环境标准和评价体系，打造国际生态环境合作和研究平台集聚区，加强绿色产业技术“走出去”“引进来”等内容，深度融入全球环境治理，积极参与全球生态环境治理规则与行动，讲好美丽“深圳故事”，为全球生态环境治理提供深圳经验和模式。

第 5 章　都市生态保护研究

城市建设要以自然为美，根据区域自然条件，把城市放在大自然中，把绿水青山保留给城市居民。近年来，深圳生态空间遭挤占现象明显、生态系统功能有所退化、生物多样性保护还需进一步加强，治理体系和治理能力还需进一步强化。要以实现“格局稳定、功能提升、统一监管、生物安全”为基本导向，守护自然蓝绿基底、严格都市空间治理、加强生态保护修复、强化城市生态监管，维护深圳城市生态系统结构与功能的稳定、提升和安全，为美丽深圳建设奠定牢固的生态根基。

5.1　生态保护现状

5.1.1　生态系统格局时空特征

从 1979 年开始，40 多年来，深圳市生态系统格局发生巨大变化。1979 年，深圳市以森林生态系统为主，到目前为止，生态系统类型已演变为以森林和城镇生态系统为主。其余生态系统类型，即农田、湿地、草地和其他生态系统的面积小，占整个深圳市总面积的比例也比较小。森林生态系统面积持续下降，占深圳市总面积的比例由 73.65%减至 43.83%。受城市化的影响，城镇生态系统面积大幅增长，其面积所占比例由 1.57%增长至 48.40%。城镇生态系统已超过森林生态系统。其余生态系统类型变化较小。其中，农田生态系统面积及比例显著下降，所占面积比例约为 2.37%。湿地生态系统呈现波动减少的态势，所占的面积比例减少至 3.93%。而草地生态系统面积及比例则逐步小幅上升，面积比例维持在 1%左右，其类型主要为人工草坪。

5.1.2 植被特征

深圳地区处于过渡带，地带性植被由“半常绿季雨林区”过渡为南亚热带常绿阔叶林区，具有一系列独特的由热带森林向中亚热带常绿阔叶林过渡的特征。植被类型多样复杂，自低海拔至高海拔，形成南亚热带沟谷季雨林，南亚热带低地、山地常绿阔叶林、南亚热带山地灌草丛。此外，其他植被类型还包括南亚热带常绿针叶林及针阔叶混交林、南亚热带红树林及半红树林、人工林及农园植被。南亚热带沟谷季雨林零星地分布于羊台山、马峦山、三洲田等山地低海拔区域，主要物种组成有鸭脚木、降真香、猴耳环、假苹婆、水翁、短序润楠、石笔木、鹿角杜鹃、网脉山龙眼等。南亚热带低地、山地常绿阔叶林是深圳地区的优势植被、地带性植被，主要物种组成有鸭脚木、红鳞蒲桃、翻白叶树、浙江润楠等。南亚热带山地灌草丛广泛分布于深圳各地，主要优势物种有豺皮樟、米碎花、桃金娘、金竹、托竹等组成。南亚热带红树林主要分布于福田红树林保护区、坝光及东涌，主要物种组成有秋茄、桐花树、白骨壤、海漆、木榄、海桑与无瓣海桑等。另外，还分布有大量的人工林地及果园等。人工林地的主要组成物种有台湾相思、大叶相思、马占相思、桉树、白千层等。

5.1.3 生态空间保护

2005 年，深圳为了防止城市建设无序蔓延危及城市生态系统安全，率先从维护城市整体生态框架格局角度出发划定了“基本生态控制线”，线内土地面积达到 978.98 km^2，接近全市陆域面积的 50%，并配套出台了《深圳市基本生态控制线管理规定》，以“一条线”+“一规定”的形式对线内土地进行管理，实现了城市分区管制的细化与落实，提高了生态保护的效率与行政管理效率，促进了城市形成完整连续的生态保护网络。

在此基础上，从 2017 年开始，深圳市开展了生态保护红线的划定工作，初步划定生态保护红线总面积 401.59 km^2，占全市陆域总面积的 20.11%。主要分布在东部的梧桐山—深圳水库、大鹏半岛、田头山、马峦山—三洲田、松子坑水库、清林径水库；中部的塘朗山—梅林山、银湖山、西丽水库；西部羊台山、罗田、公明水库、大南山、内伶仃岛等地。全市生态保护红线共分 3 类 16 个单元。其中，水源涵养生态保护红线包括 7 个单元，主要分布于铁岗—石岩水库—凤凰山、罗田森林公园、公明水库—光明森林公园、茜坑水库—观澜森林公园、雁田—龙口水库、清林径水库、松子坑水库等；生物多样性维护生态保护红线包括 6 个单元，主要分布于内伶仃岛、深圳湾、梧桐山、三洲田—马峦山、田头山、大鹏半岛等；水土保持生态保护红线包括 3 个单元，主要分布于羊台山—西丽水库、塘朗山—梅林山—银湖山、大南山等。

5.1.4 生物多样性保护

据统计，深圳有野生维管束植物近 2 100 种，珍稀濒危及重点保护野生植物 164 种。有记录的脊椎动物 498 种（含亚种）。其中，山溪鱼类 30 种、两栖类 24 种、爬行类 59 种、鸟类 338 种或亚种（含 11 个野外归化种）、哺乳动物 47 种。深圳已经将全市的森林和湿地列入了受保护的范围，划为自然保护区、自然保护小区、野生动植物重要栖息地、湿地公园、森林公园、郊野公园、地质公园、风景区等。其中，内伶仃岛—福田国家级自然保护区由内伶仃岛和福田红树林两个区域组成。福田红树林区域是全国唯一处在城市腹地、面积最小的国家级森林和野生动物自然保护区，是重要的鸟类栖息地，全球极度濒危鸟类黑脸琵鹭在此处的数量约占全球总量的 15%。大鹏半岛国家级自然保护区位于深圳市龙岗区东部，是深圳生物多样性分布的主要核心区之一，属于森林生态系统类型自然保护区，主要保护对象为南亚热带常绿阔叶林生态系统、红树林生态系统及珍稀濒危物种。

5.1.5 生态保护建设成效

自 1979 年建市以来，随着城市化的快速发展，深圳市林业用地逐年减少，到 20 世纪 90 年代森林覆盖率才逐渐趋于稳定。近年来，随着深圳市持续加强森林资源的保护与林分改造，森林资源质量不断提高，蓄积量成倍增加。根据深圳市 2015 年森林资源二类调查数据统计，全市森林覆盖率从 1991 年的 45.40%下降至 2015 年的 40.92%，总体下降了 4.48%，但从 1991 年至 2015 年，活立木总蓄积量总体增加 127.75%。从森林类别来看，生态公益林所占比例为 66.19%，商品林（地）面积所占比例为 33.81%。罗湖区、福田区、盐田区、坪山新区、大鹏新区的生态公益林面积占其林业用地面积比例较大，均达 70%以上。商品林主要集中在宝安区、大鹏新区、龙岗区，占全市商品林面积比例为 57.12%。从森林蓄积量来看，森林蓄积量分布不均，东部高、西部低。从森林自然度来看，森林自然度以Ⅱ、Ⅲ、Ⅳ级别为主，面积占森林总面积的 81.21%，自然度Ⅰ级的森林主要分布在大鹏半岛，自然度Ⅴ级的森林主要分布在深圳西部地区。

根据《深圳市绿地系统规划修编（2014—2030）》数据统计，全市各类绿地面积 105 160.63 hm^2，占市域总面积的 52.80%，全市人均城市绿地面积为 27 m^2，人均公园绿地面积（不含森林郊野公园）为 16.04 m^2。绿道平均密度达到 1.2 km/ km^2，绿道“公共目的地”382 个，形成了以区域绿道为骨干，城市绿道、社区绿道为补充，结构合理、衔接有序、连通便捷、配套完善的绿道网络体系。深圳市现大力推进屋顶绿化建设，面积已达到 132.64 hm^2。从市域绿地率分布现状来看，绿地资源较好的地方主要分布在东南部，较差的地方分布在西部；绿地率小于 30%的地方主要分布在宝安区、龙华新区、光明新区和南山区。

5.2　存在的问题

（1）生态空间遭受挤占现象较为明显

过去 40 多年，随着深圳经济的快速发展，土地供需矛盾日益突出，城市快速扩张和大规模的经济建设直接占用或破坏优质森林、绿地、湿地、水域等生态用地，导致城区周边重要生态空间的迅速萎缩甚至消失。滩涂围垦、填海造地、开山造城等一系列大开发活动，严重挤占湿地、山地、海洋等生态空间，剧烈改变生态系统的稳态结构和自调节功能，引发生态系统功能退化。据长期生态资源测算的结果，全市生态用地面积呈现减少趋势。

（2）生态系统功能有所退化

城镇的开发不断向高海拔的地区推进，并沿路网蔓延，逐步连接呈网状，连绵的自然山体被快速无序发展的城镇围合成孤立山头，城市出现大量生态孤岛，森林生态系统的完整性遭到破坏。在城市绿化中“纯林”现象比较普遍，林龄、林种结构不合理，人工植被代替原生植被的趋势明显，外来入侵物种对生态环境的影响显著，森林生态功能降低。填海导致深圳市海域面积不断减小，珊瑚礁、海草场、滨海湿地等具有典型性、代表性的海洋生态系统遭受不同程度的破坏。填海造地改变了海洋原有的水文动力环境，导致泥沙在海岸带淤积，海水自净能力减弱，局部海域水质恶化，生物栖息地遭受到威胁，鱼、虾、蟹、贝类产卵场、索饵场、越冬场和洄游通道出现萎缩，近岸海域生态功能降低退化。近年来，深圳加强了生态保护修复力度，生态系统受损功能得到一定提升。

（3）生物多样性保护还需进一步加强

人类活动的加剧、资源的过度开发和环境污染等原因造成了生态空间减少、生态廊道连通性减弱、生物栖息地破碎化、生境退化等情况。自然生态系统的关键性连通节点的建设用地比重偏高，生态廊道的连通性较低，造成了生物栖息地的破碎化。此外，随着社会经济的快速发展和对外交流范围强度的增大，外来物种入侵有加剧趋势，如最为常见的薇甘菊和五爪金龙，不断排挤本地物种，冲击本地生态系统的平衡，改变了原有生物地理分布和自然生态系统的结构和功能，对本地的生物多样性造成威胁。近年调查表明，全市大约 60%的人工林受到薇甘菊等入侵物种的影响和危害。

（4）治理体系与治理能力还需进一步完善

深圳市初步形成了以自然保护地为基础，生态保护红线为底线就地保护体系，通过保护栖息地来保护生物多样性。但缺少区域生物多样性保护相关的专项政策规定来指导如何建设生物多样性友好城市，缺乏保护受威胁物种、防控外来物种入侵（除薇甘菊以外）、生态修复、多样性监测监管等相关工作开展的规范性文件。缺乏如何将监测评价结果用于保护工作成效评估考核的指导性文件。在生态监测制度上，对生态系统服务功能、区域生物多样性、外来物种入侵风险等领域还未建立常态化、规范化的生态监测和定期评估体系。生态监测数据共享受体制机制制约，各部门间同领域的监测数据难以互通共享，监测结果存在差异。在评估考核机制上，缺乏促进生态保护工作从管理评估向成效评估转变的政策文件。

5.3 战略路径

深入贯彻习近平生态文明思想，坚持尊重自然、顺应自然、保护自然的重要理念，坚持保护优先、自然恢复为主的方针，以打造人与自然和谐共生的美丽中国典范为根本目标，以实现“格局稳定、功能提升、统一监管、生物安全”为基本导向，维护深圳城市生态系统结构与功能的稳定、提升、安全，分阶段研究制定 2025 年、2030 年、2035 年深圳城市生态环境保护形势与路径，各阶段战略任务见表 5-1。

表 5-1 城市生态环境保护战略路线（2021—2035 年）

<table>
<tr><th>类别</th><th>2021—2025 年</th><th>2026—2030 年</th><th>2031—2035 年</th></tr>
<tr><td>格局稳定</td><td>构建海陆联通、渗透全城、空间平衡的生态服务网络</td><td colspan="2">基于生态风险防控的生态网络格局优化构建生态网络动态优化管理</td></tr>
<tr><td>功能提升</td><td>受损生态系统保护修复</td><td>重要斑块、廊道、节点生态区域修复与保护</td><td>生态保护与修复体系和能力现代化建设</td></tr>
<tr><td>统一监管</td><td>构建政策法规标准制定、监测评估、监督执法、问责“四统一”的城市生态监管体系</td><td colspan="2">全面实施城市生态监管，实现常态化监管</td></tr>
<tr><td>维护生物安全</td><td>生物安全调查评估</td><td>贯彻风险预防、可持续发展、动态监管等原则，建立风险评估制度、名录清单管理制度等各项制度</td><td>生物安全风险防控和治理体系建设</td></tr>
</table>

格局稳定是指筑牢“四带、八片、多廊”的绿色空间格局。建设罗田—羊台山—大鹏半岛和清林径—梧桐山生态保育带，重点强化区域生态保育功能，防止和阻断建设用地连绵。推进西部珠江口—深圳湾和东部大鹏湾—大亚湾滨海生态景观带建设，控制开

发建设行为和规模，保护滨海生态资源和环境。加强光明—观澜、凤凰山—羊台山—长岭陂、塘朗山—梅林山—银湖山、平湖东、梧桐山—布心山、清林径—坪地—松子坑、三洲田—马峦山—田头山和大鹏半岛等片区绿地建设，串联城市公共空间，形成城市组团之间的隔离屏障。建设河流水系、道路廊道、城市绿道等生态廊道，强化廊道的用地管控和绿化建设，打造互联互通的蓝绿通廊。

功能提升是指坚持保护优先、自然恢复为主的方针，按照系统修复、分类施策、因地制宜的原则，以构建“四带、八片、多廊”的全域生态网络格局为目标，统筹“山、水、林、海、棕”等要素修复，实施重要生态系统保护和修复重大工程，强化重要生态功能区域的整体保护修复，提升生态系统的质量和稳定性。

统一监管是指对生态环境有影响的自然资源开发利用活动、重要生态环境建设和生态破坏恢复、野生动植物保护、湿地生态环境保护等工作开展统一监督，对各类自然保护地内的违法行为进行执法。

维护生物安全是指开展深圳生物安全的战略评估，形成一套较为科学的流程与技术方法，在源头上或者在防控链条关键环节上实现生物风险因子的识别，逐步压缩各类生物风险空间。提高全民族生物安全意识、强化生物安全教育。完善关键核心技术攻关的体制和科技监管，坚持以生物科技发展保障生物安全。

5.4　主要任务

5.4.1　守护自然蓝绿基底

（1）共建大湾区内“两屏三湾”绿色生态格局

依托粤港澳大湾区生态空间整体结构，构建深圳与周边区域“江海交汇、万物共生”的绿色生态格局。强化城际之间生态联动，共同建设维护区域生态基底，共建共保大岭山—塘朗山—清林径—白云嶂、环莲花山生态屏障，环珠江口、环大亚湾和环红海湾区等生态区域。强化滨海生态带、茅洲河、龙岗河和观澜河等区域生态廊道的连通。

大岭山—塘朗山—清林径—白云嶂生态屏障：加强山体自然风貌保护。优先选择乡土植被，对受损山体进行植被群落构建。严格保护塘朗山、梅林山、田头山等仙湖苏铁、桫椤、土沉香等珍稀物种分布地。

环莲花山生态屏障：打造结构优、功能强、碳汇高的地带性森林群落，强化屏障区水土流失区林草植被建设。针对山体林分质量较差、整体林相凌乱单调、生态功能低、缺乏地方森林景观特色等现状开展林相改造。

环珠江口生态区域：积极修复退化滨海湿地，开展珠江口湿地、滩涂等区域生态系统修复工程，加快恢复湿地生态系统功能。加强与周边地区湿地的共同保护。继续推动三地开展粤港澳珠江口湿地保护圈建设。开展珠江口海洋生态环境状况调查评估，加快河口海湾综合治理。加强陆源污染排海管理，控制和减少污染物排海总量。

环大亚湾生态区域：积极推进以生物资源养护为目标、人工鱼礁为主体的规模化海洋牧场建设，探索生态公益功能与休闲渔业相协调的用海模式。强化大亚湾区域蓝色海岸生态带建设，保护沿海湿地，加强沿海防护林体系建设，优化林种结构，建立高标准的沿海基干林带。

环红海湾生态区域：指深汕合作区区域，刻画以红海湾和自然岛屿为主体的自然海洋风貌，开展滨海地区湿地生态修复，改善近岸海洋生态环境质量。加强区域内自然岸线的保护，严格保护砂质岸线和基岩岸线，禁止炸岛等破坏性活动，合理控制养殖规模和密度。

（2）筑牢“五带、九片、多廊”全域生态网络

以山水林田海为基底，构建“城海融合、蓝绿共生”的全域生态网络空间。重点建设罗田—罗山—清林径和莲花山生态保育带，防止建设用地连绵。推进珠江口—深圳湾、大鹏湾—大亚湾、红海湾生态景观带建设，控制开发建设行为和规模。加强光明—观澜、凤凰山—羊台山—长岭陂、塘朗山—梅林山—银湖山、平湖东、梧桐山—布心山、清林径—坪地—松子坑、三洲田—马峦山—田头山、大鹏半岛和狮山—南山—龙山等九大片区绿地建设，串联城市公共空间。建设河流水系、道路廊道、城市碧道等生态廊道，强化用地管控和绿化建设。

罗田—罗山—清林径生态保育带：结合基本生态控制线的用地管控和各类公园绿地建设，形成有效防止和阻断建设用地无序蔓延的绿地生态景观带。

莲花山生态保育带：指深汕合作区内环莲花山区域以保护生态环境、提升生态功能为目标，原则上按禁止建设区要求管理，勘界设标，实施准入清单制度，禁止破坏生态环境的一切人类活动，加强生态修复，清退已有建筑、产业。

珠江口—深圳湾生态景观带：指临深圳湾、珠江口，东起深圳河口、西至茅洲河口，贯穿福田、南山和宝安滨海区域的生态景观带。结合自然保护区、城市公园、滨海绿道及其他公共空间建设，打造兼顾生态、生产、生活的滨海生态景观带。

大鹏湾—大亚湾生态景观带：指临大鹏湾、大亚湾，西起盐田、东至大鹏坝光的生态景观带。结合自然保护区、地质公园、海滨公园、滨海绿道等建设，打造以生态保护为基础，融合休闲生活和旅游度假的滨海生态景观带。

红海湾生态景观带：指深汕合作区内充分利用红海湾蓝色资源，以线串点、点线结

合，建设集休闲娱乐、运动健身、观光旅游、体验自然等多功能活动，具备景观层次多样、空间连续可达、配套设施完善、海滨生活气息浓郁等特征的绿色滨水走廊，提升湾区活力，打造具有滨海特色的山水田园生态湾区。

九大片区绿地建设要求：遵循“自然、生态、绿色、野趣”的发展理念，最大限度地保护自然环境，维护生物多样性和生态平衡，有限度地复合科研、科普、休闲、游憩功能，满足城市生活需要。以锚固生态调节功能、丰富文化服务功能为目标，原则上按限制开发区要求管理，合理控制人类活动强度和范围，严格控制建设规模，以低影响开发模式设置必要的游憩、安全设施，推动园内生态修复。按照低冲击、生态化的原则完善自然公园配套设施，减少对自然山体、水体和植被的破坏，避免干扰野生动物的栖息和繁衍活动。绿化景观设计应尽量保留原有植被，人工绿化中应采用乡土植物作为主要、优选树种。

河流水系、道路廊道、城市碧道等生态廊道建设要求：实行生态廊道最窄宽度控制，从严控制新增建设行为，优先开展建设用地清退，积极实施立体绿化和地下或空中生物通道建设，打通或修复重要的廊道和节点，实现关键生态廊道的绿化覆盖率达到60%以上。其中，蓝绿生态景观通廊要利用主干河流水系和两侧绿地，形成线性连续的亲水空间，廊道宽度按照河流保护宽度控制。城市组团隔离绿廊要实现组团间有效隔离，防止连片发展，宽度应满足通风、卫生及防护隔离等需要，原则上最窄处应控制在 200 m 以上，特殊情况下最低不小于 100 m。区域绿地连接绿廊要连通森林、湿地等重要生态绿地，宽度应满足关键物种迁徙的需要，原则上最窄处应控制在 200 m 以上，特殊情况下最低不小于 100 m，若为交通干线两侧的绿廊，两侧宽度均不小于 60 m。

（3）严格“生态保护红线、基本生态控制线、自然岸线”三线管控

严守陆海生态保护红线，完成监管、执法、评估、责任追究、生态补偿等能力和制度建设。加强基本生态控制线精细化管理，严控人为占用和扰动，有序推进基本生态控制线内建设用地清退和生态修复。加强基岩、海蚀、生态、砂质等自然岸线保护，严格控制工业岸线的占用规模和新增危险品设施及用地，保证自然岸线长度不减少。

生态保护红线原则上按禁止开发区域的要求进行管理，严禁不符合主体功能定位的各类开发活动，严禁任意改变用途，确保“生态功能不降低、面积不减少、性质不改变”。对生态保护红线内的自然保护区、国家公园、风景名胜区、森林公园、地质公园、世界自然遗产、湿地公园、饮用水水源保护区等各类保护地的管理，法律法规和规章另有规定的，从其规定。海洋生态保护红线区分别位于内伶仃岛、珠江口海域、福田红树林自然保护区核心区、大鹏半岛西南部鹅公湾附近海域以及大亚湾内靠近深惠边界的海域。重点是严格保护中华白海豚等珍稀生物、红树林和珊瑚礁等典型海洋生态系统以及大亚

湾内重要水产资源，保障生物多样性。禁止一切严重损害海洋生态资源的开发活动，允许科学有序开展适宜的海洋生态修复活动。

基本生态控制线主要包括一级水源保护区、风景名胜区、自然保护区、集中成片的基本农田保护区、森林及郊野公园、坡度大于25°的山地、林地以及特区内海拔超过50 m、特区外海拔超过 80 m 的高地，主干河流、水库及湿地，维护生态系统完整性的生态廊道和绿地，岛屿和具有生态保护价值的海滨陆域等其他需要进行基本生态控制的区域。其管控要求为除重大道路交通设施、市政公用设施、旅游设施和公园情形外，禁止在基本生态控制线范围内进行建设。

自然岸线重点包括砂质岸线、淤泥质岸线、基岩岸线、生物岸线等原生岸线，以及整治修复后具有自然海岸形态特征和生态功能的海岸线，保障 100.4 km 原生自然岸线长度不减少。以保护和修复生态环境为主，应依照相关法规严格控制、禁止开展任何损害自然海岸地形地貌和生态环境的活动，确保生态功能不降低、长度不减少、性质不改变。加强东部已探明 56 处沙滩和海蚀地貌的巡查管护力度，经常性组织开展海砂盗采行为的专项打击行动。开展受损沙滩修复技术研究，建立 1～2 处受损严重沙滩的修复示范工程。其他非自然岸线因统筹规划、集中布局确需占用海岸线的重大项目，如国家重大基础设施、国防工程、民生工程，以及战略性新兴产业、海洋特色产业、绿色环保产业、循环经济产业等。禁止建设高污染、高耗能、高排放及产能过剩项目。

5.4.2 严格都市空间治理

（1）建立国土空间保护开发格局

有序布局全市生态保护区、自然保留区、永久基本农田集中区、城市发展区和海洋发展区，划定生态保护红线、永久基本农田、城镇开发边界等管控边界。确定国土空间发展策略，转变保护开发方式，提升国土空间保护开发质量和效率，形成以统一用途管制为手段的全域国土空间开发保护制度。

生态保护区：是具有特色生态功能或生态环境脆弱、必须保护的陆地和海洋自然区域，包括陆域生态保护红线、海洋生态保护红线，以及需要进行生态保护与生态修复的其他区域。生态保护红线按照相应的管理办法进行管理。未划入生态保护红线的其他生态区域，采取名录管理、约束指标和分区准入三者相结合的方式进行细化管理规定，以保护为主，对应开展必要的生态修复。

自然保留区：主要为海洋自然保留区，重点以保留现状为主，严禁随意开发，不得擅自改变岸线、地形及自然生态环境原有状态，确需开发利用的可按照程序调整其功能。

永久基本农田集中区：主要是全市永久基本农田相对集中需要严格保护的区域，空间范围包含永久基本农田以及按照永久基本农田数量 1%比例划定的永久基本农田储备区，其按照国家相关规定进行管理。

城市发展区：是城市集中开发建设并要求满足城市生产、生活需要的区域。在城镇开发边界内的建设，实行“详细规划+规划许可”的管制方式。

海洋发展区：是为了满足经济社会发展需要而开展海洋集约节约开发利用活动的海域和无居民海岛，海洋发展区采用海洋利用功能规划分区进行细化管控。

（2）强化生态环境源头管控

实施以生态保护红线、环境质量底线、资源利用上线、生态环境准入清单为核心的生态环境分区管控制度，明确在空间布局约束、污染物排放管控、环境风险防控和资源利用效率等方面的生态环境准入要求，推动形成与全市自然资源禀赋、生态环境质量改善相适应的产业空间布局，支撑区域产业聚集化和发展绿色化。

重点针对不同环境管控单元特征，实行差异化环境准入。其中，优先保护单元 91 个，主要涵盖生态保护红线、一般生态空间、饮用水水源保护区、环境空气质量一类功能区等区域。以维护生态系统功能为主，禁止或限制大规模、高强度的工业和城镇建设，严守生态环境底线，确保生态功能不降低。重点管控单元 32 个，主要包括工业集聚、人口集中和环境质量超标区域。主要推动产业转型升级、强化污染减排、提升资源利用效率为重点，加快解决资源环境负荷大、局部区域生态环境质量差、生态环境风险高等问题。一般管控单元 97 个，为优先保护单元、重点管控单元以外的区域。主要为执行区域生态环境保护的基本要求。根据资源环境承载能力，引导产业科学布局，合理控制开发强度，维护生态环境功能稳定。

（3）统筹陆海空间耦合联动

集成陆域、岸线、海域的分头管理转为海岸带统筹协调管理，打造“东部山海生态度假区、中部都市亲海休闲活力区、西部创新活力区”三个海岸带区域的空间结构。加强海岸带建设管控，以海岸带为重点缝合陆海公共空间，促进陆海一体化发展。以统筹湾区单元为主体，从功能布局、配套设施、道路交通等方面层层推进陆海统筹，形成陆海整体空间格局。

东部山海生态度假区：指坝光至沙头角的东部海岸带区域。重点立足资源禀赋和生态优势，加强对良好山海资源环境的保护，严格围填海工程，严格保护及修复自然岸线，科学适度开展科普活动，构建山海城一体的空间结构。

中部都市亲海休闲活力区：指沿深圳河及深圳湾的中部海岸带区域。重点是强化生态功能和滨水公园空间连续性，预留福田河口、布吉河口生态公园及广场等公共空间，贯通滨水步道，优化提升深圳湾滨海休闲带空间品质和活力，科学开展海岸线的生态修复，融合历史、人文、科普等元素，打造特色滨海文化岸带。

西部创新活力区：指蛇口港至茅洲河口的海岸带区域。重点是通过山海通廊串联历史人文景点，适时推进港口功能升级，打造多样亲水的港区岸线，促进岸线空间的高质量发展。开展海堤生态化改造，实现岸段海洋经济功能与滨海生态休闲功能的协调发展。

5.4.3 加强生态保护修复

（1）统筹推进生态保护修复

统筹“山、水、林、海、棕”等要素修复，加大重点区域生态系统保护和修复。实施塘朗山—梅林山—银湖山、梧桐山—布心山等区域绿地生态修复，优化生态安全屏障体系；实施公明—松岗、横岗—龙岗等生态廊道修复，维护生态系统的完整性和连续性；实施深圳河、茅洲河等主干河流生态修复，打造蓝绿交融的水生态廊道；实施海洋新城、西湾等海岸带生态修复，维护海岸带生态功能（图 5-1）。

山：青山叠翠工程	水：碧水清流工程	林：健康森林工程	海：蓝色海湾工程	棕：生态清退工程
废弃矿山、危险边坡等破损山体	水环境、水生态受到破坏的河流、湖泊、水库、湿地、地下水等	被占用、被破坏、受外来物种入侵的林地	受破坏的海岸带、海岛、海洋生态	受污染的土地以及影响生态安全的低效建设空间

图 5-1 “山、水、林、海、棕”等要素修复工程

（2）加强山体生态保护修复

加强破损山体自然风貌修复，优先选择乡土植物，重建潭头二石场、联发石场、黄竹坑石场等破损山体的植被群落。加强生境关键节点生态廊桥建设，恢复重要山体生态联系。采用生物措施和工程措施相结合的方式，修复废弃矿山。探索废弃矿山多元利用模式，对芙蓉石场、鹏茜矿山等处于生态控制线或重要生态系统要素边缘的矿山，鼓励采用建设城市公园绿地或文体旅游设施等方式开展综合利用，打造特色公园和城市文化名片，实现废弃矿山生态、社会、经济效益的最大化。

（3）实施水体生态保护修复

联合深莞、深惠、深港，率先贯通石岩水库—茅洲河—珠江口，银湖—清水河—布吉河—深圳河—深圳湾，观澜河—石马河—东江—珠江口等八条主要跨区域山海通廊。开展观澜河、茅洲河、龙岗河、深圳河、坪山河、布吉河、大沙河、西乡河、盐田河等重要河流廊道滨水绿化带构建工程，提升河岸植被林相完整性，贯通河流生态廊道。到 2025 年，水系连通性增加，主要河流廊道宽度达标率达到 85%以上，河岸植被覆盖率提升，初步实现蓝绿交融的水系格局。因地制宜，开展河流生态修复工程。针对五大干流、石岩河、西乡河、大沙河、布吉河等水质达标、具有稳定基流且具有较强生态景观功能河流开展系统性生态修复工程，构建流域生态链。开展河道水生态健康调查评估，因地制宜，通过硬质化堤岸生态化改造、河道形态改造、河道清淤、河滩地植被恢复、水下森林培育等手段，重构河流生境，恢复河流生物多样性，提升自净能力；开展河流生态恢复型、生态蓄滞型和水质净化型人工湿地建设，重点推进“汛期滞洪，枯期净化”的复合功能湿地体系建设，结合生态补水，保障河流水质、水量稳定。

推进千里碧道工程建设。以水为主线，统筹山水林田湖草各种生态要素，高标准打造集“安全的行洪通道、健康的生态廊道、秀美的休闲漫道、独特的文化驿道和绿色的产业链道”五道一体的碧道。开展全市范围内千公里碧道建设，重点建设茅洲河、深圳河、龙岗河、观澜河、坪山河、光明湖碧道标杆，促进流域空间复合利用、产业结构转型、城市空间更新及功能提升，助力大湾区碧道建设。在全市碧道总体规划的基础上，结合各区河道、城市发展现状条件和城市开发建设时序等，结合支流及小微水体治理，推动小微水体的刚性保护和弹性管控，织补蓝绿空间、缝合城市功能，打造小微水体整治样板，实现水体向支流延伸，碧道向社区延伸，提升城市品质和灵气。河道复明，暗渠化水系绕城到入城。通过城市更新等方式，对于市内长期存在基流的、重大民生影响的、位于城市更新改造地块的暗渠化河道结合城市改造复明，消除安全隐患，全面恢复河流生态价值；同时以河道复明为线索，借鉴世界著名成功案例，统筹解决河道安全、城河塑造、城区复兴三大发展任务，完善沿线区域综合服务和公共配套服务职能。

（4）加强森林生态保护修复

提升森林质量，建设具有南亚热带特色的物种丰富、功能稳定、景观优美的近自然地带性森林群落。开展见缝插林、生态造林、退耕还林、退高还林，实施绿化改造成林。重点实施桉树纯林和马占相思纯林等低效林改造，推进山地森林退化林和残次林修复。2022—2025 年，规划改造人工桉树林、马占相思林 163.9 hm^2；抚育天然林中的幼龄林 3 480.9 hm^2，中龄林 3 740.3 hm^2；完成 4 个社区公园、4 个带状公园和 8 条道路生态与景观提升示范建设。

在 2016—2021 年改造提升 3 811.9 hm^2 的基础上，在 2022—2025 年，继续在宝安区桉树、相思人工纯林改造提升 80.2 hm^2，南山区改造提升 29 hm^2，南山区改造提升 20 hm^2，坪山区改造提升 34.7 hm^2。针对中幼龄林面积比重大、林木密度大、林分结构不合理等特点，在“十三五”期间林分抚育 6 165.5 hm^2 的基础上，继续科学系统地对中幼龄林进行抚育间伐，达到改善森林环境、促进林木生长、伐除劣质林木、提高林分质量的目的。此外，开展特色毛棉杜鹃景观林的抚育，实施人工增补毛棉杜鹃幼苗，科学地控制毛棉杜鹃邻体树种生长，控制林分对毛棉杜鹃遮阴程度在 50%左右，以促进毛棉杜鹃幼苗和成株的生长；科学地结合环剥技术和多效唑喷施提高成株毛棉杜鹃的成花率；对于梧桐山风景区观赏性较差的非毛棉杜鹃林分，通过人工或人工促进天然更新的方法逐步将其改造为毛棉杜鹃林。

（5）推进海洋生态保护修复

加强滨海红树林生态系统修复，推进大梅沙、大澳湾等珊瑚礁生态系统集中分布区的保护修复。推进大鹏新区自然沙滩整治修复。提升人工岸带生态水平，鼓励海堤生态化改造。实施内伶仃岛、小铲岛等海岛生态整治修复。

开展海岛整治修复：加强对生态环境脆弱的无居民海岛的环境整治与生态修复。重点对内伶仃岛、小铲岛、细丫岛、赖氏洲、洲仔岛、洲仔头、火烧排等海岛实施环境整治与生态修复，通过恢复植被、保护沙滩、渔业资源增殖放流等措施逐步修复海岛生态系统，保持和提升生态功能。在不违反相关规定的前提下可适度开展科研教育、旅游娱乐等对生态环境影响较小的活动。对其他较小的海岛，应加强监控和保护，保障其不消失。

整治提升人工岸线：修复有条件的人工岸线为兼具公共服务功能和部分生态功能的岸线，重点包括金水湾顶东侧岸段、杨梅坑村东侧岸段、西涌西侧岸段、上洞海岸东侧岸段、深圳湾公园滨海休闲带、前海湾滨海休闲带、宝安西湾公园、大空港岸段八大岸线。

加强渔业资源养护和增殖：加强水产种质资源保护。保护深圳海域内现存种质资源中极具代表性的种类，摸清深圳海域及区域性重要水产种质资源分布区、产卵区与洄游通道，划入海洋生态保护红线范围实行专项管理。对正遭受灭绝威胁的种类和对维持我国渔业产量起决定性作用的主要种类（如中华白海豚、沙丁鱼、海马、海参、紫海胆等）实施重点保护。加强人工渔礁建设。循序渐进建设人工鱼礁，对杨梅坑、鹅公湾等已投放人工鱼礁的效果进行监测和评估，加大管理与执法力度，开展东、西涌人工鱼礁投放；改进人工鱼礁培育模式，遏制海洋渔业资源严重衰退的趋势，保护和提升生物多样性。制订生物资源养护增殖计划。在大鹏湾、大亚湾等沿岸重点海域实施生物资源增殖放流计划，每年定期在沿海人工鱼礁区、幼鱼幼虾保护区、水产资源自然保护区、贝类和海珍品护养增殖区等海域实施养护增殖，不断增加增殖品种、数量和扩大增殖范围，建立海洋牧场。

增划海洋保护区和海洋公园：积极推动将具有特殊地理条件、生态系统、生物与非生物资源及海洋开发利用特殊要求的海域纳入海洋特别保护区建设发展规划；建立不同级别、不同类型的海洋特别保护区，形成科学合理的海洋保护区分布格局和管理体系。加快推动大鹏国家级海洋公园、华侨城国家级海洋公园、深圳湾国家级自然保护区申报建设。

开展分阶段、差异化的红树林湿地保护与修复：开展全面的红树林湿地资源普查，建立信息档案，开展动态监测和信息维护。积极推动福田红树林自然保护区加入“拉姆萨尔国际湿地公约”。实施“南红北柳”湿地修复工程，重点包括深圳湾红树林湿地、前海湾片区红树林湿地、西海堤红树林湿地、坝光红树林湿地、东涌红树林湿地等。结合大鹏国家级海洋生态文明示范区建设，开展东部红树林生态种植示范建设，增加葵涌河口、乌泥河口、新大河口等入海河口两侧红树、半红树数量，形成布局合理、设施先进、管理高效的红树林湿地生态系统。至 2035 年，恢复提升与生态种植红树林新增总面积 140 hm^2。

加强和规范珊瑚群落保护：开展珊瑚礁资源普查，划定珊瑚礁保护与管理范围，建立珊瑚礁海洋特别保护区，研究制定专项管理规定，加强监管。以杨梅坑、东西涌、大鹿港、大澳湾等海域为重点，科学、有序引导珊瑚礁人工移植，维护珊瑚群落及其栖息地的生态环境，开展珊瑚保护宣传活动，促进珊瑚群落的可持续发展。

（6）加快棕地生态修复

加快生态保护红线、重要生态廊道等关键生态空间内低效建设用地的退出和修复，推动规划关停的垃圾填埋场、余泥渣土受纳场等邻避型市政设施场地的综合治理。实施积极的人工干预措施，综合运用多种技术手段，改良场地土壤环境，恢复植被群落，重建生态系统，实现场地的可持续利用。

5.4.4　强化城市生态监管

（1）创新自然保护地体系

创新高度城市化地区自然资源保护模式，建立以大鹏半岛、深圳湾建设国家公园为主体、自然保护区为基础、各类自然公园为补充的自然保护地体系。确保重要自然生态系统、自然遗迹、自然景观和生物多样性得到系统性保护，提升生态产品供给能力，维护城市生态安全。到 2025 年，完成自然保护地整合归并优化、管控分区重划和勘界立标等，构建统一的自然保护地分类分级管理体制，完善自然保护地体系的法律法规、管理和监督制度，初步建成自然保护地体系。到 2035 年，构建高品质、多样化生态产品体系，显著提高自然保护地管理效能和生态产品供给能力，全面建成具有深圳特色的自然保护地体系。

（2）强化生物多样性保护

将生物多样性保护纳入相关部门领域政策管理体系，构建生物多样性保护调查、监测评估、信息发布、宣传教育和联动机制，建立生物多样性友好城市。开展物种多样性保护建设工程，提升野生动植物迁地保护能力。加强土沉香等珍稀濒危物种保护，建设种资资源库、基因库和遗传资源数据库。严格控制外来物种引入，建立完善薇甘菊、五爪金龙等外来物种引入备案、入侵预警和防治措施。对深圳地区各区、保护区、流域等为区域单位要建立人为干扰指数监测。制定干扰级别，结合交通、工业、污染、施工等干扰因素及时开展综合调查与干扰数据更新。对干扰变化大的区域要引起特别重视，重点监测入侵植物分布与扩散情况。

（3）加强生态安全管理

将生物安全纳入全市安全保障体系，系统规划建设生物安全风险防控和治理体系，全面提高生物安全保障能力。建立完善生物安全调查、监测评估、信息发布、应急处置、控制清除、安全管理等制度。

（4）实施生态常态化管理

绘制城市生态系统“一张图”，划定全市生态管理区划，实行城市生态分区分级管理。将生态作为常规要素，纳入项目论证、项目监管等环节。加强生态修复监管，由侧重重要生态系统“面积”向“面积与质量并重”转变。构建政策法规标准制定、监测评估、监督执法、问责“四统一”的城市生态监管体系，在全国率先实行城市生态常态化监管。对生态破坏活动进行监控预警。加强各部门协作，对违法违规挤占生态空间和破坏自然遗迹等行为开展排查，逐步建立主动发现生态破坏问题的常态化监控预警机制。提升生态破坏行为主动发现能力，生态环境部门组织对辖区内非法开矿、修路、筑坝、建设等造成生态破坏的人类干扰活动行为进行主动监控，对造成严重生态破坏或者没有完全履行生态治理修复义务的行为实施预警。加强生态破坏等突发事件对生态环境影响及损害的监测评估。

第 6 章　生态环境质量改善研究

良好生态环境是实现中华民族永续发展的内在要求，是增加民生福祉的优先领域，是建设美丽中国的重要基础。近年来，深圳大气、河流、饮用水、海洋等生态环境质量持续改善，但也存在一些问题。要通过“结构优化、模式转变；深入防控、协同减排；联防联控、区域协作”等路径，持续改善大气生态环境质量。通过实现污水收集与处理能力双提升、自净能力与生态健康双提升，打造国际接轨的水环境保护标准体系，建设全球标杆河湖智慧监管体系等四个方面，持续改善河流生态环境质量。通过加强饮用水水源保护监测监控应急能力建设等方面持续保护饮用水水源生态环境。坚持陆海统筹、河海联动，推动近岸海域生态环境质量持续改善，建设人海和谐的美丽海湾。

6.1　生态环境质量改善现状

6.1.1　大气生态环境现状

6.1.1.1　大气污染防治历程

深圳市大气污染防治工作始于 20 世纪 90 年代，最初是以污染源常规检测与监督性检查、抽查为主。从 2000 年起，深圳市开始进行重点污染源的整治工作，实行了机动车环保分类标志制度，强制添加燃油清净剂，推广使用清洁燃油等政策。2005 年，深圳市建立起多部门联合的“治污保洁”工程平台，启动了以控制烟尘污染为重点的第一次“蓝天行动”，大规模的大气污染治理行动在深圳市全面展开，火电厂、工业锅炉和窑炉、机动车、扬尘等各类污染源都逐步得到了深入治理。2006 年，燃油电厂“油改气”工程启动，2007 年，妈湾电厂 6 台机组海水脱硫工程建成并投入运行，深圳市成为全国第一批实现燃煤机组全部脱硫的城市。2008 年，《深圳市扬尘污染防治管理办法》发布实施，清洁能源汽车投入使用，启动加油站、储油库及油罐车的油气污染治理改造等。依托"治污保洁"平台，通过滚动更新的"蓝天行动"计划，深圳市超额完成了国家"十一五"（2006—2010 年）二氧化硫（SO_2）减排任务。

在污染治理过程中，SO_2、可吸入颗粒物（PM_{10}）等污染物得到了较好的控制，然而细颗粒物（$PM_{2.5}$）和臭氧（O_3）浓度仍居高不下，表现出区域性、复合型的大气污染特征，为此，深圳市也逐步将大气污染治理的工作重心转移到应对灰霾和光化学污染上来。2013 年，为了应对日益严峻的灰霾污染，国务院颁布了《大气污染防治行动计划》，要求到 2017 年珠三角等区域的 $PM_{2.5}$ 年均浓度下降 15%左右。同年，深圳市印发了《深圳市大气环境质量提升计划》，提出至 2015 年 $PM_{2.5}$ 年均浓度达到 33 μg/m^3，2017 年达到 30 μg/m^3，该计划包含了十大领域共 40 条措施，涵盖了电厂、锅炉、机动车、扬尘、挥发性有机物、船舶、港口、废物焚烧、餐饮油烟等各类污染源，并首次纳入了非道路移动源，深圳市大气污染治理达到了前所未有的强度和力度。2014 年，深圳市空气质量明显改善，六项主要大气污染物年均浓度首次全面达标，空气质量综合指数在全国 74 个重点城市中排第 4 位。2015 年深圳市 $PM_{2.5}$ 年均浓度下降至 30 μg/m^3，空气质量进一步改善。

2017 年，深圳市政府印发了《深圳市大气环境质量提升计划（2017—2020 年）》，提出到 2020 年，全年空气质量优良天数比例达到 98%，$PM_{2.5}$ 年均浓度控制在 25 μg/m^3 以内。2018 年，国务院印发了《打赢蓝天保卫战三年行动计划》（国发〔2018〕22 号），提出利用 3 年时间大幅减少主要大气污染物排放总量，明显改善环境空气质量。同年，广东省人民政府印发了《广东省打赢蓝天保卫战实施方案（2018—2020 年）》，要求深圳市力争 2020 年 $PM_{2.5}$ 年均浓度控制在 25 μg/m^3 以内。为落实党中央、国务院和广东省的部署，深圳市于 2018—2020 年连续 3 年发布《"深圳蓝"可持续行动计划》，持续开展"深圳蓝"系列大气质量提升行动，主要从强化机动车排气污染防治、推进港口船舶污染防治、全面开展非道路移动机械排气污染治理、加大挥发性有机物治理力度、提高电厂、锅炉污染防治标准、加强扬尘污染防治、推进餐饮油烟污染防治等方面予以防治计划的制订和落实，并取得了显著成效。2019 年深圳市 $PM_{2.5}$ 年均浓度降至 24 μg/m^3，首次达到世界卫生组织第二阶段标准，2020 年 $PM_{2.5}$ 浓度下降至 19 μg/m^3，为深圳市自 2006 年有监测数据以来的最低值。

6.1.1.2　大气环境质量现状

近年来，在各项大气污染防控政策的推进下，深圳市大气污染防治工作成效显著，全市大气环境质量持续向好，灰霾天数明显降低，大气 $PM_{2.5}$、PM_{10}、SO_2、二氧化氮（NO_2）和一氧化碳（CO）浓度均呈下降趋势（图 6-1）。其中，大气 $PM_{2.5}$ 浓度由 2013 年的 40 μg/m³ 下降至 2019 年的 24 μg/m³，降幅达 40.0%，灰霾日由 2013 年的 98 天下降至 2019 年的 9 天，降幅达 90.8%。然而，深圳市大气臭氧浓度仍呈震荡上升趋势，尚未进入下降通道，臭氧日最大 8 小时滑动平均第 90 百分位浓度从 2013 年的 123 μg/m³ 上升至 2019 年的 156 μg/m³，增幅为 26.8%。

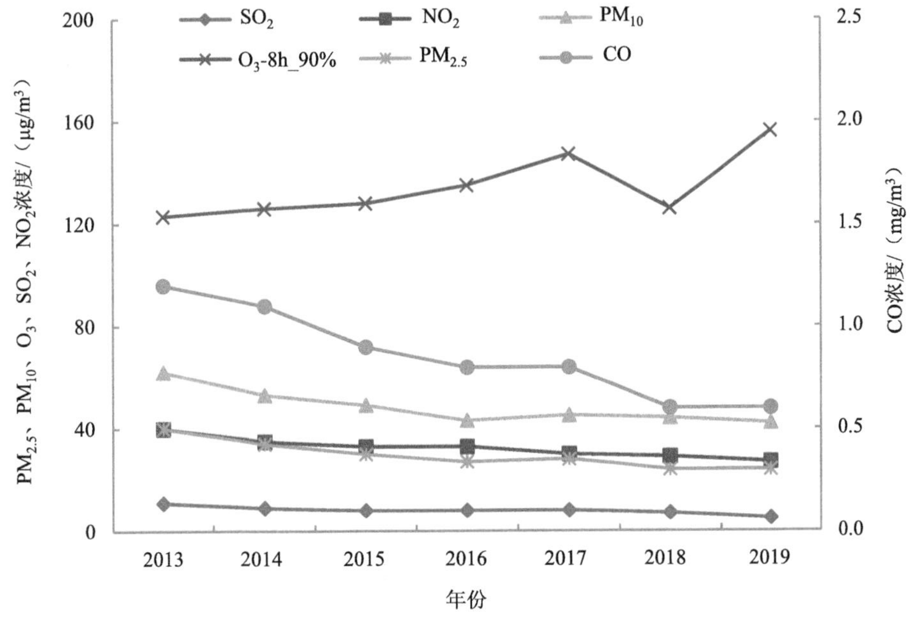

图 6-1　2013—2019 年深圳市大气污染物浓度年际变化

目前，深圳市大气首要污染物为 $PM_{2.5}$、PM_{10}、NO_2 和 O_3，随着大气环境污染形势的变化，深圳市首要污染物格局也发生了显著改变（图 6-2）。2013 年 $PM_{2.5}$ 成为大气首要污染物的频率远高于其他污染物，NO_2 次之，臭氧和 PM_{10} 为频率最低的首要污染物。此后，$PM_{2.5}$ 为首要污染物的频率逐渐降低，臭氧逐渐升高。至 2015 年，臭氧取代 $PM_{2.5}$ 成为出现频率最高的首要污染物，2019 年臭氧作为首要污染物的频率增加至 70.8%。

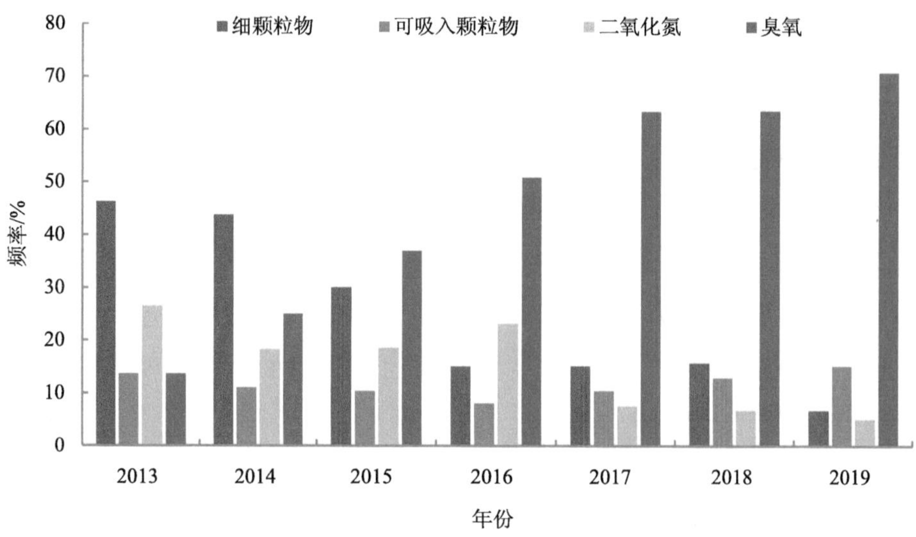

图 6-2　2013—2019 年深圳市首要污染物分布情况

由统计 2013—2019 年全市环境空气质量指数（AQI）达到各级标准的天数可知（图 6-3），2013—2016 年，深圳市环境空气质量优良天数逐年递增，2016 年达到峰值，优良天数共 354 天，占全年监测有效天数的 96.7%。2017—2019 年全市优良天数呈减少趋势，2019 年低至 332 天，空气质量优良率仅为 91.0%。2019 年深圳市全年污染日共 33 天，超标污染物均为臭氧，表明臭氧是影响深圳市环境空气质量优良率的关键污染物。

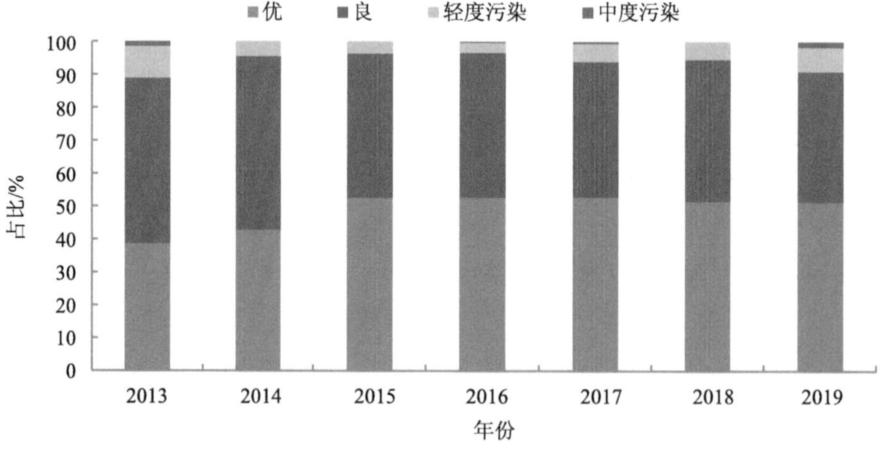

图 6-3　2013—2019 年深圳市各级空气质量天数分布

6.1.1.3　大气污染源排放现状

2017 年深圳市大气排放源 SO_2、NO_x、VOCs、CO、PM_{10} 和 $PM_{2.5}$ 排放分担率如图 6-4 所示。道路移动源、非道路移动源、工业过程源和扬尘源是贡献最大的四种源。其中，道路移动源是深圳市最大的 NO_x、CO 排放源，分担率分别为 59%、78%，同时是第二大的 SO_2 排放源，分担率为 14%。由此可见，道路移动源已成为深圳市关键的大气污染物排放源。深圳市是全国机动车密度最大的城市，机动车源污染物排放量巨大。近年来，随着黄标车和老旧车的淘汰以及新能源车推广措施的实施，深圳市机动车车型结构发生较大的变化，机动车源污染物排放总量降幅明显，且随着油品升级，各类污染物均得到较为有效的控制。

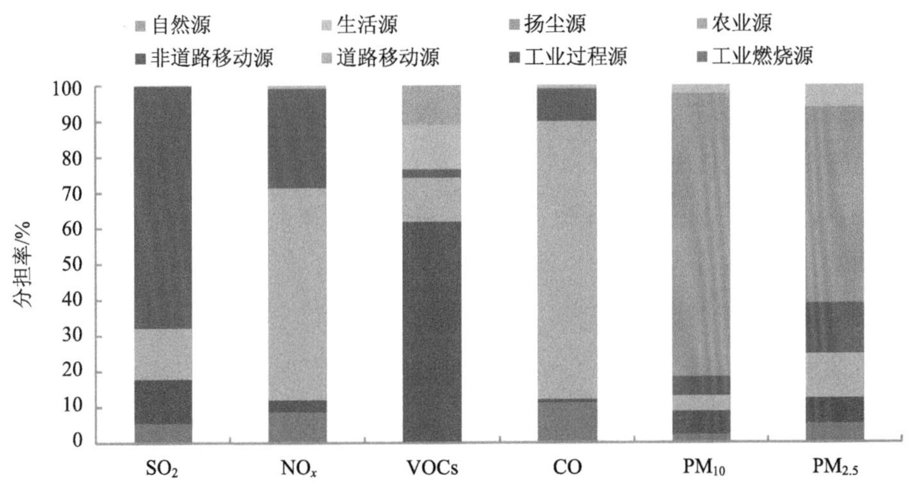

图 6-4　2017 年深圳市主要大气排放源污染物排放分担率

非道路移动源是最大的 SO_2 贡献源和第二大 NO_x 贡献源，对 SO_2 和 NO_x 的贡献率分别为 67.7%和 27.7%。与京津冀地区以燃煤为 SO_2 主要贡献源不同，船舶排放是深圳市大气 SO_2 的主要来源。在深圳市现有能源结构中，燃煤比重较低，且基本用于燃煤电厂发电。随着燃煤电厂超低排放改造落实和全市范围内的高污染燃料全面禁燃，船用燃油燃烧产生的 SO_2 排放已超过深圳市陆上所有排放源之和。

工业过程源既是深圳市 VOCs 的首要排放源，也是 PM_{10} 和 $PM_{2.5}$ 的第二大贡献源。其中，溶剂使用源是 VOCs 的最主要来源，排放量占比达到 63%。深圳市电子制造业（含印制电路板行业）、印刷业、塑胶制品业、金属制品业和家具制造业较为发达，是溶剂使用源的最主要贡献行业。

扬尘源是对 PM_{10} 和 $PM_{2.5}$ 贡献最大的源，排放量占比分别为 79%和 55%。道路扬尘和施工扬尘是深圳市扬尘的最主要来源。近年来，深圳市城市基础设施建设、旧城改造和新区开发提速，市区内市政工程（地铁施工，燃气管道、管网铺设等）施工工地较多，导致扬尘量上升，2017 年全市施工扬尘对 PM_{10} 和 $PM_{2.5}$ 的贡献分别占总扬尘量的 74%和 71%。道路建设和机动车保有量增加使道路扬尘也有所增加，道路扬尘对 PM_{10} 和 $PM_{2.5}$ 的贡献分别占总扬尘量的 24%和 27%。

6.1.2 河流生态环境现状

6.1.2.1 水环境概况

深圳市 310 条河流，包括深圳河、茅洲河、观澜河、龙岗河、坪山河、深圳湾陆域、珠江口、大鹏湾陆域、大亚湾陆域九大流域。

深圳河流域位于深圳市南端，其南面为中国香港新界地区，北面为深圳经济特区，深圳河流域涉及深圳市的行政区有罗湖区、福田区以及龙岗区，具体包括罗湖区黄贝、南湖、桂园、东门、笋岗、清水河、翠竹、东晓、东湖、莲塘 10 个街道，福田区梅林、莲花、福田、福保、华强北、华富、园岭、南园 8 个街道，以及龙岗区的布吉、横岗、吉华、南湾、平湖 5 个街道。

茅洲河流域位于深圳市西北部，跨越深圳、东莞两市，流域总面积 388 km^2，其中，深圳一侧面积约 310 km^2，占 80.1%；东莞一侧面积约 78 km^2，占 19.9%。茅洲河流域内包含宝安区和光明区两个行政区，其中，宝安区包含燕罗、松岗、沙井、新桥和石岩 5 个街道，光明区包含公明、光明、新湖、马田、凤凰、玉塘 6 个街道。

观澜河流域位于深圳市中北部，北与东莞市交界，南临福田区，东接平湖街道，西连石岩街道，中心位于东经 114°3′22″，北纬 22°44′4″。流域内主要包括龙华区的大浪、福城、观湖、观澜、龙华、民治共 6 个街道，龙岗区的坂田、吉华、平湖共 3 个街道，以及光明区的光明街道。

坪山河是淡水河一级支流，发源于深圳市东北部三洲田梅沙尖，流经深圳市坪山区，在兔岗岭下游流入惠州市境内，于下土湖注入淡水河。坪山河河长 22.41 km，流域总面积 181 km^2，其中，深圳市境内流域面积 129.72 km^2，流域范围主要包括深圳市坪山区的坪山、龙田、碧岭、石井、马峦 5 个街道，以及盐田区的盐田街道。

深圳湾陆域流域位于深圳市中南部，南接深圳湾往西与珠江口相汇，流域面积约 170 km^2，流域范围内主要包括南山区的西丽、桃源、粤海、沙河、蛇口街道以及福田区的梅林、香蜜湖、沙头、莲花和福保街道。

珠江口流域即宝安西部流域，位于深圳市西部，西接珠江口海域，流域面积约

276 km^2，流域范围主要包括宝安区的沙井、福海、福永、航城、西乡、新安街道以及南山区的南山、南头、招商街道。

大鹏湾陆域流域位于深圳东部，流域南边界为大鹏湾半岛岸线，流域面积约 176 km^2，流域范围内主要包括盐田区沙头角、海山、盐田、梅沙街道以及大鹏新区葵涌、大鹏、南澳街道。

大亚湾陆域流域位于深圳东部，流域东临大亚湾，流域面积约 176 km^2，流域范围内主要包括大鹏新区葵涌、大鹏、南澳街道。

赤石河流域位于深汕合作区，流域面积约 81.6% km^2，其中，流域面积在 50 km^2 以上的主要河流为赤石河及其两条支流，分别为明热河和南门河。

6.1.2.2　河流水质目标要求

根据《深圳市水污染防治目标责任书》要求，到 2020 年划定地表水环境功能区划的水体断面消除劣Ⅴ类，五大河流域干流参考本标准进行考核，见表 6-1。《深圳市 2019 年度生态文明建设考核实施方案》中 48 条河流，除大鹏新区上洞河执行Ⅳ类标准外，其余河流均执行Ⅴ类标准。《深圳市 2020 年度生态文明建设考核实施方案》新增 105 条河流，除 26 条入库支流执行Ⅳ类标准外，其余河流均执行Ⅴ类标准。不在考核名单的河流按Ⅴ类标准进行评价。表 6-2 为深圳市 2020 年河流环境质量考核断面。

表 6-1　地表水断面水质目标

序号	河流	断面名称	2020 年水质目标	备注
1	龙岗河	西湖村	Ⅴ	
2	坪山河	上垟	Ⅴ	
3	观澜河	企坪	Ⅴ	
4	深圳河	径肚	Ⅴ	
5	深圳河	深圳河口	Ⅲ	国考断面
6	茅洲河	共和村	Ⅴ	国考断面

表 6-2　深圳市 2020 年河流环境质量考核断面

<table>
<tr><th>行政区</th><th colspan="2">断面/点位名称</th><th>水质目标</th><th>备注</th></tr>
<tr><td rowspan="4">福田区</td><td rowspan="2">深圳河</td><td>砖码头</td><td>Ⅴ类</td><td>中央环保督察要求</td></tr>
<tr><td>河口</td><td>Ⅴ类</td><td>国考、省考断面</td></tr>
<tr><td>福田河</td><td>河口</td><td>Ⅴ类</td><td rowspan="2">五大流域一级支流</td></tr>
<tr><td>皇岗河</td><td>河口</td><td>Ⅴ类</td></tr>
</table>

行政区	断面/点位名称		水质目标	备注
福田区	凤塘河	河口	V类	入海河流
	新洲河	河口	V类	
	小沙河	欢乐海滩	V类	
罗湖区	深圳河	河口	V类	国考、省考断面
		径肚	Ⅲ类	省考断面
		罗湖桥	V类	深圳河干流
		鹿丹村	V类	
	布吉河	河口（罗湖段）	V类	五大流域一级支流
	莲塘河	采石场	V类	
	深圳水库排洪河	河口（沙湾河河口罗湖段）	V类	
盐田区	盐田河	盐港中学	V类	入海河流
	小梅沙河	小梅沙大酒店	V类	
	沙头角河	河口	V类	
南山区	小沙河	欢乐海滩	V类	入海河流
	后海河	入海口	V类	
	大沙河	大冲桥	V类	
	双界河	宝安大道桥	V类	
	桂庙渠	梦海大道桥	V类	
	铲湾渠	梦海大道	V类	
南山区	牛成村水（南山段）	牛成村水入库口	Ⅳ类	入库支流
	白芒河	白芒河入库口	Ⅳ类	
	麻磡河	麻磡河入库口	Ⅳ类	
	大磡河	大磡河入库口	Ⅳ类	
宝安区	茅洲河	共和村	V类	国考、省考断面
	罗田水	河口	V类	五大流域一级支流
	龟岭东水	燕山小学 1 桥	V类	
	老虎坑水	燕山小学 2 桥	V类	
	塘下涌	河口	V类	
	沙井河	水闸前	V类	
	道生围涌	水闸前	V类	
	共和涌	排涝闸前	V类	
	排涝河	水闸前	V类	
	衙边涌	水闸前	V类	
	沙埔西排洪渠	水闸前	V类	
	福永河	永和路桥	V类	入海河流

行政区	断面/点位名称		水质目标	备注
宝安区	机场外排渠	宝源路桥	Ⅴ类	
	西乡河	新水闸	Ⅴ类	
	新圳河	新圳路桥	Ⅴ类	
	新涌	水闸前	Ⅴ类	
	德丰围涌	水闸前	Ⅴ类	
	石围涌	水闸前	Ⅴ类	
	下涌	锦程路桥西侧	Ⅴ类	
	沙涌	入海口水闸	Ⅴ类	
	和二涌	水闸前	Ⅴ类	
	西乡分流渠	水闸处	Ⅴ类	
	共乐涌	水闸前	Ⅴ类	
	固戍涌	水闸前	Ⅴ类	
	南昌涌	水闸前	Ⅴ类	
	铁岗水库排洪渠	宝源路	Ⅴ类	
	灶下涌	水闸前	Ⅴ类	
	坳颈涌	入海口水闸前	Ⅴ类	
	沙福河	杨光工业园	Ⅴ类	
	玻璃围涌	和秀西路与福园二路交会处	Ⅴ类	
	塘尾涌	蛙二佳仕台科技园	Ⅴ类	
	双界河	宝安大道桥	Ⅴ类	
	石岩河	石岩河水闸前	Ⅳ类	入库支流
	王家庄河	青年路	Ⅳ类	
	上屋河	上屋水水闸前	Ⅳ类	
	白坑窝水	入库口	Ⅳ类	
	麻布水	麻布水入库口	Ⅳ类	
	长坑水	长坑水入库口	Ⅳ类	
	九围河	九围河水闸前	Ⅳ类	
	料坑水	料坑水入库口	Ⅳ类	
	鸡啼径水	鸡啼径水入库口	Ⅳ类	
	塘头河	塘头河入库口	Ⅳ类	
	黄麻布河	黄麻布河入库口	Ⅳ类	
	牛成村水（宝安段）	交界断面	Ⅳ类	
	塘坳水（宝安支流）	塘坳水入库口	Ⅳ类	

行政区	断面/点位名称		水质目标	备注
龙岗区	深圳河	河口	Ⅴ类	国考、省考断面
	龙岗河	西湖村	Ⅴ类	
		鲤鱼坝	Ⅴ类	“十四五”国考断面
		吓陂	Ⅴ类	省2020年考核断面
	布吉河	草埔（龙岗段）	Ⅴ类	五大流域一级支流
	梧桐山河	敬老院桥（龙岗段）	Ⅴ类	
	大康河	河口	Ⅴ类	
	爱联河	河口（橡皮坝前）	Ⅴ类	
	龙西河	河口	Ⅴ类	
	新生村排水渠	河口	Ⅴ类	
	南约河	河口	Ⅴ类	
	低山村排水渠	河口	Ⅴ类	
	龙岗中学排水渠	河口	Ⅴ类	
	上輋水	河口	Ⅴ类	
	和尚径水（电镀厂排洪渠）	河口	Ⅴ类	
	丁山河	河口（深圳段）	Ⅴ类	
	黄沙河	河口（深圳段）	Ⅴ类	
	坂田河	翻板闸前（龙岗段）	Ⅴ类	
	岗头河	高速桥下（龙岗段）	Ⅴ类	
	鹅公岭河	深莞交界	Ⅴ类	五大流域一级支流
	山厦河	深莞交界	Ⅴ类	
	君子布河	惠华路口	Ⅴ类	
	沙湾河	沙湾截排闸处	Ⅳ类	入库支流
	南坑水	入库口	Ⅳ类	
	木古河	雁田水库入库口	Ⅳ类	
	白泥坑排水渠	入库口	Ⅳ类	
	甘坑水	甘坑水入库口	Ⅳ类	
龙华区	观澜河	企坪	Ⅴ类	国考、省考断面
		清湖桥	Ⅴ类	省2020年考核断面
	坂田河	河口（龙华段）	Ⅴ类	五大流域一级支流
	油松河	油松科技大厦	Ⅴ类	
	上芬水	河口	Ⅴ类	

行政区	断面/点位名称		水质目标	备注
龙华区	龙华河	龙华环保所	Ⅴ类	
	黄泥塘河	河口	Ⅴ类	
	岗头河	河口（龙华段）	Ⅴ类	
	横坑仔河	花半里	Ⅴ类	
	清湖水	清湖人工湿地	Ⅴ类	
	长坑水	陶都懿峰（观澜河）	Ⅴ类	
	茜坑水	格兰云天酒店	Ⅴ类	
	丹坑水	观澜人民公园	Ⅴ类	
	大布巷水	大布巷村	Ⅴ类	
	樟坑径河	河口	Ⅴ类	
	白花河	河口	Ⅴ类	
	君子布河	深莞交界	Ⅴ类	
	牛湖水	观澜高尔夫球场水闸前	Ⅴ类	
	龙塘沟（龙华段）	龙塘沟入库口	Ⅳ类	入库支流
坪山区	龙岗河	西湖村	Ⅴ类	国考、省考断面
	坪山河	上垟	Ⅴ类	
	花鼓坪水	吓陂路	Ⅴ类	五大流域一级支流
	田坑水	河口	Ⅴ类	
	田脚水	河口	Ⅴ类	
	马蹄沥	深惠交界（深圳段）	Ⅴ类	
	张河沥	深惠交界（深圳段）	Ⅴ类	
	三洲田水	秀明北路桥	Ⅴ类	五大流域一级支流
	碧岭水	河口	Ⅴ类	
	汤坑水	河口	Ⅴ类	
	飞西水	河口	Ⅴ类	
	新和水	河口	Ⅴ类	
	赤坳水	河口	Ⅴ类	
	墩子河	坪山河湿地	Ⅴ类	
	石井排洪渠	横坪大道	Ⅴ类	
	石溪河	河口（深圳段）	Ⅴ类	
	田头河	河口	Ⅴ类	
	麻雀坑水	河口	Ⅴ类	
	金龟河	金龟村	Ⅳ类	入库支流

行政区	断面/点位名称		水质目标	备注
光明区	茅洲河	共和村	Ⅴ类	国考、省考断面
		李松萌	Ⅴ类	省 2020 年考核断面
	玉田河	河口	Ⅴ类	五大流域一级支流
	鹅颈水	河口	Ⅴ类	
	大凼水	河口	Ⅴ类	
	东坑水	河口	Ⅴ类	
	木墩河	河口	Ⅴ类	
	楼村水	河口	Ⅴ类	
	新陂头河	河口	Ⅴ类	
	西田水	西田	Ⅴ类	
	白沙坑水	河口	Ⅴ类	
	上下村排洪渠	排涝泵站	Ⅴ类	
	合水口排洪渠	水闸上游	Ⅴ类	
	公明排洪渠	水闸上游	Ⅴ类	
	马田排洪渠	水闸前	Ⅴ类	
	运牛坑水	入库口	Ⅳ类	入库支流
大鹏新区	溪涌河	入海口	Ⅴ类	入海河流
	上洞河	河口	Ⅴ类	
	葵涌河	虎地排桥	Ⅴ类	
	乌泥河	入海口	Ⅴ类	
	王母河	河口	Ⅴ类	入海河流
	鹏城河	河口	Ⅴ类	
	坝光水	河口	Ⅴ类	
	南澳河	天后宫	Ⅴ类	
	大坑水	河口	Ⅴ类	
	水头沙河	河口	Ⅴ类	
	沙坑水	入库口	Ⅳ类	入库支流
	半天云水	入库口	Ⅳ类	

6.1.2.3 河流环境质量现状

深圳市河流水环境质量评价参照《地表水环境质量评价方法（试行）》（环办〔2011〕22 号）采用单因子评价方法进行水质类别判定，评价指标为《地表水环境质量标准》

（GB 3838—2002）表1中除水文、总氮和粪大肠菌群以外的21项指标。

在全市9个流域341条河流390个断面中，2019年共有317条河流368个监测断面具备采样条件。317条河流中，落马石河、梧桐山河（罗湖）、仙湖水等55条河流水质可达到或优于地表水Ⅱ类标准，水质为优；樵窝坑、双界河、福田河等20条河流水质可达到地表水Ⅲ类标准，水质良好；鹅颈水南支、东坑水、木墩河等73条河流水质可达到地表水Ⅳ类标准，水质为轻度污染；沙芋沥、玉田河、楼村水等23条河流水质可达到地表水Ⅴ类标准，水质为中度污染；其他146条河流水质均为重度污染（图6-5）。

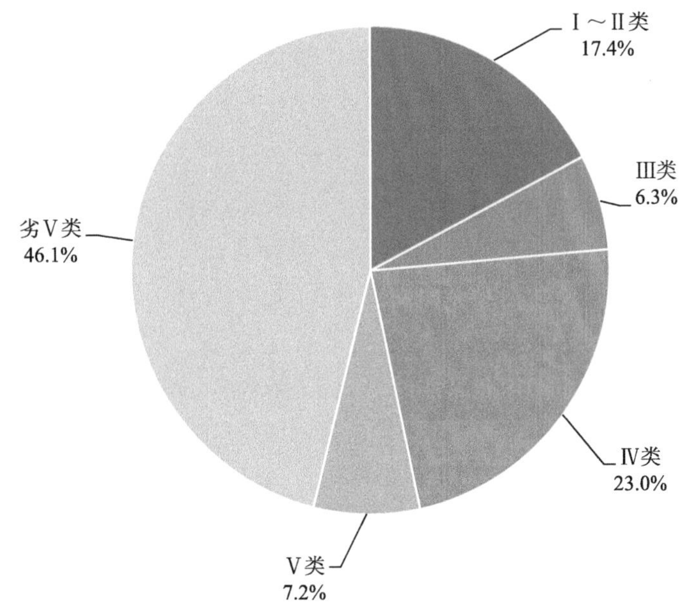

图6-5 2019年深圳市河流水质类别比例

368个监测断面中，水质为优，符合地表水Ⅰ～Ⅱ类标准的断面有61个，占总监测断面数的16.6%；水质良好，符合地表水Ⅲ类标准的断面有28个，占总监测断面数的7.6%；水质为轻度污染，符合地表水Ⅳ类标准的断面有84个，占总监测断面数的22.8%；水质为中度污染，符合地表水Ⅴ类标准的断面有33个，占总监测断面数的9.0%；其他162个断面水质均劣于Ⅴ类标准，占总监测断面数的44.0%，主要污染物为NH_3-N和TP（表6-3）。

表 6-3　深圳市 2019 年监测断面水质类别统计

名称	断面数/个	Ⅰ～Ⅲ类断面比例/%	Ⅳ、Ⅴ类断面比例/%	劣Ⅴ劣断面比例/%	水质状况
茅洲河流域	61	1.6	26.2	72.2	重度污染
珠江口流域	48	8.3	16.7	75.0	重度污染
深圳河流域	47	14.9	48.9	36.2	中度污染
深圳湾流域	33	12.1	69.7	18.2	轻度污染
观澜河流域	37	8.1	32.4	59.5	重度污染
龙岗河流域	49	8.2	32.7	59.1	重度污染
坪山河流域	20	30.0	40.0	30.0	中度污染
大鹏湾流域	37	75.7	21.6	2.7	良好
大亚湾流域	36	88.9	8.3	2.8	良好
总体	368	24.2	31.8	44.0	重度污染

与 2018 年相比，茅洲河、深圳河、深圳湾、观澜河、坪山河、大鹏湾与大亚湾流域的河流水质均明显改善，珠江口与龙岗河流域有所改善（表 6-4）。

表 6-4　2019 年深圳市各流域水质状况同比变化

名称	断面个数	ΔG	ΔD	$\Delta G-\Delta D$	水质变化
茅洲河流域	52	0	−21.2	21.2	明显改善
珠江口流域	47	6.4	−8.5	14.9	有所改善
深圳河流域	40	7.5	−17.5	25.0	明显改善
深圳湾流域	31	9.7	−25.8	35.5	明显改善
观澜河流域	36	8.3	−36.1	44.4	明显改善
龙岗河流域	44	4.5	−15.9	20.4	有所改善
坪山河流域	18	22.2	−44.4	66.6	明显改善
大鹏湾流域	35	25.7	−5.7	34.1	明显改善
大亚湾流域	36	69.4	−5.6	75.0	明显改善
总体	339	15.3	−18.3	33.6	明显改善

注：1. ΔG 为后时段（2019 年）与前时段（2018 年）Ⅰ～Ⅲ类水质断面比例之差，ΔD 为后时段与前时段劣Ⅴ类水质断面比例之差。

2. 无同期测值断面不参与比较。

6.1.2.4　水生态现状

采用深圳市 2019 年主要河流的健康评价体系评价结果。其中，丰水期评价体系由 10 个核心指标（物种总分类单元数、双翅目分类单元数、辛普森多样性指数、功能丰富度、分类学差异性变异指数、生物指数、前三位优势单元个体百分比、非流线型相对密度、耐污类群分类单元数、集食者分类单元数）构成；枯水期评价体系由 11 个核心指标（物种总分类单元数、双翅目分类单元数、辛普森多样性指数、功能丰富度、分类学差异性变异指数、生物指数、非流线型相对密度、耐污类群分类单元数、集食者分类单元数、气管气门呼吸分类单元数、柔软体型相对密度）构成。

总体来看，深圳市丰水期和枯水期的河流健康体系评价指数分别为 5.4 和 5.9，主要河流的健康均处于一般状态。枯水期处于健康和亚健康等级的样点总和少于丰水期（枯水期：32 个、丰水期：42 个），其中，丰水期处于健康等级的样点（11 个）少于枯水期（14 个），处于一般等级的样点丰水期（36 个）多于枯水期（24 个），处于差等级样点枯水期（13 个）多于丰水期（11 个）（表 6-5）。

表 6-5　深圳市主要河流底栖动物健康评价标准及评价结果

季节	健康	亚健康	一般	差	极差
丰水期	＞7.3	7.3～5.5	5.5～3.7	3.7～1.8	＜1.8
	11	21	36	11	0
枯水期	＞7.8	7.8～5.9	5.9～3.9	3.9～2.0	＜2.0
	14	28	24	13	0

深圳主要流域鱼类食性组成（图 6-6）中，46.8%～62.5%为杂食性鱼类，其次为无脊椎动物食性鱼类、鱼食性鱼类和滤食性鱼类，植食性鱼类仅在茅洲河流域发现一种。在各流域中，大鹏湾流域食物链组成较长，鱼类营养层级结构较复杂，同时滤食性鱼类也最少，意味着大鹏湾流域鱼类群落稳定性及完整度相对较高。以水生植物为食的植食性物种，仅在茅洲河河口区域发现了少量草鱼，从侧面反映出深圳市流域内水生植物较少，这可能与河流水体水质有关。底层鱼类占据了深圳市主要流域范围内的大部分生态位（图 6-7），只有茅洲河流域中下层和中上层鱼类相对较多，导致这一现象出现的主要原因可能为深圳市内大型河流较少，水深较浅。

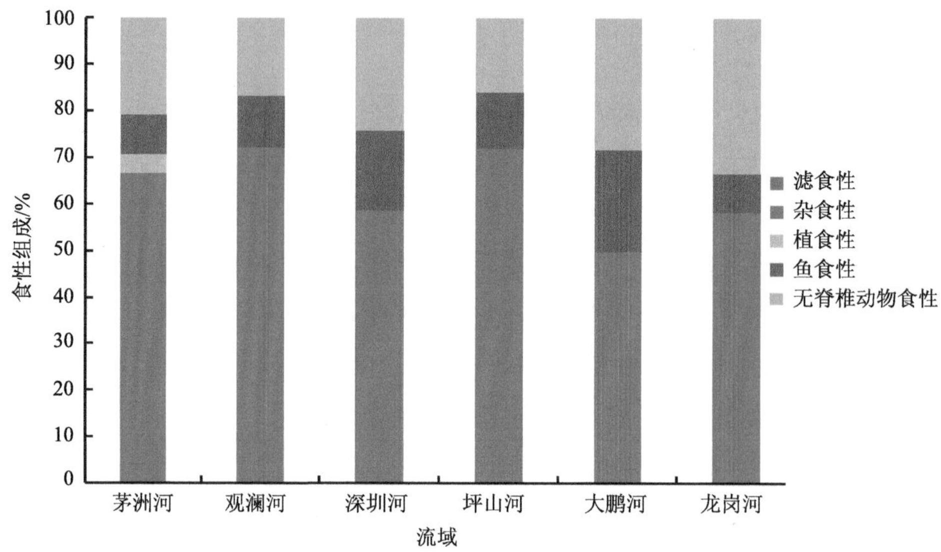

图 6-6 2019 年深圳市主要流域鱼类食性组成

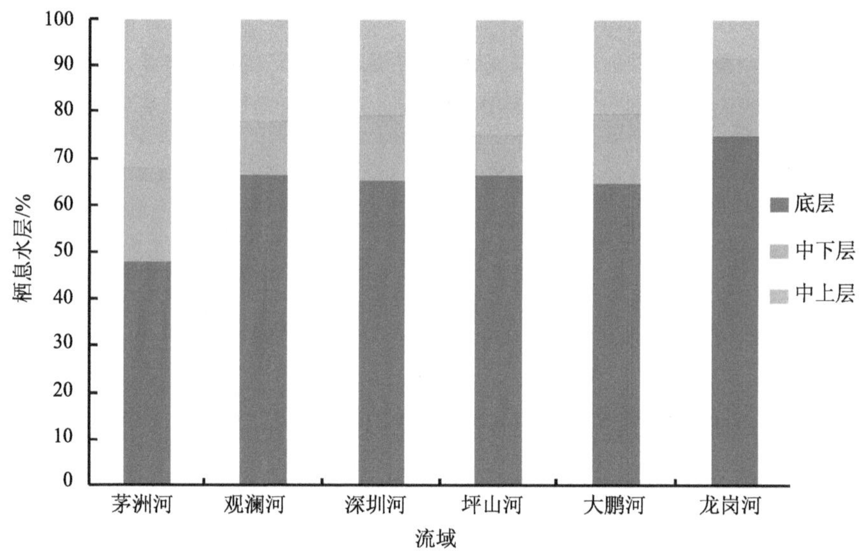

图 6-7 2019 年深圳市主要流域鱼类栖息水层

从深圳市主要河流鱼类耐受性和敏感性组成上，可以清晰地看出深圳西部流域、中部流域和东部流域有着非常明显的阶梯式变化。西部流域的茅洲河流域和观澜河流域敏感性鱼类最少，仅在其上游区域采集到了越鲇，其余多数种类为耐受性物种；中部流域深圳河流域和龙岗河流域采集的敏感性鱼类处于东西部流域间，同样是以耐受性鱼类为主；东部流域坪山河流域和大鹏湾流域敏感性鱼类种类最多，特别是在大鹏湾流域和坪山河流域人类活动干扰少的监测位点，以水质清洁鱼类为主，如唐鱼、异鱲和三线拟鲿等对栖息环境要求较高，喜在水流清澈的水体中栖息的鱼类，但在部分人为干扰较重的城镇监测点位中仍以耐受性种类最多（图 6-8）。

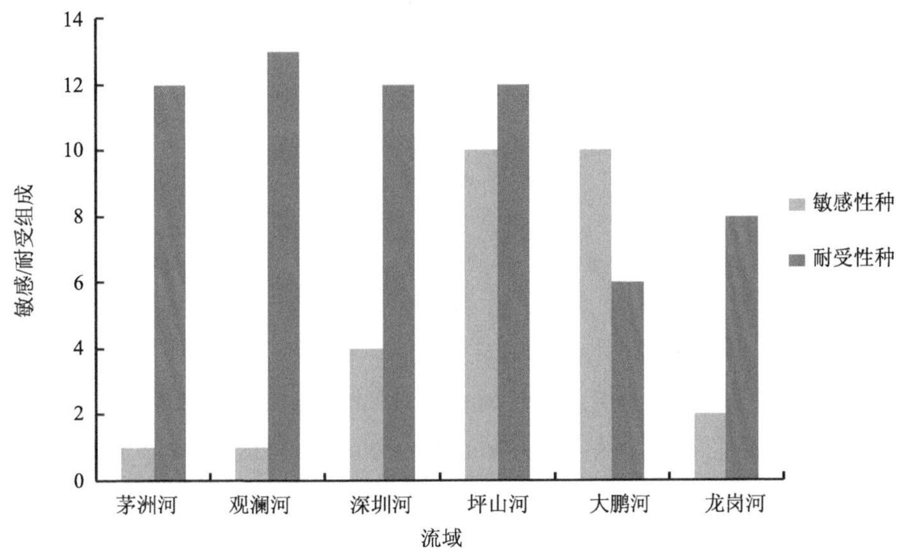

图 6-8 2019 年深圳市主要流域敏感性/耐受性鱼类占比

6.1.3 饮用水水源生态环境现状

6.1.3.1 水资源概况

2019 年，全市水资源总量约为 266 453.74 万 m^3，其中，地表水资源量为 266 171.06 万 m^3，地下水资源量为 57 100.28 万 m^3，重复计算量 56 817.60 万 m^3。全市（含深汕）蓄水水库共有 183 座（深汕 28 座），实际参与供水水库共 38 座（含大型水库 2 座、中型水库 11 座、小型水库 25 座）。近年来，外调水占总供水比例持续走高，已达到 80%以上，外调水源分别通过东部和东深两大市外骨干引水工程从东江惠州段的廉福地、老二山取水口和东莞段的太园泵站取水口调入，经供水干支线直接供给或是经深圳、铁岗等 8 座主要联网水库调蓄后供给。此外，深圳水库除对本市供水外，还承担着对中国香港供水“中转站”的功能，每年从深圳水库向中国香港输送水量约 7 亿 m^3。

6.1.3.2 供水情况

2019 年，深圳市（未含深汕合作区）总供水量为 206 195.88 万 m^3，其中，境外引水量为 176 105.65 万 m^3，地表水源供水量为 193 343.41 万 m^3，地下水源供水量为 279.60 万 m^3，其他水源供水量为 12 572.87 万 m^3。此外，深汕总供水量为 4 381.42 万 m^3，主要来自地表水源供水（共 4 099.27 万 m^3，占 93.56%）。

根据 2014—2019 年《深圳市水资源公报》，近 6 年深圳市有参与供水的水库共 70 座（不含雁田水库），2014—2019 年的各水库供水总量依次为 15.94 亿 m^3、16.30 亿 m^3、15.74 亿 m^3、16.00 亿 m^3、15.95 亿 m^3、16.21 亿 m^3。2018 年之后，供水水库加入了深汕的 5 座水库。总体来看，深圳市饮用水水源水库供水量较为稳定，起伏不大，未出现较大的供水危机事件。

6.1.3.3 饮用水水源保护区概况

目前，全市共 29 座供水水库（不含深汕特别合作区），全部划定了饮用水水源保护区（26 个），水源保护区总面积 361.61 km^2，占国土面积比例为 18.11%，其中，一级、二级及准水源保护区面积分别为 115.91 km^2、134.49 km^2、111.20 km^2。同时，取消未划定水源保护区的 22 座小水库的供水功能，让供水更安全、水质更优良、保护更严格、发展更高质。

另外，深汕特别合作区共有 5 座乡镇级以下饮用水水源地，其中，4 座已划定饮用水水源保护区（泗马岭水库、下径水库、小漠水库、窖坡水库），剩余 1 座饮用水水源（三角山水库）保护区划定方案已获广东省生态环境厅评审，计划于 2020 年年底前完成审定。其中，深汕合作区的一级水源保护区面积为 20.94 km^2。

6.1.3.4 饮用水水源环境质量现状

（1）饮用水水源水质现状

深圳市饮用水水源水库每月常规监测中包括《地表水环境质量标准》（GB 3838—2002）中表 1 的 23 项（不含 COD_{Cr}）以及表 2 和表 3 部分项目共 63 项。水质类别评价采用《环境影响评价技术导则（地面水环境）》（HJ/T 2.3—1993）所推荐的单项水质参数评价法，即根据评价时段内该断面参评的指标中类别最高的一项来确定。

深圳市水库近 5 年来的水质结果见表 6-6。2015—2019 年，深圳市饮用水水源保护区水质状况优良，根据全年各水库的监测结果，重要集中式饮用水水源地水质均达到或优于地表Ⅲ类标准，达标率为 100%，且部分水库的水质已稳定达到或优于Ⅱ类标准。

表 6-6　深圳市饮用水水源水库近 5 年水质情况

<table>
<tr><th>序号</th><th>水源地名称</th><th>2015 年</th><th>2016 年</th><th>2017 年</th><th>2018 年</th><th>2019 年</th></tr>
<tr><td>1</td><td>深圳水库</td><td>Ⅱ类</td><td>Ⅱ类</td><td>Ⅱ类</td><td>Ⅱ类</td><td>Ⅱ类</td></tr>
<tr><td>2</td><td>西丽水库</td><td>Ⅲ类</td><td>Ⅲ类</td><td>Ⅱ类</td><td>Ⅱ类</td><td>Ⅱ类</td></tr>
<tr><td>3</td><td>梅林水库</td><td>Ⅱ类</td><td>Ⅱ类</td><td>Ⅰ类</td><td>—</td><td>Ⅱ类</td></tr>
<tr><td>4</td><td>铁岗水库</td><td>Ⅲ类</td><td>Ⅲ类</td><td>Ⅱ类</td><td>Ⅱ类</td><td>Ⅱ类</td></tr>
<tr><td>5</td><td>石岩水库</td><td>Ⅲ类</td><td>Ⅲ类</td><td>Ⅲ类</td><td>Ⅲ类</td><td>Ⅱ类</td></tr>
<tr><td>6</td><td>罗田水库</td><td>Ⅲ类</td><td>Ⅱ类</td><td>Ⅱ类</td><td>Ⅱ类</td><td>Ⅱ类</td></tr>
<tr><td>7</td><td>清林径水库</td><td>Ⅱ类</td><td>Ⅱ类</td><td>Ⅱ类</td><td>Ⅱ类</td><td>Ⅱ类</td></tr>
<tr><td>8</td><td>赤坳水库</td><td>Ⅱ类</td><td>Ⅱ类</td><td>Ⅱ类</td><td>Ⅱ类</td><td>—</td></tr>
<tr><td>9</td><td>松子坑水库</td><td>Ⅱ类</td><td>Ⅱ类</td><td>Ⅱ类</td><td>Ⅱ类</td><td>Ⅱ类</td></tr>
<tr><td>10</td><td>枫木浪水库</td><td>—</td><td>Ⅰ类</td><td>Ⅰ类</td><td>Ⅰ类</td><td>Ⅱ类</td></tr>
<tr><td>11</td><td>铜锣经水库</td><td colspan="4">—</td><td>Ⅰ类</td></tr>
<tr><td>12</td><td>径心水库</td><td>Ⅱ类</td><td>Ⅱ类</td><td>Ⅰ类</td><td>Ⅰ类</td><td>Ⅰ类</td></tr>
<tr><td>13</td><td>三洲田水库</td><td>Ⅱ类</td><td>Ⅰ类</td><td>Ⅱ类</td><td>Ⅰ类</td><td>Ⅰ类</td></tr>
<tr><td>14</td><td>红花岭上库</td><td>—</td><td>Ⅱ类</td><td>Ⅰ类</td><td>Ⅰ类</td><td>Ⅰ类</td></tr>
<tr><td>15</td><td>红花岭下库</td><td>—</td><td>Ⅰ类</td><td>Ⅰ类</td><td>Ⅰ类</td><td>Ⅰ类</td></tr>
<tr><td>16</td><td>上洞坳水库</td><td>—</td><td>Ⅰ类</td><td>Ⅰ类</td><td>Ⅰ类</td><td>Ⅱ类</td></tr>
<tr><td>17</td><td>打马坜水库</td><td>Ⅱ类</td><td>Ⅱ类</td><td>Ⅰ类</td><td>Ⅱ类</td><td>Ⅱ类</td></tr>
<tr><td>18</td><td>罗屋田水库</td><td>Ⅱ类</td><td>Ⅱ类</td><td>Ⅱ类</td><td>Ⅱ类</td><td>Ⅱ类</td></tr>
<tr><td>19</td><td>鹅颈水库</td><td>Ⅱ类</td><td>Ⅱ类</td><td>Ⅱ类</td><td>Ⅱ类</td><td>Ⅱ类</td></tr>
<tr><td>20</td><td>长岭皮水库</td><td>Ⅱ类</td><td>Ⅱ类</td><td>Ⅱ类</td><td>Ⅱ类</td><td>Ⅱ类</td></tr>
<tr><td>21</td><td>茜坑水库</td><td>Ⅲ类</td><td>Ⅲ类</td><td>Ⅲ类</td><td>Ⅲ类</td><td>Ⅱ类</td></tr>
<tr><td>22</td><td>龙口水库</td><td>Ⅱ类</td><td>Ⅲ类</td><td>Ⅲ类</td><td>Ⅲ类</td><td>Ⅲ类</td></tr>
<tr><td>23</td><td>香车水库</td><td>Ⅱ类</td><td>Ⅱ类</td><td>Ⅰ类</td><td>Ⅰ类</td><td>Ⅱ类</td></tr>
<tr><td>24</td><td>雁田水库</td><td>Ⅲ类</td><td>Ⅲ类</td><td>Ⅲ类</td><td>Ⅲ类</td><td>Ⅲ类</td></tr>
<tr><td>25</td><td>大坑水库</td><td>—</td><td>Ⅱ类</td><td>Ⅱ类</td><td>Ⅱ类</td><td>Ⅱ类</td></tr>
<tr><td>26</td><td>岭澳水库</td><td>—</td><td>Ⅱ类</td><td>Ⅱ类</td><td>Ⅱ类</td><td>Ⅰ类</td></tr>
<tr><td>27</td><td>赤石镇窑陂水库</td><td colspan="3">—</td><td>Ⅱ类</td><td>Ⅱ类</td></tr>
<tr><td>28</td><td>鹅埠镇下径水库</td><td colspan="3">—</td><td>Ⅱ类</td><td>Ⅱ类</td></tr>
<tr><td>29</td><td>小漠镇小漠水库</td><td colspan="3">—</td><td>Ⅱ类</td><td>Ⅱ类</td></tr>
<tr><td>30</td><td>鲘门镇泗马岭水库</td><td colspan="3">—</td><td>Ⅱ类</td><td>Ⅱ类</td></tr>
</table>

（2）饮用水水源富营养化现状

在富营养化状况方面，根据《地表水环境质量评价办法（试行）》的要求，对总磷（TP）、总氮（TN）、叶绿素 a（Chla）、高锰酸盐指数（COD_{Mn}）和透明度（SD）5 个项目，采用综合营养指数法来评价深圳市饮用水水源的富营养化状况。

从富营养化状态年度均值来看，深圳市近5年来绝大部分水库未出现富营养化现象，水质较为稳定（表 6-7）。

表 6-7 深圳市饮用水水源水库近 5 年富营养化状况

序号	水源地名称	2015 年	2016 年	2017 年	2018 年	2019 年
1	深圳水库	中营养	中营养	中营养	中营养	中营养
2	雁田水库	中营养	中营养	中营养	中营养	中营养
3	铁岗水库	中营养	中营养	中营养	中营养	中营养
4	石岩水库	中营养	中营养	中营养	中营养	中营养
5	鹅颈水库	中营养	中营养	中营养	中营养	中营养
6	西丽水库	中营养	中营养	中营养	中营养	中营养
7	长岭皮水库	中营养	中营养	中营养	中营养	中营养
8	茜坑水库	中营养	中营养	中营养	中营养	中营养
9	梅林水库	贫营养	中营养	贫营养	—	中营养
10	三洲田水库	中营养	中营养	中营养	中营养	中营养
11	铜锣径水库	—	—	—	—	中营养
12	清林径水库	中营养	中营养	中营养	中营养	中营养
13	松子坑水库	中营养	中营养	中营养	中营养	中营养
14	赤坳水库	中营养	中营养	中营养	中营养	—
15	罗田水库	中营养	中营养	中营养	中营养	中营养
16	龙口水库	中营养	中营养	中营养	中营养	中营养
17	红花岭上库	中营养	中营养	中营养	中营养	中营养
18	红花岭下库	—	中营养	中营养	贫营养	中营养
19	上洞坳水库	—	中营养	中营养	贫营养	中营养
20	径心水库	中营养	中营养	贫营养	贫营养	贫营养
21	罗屋田水库	中营养	中营养	中营养	中营养	中营养
22	打马坜水库	中营养	中营养	中营养	中营养	中营养
23	香车水库	中营养	中营养	贫营养	贫营养	中营养
24	枫木浪水库	—	中营养	贫营养	贫营养	中营养
25	大坑水库	—	—	—	贫营养	中营养
26	岭澳水库	—	—	—	贫营养	中营养

（3）饮用水水源地环境评估现状

截至目前，全市 11 个区（含新区、特别合作区）的饮用水水源保护区突发环境事件应急预案和各饮用水水源地的突发环境事件应急预案已于 2020 年年底前全部完成。在交通穿越风险源应急防范能力建设方面，穿越饮用水水源保护区道路共有 17 条，涉及 12 个饮用水水源保护区。总体来看，深圳重点交通风险路段都建有防撞和路面雨水收集设施，对于近年来新修建的道路，如博深高速、南光高速等，风险防范措施相对较完善，一般都设有双层防撞护栏，翻车入库的风险较小；而一些早期建设的道路如机荷高速、深汕高速等部分路段，仅有比较低矮的单防撞护栏，容易发生翻车入库的危险。目前，包括望桐路在内的 14 条道路设置了导流槽，但是仍有部分路面径流流入水库；另有包括沙湾路在内的 8 条道路设有应急池，但疏于管理，部分应急池淤堵，一旦发生事故，难以有效收集事故污水。

穿越水源保护区的主要道路大部分设有水源保护区标志和禁止危险化学品运输车辆通行标志，但是缺乏实时预警，部分危险品车辆仍然从重点交通风险源路段经过，一旦发生交通事故，可能对水库水质产生重大影响。

深圳市供水主要依靠境外调水，区域内所有水库的存水量能维持全市 3 个月的生产生活用水需求。为此，深圳市开工建设了公明供水调蓄工程，扩建了铁岗水库和清林径水库，以确保全市备用水源存水量充足。目前，深圳市饮用水水源水库均已实现联网供水，并互为备用水源，因此应急供水能力 100%达标（表 6-8）。

表 6-8　交通穿越道路应急设施设置情况

序号	穿越或紧邻水库水面道路	水库名称	是否有防撞护栏	是否有导流槽	是否有应急池	穿越长度/m
1	沙湾路	深圳水库	有	有	有	4 530
2	望桐路		有	有	—	572
3	大望大道		有	—	—	820
4	新平大道		有	—	—	1 060
5	南光高速	铁岗—石岩水库	有	有	—	13 258
6	洲石路		有	有	有	8 885
7	松白路		有	有	有	9 045
8	宝石公路		有	有	—	5 381
9	石岩湖路		有	—	—	1 180

序号	穿越或紧邻水库水面道路	水库名称	是否有防撞护栏	是否有导流槽	是否有应急池	穿越长度/m
10	机荷高速	铁岗—石岩水库	有	—	有	10 149
		雁田水库	有	有	有	7 980
		龙口水库	有	有	有	1 345
11	博深高速	雁田水库	有	—	—	2 758
		清林径水库	有	有	—	7 124
12	福龙路	长岭陂水库	有	有	—	2 388
13	沙河西路	西丽水库	有	有	有	5 600
14	横坪公路	铜锣径水库	有	有	—	1 662
15	243 乡道	径心水库	有	有	有	3 427
16	深汕高速	松子坑水库	有	有	有	962
17	南西路	枫木浪水库	有	有	有	1 171
		香车水库	有	有	有	3 318

6.1.4 近岸海域生态环境现状

深圳市近岸海域主要包括“四湾一口”，即东部海域的大鹏湾、大亚湾，西部海域的深圳湾、珠江口海域以及深汕特别合作区的红海湾。市区内海域面积共 1 145 km^2，拥有岛屿及岛礁 51 个，自然沙滩 56 处。海岸线全长 260.5 km，分为西部岸线和东部岸线，西部岸线自宝安东宝河口至福田深圳河河口，东部岸线自盐田沙头角至大鹏坝光，其中人工岸线 160.1 km、自然岸线 100.4 km，占比分别为 61.47%、38.53%。

珠江口是珠江最大的喇叭形河口湾，属弱潮河口海域。北起虎门，南达中国香港、澳门，东由深圳市赤湾，经内伶仃岛，西到珠海市淇澳岛一线，以北为内伶仃洋，以南为外伶仃洋。

深圳湾位于伶仃洋西侧赤湾至深圳河之间，是中国香港新界西北部和深圳市南山区的西部海域，位于元朗平原以西、蛇口以东，由深圳市和中国香港特别行政区共同管辖。

大鹏湾的东、北、西三面环山，湾口东起大鹏半岛黑岩角，西至九龙半岛大浪嘴。湾内海岸线曲折，岬角沙堤交错分布，大部分沿岸潮间带狭窄，仅湾顶及西南沿岸潮间带滩涂略宽。无大河注入，海底深槽平坦，两侧岸坡较陡。

大亚湾北靠海岸山脉，东、西两侧受平海半岛与大鹏半岛掩护，其中，深圳市辖区内海岸轮廓曲折多变，形成近岸水域“大湾套小湾”的隐蔽形势。水生生物资源丰富，是南海渔业经济种类重要的繁育场之一，被誉为南海渔业资源的摇篮。

红海湾（深汕部分），海域面积 1 152 km^2，拥有 50.9 km 海岸线，13 km 连续的优质沙滩，以及江牡岛、芒屿岛、鸡心石等岛屿。海岸滩涂面积较广，拥有鲘门渔港和小漠渔港两个渔港，渔业资源丰富。

深圳市（含深汕）共有入海河流 90 条（包括 2022 年年底完工的 8 条截流河支流），其中，注入珠江口 25 条、深圳湾 6 条、大鹏湾 23 条、大亚湾 28 条、深汕特别合作区 8 条。入海河流水质状况与“东优西劣”的近岸海水水质格局类似，劣Ⅴ类入海河流集中在西部，东部和红海湾（深汕）入海河流水质以Ⅱ、Ⅲ类为主。珠江口的主要入海河流包括茅洲河、福永河、西乡河等，深圳湾的主要入海河流包括深圳河、新洲河、小沙河、大沙河等，大鹏湾的主要入海河流有盐田河、葵涌河、溪涌河、水头沙河等，大亚湾的主要入海河流有鹏城河、王母河、杨梅坑河、东涌河和新大河等（表 6-9）。

表 6-9　深圳市海域自然概况

名称	面积/km^2	岸线长度/km	潮汐类型	平均潮差/m	波浪类型	平均波高/m
珠江口	638	55.24	不正规半日混合潮	1.08～1.69	风浪为主	1.4～2.6
深圳湾	82	40.72	不正规半日混合潮	1.36	风浪为主	0.2
大鹏湾	174	69.05	不正规半日混合潮	1.03	涌浪、风浪	0.5
大亚湾	251	95.53	不正规半日混合潮	0.49	风浪为主	0.5～0.9
红海湾	1 152	50.88	不正规半日混合潮	0.91	风浪为主	1.4

6.1.4.1　海水环境质量

深圳市海洋生态环境质量整体呈稳中向好，近岸海域海水水质优良比例稳步提升，“东优西劣”总体格局稳定。东部海域保持第一、第二类海水水质，西部海域水质污染程度有所减轻，海域沉积物质量总体有所改善。根据 2019 年近岸海域水质监测结果，珠江口海域海水质量为劣四类，主要污染因子为无机氮，无机氮浓度呈现由北向南、由近岸向离岸降低的分布态势；深圳湾海域海水质量为劣四类，主要污染因子为无机氮，无机氮浓度呈现由湾内向湾口降低的分布态势。

随着陆源污染整治工作的逐年推进，深圳西部海域水质质量总体呈好转趋势，无机氮浓度相对 2018 年下降了 13.8%，其中，珠江口海域无机氮浓度同比下降 15.4%，深圳湾海域无机氮浓度同比下降 10.0%。东部大鹏湾、大亚湾海域及红海湾（深汕）海域水质较好，水质优良率稳定保持 100%。2010—2019 年海水中无机氮和活性磷酸盐浓度变化趋势如图 6-9、图 6-10 所示。可以看出，西部的珠江口、深圳湾海域无机氮浓度在 2016 年至 2017 年有所上升，其他年份均呈持续下降趋势，但仍劣于四类海水水质标准；东部的大鹏湾、大亚湾海域和红海湾在 2010—2019 年均优于二类海水水质标准。西部的珠江口、深圳湾海域活性磷酸盐浓度在 2010—2019 年呈波动下降趋势，2019 年浓度为 0.03 mg/L，已接近二类海水水质标准；东部的大鹏湾、大亚湾海域和红海湾（深汕）在 2010—2019 年均优于二类海水水质标准。

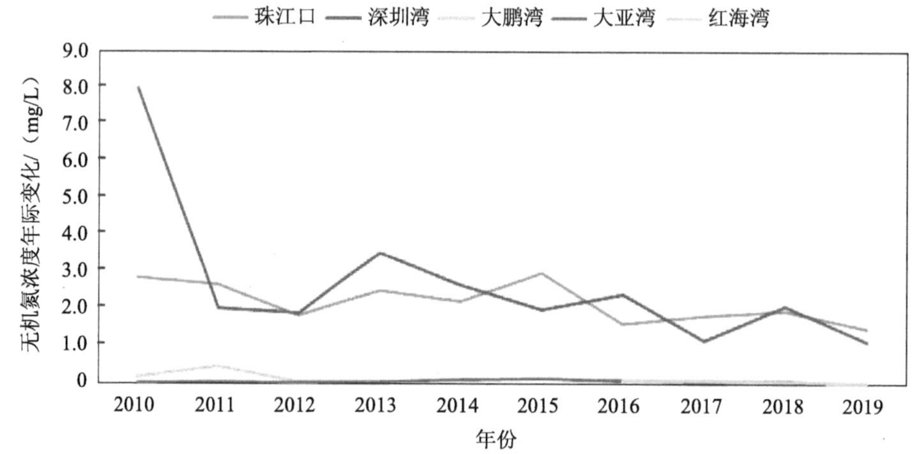

图 6-9 无机氮浓度年际变化

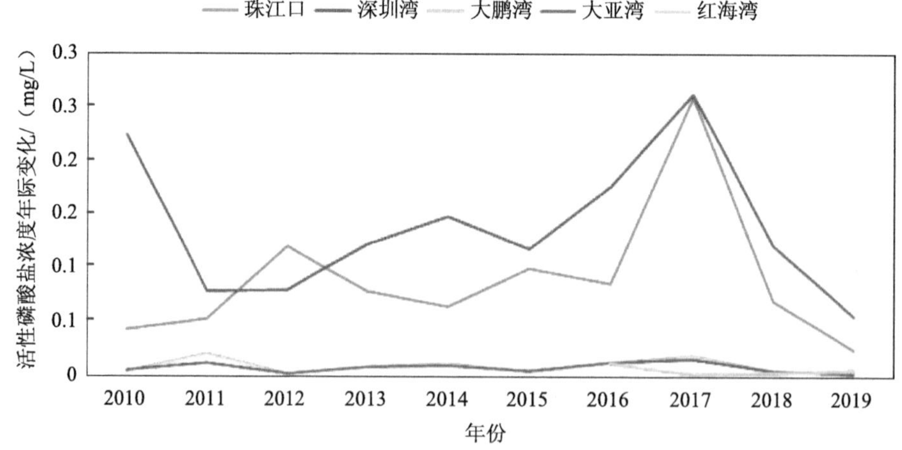

图 6-10 活性磷酸盐浓度年际变化

浴场水质方面。深圳对大梅沙、小梅沙海水浴场开展了常态化水质监测，根据监测结果，在 2019 年旅游季节和游泳时段，水质较差的天数占 30%左右，主要超标因子为粪大肠菌群。根据现场调研，桔钓沙、西涌、较场尾和金沙湾区域海水清澈、海洋垃圾较少、整体环境观感较好。

海洋垃圾方面。深圳已形成较为完善的河道管养制度，通过委托专业机构对所有河流实施全天候、全覆盖、无死角巡查管理，防止垃圾通过河道运输向近岸海域转移，因此，深圳海洋垃圾主要来源为岸线非法倾倒垃圾和海漂垃圾。通过现场调研发现，珠江口海域周边，如广深沿江高速西乡出口附近的滨海地带，存在海洋垃圾随涨落潮聚集，甚至大量垃圾反冲上岸的现象。深圳湾海滩和海漂垃圾主要类型为竹排、竹竿和海岸线漂浮塑料袋等。

6.1.4.2　海洋生态资源

生物资源状况。深圳海域游泳生物主要种类包括斑鰶、短吻鲾、康氏小公鱼、近缘新对虾、日本蟳、锯缘青蟹、口虾蛄和杜氏枪乌贼等。东部海域游泳生物的渔获率和资源密度高于西部海域，呈现“东优西劣”的特征。根据 2012—2017 年《广东省海洋环境状况公报》及 2018—2019 年《广东省环境状况公报》，大亚湾和珠江口的浮游动物、浮游植物多样性在 2012—2018 年呈下降趋势，大型底栖生物多样性维持在“较差”水平（表 6-10）。

表 6-10　大亚湾、珠江口海域物种多样性

时间	类别	指标	海域	
			大亚湾	珠江口
2015 年	浮游植物	多样性指数平均值	2.01	2.23
		等级	中	中
	浮游动物	多样性指数平均值	2.90	3.95
		等级	中	较好
	大型底栖生物	多样性指数平均值	1.92	1.36
		等级	较差	较差
2016 年	浮游植物	多样性指数平均值	2.05	2.10
		等级	中	中
	浮游动物	多样性指数平均值	2.11	3.17
		等级	中	较好
	大型底栖生物	多样性指数平均值	1.41	0.90
		等级	较差	差

时间	类别	指标	海域	
			大亚湾	珠江口
2017 年	浮游植物	多样性指数平均值	1.66	1.72
		等级	较差	较差
	浮游动物	多样性指数平均值	2.20	2.21
		等级	中	中
	大型底栖生物	多样性指数平均值	1.87	1.42
		等级	较差	较差
2018 年	浮游植物	多样性指数平均值	—	—
		等级	较差	较差
	浮游动物	多样性指数平均值	—	—
		等级	中	中
	大型底栖生物	多样性指数平均值	—	—
		等级	较差	差
2019 年	浮游植物	多样性指数平均值	—	—
		等级	较好	较好
	浮游动物	多样性指数平均值	—	—
		等级	中	较好
	大型底栖生物	多样性指数平均值	—	—
		等级	中	较差

深圳海域游泳生物渔获率总体呈现东高西低的分布格局：大亚湾的渔获率最高，丰水期和枯水期大部分水域的渔获率均高于 100.0 kg/h；其次是大鹏湾，丰水期大部分水域的渔获率为 25.0～75.0 kg/h，枯水期部分水域为 10.0～25.0 kg/h，局部水域低于 10.0 kg/h；珠江口和深圳湾较低，枯水期大部分水域的渔获率低于 10.0 kg/h，丰水期大部分水域为 10.0～25.0 kg/h。

游泳生物资源密度相差不明显，丰水期大鹏湾和大亚湾北部局部水域的资源密度相对较高，均高于 1 000.0 kg/km^2，大鹏湾和珠江口大部分水域均为 700.0～800.0 kg/km^2，深圳湾局部水域和大亚湾中部水域的资源密度均低于 600 kg/km^2；枯水期大鹏湾的资源密度相对较高，部分区域高于 700.0 kg/km^2，局部高于 1 000.0 kg/km^2，大亚湾大部分水域的资源密度均在 600.0～700.0 kg/km^2，珠江口和深圳湾大部分水域的资源密度均低于 600.0 kg/km^2。

红树林群落。深圳市红树林主要集中分布在福田的红树林自然保护区内，另外，在宝安区的沙井、福永、西乡，深汕特别合作区的小漠，南山区的沙河和大鹏新区的坝光、葵涌、南澳等地均有分布。根据 2019 年国家林草局组织的红树林资源补充调查和适宜恢复地调查结果，深圳市（含深汕）红树林面积共 219.11 hm^2，其中，福田区 134.83 hm^2、南山区 12.66 hm^2、宝安区 58.08 hm^2、大鹏新区 8.05 hm^2、深汕合作区 5.49 hm^2。福田红树林内有红树植物 9 科 16 种，主要是秋茄、木榄、桐花树、白骨壤、海桑等。大鹏半岛滨海红树林群落共有 3 处，分别位于葵涌镇坝光盐灶村、南澳镇杨梅坑鹿咀和南澳镇东涌村，主要种类有桐花树、秋茄、木榄、老鼠簕、黄槿、杨叶肖槿、海漆、海杧果、银叶树和苦槛蓝等 10 多种，以木榄、秋茄、银叶树为主要优势种。此外，在大鹏半岛沿岸还有 2 处野生露兜树群落，是红树林伴生植物，分别位于南澳七娘山支脉山脚坡谷河床上和东山社区的沿海山崖上，总面积达数十亩，共有数万株，树高 1～3 m，群落生长茂盛，是珠三角地区极为罕见的大面积野生露兜树群落。

珊瑚礁群落。深圳市珊瑚礁主要分布于东部海域，包括大澳湾硬珊瑚区、南澳大鹿港礁石区、东涌礁石区、西涌礁石区和杨梅坑礁石区。根据《深圳东部海域珊瑚礁群落现状监测及其保护、修复和管理策略》，在大鹏湾和大亚湾海域共发现 37 片珊瑚群落分布区，其中，大鹏湾海域拥有 22 个珊瑚群落分布区，分布面积为 47.27 hm^2；大亚湾海域拥有 15 个珊瑚群落分布区，分布面积共 146.46 hm^2，见表 6-11。造礁石珊瑚共 68 种，分隶于 12 科 24 属，以蜂巢珊瑚科的种类最多，共 33 种。23 个珊瑚群落重点分布海域活造礁石珊瑚平均覆盖度为 37.58%，其中，大鹏湾海域平均覆盖度为 36.74%，大亚湾海域平均覆盖度为 38.67%。

表 6-11　2016 年大鹏湾、大亚湾珊瑚群落调查结果

<table>
<tr><th>区域</th><th>海域</th><th>珊瑚分布面积/hm^2</th><th>活珊瑚覆盖度</th><th>珊瑚生态系统健康指数</th></tr>
<tr><td>梅沙—溪涌</td><td>大鹏湾</td><td>16.80</td><td rowspan="4">36.74%</td><td>70.00</td></tr>
<tr><td>大澳湾—南澳湾</td><td>大鹏湾</td><td>19.27</td><td>70.50</td></tr>
<tr><td>鹅公湾</td><td>大鹏湾</td><td>5.87</td><td>88.00</td></tr>
<tr><td>大鹿湾</td><td>大鹏湾</td><td>5.33</td><td>84.00</td></tr>
<tr><td>西涌—东涌</td><td>大亚湾</td><td>14.47</td><td rowspan="3">38.67</td><td>91.50</td></tr>
<tr><td>杨梅坑湾</td><td>大亚湾</td><td>89.53</td><td>94.00</td></tr>
<tr><td>茅东湾</td><td>大亚湾</td><td>42.46</td><td>73.00</td></tr>
</table>

滨海湿地。深圳市共有滨海湿地 103 个，总面积为 3 373.66 hm^2。滨海湿地主要集中在西部滨海地区。种类较多，包括红树林湿地、河口湿地、围海池塘/滨海养殖场、淤

泥质海滩/粉砂淤泥质海滩、滨海水田等，各类型湿地面积及数量见表 6-12。滨海湿地主要以围海池塘、养殖场湿地为主。除已经填海的区域外，大空港地区、大铲湾港区备用地、西乡河口、东部坝光、新大龙崎湾地区、东西涌为湿地分布的主要区域，且多为红树林。

表 6-12 深圳市滨海湿地分布情况汇总

滨海湿地类型	滨海湿地面积/hm^2	数量/个	分布区域
红树林湿地	684.71	9	宝安区、南山区、福田区、大鹏新区
河口湿地	130.56	8	宝安区、南山区、大鹏新区
围海池塘	1 346.16	21	宝安区、大鹏新区
滨海养殖场	518.71	46	大鹏新区
淤泥质海滩	119.84	3	宝安区、大鹏新区
粉砂淤泥质海滩	485.37	8	宝安区、南山区、大鹏新区
滨海水田	88.31	8	大鹏新区
总计	3 373.66	103	

6.1.4.3 海洋自然保护区

深圳市海域共分布有3个海洋自然保护区，包括内伶仃岛—福田国家级自然保护区、珠江口中华白海豚国家级自然保护区和大亚湾水产资源省级自然保护区（表 6-13）。

表 6-13 深圳市海洋保护区情况

保护区名称	设立时间	保护区面积	主要保护对象	主管部门
内伶仃岛—福田国家级自然保护区	1984 年 10 月（建立） 1988 年 5 月（国家级）	921.64 hm^2（其中，福田红树林 367.64 hm^2）	虎纹蛙、蟒蛇、猕猴等动物，秋茄、桐花树等红树植物	广东内伶仃岛—福田国家级自然保护区管理局（深圳）
珠江口中华白海豚国家级自然保护区	1999 年 10 月（建立） 2003 年 6 月（国家级）	460 km^2（深圳约占 200 km^2）	中华白海豚	珠江口中华白海豚国家级自然保护区管理局（珠海）
大亚湾水产资源省级自然保护区	1983 年（省级）	900 km^2（深圳约占 133 km^2）	多种经济种类如马氏珠母贝、梭子蟹、真鲷和杜氏枪乌贼等	大亚湾水产资源省级自然保护区管理处（惠州）

6.1.4.4　海洋生态红线

深圳海洋生态红线区主要包括禁止类红线区 2 类，限制类红线区 11 类，涉及重要河口、重要滨海湿地、重要渔业海域、特别保护海岛、红树林、重要滨海旅游区和海洋保护区 7 种生态红线区类型（表 6-14）。

表 6-14　海洋生态红线划定情况

名称	管控类别	覆盖区域		生态保护目标
		面积/km^2	岸线/km	
珠江口重要河口生态系统限制类红线区	限制类	145.58	0	湿地生态系统和河口生态系统
内伶仃特别保护海岛限制类红线区	限制类	34.40	0	海岛生态系统以及生态环境
广东珠江口中华白海豚国家级自然保护区禁止类红线区	禁止类	327.00	0	中华白海豚及海域生态环境
广东珠江口中华白海豚国家级自然保护区限制类红线区	限制类	123.38	0	中华白海豚及海域生态环境
深圳湾重要滨海湿地限制类红线区	限制类	19.28	4.48	海湾湿地生态系统
深圳湾重要滨海旅游区限制类红线区	限制类	1.95	10.61	自然景观、红树林及其海域生态环境
深圳湾红树林限制类红线区	限制类	3.07	7.35	红树林、滩涂湿地与鸟类栖息环境
沙头角重要滨海旅游区限制类红线区	限制类	0.96	2.97	自然景观及其海域生态环境
大梅沙—西涌重要滨海旅游区限制类红线区	限制类	17.69	14.72	自然景观及其海域生态环境
金沙湾—南澳重要滨海旅游区限制类红线区	限制类	3.57	7.48	自然景观及其海域生态环境
鹅公湾附近重要渔业海域限制类红线区	限制类	9.65	9.35	渔业资源及海域生态环境
大亚湾水产资源省级自然保护区禁止类红线区	禁止类	214.88	18.76	水产资源及海域生态环境
大亚湾水产资源省级自然保护区限制类红线区	限制类	587.59	120.39	水产资源及海域生态环境

6.1.4.5　公众亲海空间

根据对公众亲海临海空间现状开发资料梳理及现场调研，综合考虑环境安全性、生态保护重要性和末端可达性三个方面因素，深圳市具备亲海临海条件的岸线长度约占总岸线长度的 53.5%。现状亲海岸线长度约占总岸线长度的 48.3%。其中，亲海自然岸线集中分布在东部大鹏湾和大亚湾海域，亲海人工岸线主要分布于珠江口和深圳湾海域。

滨海度假型亲海区域。主要包括海水浴场、度假村等，景观以自然风光为主，大多依托自然沙滩开发，包括大梅沙、小梅沙、较场尾和杨梅坑等。全市 56 处沙滩可划分为 32 个保护型沙滩、10 个浴场型沙滩和 14 个观光休憩型沙滩。10 个浴场型沙滩中，多数沙滩没有获得海域使用证及合法的沙滩部分使用权。

城市休闲型亲海区域。主要包括城市滨海观光带、城市绿道、海滨广场和城市公园等，此类亲海空间的景观特征兼具自然风光与城市风情，二者相互融合，公众活动密集。城市休闲区目前主要分布在深圳湾和珠江口沿岸。

科教保护型亲海区域。主要为自然保护区、国家地质公园等兼具科学教育意义与美学观赏价值的区域，包括大亚湾的坝光银叶树湿地园和大鹏半岛国家地质公园，以及内伶仃岛—福田自然保护区。

深圳沙滩概况。深圳沙滩共有 56 处，分布在大鹏湾及大亚湾海域。沙滩平均长度为 465 m，其中，最长的沙滩为金水湾沙滩，由较场尾、龙歧湾等 5 个较小的沙滩组成，总长度超过 3 400 m；沙滩平均面积为 17 000 m^2，其中，西涌沙滩、大梅沙沙滩、下沙沙滩、金水湾沙滩面积较大，均超过 50 000 m^2。

6.1.4.6 海洋生态灾害及环境风险

2016 年至今，深圳海域共发生赤潮灾害 9 起，其中有毒赤潮 6 起。从赤潮灾害统计数据来看，近年来深圳珠江口、深圳湾、大鹏湾和大亚湾均有发生赤潮灾害；发生时间集中于 1—5 月及 8—11 月两个时间段；赤潮种类以红色赤潮藻、夜光藻、赤潮异弯藻为主；赤潮灾害面积均小于 100 km^2；大多数赤潮没有引起海洋生物的异常死亡，仅一例引起海洋生物的死亡损失。

深圳市涉海风险源主要集中分布于珠江口、大鹏湾及深圳湾沿岸地区。其中，珠江口沿岸地区主要包括妈湾油气仓储区、赤湾油气仓储区、前湾电厂等；大鹏湾沿岸地区主要包括盐田港、下洞油气库区、称头角 LNG、东部电厂等；大亚湾沿岸地区主要包括岭澳核电站、大亚湾核电站以及邻近的惠州石化基地等；红海湾沿岸地区主要为华润东部电厂。

6.2　存在的问题

6.2.1　大气生态环境

（1）本地减排进入“瓶颈”，区域贡献显著

近年来，随着《深圳市大气环境质量提升计划》《深圳市大气环境质量提升计划（2017—2020 年）》《深圳市打好污染防治攻坚战三年行动计划方案（2018—2020 年）》和《“深圳蓝”可持续行动计划》等大气污染管控方案中相关措施的不断落实，深圳市各类污染源系统体系化治理工作成效显著，本地源排放量明显降低，进一步开展本地污染源削减工作存在各种技术和管理“瓶颈”。而近年来区域传输的影响显著，周边城市的大气污染物浓度明显高于深圳市，带来的外源输入对深圳市大气 $PM_{2.5}$ 的贡献约占 50%。因此，深圳市应在控制本地污染排放的同时，着力加强与周边地区的合作，实行区域联防联控，降低大气污染输入的背景值，保证深圳市空气质量的持续改善。

（2）二次污染问题日益凸显

近年来，深圳市大气氧化性不断增强，二次污染问题日益凸显。臭氧已成为制约全市空气质量进一步提升的首要污染物，且大气 $PM_{2.5}$ 中二次气溶胶占比不断增加，成为阻碍 $PM_{2.5}$ 浓度进一步降低的重要因素。因此，亟待建立以臭氧为核心、$PM_{2.5}$ 协同治理的大气污染防控技术体系，实现大气臭氧和 $PM_{2.5}$ 的双下降。大气臭氧和二次有机气溶胶均由前体物经过化学反应生成而来，其形成机理复杂，控制难度较大，且缺乏成熟经验借鉴。深圳市作为先行示范区，应加强科学研究与措施落地，积极推进臭氧和 $PM_{2.5}$ 协同治理，着力提高大气污染防治成效，实现空气质量更上一层楼。

6.2.2　河流生态环境

收集整理深圳市河流近水质、水生态和水务数据，开展面源污染、污水收集、水生态修复与河道生境等多方位分析，判断河流水质达标方面存在的问题和风险。具体问题如下：

（1）水环境质量尚未稳定达标，雨季达标难度较大

一是五大河流水质尚未稳定达标。深圳河河口雨后仍存在超标现象，茅洲河共和村、龙岗河西湖村雨季超标问题更为突出，年均值达标面临一定考验。深圳市雨季为每年的 4—10 月，深圳河河口断面溶解氧、NH_3-N 在 2019 年 6 月、7 月、9 月出现超标现象；茅洲河共和村断面溶解氧、NH_3-N、TP 在 2019 年 4—10 月持续超标，NH_3-N、TP 在 2020

年 5 月出现超标；龙岗河西湖村断面溶解氧、NH_3-N、TP 在 2019 年 4—10 月出现持续超标（表 6-15）。

表 6-15 2019—2020 年深圳市五大河雨季超标统计

序号	断面名称	年度	月份	超标指标/（mg/L）		
				溶解氧	NH_3-N	TP
1	深圳河河口	2019	6	1.72	3.04	0.40
			7	1.15	1.90	0.22
			9	0.98	1.78	0.38
2	茅洲河共和村	2019	4	2.02	4.36	0.74
			5	0.96	4.86	0.44
			6	1.15	1.63	0.34
			7	1.18	5.26	0.54
			8	0.24	3.95	0.34
			9	1.20	3.49	0.42
			10	1.12	3.24	0.36
		2020	5	2.57	2.43	0.36
3	龙岗河西湖村	2019	4	6.09	4.68	0.57
			5	5.30	3.67	0.44
			6	5.47	3.38	0.40
			7	5.20	3.29	0.50
			8	5.05	2.89	0.39
			9	5.23	3.05	0.32
			10	5.84	3.06	0.65

二是黑臭水体存在“返黑”可能。部分黑臭水体与小微黑臭水体仍存在返黑返臭风险，尚未实现“长制久清”。根据 2020 年深圳市 150 条（159 个）黑臭水体水质“一周一测”数据，1—6 月黑臭水体水质返黑返臭情况统计结果及相关水体 7 月水质情况见表 6-16，各辖区黑臭水体返黑返臭频次统计结果如图 6-11 所示。

表 6-16　2020 年反复黑臭水体的 1—7 月水质监测情况

序号	河流名称	辖区	所属流域	1—6 月返黑返臭频次		7 月水质情况
				轻度黑臭	重度黑臭	
1	大浪河	龙华	观澜河流域	1	—	不黑不臭
2	君子布河支一	龙岗	观澜河流域	—	1	不黑不臭
3	鹅公岭河	龙岗	观澜河流域	2	—	轻度黑臭
4	黄沙河左支流	龙岗	龙岗河流域	—	1	不黑不臭
5	三棵松水	龙岗	龙岗河流域	1	—	不黑不臭
6	田心村排水渠	龙岗	龙岗河流域	2	2	不黑不臭
7	白沙坑水	光明	茅洲河流域	1	—	不黑不臭
8	共和涌	宝安	茅洲河流域	1	—	不黑不臭
9	龟岭东水	宝安	茅洲河流域	1	—	不黑不臭
10	天圳河	宝安	茅洲河流域	—	1	不黑不臭
11	大芬水	龙岗	深圳河流域	—	2	不黑不臭
12	简坑水	龙岗	深圳河流域	1	—	不黑不臭
13	玻璃围涌	宝安	珠江口流域	1	—	不黑不臭
14	沙涌	宝安	珠江口流域	2	—	不黑不臭
15	咸水涌	宝安	珠江口流域	1	—	不黑不臭
16	孖庙涌	宝安	珠江口流域	1	—	不黑不臭

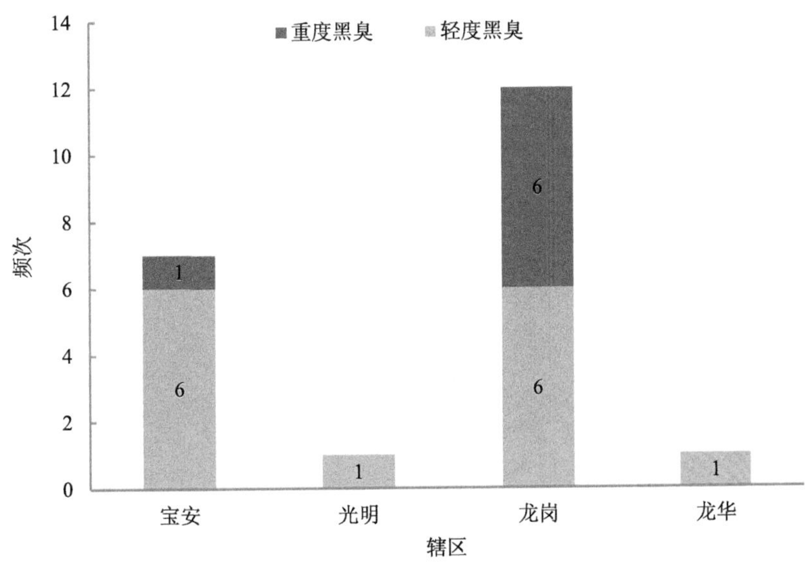

图 6-11　2020 年各辖区水体返黑返臭频次统计

2019年，全国地表水考核断面水质优良（达到或优于Ⅲ类）比例为74.9%，广东省为77.5%，而深圳市3个国考断面中，只有赤石河小漠桥断面达到优良水平，优良比例仅为33%，纳入5个省考断面计算，优良率也仅为50%（深圳河径肚、清林径水库和坪山河上垟达到Ⅲ类及以上），远不及全国、全省平均水平。2019年深圳市地表水国考断面劣Ⅴ类比例为33%（茅洲河共和村全年未达Ⅴ类）。

（2）管网漏损有待解决，污水系统韧性不足

目前全市大量采用沿河截污设施进行截污，雨水调蓄池大部分处于规划建设当中，初期雨水调蓄能力不足，雨季雨水污水进入截污管涵，超标风险较大，目前的沿河截污设施基本稍有降雨就会发生溢流。

全市需正本清源改造的1 716个城中村中，有333个不具备施工条件，约占20%，只能先行采取外围截流或局部分流的手段。全市暗涵剩余长度66.39 km，沉积大量黑臭淤泥，污水直排口多，施工作业安全隐患大（表6-17）。部分老旧管网存在雨污混接错接、破损堵塞、管径标高不匹配等问题，高水位运行普遍，严重制约管网效益发挥，全市剩余4 999处待整治管网错节点，同时修复改造施工难度大、耗时长。

表6-17 深圳市暗涵2019—2020年7月整治情况

行政区划	底数		2019年年底前完成		2020年1—7月		完成小计		未完成	
	数量/个	长度/km	数量/个	长度/km	数量/个	长度/km	数量/个	长度/km	数量/个	长度/km
福田区	9	20.43	9	20.43			9	20.43		
罗湖区	32	31.46	31	30.82	1	0.64	32	31.46		
盐田区	46	31.93	45	31.83			45	31.83	1	0.10
南山区	13	14.39			8	8.73	8	8.73	5	5.66
宝安区	208	151.13	172	119.47	9	15.70	181	135.17	27	15.96
龙岗区	175	77.72	66	19.30	38	16.84	104	36.14	71	41.58
龙华区	35	12.67	27	8.77	4	2.20	31	10.97	4	1.70
坪山区	12	7.32	10	4.68		1.80	10	6.48	2	0.84
光明区	31	16.00	26	13.60	4	2.32	30	15.92	1	0.08
大鹏新区	9	3.07	7	2.40		0.20	7	2.60	2	0.47
总计	570	366.12	393	251.3	64	48.43	457	299.73	113	66.39

截至 2020 年 7 月底，全市完成市政排水管网隐患排查 22 947 km，发现错接点 9 203 处，已整改 4 204 处，剩余 4 999 处（表 6-18）。

表 6-18　2019 年与 2020 年 1—7 月底全市污水管网错接数量

序号	行政区	错接点总数	已整治数量		剩余数量
			2019 年	2020 年	
1	福田区	0	0	0	0
2	罗湖区	0	0	0	0
3	南山区	105	20	45	40
4	盐田区	14	5	6	3
5	宝安区	2 014	1 351	600	63
6	龙岗区	1 515	65	1	1 449
7	龙华区	201	65	35	101
8	坪山区	3 524	218	43	3 263
9	光明区	825	343	402	80
10	大鹏新区	1 005	871	134	0
合计		9 203	2 938	1 266	4 999

（3）面源污染管控压力大，全过程收集处理有待完善

全市污染源体量大，尤其是“三产”污染源管理尚不规范。截至 2020 年 8 月底，全市共排查 “三产”污染源 44 661 家企业，其中，问题企业 7 531 家，目前已完成整改 1 342 家，完成比例 18%，待整改企业 6 189 家。餐饮食街、化粪池与美容美发场所、汽修洗车场所问题企业数量较多，分别为 5 197 家、932 家、862 家与 237 家。私接乱改、乱排污等问题仍然存在，垃圾中转站废水、道路清扫废水、施工废水等直排雨水管网或河道的现象尚未杜绝。面源污染治理体系尚未建设，仅在水环境综合整治工程或海绵城市试点项目中对初期雨水的污染控制进行了初步探索与实践（表 6-19 和表 6-20）。

表 6-19　2020 年深圳市“三产”污染源排查整治数量

序号	类型	排查总数/家	问题数量/家	完成整改数量/家	完成比例/%
1	餐饮食街	29 414	5 197	822	16
2	汽修洗车场所	1 869	237	50	21
3	农贸市场	301	71	34	48
4	美容美发场所	5 655	862	232	27

序号	类型	排查总数/家	问题数量/家	完成整改数量/家	完成比例/%
5	垃圾转运站	373	40	28	70
6	化粪池	4 915	932	86	9
7	屠宰场	6	0	0	—
8	垃圾填埋场	5	0	0	—
9	废品回收站	399	45	13	29
10	施工工地	741	84	44	52
11	城中村	273	31	13	42
12	城市道路	579	26	17	65
13	河道沿岸	114	3	2	67
14	沿海岸线	4	0	0	—
15	规模化畜禽养殖场	2	2	0	0
16	农业种植化肥农药	1	1	1	100
17	港口和货柜堆场	10	0	0	0
	合计	44 661	7 531	1 342	18

表 6-20　2020 年深圳市“三产”污染源分区排查整治结果

序号	所属行政区	排查总数/家	问题数量/家	完成整改数量/家	完成比例/%
1	福田	11 095	3 302	626	19
2	龙岗	3 354	1 640	232	14
3	坪山	6 449	896	75	8
4	罗湖	2 516	592	254	43
5	光明	8 342	427	108	25
6	宝安	3 683	236	4	2
7	龙华	7 401	203	10	5
8	南山	392	195	4	2
9	盐田	956	40	29	73
10	大鹏	473	0	0	0
	合计	44 661	7 531	1 342	18

（4）水生态修复工作有待全面铺开，本土物种面临威胁

现阶段深圳治水主要关注水污染物的削减和水环境质量提升，缺乏水生态系统保护目标体现，缺乏水生态修复方面的技术手段，缺乏水生态方面的标准体系，难以满足未

来水环境管理需求。此外，早期部分河道改造项目使得河床和岸坡逐步硬化，水土营养交换被切断，破坏了河流生境，导致生物多样性消失、生物链断裂。根据粤港澳大湾区规划，目前深圳市正在茅洲河与深圳河开展水生态修复试点工程。

深圳市城市水利工程主要以防洪排涝为目标，将原本曲折蜿蜒的河道形态裁成直线形或折线形河道，混凝土或砌石等硬质材料覆盖了原来多孔的土质河岸坡和河底，不规则的河道横断面被规则的梯形或矩形几何断面代替，自然型河道变成人工渠道，河流渠道化、底质硬化、驳岸简单化现象普遍。根据《深圳市碧道建设总体规划》统计，目前深圳市河流弯曲率介于 1～3.9，其中，弯曲率大于 1.5 的河流仅占比 9%，近一半河流弯曲率小于 1.2；河道直立式断面长度 338 km，占河道总长度的 29%，暗渠（涵）长度占河道总长度的 16%。人工渠道迫使河滩沼泽湿地消失、隔绝水体与陆域的物质能量交换、改变河道内水文水动力条件、降低河道生境异质性，水生生物多样性大大降低，食物网趋于简单化和水生生物功能摄食类群比例失调，水生态系统的功能和完整性受损，水生态系统稳定性下降。

深圳市河流多为雨洪型，降雨时河道水量大且容易形成洪水和产生洪涝灾害，而旱季则河水稀少甚至干枯。由于河道补水，或上游水库不定期泄洪会造成水文情势的改变，而河流水文情势通常影响水生生物组成和结构，改变了栖息地的环境因子，形成自然扰动。此外，再生水水质排放标准难以维持健康的水生态系统，随着河道补水工程，大量的微生物、除藻剂等排放至河道，可能会影响水生生物的食物链，进而影响到水生态系统的完整性和稳定性。

目前，深圳市大部分城市河流的生物多样性较低，物种单一化，且多为污水指示种，如指示污染的谷皮菱形藻、喜厌氧的水丝蚓、耐污的摇蚊等底栖动物、耐受低氧环境的塘鳢等鱼类。此外，深圳市大部分河道外来生物入侵严重，河岸带的自然植被和本土植物逐渐被人工植被和南美蟛蜞菊、白花鬼针草、五爪金龙等外来入侵物种取代，河道内鱼类主要为尼罗罗非鱼、食蚊鱼、革胡子鲶等外来物种，福寿螺、藁杆双脐螺等外来软体动物也分布广泛。随着外来物种入侵，抢占本地种的生态位，使得本土物种的生存面临威胁。

（5）补水常态化机制尚未形成，河道生境稳定性下降

深圳市河流大多为雨源性河流，河道长度较短，生态基流严重不足。径流主要来源于降雨，有雨即产流，无雨期水量极少，甚至出现断流。因此环境容量较小，自净能力低，一旦污水进入河道，河道很容易出现黑臭现象。由于雨源性河流先天条件的不足，使得深圳市的河流治理更加复杂和困难。深圳市 310 条河流中，除 98 条由于河道全程暗涵、本身基流量较大，河道比降较大等不进行补水外，共有 212 条河流需要进行补水。而目前仅有 104 条河流已建补水工程，另有 20 条河流补水工程在建，88 条河流补水工

程尚在规划中。因此，还有超过一半需要补水河流的补水工程尚未建成。此外，已建成补水工程的河流中，由于施工、管理等原因，部分河流未进行稳定补水，如李朗河、白泥坑沟等，河道经常出现断流和水质超标现象（表 6-21）。

表 6-21 深圳市补水现状

序号	流域名称	现状补水规模/（万 m^3/d）	规划补水规模/（万 m^3/d）
1	茅洲河	112.93	93.60
2	观澜河	26.13	64.23
3	龙岗河	35.31	47.31
4	坪山河	20.15	23.52
5	深圳河	63.74	43.34
6	珠江口	69.01	78.72
7	深圳湾	23.00	23.50
8	大鹏湾	3.20	14.41
9	大亚湾	2.00	6.72
合计		355.47	395.35

6.2.3 饮用水水源生态环境

6.2.3.1 水库水质指标季节性浮动大，存在超标风险

2015—2019 年，在供水的 29 座水库中，全年水质均达到Ⅲ类标准及以上，但部分集中式饮用水水源地部分指标仍存在超标风险。从月度值来看，深圳市部分集中式饮用水水源地部分指标仍存在超标风险，部分指标季节性浮动幅度较大。

造成以上问题的主要原因：一是深圳市境外引水以东部引水工程和东深引水工程为主，境外来水水质受沿途其他地市环境状况影响较大，导致近年来水库水质不稳定；二是部分位于二级水源保护区内的雨污分流、正本清源、面源整治工程仍在推进，目前尚未完全发挥效用，水源保护区内的面源污染对水库的水质稳定带来风险。

在未来的 5 年内，深圳市的饮用水需求量会随着人口快速增长而巨幅提升，对水库水质的要求会逐步提高。但是随着饮用水水源水质保障工程陆续建成投入使用，发挥效益，水库水质将得到进一步的改善和提升。

6.2.3.2 外调水氮磷较高，易引发富营养化和水华风险

深圳现有境外引水约占全市总供水量的 85%，但境外来水水质受沿途其他地市环境

状况影响较大，导致近年来深圳市水库水质不稳定。据 2018 年至 2020 年 1 月深圳对东江供水工程东江取水口和东部引水工程獭湖泵站、西枝江取水口等 3 个点位 70 余次水质检测中 TP 指标数据显示，按照《地表水环境质量标准》（GB 3838—2002）单因子评价，劣Ⅱ类（0.025 mg/L）的次数达 60.56%，其中劣Ⅲ类（0.5 mg/L）的次数占 37%，劣Ⅳ类（0.01 mg/L）的次数占 4.2%。

根据 2018 年现场调查与监测核算的结果，部分水库的直接入库污染来源中，外来引水对污染负荷的贡献最大，来自东江引水的 COD、TN、TP 污染负荷占入库污染物总负荷的比例分别为 92%、88.2%和 69.1%。2015—2019 年，外调水 TN 浓度均超过 1.6 mg/L，远高于地表水Ⅲ类标准，TP 为 0.06～0.08 mg/L，亦高于地表水Ⅲ类标准。由于东江流域范围广，治理难度大，东江来水水质将在一定程度决定深圳市饮用水库水质。近 5 年来，因外调水的水质情况给部分水库带来不同频次的富营养化现象，已有多座水库由贫营养逐步转为中营养状态（图 6-12 和图 6-13）。

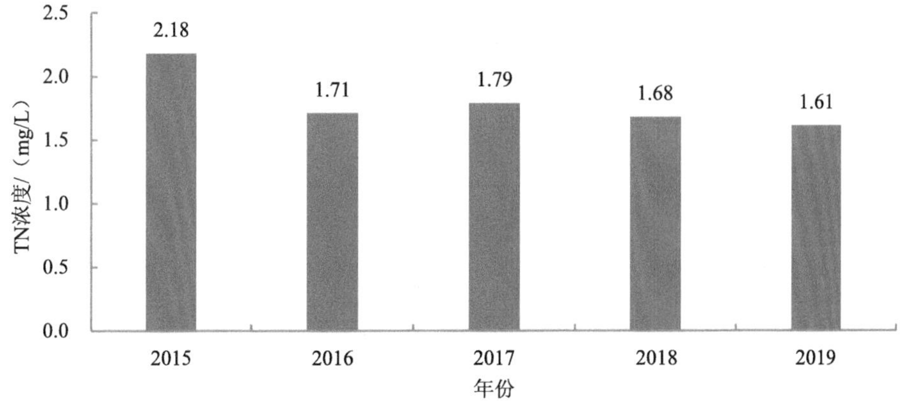

图 6-12　2015—2019 年来外调水 TN 浓度

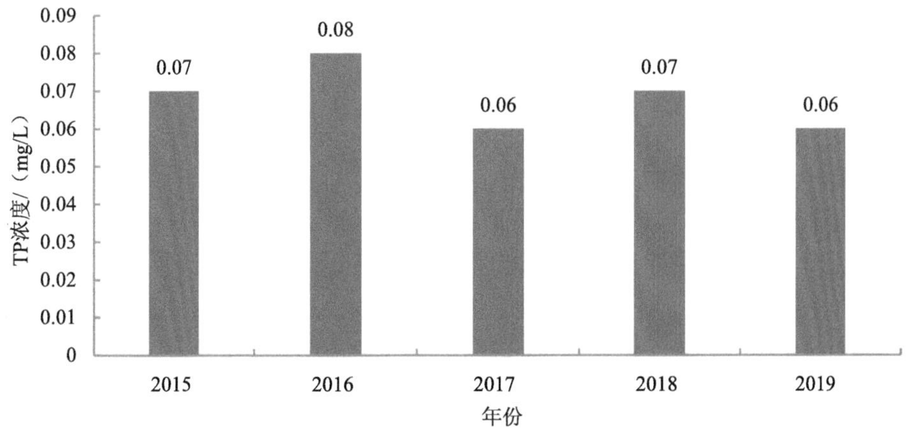

图 6-13　2015—2019 年来外调水 TP 浓度

6.2.3.3 饮用水水源安全难以保障

目前，深圳市饮用水水源保护区总面积为 361.61 km^2（未含深汕合作区），建成区面积有 184.73 km^2，建成区比例较高，潜在污染源情况复杂，水质风险趋于复杂化。2016—2019 年，深圳市水库普遍检出 7 种新型污染物，包括抗生素、碘化物、全氟化合物等，严重威胁饮用水水源安全和人体健康。抗生素中的红霉素类和林可霉素类达到 9 ng/L 以上，全氟化合物中的全氟壬酸（PFNA）最高检出浓度达到 34 ng/L。抗生素长期残留在水库，会引起抗生素抗性基因的广泛传播，引起严重的抗生素耐药性等公共安全事件，而全氟化合物会威胁人体健康，使饮用水水源安全无法得到保障。这些新兴污染物并未纳入饮用水水源水质标准中，亦无明确的法律法规限制排放，亟须引起高度重视（图 6-14 和图 6-15）。

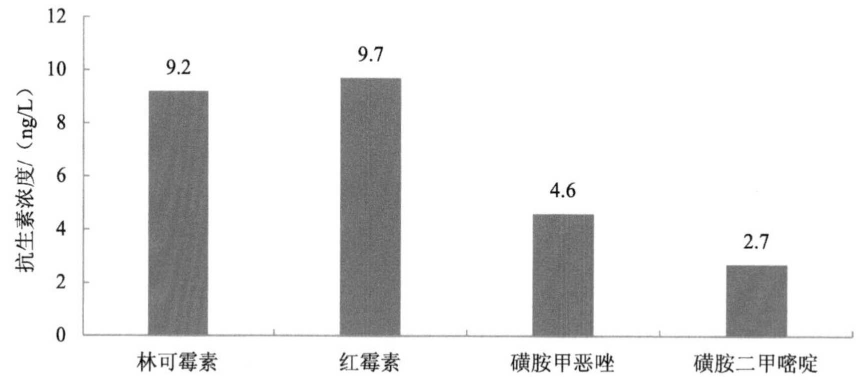

图 6-14 深圳市饮用水水源水库抗生素检出情况

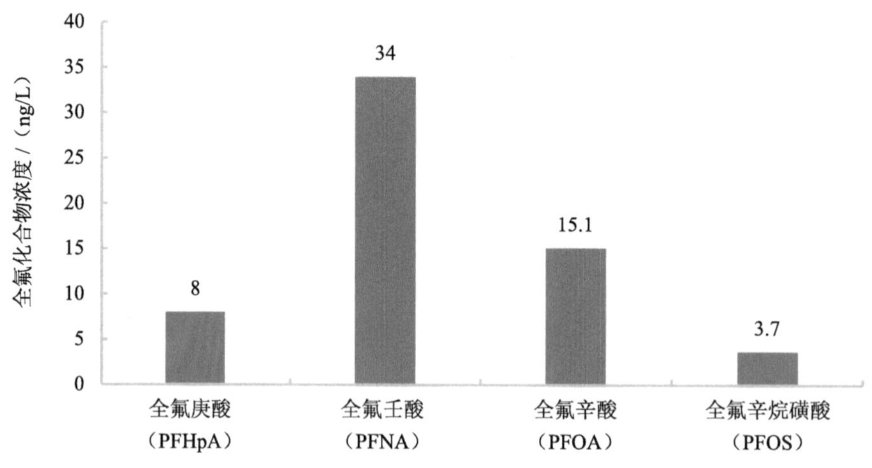

图 6-15 深圳市饮用水水源水库全氟化合物检出情况

6.2.3.4 饮用水水源地应急建设不足

目前，深圳市饮用水水源地风险应急能力亟须提高，具备“一源一案”的饮用水水源地数量不足 49%，部分水库缺乏针对环境突发事件的专项应急预案。据不完全统计，仅有三洲田水库、茜坑水库、松子坑水库等 12 个市管水库和罗田水库、岗头水库、龙口水库等 9 个区管水库编制了针对环境突发事件的专项应急预案，部分水库管理部门也未向上级环保部门备案；除一些大型水库专门配置了针对突发环境事件的物资与装备外，且应急物资配置大多侧重于大坝安全与“三防”工作，各水库也没有组织过针对环境突发事件的专项应急演练。

此外，全市暂无污染事故风险及水质预警系统（包括水华预警），对可能出现的污染事故缺少预警机制。此外，各水库在应对重大突发环境事件的应急设施和物资方面也存在“短板”，缺少相应的技术储备，应急风险能力有待提升。

6.2.4 海洋生态环境

6.2.4.1 海洋环境污染问题及成因

西部海域水质仍未达标。珠江口和深圳湾海域水质逐渐好转，但截至 2019 年年底，无机氮浓度年均值仍超海水四类标准 1.41 倍，与“一区两市”海洋生态环境质量的要求差距明显。国家海洋督察反馈意见指出，珠江口入海污染物总量达高达 471 万 t/a，占广东省入海污染物问题的 83%，是造成珠江口海域水质超标的主要原因。此外，河口区的管理机制不健全，河口边界不清晰，无针对河口区水质的合适评价标准，采用《海水水质标准》（GB 3097—1997）评价河口水质，氮、磷等营养物质指标设置不衔接，地表水和海水之间关于氮、磷物质的水质评价为两条线，无法直接比对和评价，严重制约了氮、磷等物质的陆海联防联控。

船舶污染防治能力待提升。缺乏船舶污染物接收储存场地，现有船舶污染物主要委托第三方接收、转移，并交由市外机构最终处置，无法实现跨市全链条监管。船舶污染监管主要依赖人工抽查，缺少现代化监测、检测手段，信息化应用水平较低，海上船舶污染排放监测监管能力不足。

海水养殖及休闲渔业污染监管存在困难。深圳海上养殖主要分布在东山、畲下湾等海域和深汕特别合作区。东山和畲下湾存在历史遗留渔排，渔民结合养殖和海上餐厅等商业活动，形成了成片区的休闲渔业，但目前对该类休闲渔业的生活污水和养殖废水排放监管存在一定困难，其排放影响周边海水水质。

6.2.4.2 典型生境与海洋生物资源量下降

典型生境受损。随着沿海区域开发和人类活动强度提高，加上早期粗放式围填海和无序海水养殖等行为，使得深圳典型生境受到不同程度损失。滨海旅游开发和潜水活动发展，也给大亚湾的珊瑚礁生态系统带来压力。

海洋渔业资源呈衰退趋势。随着人类捕捞压力加大和海洋生态环境恶化，海洋渔业资源衰退明显，深圳传统近海捕捞渔业发展空间越来越小。2017 年珠江口双拖作业渔获率为 109.8 kg/h，在广东四大沿海渔场（粤东、粤西、珠江口和北部湾渔场）中最低，较 2016 年渔获率有所下降。从近年深圳海域渔业资源调查结果来看，海域渔获物种类变少，个体变小，总渔获量降低。

海洋生物多样性下降。2012—2017 年深圳市海洋环境质量公报显示，近年来珠江口和大亚湾浮游植物多样性指数等级由“中”变为“较差”，浮游动物多样性指数等级处于“中”至“较好”水平，大型底栖生物多样性指数等级处于“差”至“较差”水平。

海岸带生态修复机制待健全。现有生态修复机制不完善，海洋生态环境本底状况不清，“海岸线整治修复”“海岸带生态修复”等概念模糊，修复技术手段不明确，各区政府和各职能部门开展生态修复工程的积极性不高，相关工作推进缓慢。

海洋生态补偿与生态损害赔偿机制尚未建立。尚未建立海洋生态赔偿实施机制，损害赔偿的实施主体、索赔途径、责任追究机制不明确。生态损害评估技术标准也尚未建立。海洋生态补偿制度同样缺乏配套的实施机制，补偿资金来源渠道过窄，影响到海洋生态系统保护和修复效果。海洋生态补偿主要采取收取海洋生态补偿金、海洋生物资源增殖放流等方式进行补偿，较少发挥社会资本参与海洋生态补偿，难以有效满足海洋生态系统修复的现实需求。

6.2.4.3 海洋生态灾害治理及环境风险防范能力建设不足

涉海风险源管控清单及应急管理台账暂未形成。当前涉海风险源管理工作涉及应急管理、交通和海事等多个部门，统计口径不一、信息共享不够，难以实现涉海风险源的系统化管理。

突发船舶污染事故监测能力有待提高。现有船舶污染事故监视监测技术手段较少、监测水平较低，难以快速识别海洋环境污染突发事故；事故风险评估、决策支持系统等信息化建设仍有欠缺，难以对污染物泄漏漂移扩散趋势作出准确地预测和报警。

6.2.4.4　现有公共亲海空间与公众亲海需求存在差距

公共服务功能单一。深圳早期亲海空间建设缺乏系统规划，与城市发展需要和公众亲海需求不相匹配。大鹏湾和大亚湾亲海空间同质化现象突出，亲海空间多为村民、企业自主开发，存在低水平无序开发的现象，既有开发模式形成后，政府介入管理存在较大困难。珠江口和深圳湾的亲海空间以岸上观光为主，缺乏海上娱乐体验，公共空间参与性体验有待提高，在沿岸开发建设过程中未预留出充足的亲海空间。

文化特色不突出。亲海空间的海洋文化植入力度不够，代表海洋城市形象的标志性文化设施及博物馆等海洋公共文化设施数量不足，海洋城市形象缺失。过去较长一段时间，深圳的城市化发展以陆域土地拓展为基础，海洋仅作为城市的边界而非空间资源，使深圳海洋文化意识的形成相对缓慢、发育滞后，导致亲海空间海洋文化元素在供给侧和需求侧均显不足。

部分亲海空间服务设施待完善。如杨梅坑、西涌和官湖等配套基础设施建设不足，服务品质有待提高；大鹏湾和大亚湾分布有 LNG 接收站等风险源，亲海活动的安全风险有待科学评估；部分海滩海上娱乐经营项目防护措施不到位，存在安全隐患。

海水浴场高峰期水质超标。由于深圳免费开放、交通可达性较好的公共海水浴场数量和规模不能完全满足公众亲海需求，导致夏季高峰期游客密集扎堆于个别浴场，浴场环境容量超限，大梅沙、小梅沙海水浴场夏季周末偶发粪大肠菌群超标现象，增加了公众参与水上活动的健康风险。

6.2.4.5　海洋生态环境监测监管能力有待完善

海洋生态环境监测体系不完善。深圳现有近岸海域水质监测点布设密度不足且不甚合理，不足以覆盖主要入海河流河口、大型污水处理厂和滨海旅游娱乐场所等重点监测区域。海域监测布点和监测结果难以与陆域入海河流控制断面水质联动，入海污染通量监测体系未形成，海水水质问题溯源困难。

海洋生态环境底数不清。海洋污染基线不明，大气污染物沉降通量、持久性有机污染物浓度、微塑料含量、生物体质量、抗生素和激素含量等海洋污染指标监测数据缺失。海洋生物资源底数不清，红树林和珊瑚礁等典型生态系统调查，以及深圳市海域浮游动植物、底栖生物和渔业资源调查缺乏系统性。当前海洋生态环境和生物资源的监测数据难以满足生态安全评估需求。

海洋生态环境监管机制亟待重构。机构改革后，海洋生态环境管理体系正以陆海统筹为理念重塑重构。涉海法律法规有待修订，入海排口、总量控制等机制相关技术规范尚不健全。海水养殖环境监管、海上联合执法等举措仍需进一步落实落地，尚未形成监管合力。海洋生态环境治理能力有待提升，基础设施、装备能力、科技支撑和保障能力的支撑体系有待加强。

6.3 战略路径

6.3.1 大气生态环境

6.3.1.1 结构优化，模式转变

优化产业、能源、交通结构，推动空气质量改善逐步向污染防控和绿色发展模式并重转变。优化产业结构，加大落后产能淘汰力度，加快全市重污染企业搬迁改造进度。优化调整能源结构，推进天然气发电，加快非化石能源发展，提高可再生能源和清洁能源占比。发展绿色低碳交通体系，加快完善公共交通设施，提高全市公共交通出行比例。推进交通能源结构绿色转型，加大新能源汽车推广力度，推进绿色机场、绿色港口建设。

6.3.1.2 深入防控，协同减排

建立以臭氧为核心的 $PM_{2.5}$ 协同控制，兼顾温室气体减排的大气污染防控体系。开展臭氧污染防治专项研究，持续推进 $PM_{2.5}$ 源解析，推动多污染物协同减排，实现臭氧与 $PM_{2.5}$ 浓度同步下降。加强工业污染源治理，全面推动涉挥发性有机物（VOCs）排放行业进行源头改造和高效末端治理，推动全市天然气锅炉全面实施低氮燃烧改造。深化交通运输领域污染防控，实施机动车排放新标准，加快老旧车辆淘汰，加强船舶和非道路移动机械污染治理。持续提升工地扬尘污染源智慧化监管水平，提高城市道路保洁标准和机扫比例。

6.3.1.3 联防联控，区域协作

推动珠三角地区、粤港澳大湾区建立常态化的区域协作机制，实现区域空气质量监测信息的互通和共享。完善污染天气的区域联合预警机制，深化区域环境应急联动合作，从区域尺度上对大气污染进行全面防治。区域内协调推广统一环境标准限值、落后产业升级措施。强化珠三角船舶排放控制区管控，实现区域协同治理。

6.3.2　河流生态环境

社会主义先行示范期间在河流水质提升方面的重点任务包括污水收集、处理能力双提升，自净能力与生态健康双提升，建立与国际接轨的水环境保护标准体系、全球标杆河湖智慧监管体系。

6.3.2.1　污水收集、处理能力双提升

全面构建“源头减排—过程控制—末端治理”的系统化治水体系，实现污水全量收集、全面达标处理。持续推进管网修复与改造，实现管网健康运行。以污水管网诊断与溯源为基础，推进“一厂一策”系统化整治，精准开展污水处理提质增效工程。开展全市箱涵高水位运行普查，重点对雨天溢流风险区开展截污/初雨箱涵系统低水位运行专项工作。全面评估各支流流域雨污分流工程质量，全面开展生态基流摸底工作，取消支流汊流“总口”，实现清污分离全覆盖。稳步推进海绵城市建设，开展精准截污与调度工程及初雨调蓄池建设。

全面推进已有水质净化厂改建和新建水质净化厂工作，废水深度处理；遵循工程生态环境友好原则，因地制宜布局不同类型的污水处理设施，论证并建设小型分散式污水处理设施；通过集散式处理相结合，100%收集处理废水，达标排放。在水质净化厂新扩建和提标改造拓能方面，针对 2020—2025 年的污水增量，进一步提高污水处理总规模。“十四五”期间，全市计划续建布吉水质净化厂三期等 6 座水质净化厂，扩建滨河水质净化厂二期等 14 座水质净化厂，新建大望水质净化厂等 9 座净化厂，保留现状罗芳水质净化厂等 9 座水质净化厂。2025 年规划污水处理总规模可达到 964.3 万 m^3/d。通过衔接《深圳市污水系统专项规划修编》成果，预测全市 2025 年平均日城市污水量为 560 万 m^3/d，在切实保障雨污分流率的前提下，实现污水处理率 99%的目标。

加大海绵城市建设力度，利用多级海绵体系调蓄雨水径流，建设原位处理设施，削减面源污染负荷；重新评估末端截排和箱涵系统功能，升级改造增加调控功能，对雨水溢流进行智能控制。结合多级海绵，融合滨水蓝色廊道景观、湿地公园、雨水调蓄等设施，建设滨水生态景观带。

6.3.2.2　自净能力与生态健康双提升

在河湖自净能力提升方面，依托“千里碧道”建设及生态补水工程，实现生态补水系统与河湖生态系统的无缝衔接，做好蓝线管控，拆除河道违建并逐步拓宽滨岸带，确保河岸带蓝线等空间管控指标，逐步恢复河流生态廊道功能。开展河流生态恢复型、生

态蓄滞型和水质净化型人工湿地建设，在深圳湾、大鹏湾等区域建设人工湿地，保护生物栖息地满足生物与生境需求，重点推进“汛期滞洪，枯期净化”的复合功能湿地体系建设，结合生态补水，保障河流水质、水量稳定。实施河渠复明与近自然工程，提升城市水面率，逐步恢复河流自然特征，并降低人工干扰程度。

在水生态繁荣复兴方面，引进本土物种，加强水生植物修复，恢复生物物种，重点推进红树林湿地生态系统修复和珊瑚礁养护；构建水生态监测体系，对河流水系的水生态、鱼类资源持续观测与动态评估；实施河道整治与生态修复工程的生态环境监察与审核程序，公众共同参与监管。

以一河两岸为轴线，以周边湿地为节点，建设茅洲河、深圳河、观澜河、龙岗河、坪山河、大沙河、西乡河等7水生态主廊道；将流域面积10 km^2以上的71条河流划定生态保护带，强化污染隔离和水源涵养功能，作为水生态次廊道，上游衔山，下游入海，打通河—海—山关键生态节点，形成水生态体系，实现全市生态河道占比达到60%以上，河流生态基流保证率达到90%以上，五大干流底栖生物多样性指数达到2.0以上，新建人工湿地13处，人工湿地公园3处，完成人工湿地升级改造4处。建设产—学—研一体的水生态技术孵化基地，加速产出具备水安全、水环境及水生态功能的绿色基础设施，分阶段实施河流水生态修复工程，逐步恢复河流自净能力和生态功能，将生物多样性等生态指标纳入常规监测。

6.3.2.3 国际接轨的水环境保护标准体系

完善现行水环境质量标准。对标国际最优最高标准，一方面完善涉及人体健康方面的饮用水水源水质指标；另一方面建立与保护水生生物相关的指标，形成与国际接轨的、全指标水环境质量标准体系。

细化行业废水排放标准。根据受纳水体水质标准及国际先进污染控制技术，制定严格的工业污水排放控制要求，提高污染物排放控制水平。完善环保技术、环境质量的不同标准层次体系，真正实现技术、环境、经济效益统一的目的。

率先制定水生态评价标准。率先制定适用深圳的水生态评价标准，提出包括水生生物完整性指数、水生生物多样性指数、生态基流满足程度、河岸带植被覆盖度等在内的深圳市河流生态系统评价指标体系，形成科学、有效的水生态评价标准系统。

创建科学有效的水质目标管理体系。结合深圳市水环境特征，全面开展流域水功能区、水环境功能区划定及整合，科学分配流域内各功能区的污染排放量，最大化地削减流入流域内污染物的量。同时，参照《欧盟水框架指令》方式进行区域水环境治理和水生态修复，以水生态系统保护为目标进行流域污染治理。

6.3.2.4 全球标杆河湖智慧监管体系

创新“智慧调水”，加快推进流域综合调度系统建设，覆盖生态补水、中水利用及中小水库补水等内容，实现对“厂、网、河、湖、库、泵、闸”等全要素的智能监管和精准调度。创新“智慧管水”，实现监控全覆盖、数据全共享，建立河湖基础数据信息平台，打造“河湖一张图”，完善“一张图+遥感影像+巡查 App+无人机+问题整改督办”为手段的河湖督察体系，实现“天上看、网上管、地上查”空天地一体化动态监管目标。创新“智慧护水”，建立信息化管人、智能化管河的长效管理机制，实现全市河湖全部进行线上管理，河长巡河在线监控、履职情况在线考核、河湖监管全民参与。创新“智慧排水”，建立排水全链条“一张网、一张图”，以信息化促进排水管理精细化。

6.3.3 饮用水水源生态环境

根据前期工作基础，按照国家、省、市饮用水水源环境管理目标和任务要求，结合深圳市饮用水水源环境质量基础状况，提出“十四五”期间到 2035 年深圳市饮用水水源环境质量目标指标。

6.3.3.1 国际指标对标

根据指标的普遍性和重要性，饮用水水源共选取了 5 项进行国际对标，包括 TN（1 mg/L）、TP（0.2～0.5 mg/L）、粪大肠菌群（10 000 MPN/L）、叶绿素 a、微囊藻毒素-LR（0.001 mg/L）（表 6-22）。TN 和 TP 为水体污染基本指征，在水体监测时必测，在水体之间具有比较意义，因此，选取作为国际对标指标；粪大肠菌群和微囊藻毒素-LR 事关饮用水水源安全及人类、水生物生命健康，因此将其列为国际对标指标；叶绿素 a 为饮用水水源富营养化状况重要指标，对监控饮用水水源的富营养化状态非常重要，对标全球先进城市标准对我们设立限值具有指导意义。

总体来看，TN、TP、叶绿素 a 和粪大肠菌群标准值及读数值均高于大部分国际先进城市，微囊藻毒素-LR 标准值及读数值较国际先进城市低。对标国际城市中饮用水水源指标值收集不全，且每座城市的饮用水水源类型不同，指标标准值及读数值差异较大，可参考性不高（表 6-22）。

表 6-22 国际对标指标情况表

序号	指标	深圳（2018）	深圳（2025）	深圳（2035）	深圳（2050）	中国香港（2018）	首尔（2018）	新加坡（2018）	柏林（2018）	伦敦（2018）	东京（2018）	纽约（2018）	旧金山（2018）
1	TN/（mg/L）	超标（≥1）水库 10 座；达标（0.5～1）水库 7 座；达标（<0.5）水库 13 座	所有水库达标	所有水库指标年均值小于 0.5	所有水库指标月均值小于 0.5	标准值：≤0.5	2.1～3.5	—	标准值：1	—	标准值：0.4	0.54（培科尼克河）	现状值：ND-0.5 标准值：0.25
2	TP/（mg/L）	达标（0.025～0.050）水库 14 座；达标（<0.025）水库 16 座	所有水库指标年均值小于 0.025	所有水库指标月均值小于 0.025	随检值小于 0.025	标准值：≤0.025	0.03～0.14	—	—	现状值：0.09～0.13 标准值：0.09	现状值：0.085（东京湾）标准值：0.03	0.02（培科尼克河）0.03（米尔河）	标准值：0.02
3	粪大肠菌群/（MPN/L）	所有水库达标（<2 500，限值为 10 000）	所有水库指标月均值小于 1 000	保持 2025 年水平	保持 2025 年水平	标准值：≤2 000	33～8 862	—	标准值：2 000	标准值：6 290	标准值：1 000	标准值：一个月内的 5 次采样均小于 2 000	标准值：一个月内的 5 次采样均小于 2 000

序号	指标	深圳（2018）	深圳（2025）	深圳（2035）	深圳（2050）	中国香港（2018）	首尔（2018）	新加坡（2018）	柏林（2018）	伦敦（2018）	东京（2018）	纽约（2018）	旧金山（2018）
4	叶绿素 a/（mg/L）	大于 15 的水库 10 座；5～15 间的水库 10 座；小于 5 的水库 10 座	所有水库指标年均值小于 10	所有水库指标月均值小于 10	所有水库指标月均值小于 5	标准值：≤5	—	—	—	—	—	标准值：1.9	标准值：5
5	微囊藻毒素-LR/（mg/L）	0.000 09	0	0	0	标准值：≤0.001	—	—	—	—	—	标准值：0.001 6	标准值：0.001 6

6.3.3.2 环境质量目标指标

饮用水水源保护最重要的是要保证水量和水质，而深圳重点关注的是水源水质问题，实施的一切水质改善工程、项目和提升饮用水水源地管理水平及设施的都是为了提升饮用水水源水质，因此，提出“集中式饮用水水源地水质达标率”这一约束性指标，该指标为国家、广东省考核指标。

目前深圳国考12座水库加上其他17座供水水库的境外引水占比超80%，随着城市的发展建设，经济规模和人口规模将不断扩大，用水需求将不断攀升，境外水质对深圳水源水质的影响将进一步扩大，同时深圳饮用水水源水库的水文水质特点更符合河流型水源地特点。综上所述，结合深圳饮用水水源水质现状和工作现状，提出集中式饮用水水源水质目标为“到2025年，集中式饮用水水源地水质河流型Ⅱ类达标率达到100%”，严格TN、TP、粪大肠菌群等重要指标限值，向国际先进城市靠拢；到2030年，集中式饮用水水源地水质河流型Ⅱ类月度值达标率达到100%，TN、TP、粪大肠菌群等重要指标限值达到国际先进水平，逐步增加生态、人体健康指标监测及评价；到2035年，集中式饮用水水源地水质湖库型Ⅱ类达标率达到100%，进一步严格TN、TP入库负荷，建立起严格、指标全覆盖的饮用水水源地水质指标体系。

在饮用水水环境治理和改善上，提出到2025年，持续推进16项水质保障工程，截断进入水库的雨污，整体改善深圳水库水质；加设水库监测断面，提高全指标监测频次，加快供水水库水质自动在线监测系统布设与上线使用。到2030年，根据经济社会发展及生态效益需求，适时调整饮用水水源保护区，并在尚存农田菜地的二级区内实施面源整治工程；基于饮用水水源地环境基准研究成果，建立符合深圳市本地的饮用水水源水质标准。到2035年，持续提升与东江上游城市水质预警会商机制效率，运用大数据及人工智能技术实施更为先进有效的联防联控；建立成熟的突发污染事故预警预报系统，切实保障饮用水水源环境与水质安全。

6.3.4 海洋生态环境

高举习近平新时代中国特色社会主义思想伟大旗帜，全面贯彻党的十九大和十九届二中、三中、四中全会精神，深入贯彻习近平总书记对广东、深圳工作重要讲话和指示批示精神，紧紧围绕统筹推进“五位一体”总体布局和协调推进“四个全面”战略布局，坚持和加强党的全面领导，坚持新发展理念，践行高质量发展要求，深入实施创新驱动发展战略，紧抓粤港澳大湾区和中国特色社会主义先行示范区“三区驱动”重大历史机遇，落实全球海洋中心城市建设重大决策部署，以改善海洋生态环境质量为核心，推动海洋生态环境治理体系和治理能力现代化，全面提升深圳海洋生态文明建设水平。

6.3.4.1　基本原则

生态优先，绿色发展。牢固树立和践行“绿水青山就是金山银山”理念，尊重自然、顺应自然、保护自然，提高可持续发展意识，坚持节约优先、保护优先、自然恢复为主的基本方针，推动生态、生产、生活“三生”共赢，生态之美、生产之美、生活之美“三美”合一。

陆海统筹，人海和谐。以改善海洋环境质量、恢复典型海洋生态系统、提高社会公众获得感为核心，以海洋生态环境管理能力建设为重点，强化陆海整体谋划和有机联系，推动生态环境保护的陆海联动，实施流域统筹、河湾联治，全面促进海洋与人、城市的和谐发展，助推全球海洋中心城市建设。

突出特色，先行示范。充分发挥经济特区政策优势，立足环境容量紧约束背景下小地盘超大型城市的现实条件，坚持高质量发展、高水平保护，推动形成粤港澳大湾区海洋生态环境协同保护机制，积极探索新时代海洋生态环境保护新理念、新模式、新路径。

因地制宜，精准施策。针对深圳东部、西部、深汕特别合作区海域不同的生态环境特征，结合深圳沿海产业布局特点，因地制宜、多策并举、精准施策，科学设置重点任务和工程，合理制定有针对性、可操作性的差异化对策措施，提高海洋生态环境保护成效。

6.3.4.2　战略目标指标

建设美丽中国，提升生态环境质量是关键。习近平总书记多次强调，要建成青山常在、绿水长流、空气常新的美丽中国；要建设天蓝地绿水清的美好家园；要还老百姓蓝天白云、繁星闪烁，水清岸绿、鱼翔浅底，吃得放心、住得安心，鸟语花香、田园风光。到 2035 年，美丽中国目标基本实现，使生态环境质量实现根本好转。海洋生态环境的问题表象在海，根子在陆，需要陆海统筹推进流域陆源污染控制、近岸海域环境综合整治、海岸带生态保护修复、海洋环境风险防范；其重点是强化陆海规划统筹、陆海功能协调、陆海标准衔接、陆海治理同步、陆海督察考核执法协同等。结合第 5 章综合开发形势分析，统筹《粤港澳大湾区发展规划纲要》《关于支持深圳建设中国特色社会主义先行示范区的意见》《关于勇当海洋强国尖兵　加快建设全球海洋中心城市的决定》《广东省美丽海湾规划（2019—2035 年）》相关规划要求，落实习近平总书记重要讲话和省、市有关会议精神，提出以下陆海统筹的海洋生态环境保护战略目标、布局。

强化陆海整体谋划，实施入海污染物总量控制。制定“西削东控”的主要污染物入海排污总量控制对策，高标准新建、扩建水质净化厂项目，推进海绵城市建设，深入推进点源、面源污染防治全覆盖，健全排水精细化管理体制机制，加强沿海地区用海企业的环境监管，构建入海排口分类管控体系，建立健全陆海联动的监测体系与联合执法机制。

建设生态美丽河湖，营造衔山接海生态体系。综合考虑城市水系的整体性、协调性、安全性和功能性，立足陆海生态安全格局，衔接重要山海通廊，充分发挥区域绿地和河流水系对陆海生态系统的联络支撑作用，推进河口、滨海湿地等典型生境保护与修复，强化海岸线整治修复与生态化，突出陆海生态空间的融合共生。

海洋环境稳中向好，完善海洋生态文明制度。海洋法律法规、配套制度和标准体系不断完善，职责清晰、运行顺畅的组织分工体系和统筹协调机制基本建立。海洋生态环境监管能力和风险防范应急响应处置能力显著提升，海洋生态环境信息化平台建成，海洋环境监管体系健全，分区管控、联防联控机制落实完善。

加强陆海功能协调，推进岸带陆海协同发展。优化海岸带产业布局，统筹海洋生态保护及资源开发。充分吸纳海岸线沿线特色要素，从绿色生态、都市活力、产业功能等维度保障滨海型碧道沿线的生态安全性以及公共开放性，坚持海岸带地区公共优先、全民共享，构建滨海公共空间系统，塑造多彩滨海生活。

2025 年，坚持陆海统筹，实现西部入海污染物总量有效削减，海水水质持续改善，东部海域水质持续向好，蓝色生态空间得到有效保护，海洋生态系统服务价值不断提高，亲海空间体系不断完善，公众亲海获得感显著提升，海洋生态环境监测监管和风险防范能力持续增强，大鹏湾国际滨海旅游度假型“美丽海湾”基本建成，大亚湾、深圳湾、红海湾“美丽海湾”持续建设，海洋生态环境治理体系和治理能力现代化建设不断推进，高水平保护、高质量发展的总体格局基本形成，为打造全球海洋中心城市和粤港澳大湾区核心城市奠定坚实基础。

2035 年，通过政府主导、社会参与，依靠技术创新、制度改革和管理优化等手段，海洋环境品质全面提升，达到或优于国际知名湾区海洋环境水平；海洋生态良好、生境完整，海洋生态系统健康状态基本呈现，亲海空间供给基本满足人民对优美海洋生态环境的需求；大鹏湾、大亚湾、红海湾、深圳湾建成“水清滩净、岸绿湾美、鱼鸥翔集、人海和谐”的美丽海湾；陆海统筹的生态环境治理体系和治理能力全面实现现代化，人与自然和谐发展的现代化建设新格局基本形成，将深圳打造成为新时代海洋生态环境可持续发展的全球海洋中心城市。

21 世纪中叶，树立“深圳标杆”全面“领跑”，海洋生态文明建设达到国际先进水平。海洋生态环境保护与城市经济社会发展形成相互促进的良性循环，实现人与自然和谐共生的良好局面。实现海洋生态环境治理体系和治理能力现代化，成为彰显海洋综合实力和全球影响力的先锋，全面建成竞争力、创新力、影响力卓著的全球海洋中心城市。

6.4 主要任务

6.4.1 大气生态环境

6.4.1.1 2021—2025 年大气环境质量提升任务

推进臭氧与 $PM_{2.5}$ 精准科学防控。开展臭氧形成机理研究和源解析，推进臭氧和 $PM_{2.5}$ 协同治理科技攻关。制订空气质量改善行动计划，统筹臭氧与 $PM_{2.5}$ 污染区域传输规律和季节性特征，加强重点区域、重点时段、重点领域、重点行业治理，强化分区分时分类差异化精细化协同管控。建立大气环境质量监测与污染源监控联动机制，实现快速识别污染成因及污染源精准管控。到 2025 年，大气 $PM_{2.5}$ 年均浓度不高于 20 μg/m^3，臭氧浓度上升趋势得到有效遏制，臭氧日最大 8 小时平均第 90 百分位数浓度控制在 160 μg/m^3 以下。

加强工业源污染治理。全面推动工业涂装、包装印刷、电子制造等重点行业源头减排。严格控制 VOCs 新增排放，禁止新、改、扩建项目生产和使用高 VOCs 含量涂料、油墨、胶黏剂、清洗剂，禁止销售、使用 VOCs 含量超过限值要求的工业清洗剂、建筑涂料和生活类产品。完善 VOCs 排放清单动态更新机制，开展重点企业 VOCs 在线监测和排放管理。强化电厂和工业锅炉排放治理，新建项目原则上实施氮氧化物等量替代，全面推动天然气锅炉低氮燃烧改造。

深化交通运输领域污染防控。继续推进老旧车淘汰和新能源汽车推广，推动城市物流轻型柴油车基本实现电动化。建立基本覆盖全市的机动车遥感监测网络，继续加强车辆使用管理。提升非道路移动新机械准入条件，全面实施非道路移动机械“国四”排放标准。推动机场、码头非道路移动机械新能源化。继续推进绿色港口建设，强制靠港船舶使用岸电或转用低硫燃油。提高远洋船舶岸电使用率至 8%。推动扩大珠三角海域船舶控制区，内河船舶全部使用符合新国标要求的船用燃油。

持续强化扬尘污染治理。持续落实“七个 100%”工地扬尘治理措施，建设用地面积大于 5 000 m^2 的建筑工地、混凝土搅拌站、砂石建材堆场安装 TSP 在线监测装置和视频监控系统，提升工地扬尘污染源监管智慧化水平。提高城市道路保洁标准和机扫比例，进一步扩大城市道路扬尘动态保洁范围。

6.4.1.2 2026—2035 年大气环境质量提升任务

深化大气污染防治，到 2035 年大气环境质量达到国际一流水平。以臭氧污染防治为核心，降低大气氧化性，进一步推动臭氧和 $PM_{2.5}$ 浓度稳定下降，大气环境质量持续稳定改善。深化能源结构改革，减少煤电使用，增加气电比重，充分利用可再生能源打造综合能源系统，进一步减少温室气体和大气污染物排放。依托“三线一单”制度，明确禁止和限制发展的行业，开展园区集中整治，进一步淘汰落后产能，推动产业绿色转型。深化交通运输结构调整，加快海铁联运、内陆港等建设，持续推广应用新能源车，提高船舶岸电使用比例达到国际发达地区港口水平，打造清洁高效的绿色物流体系。建立以化学组分反应活性控制为基础的 VOCs 治理体系，基本完成 VOCs 源头治理。进一步完善大气光化学立体监测网，提升污染源在线监测和监管能力，提升大气污染防综合决策支撑能力，实现快速精准的大气污染成因研判及污染控制措施优化调控。深化区域大气联防联控机制，推动周边城市进一步加大污染减排力度。到 2035 年大气 $PM_{2.5}$ 年均浓度不高于 15 $\mu g/m^3$，空气质量优良天数比例不低于 97%，大气环境质量达到国际一流水平。

6.4.2 河流生态环境

6.4.2.1 工程项目分析

据统计，目前深圳市正在开展的河流水质保障工程共 268 项，其中，河道整治 80 项，碧道建设 66 项，治污设施 57 项，管网建设 43 项，正本清源 11 项，智慧水务 11 项，全方位推动加快全市河流水质改善，提升河流水质质量。268 项河流水质保障工程总投资约 1 170 亿元，覆盖深圳河流域、深圳湾流域、观澜河流域、龙岗河流域、坪山河流域、茅洲河流域、珠江口流域、大鹏湾流域、大亚湾流域和红海湾流域 10 个主要流域。

开展河流水环境综合治理，全面消除黑臭水体，实现河流水质达标。推进碧道建设，提升一河两岸景观，完善配套设施。新建污水处理设施，持续加快水质净化厂提标改造，提升污水处理能力及出水水质标准。积极建管纳污，将每家每户的污水全部截入污水管网，确保污水不入河。开展正本清源工程，强化源头控制，提高雨污分流水平。引入智慧水务，以信息化手段促进河流水体精细化管理。

目前 268 项河流水质保障工程中，40 项已经完工，其余各项正在积极推进中。中国特色社会主义先行示范区期间需持续推进，以整体改善深圳市河流水环境水质。

6.4.2.2　建议工程项目

上述 268 项水质保障工程完工后，水质将得到极大改善，但深圳市河流水生态修复工作还需进一步开展。

建议对深圳市水生态系统现状进行全面评估，划定水生态敏感区和重要生态节点。针对水生态敏感区和重要生态节点，结合智慧水务平台建设，推进这些区域的水生态环境监测的规范化、常态化，建设完善的水质水量水生态监控信息管理体系，逐步建立和传统水环境监测数据相匹配的生境和生物群落大数据库。

加快科研技术能力建设。加大对科研机构、队伍、设备和技术方面的投入力度，开展水生态环境保护的重大战略研究及重点技术推广利用，开展河流健康保障重点技术研究及其推广利用等，开展富营养化、河流生态环境需水量、水功能区划管理体系等研究，开展流域生态风险评估等研究，为水生态环境保护科学管理提供技术支撑。

6.4.2.3　政策措施分析

重点针对污水处理费、水价、生态补偿等方面，完善现有深圳市地方政府水生态环境保护工作的资金投入机制，制定相关经济政策及相关要求。优化制定各区级政府财政支持措施和投融资政策，引导金融机构和社会资金投资水生态环境保护领域，探索在污水处理、污水回用、生态补偿等方面引入市场机制，拓宽融资渠道，形成多渠道、多层次的投资、融资及运作机制。

探索多形式水生态环境保护体制机制建设。建立跨区域、跨行业的水生态环境保护协作及联动机制，建立相邻市、区水生态环境保护协作联动机制，应明确不同地区的责任及分工；建立环保、资源、水利、住建、国土、发改、财政等多部门工作协作联动机制，统筹协调，形成综合决策和协同管理机制。建立上下游、重点区域、水流生态补偿机制、入海河口污染物通量监管机制，建立重要河段生态需水保障机制，以及饮用水水源应急管理机制、公众参与和媒体监督机制等长效机制。切实解决流域区域的水生态环境保护问题，实现水生态环境保护与经济社会的可持续发展。

完善水生态环境保护政策体系。制定有利于流域区域生态环境保护的经济发展方式转型激励政策，加大产业结构调整、发展生态农业和生态养殖业等生态环保产业的政策引导力度。

完善水生态环境保护工作信息公开机制，依法保障公众的知情权，鼓励公众参与，强化社会监督，使水生态环境保护得到全社会全方位的保护。加强水生态环境保护宣传教育，进一步提高公众环境忧患意识和水生态环境保护意识，增强公众自觉性。加强对举报破坏生态环境行为的支持力度，拓宽公众参与和舆论监督渠道，提高市民群众监督参与程度，建立公众参与机制，提高市民环保意识、环保积极性。

6.4.3 饮用水水源生态环境

6.4.3.1 加强水质监测监控能力建设

在监测断面布设方面，划定饮用水水源保护区的水库中除了雁田水库仅设置取水口监测点外，其他水库设置了水库中、取水口监测点，需在这些水库适时增加入水口采样点，实现所有水库都有 3 个取样点，全面掌握水库水质情况。

在全市供水水库布设水质自动在线监测系统，该系统主要开展水质常规在线监测，用以跟踪水源地水质变化趋势，并及时有效地为防范水源地水污染事件的发生提供预警信息。积极推动布点建设，加快正式上线使用的进程。

水库管理部门已经在多个水源地的一级区界线、取水口、交通穿越等重要节点位置安装了视频监控设施，但是各个水源地视频监控信号读取权限尚未对环保部门开放。后续应加强协商沟通，加快视频监控数据在职能管理部门间的共享，提升突发事件应对时的时效性。同时，加强境外引水工程水质监控，在关键节点、关键断面、跨市跨地区处安装监控设施，做到事故发生提前预防，提升突发水质风险响应能力。

6.4.3.2 开展深圳市饮用水水源水质环境基准研究

在充分考虑人体健康及现有饮用水处理水平的条件下，结合深圳市地域特点和污染控制的需要，开展水质基准方面的基础研究工作。探索持久性有毒有机污染物、藻类及藻毒素、病原微生物（如隐孢子虫和贾第虫）等指标的饮用水水源地水质参数限值并研发经济实用的检测方法，评估新增水源水质指标污染物残留对生态及人体健康影响的风险。同时开展深圳市饮用水水源地内化学品使用情况和排放摸底调查，调研深圳市水厂消毒工艺类型、消毒剂使用情况、消毒副产物的产生及来源，分析国内外地表水源、供水水质指标标准体系及研究现状。综合以上研究结果，并提出与当前深圳社会经济发展需求相适应的饮用水水源水质新指标体系建议。

6.4.3.3 加快建立突发污染事故预报预警机制

提高水库“水华”和突发性水污染事故预警预报能力，提升水源水库应急预警预报能力。具体工作包括水源地突发污染事故风险分析；水库富营养化预警预报技术研发；水源地突发污染事故预警预报技术研发；针对性强（深圳易发生）的污染事故应急处置技术研发，包括污染消除技术和污染事故场地修复技术，全面提升水源地污染事故应急处置的能力。

6.4.3.4 加快饮用水水源地应急能力建设

提高各饮用水水源地环境管理部门风险防范意识，提升对饮用水安全突发环境事件的防范和处置能力，定期开展针对饮用水水源地的风险评估和风险源名录的更新修编工作，推动饮用水水源地环境风险防控方案的制定，避免或减少饮用水突发环境事件的发生，最大限度地保障公众健康和人民群众的饮水安全。

强化饮用水水源突发环境事件的应急体系建设，督导各水库管理部门制定“一源一案”并向上级环保部门备案，按照相关技术要求完善应急防护工程建设，组织实施针对突发环境事件的应急演练、应急物资与技术储备；编制面向全市的突发环境事件应急处置技术方案，并协调交管部门完善交通穿越道路风险防范与应急工程建设，有效防范和降低交通事故造成的突发环境事件对饮用水水质安全的不利影响；优化调用全市乃至全省人才，建立应急专家库，做好水源地应急能力建设中的智力储备；联合市监测中心站和市生态环境监测站共同建立应急监测能力，遇到突发环境事件时能够快速获取污染物信息并及时实施相应的应急处置技术方案。

6.4.4 海洋生态环境

6.4.4.1 持续改善海洋环境质量

实施入海污染物总量控制。坚持陆海统筹，以海洋环境容量为约束，明确入海污染物总量控制目标，制定主要污染物入海排污总量控制对策，实施“西削东控”：持续削减珠江口、深圳湾入海污染物排放总量，推动西部海域水质改善；划定大鹏湾、大亚湾“海域—陆域”水环境管理单元，制定 TN、TP 排放目标，严格实施产业发展和重大项目的环境准入管理，优化产业结构、控制入海污染排放。

加强陆域水环境污染治理。高标准新建、扩建水质净化厂项目，出水 TN 浓度控制在 10 mg/L 以下。开展河流生态修复，推进海绵城市建设，深入推进点源、面源污染防治全覆盖，健全排水精细化管理体制机制，加强对沿海地区用海企业的环境监管，构建入海排口分类管控体系。

开展海上污染综合治理。提升岸基接收处置能力，加强港口航运区污染治理。逐步清理清退近岸养殖，优化发展空间，有效控制海水养殖污染。加大对海漂垃圾整治力度。

6.4.4.2 保护蓝色海洋生态空间

推进典型生态系统保护与修复。以深圳湾、大鹏湾、大亚湾为重点，持续推进红树林生态系统保护与修复，开展福田红树林保护区内物种和资源普查与监测，积极申请加入《拉姆萨尔公约》。加强珊瑚礁生态系统保育，推进多类型、多层级、多功能的滨海湿地公园建设，加快推进自然保护区建设。对面积 5 000 m^2 以上、尚未作为城市建设用地的海岛开展生态环境现状调查评估，加强其他较小海岛和岛礁的监控和保护。

强化海岸线整治修复与生态化。合理规划利用岸线资源，保障自然岸线长度不减少。开展围填海历史遗留问题项目生态评估和生态修复，开展海岸带生态系统现状分析及生态修复可行性研究，推动人工岸线改造为具有自然岸滩形态特征和生态功能的海岸线。加强沙源区保护，开展沙滩退化原因和修复对策研究，对沙质流失严重的沙滩进行修复补沙。

开展渔业资源养护。对已投放人工鱼礁的海域进行监测和效果评估，推动大鹏湾海洋牧场示范区建设。在大鹏湾、大亚湾沿岸重点海域实施生物资源增殖放流计划。开展禁渔区选划前期研究，提出禁渔区选划方案，研究出台禁渔措施，恢复海洋渔业资源。

6.4.4.3 防范海洋生态环境风险

加强海洋生态灾害防治。建设海洋生态预警监测实验室，开展海洋生态资源调查监测、海洋生态灾害预警监测。加强赤潮灾害预警监测，编制赤潮灾害应急处置方案，提升应急处置能力。制定压舱水外来入侵物种防治方案，提升外来入侵物种防治能力。

强化海洋环境风险防控。开展涉海风险源排查，建立涉海风险源清单和管理台账。完善沿岸危险品仓储区和码头、船舶修造厂应急预案备案机制。定期开展应急演练，加强应急队伍建设，提升重点海域海洋环境突发事故监测识别及应急处置能力。实施海洋气象灾害监测及风险预警能力提升工程，开展海洋灾害风险评估，推进西部海堤防潮体系建设，完成东部海堤重建工程（三期）建设，增强海洋防灾减灾救灾能力。

6.4.4.4 提高海洋城市亲海品质

强化顶层设计与管理。严格落实《深圳市海岸带综合保护与利用规划（2018—2035）》，加快制定海岸带相关管理规范。对全市亲海空间进行整体布局，明确各亲海空间功能定位，引导亲海空间系统化、高标准建设，满足公众日益增长的亲海需求，规范亲海空间管理。

传承和发扬海洋文化。实施海洋文化旧址、渔港渔村改造，对特色海洋文化进行保护和弘扬。建设一批高标准高质量的海洋文化公共设施，创造丰富多彩的海洋文化生活。加强公众海洋教育，发展更多优质的海洋科普教育基地，推动海洋科普教育。注重海洋文化宣传，举办海洋文化主题活动。

提供高品质亲海服务。提升亲海空间公共服务，完善配套基础设施建设，提升管理水平，促进公共开放亲海空间的扩充和活力再造。大力推进滨海碧道建设，打造高品质亲海平台。充分调动社会公益组织、企业、社区等多元社会主体力量，鼓励公众参与，开展丰富的市民亲海爱海实践活动。

6.4.4.5　加强监测监管能力建设

健全海洋生态环境监测体系。利用多种技术手段开展海洋监测，提升海洋生态环境监测能力，优化近岸海域监测点位，增加监测频次，建立健全陆海联动监测体系。建立完善海洋遥感监测体系，开展智能感知观测网、海洋生态灾害预警监测平台试点工程建设。

完善海洋生态环境监管体系。完成《深圳经济特区海域污染防治条例》的修订，构建陆海联动的联合执法机制，完善执法监管。搭建海洋生态环境监督管理信息化平台，整合海洋生态环境管理信息，开发入海排口管理巡查 App，实现海洋生态环境“一张图”精细化、信息化管理。

开展生态环境基础调查研究。开展海洋环境污染基线调查，获得“四湾一口”环境基线值，并进行污染状况评价。启动海洋生态本底调查，对红树林、珊瑚礁等重要海洋生态系统，以及浮游动物、浮游植物、底栖生物和渔业资源进行系统调查。

建立区域合作机制，加强跨界河流流域环境监管执法力度。针对珠江口水质污染联防联控、海洋环境风险源和突发海洋环境污染事故应急处理处置等重点领域，配合上级部门，形成与珠江口上游城市、粤港澳大湾区城市政府间的联防联控机制，推动建立信息数据共享机制和平台，提高粤港澳大湾区海洋生态环境监管与治理能力。

6.4.4.6　促进海洋经济绿色发展

推动海洋经济跨越式发展。优先保障高技术、生态化、高价值的海洋战略性新兴产业发展，推动海工装备、海洋电子信息、海洋生物医药、海洋资源开发等产业加速发展，积极引导海洋金融、港口航运等海洋高端服务业开放合作，推动设立国际海洋开发银行，促进海洋生态环境保护与经济、社会的协调发展。

全面构建海洋科技创新体系。务实开展对外合作，大力引进全球资源，按程序组建海洋大学、国家深海科考中心，系统设立海洋教育研究机构、聚集海洋专业人才、提升企业自主创新能力、规划建设海洋科技创新走廊、加强海洋科技服务，汇聚高端科技人才、智力机构和创新企业，建立从基础研究、应用研究到成果转化的全链条海洋科技创新体系，打造一流的海洋创新引擎。

提升参与全球海洋治理能力。高质量举办中国海洋经济博览会，打造“中国海洋第一展”。加强海洋资源开发国际合作，促进海洋经济要素流动和产业转移。加速布局海外远洋渔业基地，加强与“一带一路”沿线国家在海洋领域的合作，助力“21 世纪海上丝绸之路”建设。

6.4.4.7 大力推进美丽海湾建设

按照“水清滩净、岸绿湾美、鱼鸥翔集、人海和谐、绿色发展”的总体要求，加强海湾生态环境保护，着力保障海湾生态安全，提高生态风险预防和抵御能力，加强陆海功能协调，集约节约利用海洋资源，全面提升海湾发展质量。到 2025 年，大鹏湾依托良好的海洋生态环境基础，打造成为国际滨海旅游度假美丽海湾；2030 年建成大亚湾美丽海湾，2035 年建成深圳湾和红海湾（深汕特别合作区）美丽海湾。

打造大鹏湾国际滨海旅游度假美丽海湾。水清滩净：新建上洞水质净化厂，持续推进葵涌河、水头沙河等入海河流水环境综合整治，实施陆域总氮排放总量控制。高质量开展盐田区海绵城市建设。加强船舶污染物排放监管。加强沙源区保护，对湾内沙滩进行调查研究，并对沙质流失严重沙滩进行修复补沙。岸绿湾美：保护海湾内基岩、沙质、河口等自然岸线，开展大小梅沙—南澳海岸带生态系统现状分析，实施红树林湿地修复，修复有条件的人工岸线为生态岸线。以大鹿港、大澳湾海域为重点，加强珊瑚礁生态系统保育。加强对洲仔岛、洲仔头、火烧排等海岛环境整治与生态修复。鱼鸥翔集：推动大鹏湾海洋牧场示范区建设，恢复渔业资源。在沿岸重点海域实施生物资源增殖放流计划。打造集游钓、观光、赏玩、科普、餐饮于一体的现代渔业文化产业。人海和谐：通过南澳渔村活化、盐田墟镇功能提升，保护和弘扬特色海洋文化。提升大小梅沙等公共开放沙滩管理水平，推进湖湾沙滩公园规划建设，开展下沙海域市场化出让研究。大力发展海洋体育项目，推广帆船、帆板、摩托艇、潜水等水上活动，推动盐田海洋体育“一中心三基地”（海洋体育中心和赛事训练、运动产业、休闲旅游三个基地）建设。绿色发展：超常规打造一流海洋科技研究机构集聚区，推动盐田河临港产业带等海洋产业园区建设。依托华大基因等企业，建设海洋生物医药研究技术管理平台和中试基地。提升港口、航道等基础设施服务能力，加快培育货物保险、航运金融等高端航运服务业，建设现代港航服务中心。大力发展高端游艇服务业，促进游艇旅游与滨海度假有机结合。

持续建设大亚湾、深圳湾、红海湾美丽海湾。大亚湾：新建东涌水质净化厂、西涌水质净化厂，续建坝光水质净化厂，完善管网建设，实施陆域总氮排放总量控制。高质量开展深圳国际生物谷坝光核心启动区海绵城市建设。逐步清理清退近海传统海水养殖。加强沙源区保护，对湾内沙滩进行调查研究，并对沙质流失严重沙滩进行修复补沙。以东涌、坝光为重点，开展红树林湿地保护与修复。以杨梅坑、东西涌等海域为重点，加强珊瑚礁生态系统保育。深圳湾：新建沙河水质净化厂、大望水质净化厂，扩建南山水质净化厂、滨河水质净化厂，续建埔地吓水质净化厂三期和布吉水质净化厂三期，削减陆域入海总氮排放量。持续高质量开展蛇口自贸区、深圳湾超级总部基地等重点片区海绵城市建设。开展深圳湾滨海岸线生态化改造规划研究，积极申请福田红树林保护区加入《拉姆萨尔公约》。红海湾：推动制定深汕特别合作区环境保护基础设施建设规划。加快建设城市污水收集处理设施，结合城市污水处理设施及其配套管网建设，加快落实入海排口雨污分流改造，加强养殖废水监管。研究制定深汕特别合作区养殖滩涂水域规划，对禁养区内存在的海水养殖实施清退，严格控制限养区海水养殖规模，依法持证养殖。对湾内沙滩资源进行系统调查，适时开展沙滩修复。完善监测监管体制机制，明确海洋生态环境监管相关职责和机构设置。

第 7 章　生态环境风险防控研究

生态环境安全是经济社会持续健康发展的重要保障。当前，深圳市工业企业土壤环境监管还需要进一步加强，建设用地城市更新过程中土壤污染风险增加，水源地土壤环境风险评价与管控体系还需健全。此外，还需要持续提升固体废物资源化利用水平，健全固体废物全过程管理体系。未来，深圳土壤环境风险防控要围绕受污染耕地安全利用和污染地块安全利用两个目标，以建设用地分用途管理、农用地土壤分类管理为重点，实现土壤环境管理体制创新突破。固体废物管理要以生活垃圾、建筑废弃物、一般工业固体废物、市政污泥、危险废物、农业固体废物等六大领域为重点，健全制度、技术、市场、监管四大保障体系。

7.1　生态环境风险防控现状

7.1.1　土壤生态环境

深圳市目前土壤环境质量整体较好，全市未发生突出耕地污染问题，未发生因耕地土壤污染导致农产品质量超标的不良社会影响事件，未发生污染地块再开发利用不当造成的不良社会影响事件。根据深圳市首次土壤环境质量详细调查结果，部分农用地土壤存在污染物含量超过农用地土壤污染风险筛选值现象，主要指标为铅、镉、砷等；深圳市个别地块存在砷、铅等重金属超过建设用地土壤污染风险筛选值现象。农业化学品的不当使用、重点行业企业的工业活动和部分重金属元素土壤背景值高于全国平均水平是造成土壤污染物含量超过土壤风险筛选值的主要原因。总体上深圳市土壤环境质量较好，个别地块存在潜在风险，但未对农产品质量、饮用水水源水质安全及人体健康产生影响。

7.1.2　固体废物管理现状

深圳市固体废物主要包括生活垃圾、建筑废弃物、市政污泥、一般工业固体废物、危险废物、农业废弃物六大类。各类固体废物的现状情况如下：

①生活垃圾，深圳市生活垃圾产量为 32 292 t/d，生活垃圾回收利用率为 41%，在住建部组织的 46 个重点城市垃圾分类考核中名列前茅；全市共建成五大生活垃圾能源生态园，基本实现原生垃圾全量焚烧、趋零填埋。

②建筑废弃物，深圳市建筑废弃物产量 39 万 t/d，综合利用 13.5%，工程回填 13.1%，消纳场填埋 2.6%，外地平衡处置 70%。全市共建成建筑废弃物固定式综合利用设施 24 家，初步实现建筑废弃物综合利用产业化、规模化发展（图 7-1）。

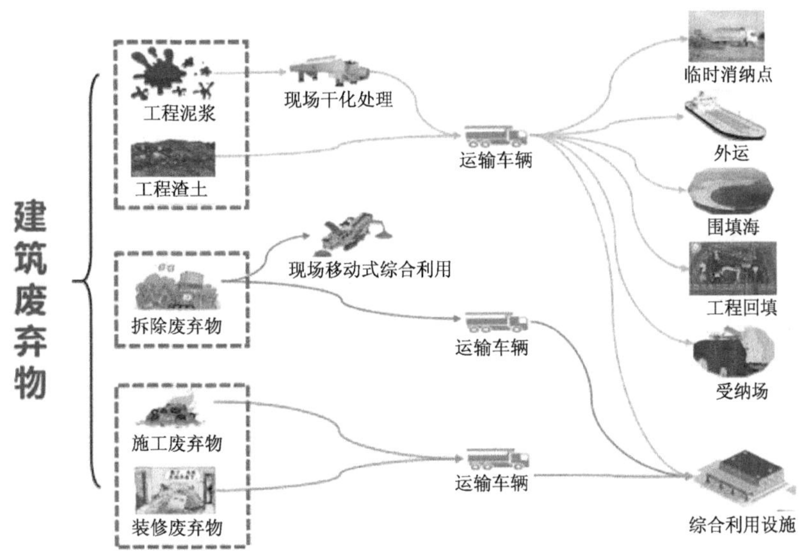

图 7-1　建筑废弃物流转过程

③工业固体废物，深圳在经济不断取得突破，科技日益创新的同时，加快产业升级，进一步转变经济发展方式，倡导绿色生活，实现低碳目标。质量高、结构优、消耗低已成为深圳经济发展的新常态。目前，深圳工业固体废物产生强度为 0.029 t/万元工业增加值，全国最优，已接近新加坡市当前水平。

深圳市场化机制比较成熟。固体废物处理处置设施主要由企业投资建设和运营，政府服务和管理水平不断提高。深圳有 58 家企业承担生活垃圾清运处理业务，8 家企业参与餐厨垃圾收运处理，有 42 家建筑废弃物综合利用企业，有 23 家企业从事污水处理厂污泥、危险废物处理处置，成立有“深圳市环卫清洁行业协会”“深圳市环境保护产业协会”“深圳市建筑废弃物综合利用行业协会”等多个协会，成为深圳固体废物处理处置的重要力量。危险废物经营单位环境污染责任保险覆盖率为 100%，环境污染强制责任险推进走在全国前列。生产者责任延伸制度的落实方面，全国首次设置了动力蓄电池回收补贴制度，根据补贴标准，对于在深圳销售新能源汽车的企业，包括本地生产企业和外地生产企业在深圳授权的法人销售企业，应按 20 元/（kW·h）的标准专项计提动力蓄电池回收处理资金，对按要求计提了动力蓄电池回收处理资金的，按经审计确定的金额的 50%对企业给予补贴，补贴资金应专项用于动力蓄电池回收。

深圳信息化监管体系建设走在全国前列。在国内首创集危险废物转移电子联单系统和废物交换系统为一体的“深圳市危险废物管理信息系统”，并于 2011 年 1 月 1 日正式运行，于 2018 纳入广东省危险废物管理平台，高效地实现了对危险废物注册备案、申报登记、填报联单、查询统计、实时监控、自动预警等全过程一体化电子化管理。建筑废弃物监管系统具有较好的效果，对建筑施工泥头车管理安全管理建立了智慧化监管体系，细化管理要求和处罚标准。

深圳形成全社会广泛参与氛围。每年发布全市固体废物污染环境防治公告，通过网络，以微信、微博等平台面向社会公开全市固体废物污染防治工作相关情况。推动盐田、宝安、南山垃圾焚烧发电厂等生活垃圾处理设施面向周边居民和单位开放。依托主流媒体和新媒体平台，普及环保知识，引导公众从身边做起、从点滴做起。组织开展绿色社区、绿色学校、绿色家庭、绿色企业等群众性创建活动，利用校园教育普及垃圾分类等环保知识，初步构建起全民参与和监督固体废物管理的社会格局。

7.2 存在的问题

7.2.1 土壤生态环境管理

7.2.1.1 工业企业土壤环境监管还需进一步加强

深圳市历史上工业门类相对繁杂，包括电镀、线路板、制革、印染等多个污染行业。目前，国家和省关于土壤污染重点监管单位筛选原则、法定义务纳入排污许可证管理的实施细则、重点监管单位自行监测和周边监测规范尚未出台，深圳工业企业土壤环境监管缺少有力支撑，执法能力整体较弱、经验不多、力度不够。

7.2.1.2 建设用地城市更新过程中的土壤污染风险增加

深圳市城市面积小、土地资源紧缺导致土地供需矛盾凸显，部分工业用地通过城市更新转变为居住、公共管理与公共服务用地成为缓解土地资源紧缺的重要手段，城市更新过程中的土地流转成为深圳市建设用地主要土壤污染风险来源。深圳市建设用地土地流转环节的多部门联合监管机制还需进一步健全。

7.2.1.3 水源地土壤环境风险评价与管控体系尚不成熟

深圳市境内无大江大河流过，本地水源缺乏，70%以上的供水量来自境外供水，通过一座座饮用水水源水库联结境外供水网络，再输送到深圳各个区域。截至 2019 年年底，深圳蓄水水库共有 189 座，大部分水库属于城区型水源地，部分饮用水水源地处于城市包围之中，“城中有水库，水库群中包围着城市”，饮用水水源地周边环境复杂，饮用水水源地保护区土壤中的污染物可能通过地表径流、降雨淋溶、地下水迁移等方式进入水源地水体，进而影响水源地水质。截至 2019 年年底，深圳已完成首次饮用水水源地土壤环境质量详查，针对可能威胁饮用水水质安全的潜在风险地块，目前无较为成熟的土壤污染风险管控技术与经验可借鉴，饮用水水源地土壤污染风险管控技术体系待摸索建立。

7.2.2 固体废物管理

一是固体废物产生总量大。从人口总量来看，截至 2018 年年底，深圳市实际管理人口超 2 200 万，人口密度高居全国大中城市前列，导致深圳近年来生活垃圾年清运量复合增长率达 5%，每天产生量达 1.84 万 t，以常住人口计算人均生活垃圾产生量达 1.41 kg（按实际人口计算为 0.84 kg），远高于北京、上海等同等经济规模城市，与东京相比更是高出约 45%，而未来随着深圳城市化进程的进一步加快，人口总量仍然处于增长趋势，同时随着生活水平的提升，日常生活物品的丰富，如不做好分类收集与投放，人均垃圾产生量也将逐步增加，未来生活垃圾产生总量带来的压力会日益增大。从城市建设角度来看，深圳未来仍将长期处于高速建设时期，每年各类建筑废弃物产生量超过 1 亿 m^3，平铺在深圳建成区，可以增高 11 cm。深圳的污水处理厂 38 座，每天产生污泥约 5 300 t（80%含水率），而随着现有污水处理厂进一步提标改造和新的污水处理厂投入运行，污泥产生量也将随之增加。从工业发展来看，深圳工业企业每年产生一般工业固体废物约 120 万 t，未来生物医药、高端制造业等的进一步发展将带来新的工业固体废物和危险废物种类，老旧机动车淘汰逐步实施，报废车辆、废弃新能源汽车动力电池数量将迎来历史高潮。上述种种因素，都直接并持续刺激着深圳市固体废物产量的高速增长。

二是固体废物资源化利用水平较低。发达国家对固体废物管理的主要指标为固体废物产生的减少率和固体废物的回收再生率，优先顺序分别为源头减量、资源化再生和最终处置，基本遵循“源头减量优先于资源再生，资源再生优先于末端处理”的思路，并在“3R”原则基础上，提出了固体废物“零排放”的目标。而深圳市目前资源化利用才刚刚起步，尚未完全摆脱末端处理的管理模式，资源化利用的法律法规、工程示范、财税政策等都存在一定程度的缺失，导致各类固体废物资源化利用率均处于较低水平。战略新兴产业、未来产业等是深圳产业发展的重点，固体废物资源再生利用企业虽然列入了产业导向目录中的鼓励类产业，但往往单位用地产出与其他高技术产业相比存在不足，经济附加值差，使目前深圳市域范围内仅存在建筑废弃物综合利用设施，其余再生资源均运往外市综合利用，产业链不完整。

三是本地处理处置能力不足。深圳市土地资源紧缺，城市规划前瞻性及落实不足，扣除居住、水源保护区和基本农田等用地，再加上城市居民、周边城市的反对、干预，可供固体废物处理处置设施建设的选址已所剩无几，目前以建筑废弃物和污泥处理设施用地缺口最为明显，而且这些选址需要与机场、危险品仓储区、污水处理设施等共享。各类固体废物处理处置及资源化利用设施建设规划缺乏统筹考虑，规模化效益不明显，变相收窄了宝贵土地资源的有效利用率。由于城市化高速扩张，部分已建、计划扩建或规划待建的固体废物处理处置设施与居民区相距不远的状况已难以避免，居民环保意识日渐加强，加之房地产项目等存在预期收益受影响等原因，日趋增长的房屋价格进一步助推公众对固体废物处理处置设施新（改、扩）建的反对情绪，社会公众视角和意见基本都集中在了选址和环评两个环节，致使项目用地限制极多、环评难以通过、征地落实难等问题。

四是尚未形成统一的全过程管理体系。目前已建立了生活垃圾、危险废物、建筑废弃物、污泥等的监管体系，但尚未形成统一的监管平台，部门联合监管执法合力不足。危险废物电子转运联单制度和建筑废弃物监管系统已取得了较好的成果，但污泥、生活垃圾等的收运体系监管信息化、智慧化尚待完善，违法倾倒案件时有发生。受限于固体废物排放特点，目前无法建立与大气和水污染物排放类似的在线监测系统，监管执法技术手段有待进一步完善，需要充分利用大数据、互联网等多种方式提升执法监管技术力量，形成各类固体废物全覆盖的监管执法体系。

7.3 战略路径

7.3.1 土壤环境风险防控

围绕受污染耕地安全利用率、污染地块安全利用率两个目标，以建设用地分用途管理、农用地土壤分类管理为重点，突出水源地土壤污染风险管控地方特色，实现土壤环境管理体制创新突破。

7.3.1.1 2021—2025 年目标实施路径

“十四五”时期是全面贯彻习近平生态文明思想的重要战略机遇期，是开启美丽中国建设、实现第二个百年目标的攻坚期，也是全面重构生态环境保护制度和深化生态文明改革的关键期。本书在全市土壤环境质量详细调查的基础上，进一步探索识别土壤污染来源，掌握土壤环境质量状况家底和风险源，探索揭示土壤污染影响规律和过程。完善建设用地土地流转过程中的监管机制，分析需纳入土壤环境保护要求的土地流转环节，制定并完善相应的政策制度。完善农用地土壤分类管理制度，对重点农用地地块开展质量动态监测，建立农用地土壤信息化管理系统。探索建立集中式饮用水水源地土壤污染物有效态评价方法标准，初步形成集中式饮用水水源地土壤污染风险管控体系，探索研发高背景地区土壤污染风险管控技术。通过完善建设用地分用途和农用地土壤分类管理制度，预期将有效管控土壤污染风险，可实现污染地块安全利用率和受污染耕地安全利用率达到 97%以上的目标。

7.3.1.2 2026—2035 年目标实施路径

“十五五”至“十六五”时期，预计深圳市土壤环境管理制度体系已逐步健全，土壤环境管理重点将转向完善与管理制度体系相匹配的土壤环境技术体系上，并往全面支撑、系统保障的方向发展；从以风险管控为核心升级为系统的可持续风险管控体系，从以“净土洁食”为目标，发展到以土壤环境管理要为高质量增长、“一带一路”建设、应对全球变化提供重要支撑为目标，在土壤环境风险管控、质量提升和生态产品供给方面发力。按照国家和广东省统筹安排，组织开展全市第二次土壤环境质量详细调查，针对重点地区土壤污染进行加密调查及污染源调查，进一步研究揭示土壤污染影响规律和过程。建设完善建设用地全生命周期管理的技术支撑体系，实现工业企业建设、运行、拆除、退出等全过程环境监管，配套完善土壤污染状况调查、风险评估、风险管控、治理修复、效果评估等相关技术规范或指南。健全耕地土壤污染源头预防、安全利用、风险管控、治理修复等管理制度与技术体系。在集中式饮用水水源地土壤污染风险管控的试点上，形成完善的土壤污染风险管控体系，全面管控水源地潜在风险。通过上述措施，预期可实现土壤污染风险的全面管控，可实现污染地块安全利用率和受污染耕地安全利用率达到100%的目标。

7.3.1.3 2036年到21世纪中叶目标实施路径

2036年到21世纪中叶，深圳市土壤环境质量全面提升，向成为土壤资源永续利用的全球标杆城市的方向前进。土壤环境管理目标将从“双率”的单一考核方式转为兼顾风险、质量、生态产品指标的综合考量，创新创立土壤生态健康评估考核机制。土壤环境管理的重点集中在技术与标准上的突破，包括研究农用地、集中式饮用水水源地、建设用地土壤中污染物形态特征，结合路径通量研究，探索研究农用地、建设用地土壤有效态评价标准；开展土壤污染物化学有效态、生物有效性、本土化关键暴露参数、污染物源汇机制、路径通量、承载容量等方面研究攻关；加强土壤污染防治国际合作研究与技术交流，研发土壤污染风险智能识别、风险智慧管控的先进技术与装备。

7.3.2 固体废物

深圳以“无废城市”建设试点为契机，深入开展固体废物综合治理体系改革，形成大环保统筹管理格局，系统构建依法治废制度体系、多元化市场体系、现代化技术体系、全周期监管体系，全方位推进生活垃圾、建筑废弃物、一般工业固体废物、危险废物、市政污泥、农业废弃物综合治理。2021年，深圳市圆满完成“无废城市”建设试点任务，结合2030年可持续发展规划，积极谋划远期建设战略。

一是坚持中国特色社会主义方向。对标国际一流城市的同时，需全面把握社会主义现代化的目标、内涵、步骤和路径，明确环境治理、生态建设等领域的新发展思路，率先探索并制定符合实际的现代化“无废城市”指标体系，努力走出一条体现中国特色、深圳特色的现代化之路。

二是保持创新驱动。利用深圳市先进的技术管理优势，率先建立与市场经济、环境执法、固废管理等相适应的先进管理体系。加快重点先进环境基础设施建设，构建更具活力的综合创新生态体系，构筑创新人才高地，加快建设国际环境产业创新中心，提高自主创新和成果转化能力，使创新成为环境保护发展的主要动力。

三是鼓励发动全民参与。通过引导市民养成绿色低碳的生活习惯和消费方式，使市民在日常衣、食、住、行、用中选用绿色低碳的消费物品，避免过度消费，从源头减少废物的产生。完善绿色教育，建立完整的环境社会治理制度，明确市民、政府和企业在“无废城市”建设中各自应尽的责任，促进市民做好生活垃圾的减量和分类。

四是打造模范标杆。建立国内“无废城市”城市间交互网络，实时交流分享建设案例。设立国际“无废城市”交流论坛，引进先进城市建设经验及模式，努力让深圳树立国际一流“无废城市”建设典范。

7.4　主要任务

7.4.1　土壤环境风险防控

1）完善建设用地土地规划、出让、转让、用途变更、续期、整备（收回）、储备等流转监管机制，创建建设用地全生命周期闭环管理新体系。

①创建建设用地全生命周期闭环管理新体系。在现有的土地收回、城市更新和用途变更环节土壤环境监管基础上，进一步完善建设用地土地规划、出让、转让、续期、储备等环节环境监管机制，实施工业企业建设、运行、拆除、退出以及地块土壤污染状况调查、风险评估、风险管控、治理修复等全过程环境监管，配套完善土壤污染状况调查、风险评估、风险管控、治理修复、效果评估等相关技术规范或指南，形成机制体系健全、职责清晰、运行流畅、技术夯实的建设用地全生命周期闭环管理体系。

②健全建设用地调查评估制度。根据国家和广东省关于建设用地土壤污染状况调查与报告评审相关技术规范要求，紧贴实际，创新举措，进一步优化深圳建设用地土壤污染状况调查程序与调查报告评审机制，以“曾用作重点行业企业用地的”和“将变更用途为居住或公共用地的”两类地块为重点，将日常监管、城市更新及土地整备过程中发现的（疑似）污染地块全部纳入深圳土壤环境信息平台，实现在线信息化管理；市、区两级生态环境、自然资源、城市更新及土地整备管理部门联合对（疑似）污染地块土壤污染状况调查报告组织专家评审，并共享信息，形成以政府引导、企业担责、公众参与、社会监督的建设用地土壤污染防治体系。

③完善污染地块联动监管机制。自然资源主管部门在组织编制控制性详细规划过程中，应当充分考虑土壤环境质量状况，合理确定地块的土地用途，明确建设用地污染地块再开发利用必须符合规划用途的土壤环境质量要求；在出具规划条件时，应当及时查询项目所在地块信息，对涉及土壤污染状况调查名录、土壤污染风险评估名录、风险管控与修复名录的，应当征求生态环境部门意见，并在出具的规划条件中明确该地块风险管控和修复责任主体，涉及工程阻隔等风险管控的还应明确后续开发建设行为限制等。

自然资源主管部门要加强对土地供应及已供应土地的转让、用途变更等环节的监督，对纳入联动监管地块但尚未依法完成土壤污染状况调查及风险评估，未明确风险管控和修复责任主体的，不予办理土地供应、土地使用条件变更、土地使用权转让等用地手续。未经调查评估的疑似污染地块和未达到风险管控或治理修复目标的地块，禁止开工建设任何与土壤污染风险管控和修复无关的项目，生态环境主管部门不得批准选址涉及相关地块的建设项目环境影响评价文件，自然资源主管部门不得发放相关地块开发利用的建设工程规划许可证。

2）完善耕地土壤分类制度，建立耕地土壤污染防治及农产品质量安全动态数据库，健全耕地土壤污染预防、安全利用、风险管控机制。

①完善全市耕地土壤环境质量类别清单，制定耕地土壤环境质量分级分类管理办法。针对优先保护类农用地，严格落实农用地使用者土壤环境保护责任，确保土壤环境质量不下降。针对安全利用类农用地，采取农艺调控、替代种植等措施，定期开展土壤和农产品协同监测与评价，确保农产品质量安全。

②制定受污染耕地安全利用工作方案，定期核算全市受污染耕地安全利用率。结合区域主要农作物品种和种植习惯，对受污染耕地采取设立防护隔离带、阻控污染源，采取施用改良剂、翻耕、种植绿肥等农艺调控以及替代种植等措施，降低农产品超标风险。加强测土配方施肥技术、绿色防控技术、生物农药及高效低毒低残留农药的推广应用，完善农药包装废弃物回收处置体系，严格控制农业污染。

③开展耕地重点地块土壤及农产品质量监测，建立耕地土壤污染防治及农产品质量安全动态数据库，加强监测结果分析，监测发现污染物含量超过土壤污染风险管控标准的要组织进行土壤污染风险评估，根据评估结论实施分类管理，确保无群众反映强烈的突出耕地土壤污染问题，无因耕地土壤污染导致农产品质量超标的不良社会影响事件，无因受污染耕地安全利用或治理与修复过程导致耕地土壤破坏且未及时纠正或二次污染的事件。

④加强农业技术推广体系建设，集成配套应用农业节本增效新技术新装备。大力推广先进适用技术、绿色生产方式及绿色防控技术，示范推广适宜的土壤调理剂，应用土壤培肥和测土配方施肥技术，开展酸化土改良剂效果监测点建设，建立耕地质量动态监测系统，开展耕地质量提升和化肥减量增效技术示范，因地制宜推广轻简、高效、可操作性强的耕地质量建设技术模式。

3）开展集中式饮用水水源地土壤污染风险评价方法研究，探索构建集中式饮用水水源地土壤污染风险管控体系，采取风险管控措施消除对饮用水水源地水质安全的影响。

①针对一级饮用水水源保护区的潜在风险地块，排查清理土壤污染源，制定并实施

土壤污染风险管控方案，严格管控土壤污染环境风险。针对二级饮用水水源保护区内威胁饮用水安全的潜在风险污染地块，采取加强土壤污染源监管、淘汰落后产能、严格环境准入、阻断污染迁移等环境风险管控措施，降低土壤污染环境风险。

②开展集中式饮用水水源地土壤污染风险评价方法，探索建立集中式饮用水水源地土壤污染风险管控技术体系，针对可能威胁饮用水水源安全的潜在风险地块，开展水源地土壤污染物源解析、土壤污染风险评估方法和风险管控技术研究。

4）建立土壤污染风险管控与修复全过程监管制度，创新高背景土壤风险评估和风险管控技术，构建较为完善的土壤污染风险管控与修复体系。

①加强风险管控与修复过程中环保措施落实、污染物排放与处理处置、环保设施运行等情况的监督和检查。治理修复过程中产生的废水、废气、固体废物等，应当依法进行处理处置，防止二次污染。加强土壤修复效果评估、污染土壤修复后再利用等过程监管。

②加大土壤污染风险管控与修复技术研发力度，创新高背景土壤风险评估和风险管控技术，加快土壤风险管控、治理与修复等共性关键技术研究，加强化工、电镀、线路板等行业典型污染地块土壤污染治理修复技术研究。研发本土化的土壤污染风险管控与修复材料、技术和成套装备，逐步完善土壤污染风险管控与修复体系。

5）强化土壤环境监测和监管执法能力建设。

①完善土壤环境例行监测制度，实现土壤环境质量监测点位不同用地类型全覆盖。探索建立土壤污染重点监管单位、污水处理厂等重点区域污染溯源排查监控体系，精准追踪查找违法主体。优化整合各级环境监测机构，适时提高土壤环境监测频次，提升土壤特征污染物的监测能力，加强监测数据整合分析，提高数据分析效率和准确率，增强监测数据对土壤环境质量的预报预警功能。加强土壤环境监测人才队伍建设，加大人才引进和培养力度，制订土壤环境监测技术人员培训计划。

②将土壤污染防治作为环境执法的重要内容，充分利用环境监管网格，加强土壤环境日常监管执法。重点加强重点监管单位、集中式饮用水水源地、受污染耕地集中区等区域的土壤污染防治监督管理。开展重点行业企业专项环境执法，严厉打击非法排放有毒有害污染物、违法违规存放危险化学品、非法处理处置危险废物、不正常使用污染治理设施、监测数据弄虚作假等环境违法犯罪行为。定期开展土壤环境污染防治执法专业技术培训，提升土壤环境监管执法水平；完善土壤污染快速检测等调查取证和执法装备配备，增加人员配置，改善基层环境执法条件。依托在线监控、卫星遥感、无人机、污染溯源排查监控系统等科技手段，构建以“互联网+环境监管执法”为主的非现场执法体系，建立更精准的生态环境执法模式。

7.4.2 固体废物管理

深圳市固体废物污染环境治理的主要任务包括生活垃圾、建筑废弃物、一般工业固体废物、市政污泥、危险废物、农业固体废物六大领域，以及制度、技术、市场、监管四大保障体系，具体工作任务如下：

（1）践行绿色生活方式，构建生活垃圾源头减量、分类收运处置体系

全面推行绿色生活方式。鼓励市民养成简约绿色消费习惯，深入打造“无废城市细胞”精品项目，深入推进绿色快递、光盘行动等减排行动，发动全社会共建“无废文化”。深入推进塑料污染治理工作，扶持塑料替代产品研发高新技术企业，在塑料污染问题突出领域和电商、快递、外卖等新兴领域，形成塑料减量和绿色物流模式，做好塑料制品生产、使用、回收利用和安全处置全周期监督管理。

实施生活垃圾强制分类，推进生活垃圾分类投放、分类收集、分类运输、分类处置。推动再生资源回收体系与生活垃圾分类收运体系两网融合，打通再生资源产业链，促进再生资源循环利用。革新餐厨垃圾、厨余垃圾综合利用技术，提高资源化利用效率。

加快生活垃圾处理设施产业化、园区化、去工业化建设改造，打造垃圾处理、科普教育、休闲娱乐多功能一体化的开放式、邻利型生活垃圾处置体系，实现生活垃圾全量焚烧和趋零填埋。

（2）推动绿色生产方式，打造资源节约型、环境友好型绿色制造体系

持续推进产业结构优化调整，淘汰低端落后产能。加快推进绿色设计，带动绿色产品、绿色工厂、绿色园区和绿色供应链全面发展。建立布局合理、交售方便、收购有序的一般工业固体废物回收网络，促进低价值工业固体废物循环利用。培育一批固体废物产生量小、循环利用率高的绿色示范企业，推动工业固体废物源头减量和资源利用。

促进清洁生产和循环经济发展，严格实施“双超双有”企业强制清洁生产审核，逐步推进新建项目依法强制清洁生产审核。以动力电池、电器电子产品等为重点，系统构建废弃产品逆向回收体系，鼓励生产者自行或者委托销售者、维修机构、售后服务机构、再生资源回收经营者回收废弃产品，落实生产者责任延伸制。

（3）全面发展绿色建筑，打造建筑废弃物减排利用、协同处置体系

发展绿色建筑设计，推动源头减量。加强竖向规划设计，促进施工源头减排，推进绿色建筑、绿色施工示范，推广装配式建筑应用，提高装配式建筑占新建建筑的比例，深入推进建筑废弃物限额排放制度。

实施再生产品认定，提升综合利用能力。研究制定建筑废弃物综合利用产品认定办法，促进综合利用产品推广应用，推动建筑废弃物综合利用设施建设。

拓宽末端消纳出路，提高应急保证能力。加强跨市转运管理，促进区域土方平衡利用。有序推进受纳场建设，为尚无法综合利用的弃土提供足够的安全处置途径。

（4）补齐处置能力“短板”，打造危险废物全过程、规范化安全管控体系

完善激励政策，促进源头减量。研究制定危险废物产废企业源头减量激励政策，鼓励企业开展工艺升级改造，推进工业企业危险废物在线回收管理改革，鼓励危险废物产生量大的企业自行配套建设危险废物资源化利用设施。

全面规范危险废物全过程管理。鼓励和支持危险废物经营单位建设区域性危险废物收集、储存设施，鼓励和支持工业园区建设危险废物储存设施，推动危险废物“一证式”收运处置管理改革。加快推进危险废物处理能力建设，补齐危险废物处置“短板”。完善危险废物鉴别技术体系，搭建固体废物污染防治创新平台。

（5）推动源头减容减重，构建市政污泥绿色转运、无害化处置保障体系

加快水质净化厂污泥干化设施建设，推进污泥厂内减容减量，新建污泥处理设施出泥含水率降至 40%以下。做好河道疏浚底泥、通沟污泥、粪渣等收运和安全处置。

（6）推广绿色农业生产，搭建农业废弃物循环利用、无公害生态农业体系

开展美丽田园建设，推进化肥农药使用量零增长行动，打造一批绿色无公害生态农业示范基地。建设标准化收储中心及专业化收集队伍，完善农业废弃物收运体系。推广秸秆还田综合利用，做好农用地膜、农药包装物回收管理，提高畜禽粪污综合利用率，保障农业生产防疫安全。

（7）强化顶层设计，构建绿色持续、依法治理的制度体系

充分利用深圳地方立法权力，加快制定或修订推动“无废城市”建设的相关法律法规和管理办法，构建依法治废的制度体系。建立固体废物全生命周期管理制度体系，实现末端治理管理向源头防控、清洁生产与资源化利用全过程管理转变；建立生产者责任延伸制，在动力电池和废弃电子电器产品等方面先行先试；建立低值可回收物再生资源补贴机制，促进建立再生资源回收利用体系。

（8）强化政府引领，构建统一开放、竞争有序的市场体系

激励固体废物产业发展，支持再生产品应用，推进“无废城市”科学研究和示范项目建设。健全环境信用体系，营造公平的市场环境，加强失信企业和从业人员联合惩戒。建设小微企业危险废物交易平台，解决小微企业危险废物收运困难。积极培育第三方市场，鼓励专业化第三方机构从事固体废物资源化利用、环境污染治理与咨询服务，推动固体废物收集、利用与处置工程项目和设施建设运行第三方治理新模式。

（9）推进研发创新，构建国际一流、可靠适宜的技术体系

打造高端科研平台和技术转化平台，形成“基础研究+技术攻关+成果产业化+科技

金融”的全过程技术创新生态链。提高绿色低碳发展基金、环保专项资金等扶持力度，做好科技服务支撑。构建“产业复合、产城融合、功能集合”的基础设施体系，打造生活垃圾、建筑废弃物、危险废物等综合技术示范基地，创新固体废物源头减量和资源循环利用技术。

（10）开发智慧平台，构建全程覆盖、精细高效的监管体系

强化固体废物全过程智慧监管平台建设，加强与各类固体废物数据对接，深入挖掘数据应用途径，实现对全市固体废物管理数据的分析和风险预警。压实固体废物产废者主体责任，推动工业固体废物、医疗废物、建筑废弃物、污泥等产生单位全流程监管。探索试点固体废物收运处置第三方监管新模式，提升监管效率和专业化程度。

第 8 章　绿色低碳发展研究

进入新发展阶段，推进“双碳”工作是破解资源环境约束突出问题、实现可持续发展的迫切需要。长期以来，深圳市在低碳城市试点和碳交易试点等工作的推动引领下，积极推动绿色低碳发展，已经成为我国超大城市中万元 GDP 能耗和碳排放强度最低的城市，但面对碳达峰、碳中和目标要求，这项工作任重道远。美丽深圳建设过程中，要以形成清洁低碳、安全高效的能源体系，构建市场导向的绿色技术创新体系，建立绿色低碳循环发展的经济体系等为中长期战略目标，将产业、科技、文化、生态等与“低碳”进行深入融合，走出一条从“低碳”到“低碳+”的创新协同发展路径。

8.1　国内外绿色低碳发展现状

20 世纪末以来，日益严重的全球气候问题引起世界各国广泛关注，气候变化引起的全球变暖、极端天气等气候事件对世界各国发展带来了极大威胁。2019 年，全球平均温度较工业化前高出约 1.1℃，2015—2019 年是有完整的气象观测记录以来最暖的 5 个年份，全球气候变暖呈现加速趋势。全球气候变化深刻影响着人类的生存与发展，应对气候变化已成为人类社会共同面临的重大挑战。党的十八大以来，中国把应对气候变化作为经济社会发展的重大战略，大力推动绿色低碳发展，在经济增长的同时减少了 41 亿 t 的 CO_2 排放，实现了气候行动与经济社会协调发展。《国民经济和社会发展第十三个五年规划纲要》中强化了绿色低碳发展目标，提出要有效控制温室气体排放，落实减排承诺，支持优化开发区域率先实现碳排放达峰。2020 年 9 月 22 日，习近平总书记在第七十五届联合国大会一般性辩论上主动强化中国国家自主贡献目标，做出“中国二氧化碳排放力争在 2030 年前达到峰值，努力争取 2060 年前实现碳中和”的郑重承诺，彰显了中国在推动全球应对气候变化进程、实现绿色低碳转型、迈向可持续发展的决心。

8.1.1 绿色低碳发展进程

8.1.1.1 全球气候治理体系不断演变

1992 年，联合国通过了《联合国气候变化框架公约》，为全球气候治理提供了行动机制与规范，也标志着全球气候治理理念与机制被各国所接受。1997 年《京都议定书》的出台为《联合国气候变化框架公约》提供了补充，强调了发达国家的减排义务，也是人类历史上首次以法规的形式限制温室气体排放，对各国减少温室气体排放具有强制约束力。2007 年联合国气候大会达成了巴厘路线图这一重要决议，也确定了各国加强落实《联合国气候变化框架公约》的具体领域。2009 年的《哥本哈根协定》主要就各国温室气体排放量问题议定《京都议定书》一期承诺到期后的后续方案，但由于发达国家与发展中国家在减排责任与义务上的巨大分歧，最终《哥本哈根协定》并未获得通过，气候谈判与全球气候治理也一度陷入停滞状态。2013 年的联合国气候变化大会华沙会议就德班平台决议、气候资金和损失损害补偿机制等焦点议题签署了协议。虽然发达国家仍不愿就历史排放问题承担责任，但华沙大会为重启气候谈判以及后续协议的达成释放了积极信号。2015 年 12 月 12 日，近 200 个国家在巴黎气候大会上达成《巴黎协定》，这是继 1992 年《联合国气候变化框架公约》、1997 年《京都议定书》之后，人类历史上应对气候变化的第三个里程碑式的国际法律文本，也是继《京都议定书》后第二份有法律约束力的气候协议，《巴黎协定》的出台奠定了 2020 年后的全球气候治理新格局。全球气候治理发展历程见图 8-1。

图 8-1 全球气候治理发展历程

8.1.1.2 控制温室气体排放成为全球共同责任

1992 年通过的《联合国应对气候变化框架公约》确定了各国在应对气候变化问题上应承担“共同但有区别的责任”。随着经济的迅速发展，新兴经济体国家的二氧化碳排放量逐步赶超发达国家，“共同但有区别的责任”原则受到部分发达国家的挑战。2009 年哥本哈根气候大会后，进一步降低全球碳排放强度成为发达国家和新兴经济体积极应对气候变化的低碳路径。由于主要工业化发达国家相比新兴经济体的碳排放强度更小，新兴经济体国家面临着国际温室气体减排压力，能源活动二氧化碳排放量增速放缓。国际能源署（IEA）CO_2 排放统计数据显示，全球碳排放强度由 2010 年的 0.471 $kgCO_2$/美元降至 2018 年的 0.409 $kgCO_2$/美元。2018 年，中国、美国、英国、德国、法国、日本、韩国、新加坡等国家的碳排放强度分别为 0.698 $kgCO_2$/美元、0.252 $kgCO_2$/美元、0.114 $kgCO_2$/美元、0.195 $kgCO_2$/美元、0.118 $kgCO_2$/美元、0.239 $kgCO_2$/美元、0.379 $kgCO_2$/美元、0.14 $kgCO_2$/美元（GDP 为 2015 年可比价）。在全球十大主要碳排放国家中，除伊朗、俄罗斯、印度之外，中国的碳排放强度远高于其他国家，见图 8-2。

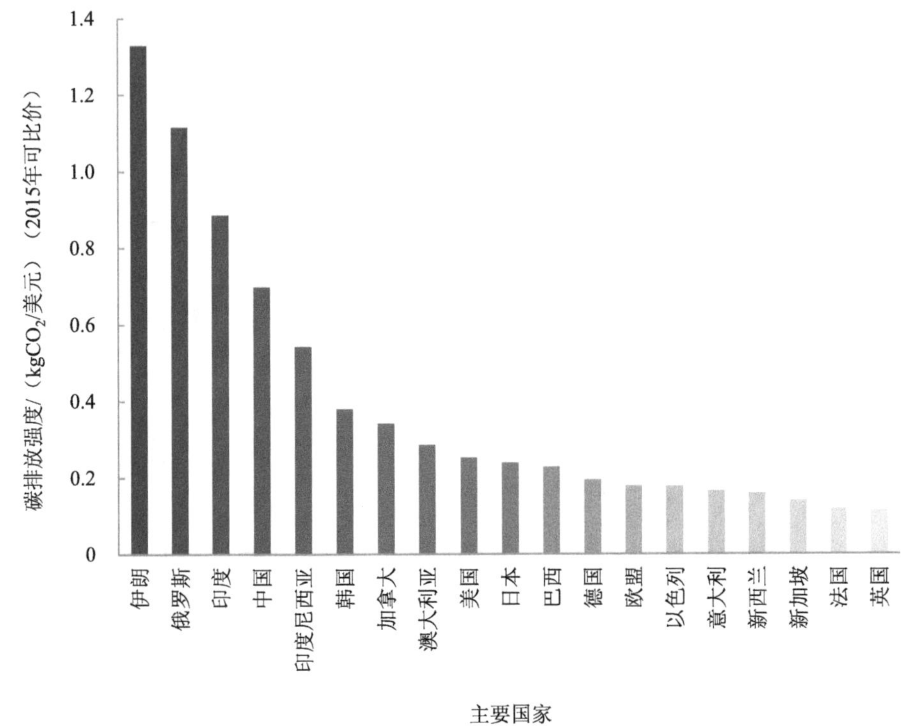

图 8-2　2018 年主要国家碳排放强度水平

数据来源：国际能源署。

8.1.1.3　全球超过 1/4 的国家已实现碳达峰

经济合作与发展组织（OECD）数据显示，目前全球已有 51 个国家实现碳达峰，另有 4 个国家承诺二氧化碳排放将于 2030 年实现达峰，已达峰国家及承诺 2030 年达峰国家数量超过全球国家数量的 1/4，碳排放量超过全球碳排放总量的 1/3（图 8-3）。根据已达峰国家碳排放趋势的分析，峰值年份之后各国二氧化碳排放趋势大致分为三种类型。第一种类型为“较稳定型”峰值，代表国家主要有德国、比利时等，这类国家的二氧化碳排放总量在达到峰值之后呈明显下降趋势，无回弹和波动现象，二氧化碳排放总量趋势比较契合环境库兹涅茨曲线倒“U”形特征，排放峰值直观可视；第二种类型为“非稳定型峰值”，代表国家有美国、加拿大，这类国家的二氧化碳排放总量在达到峰值后并没有出现持续的下降，先下降一段时间后又出现回弹现象，但回弹之后的总量依然低于原有峰值量；第三种类型为“假性峰值”，代表国家有日本、意大利等，这类国家二氧化碳排放量都曾在某一个时期出现阶段性极大值，曾被认定为已经达到峰值，但进入 21 世纪后二氧化碳排放量又出现了超越之前极大值的情况。“假性峰值”的出现主要与宏观经济不稳定因素相关，在经济高速上涨后因外力冲击出现了经济衰退，进而导致能源消耗大幅减少，随之二氧化碳排放量的极值点出现，等到经济复苏之后，随着能源消耗的进一步增加，二氧化碳排放量又继续出现增长趋势。

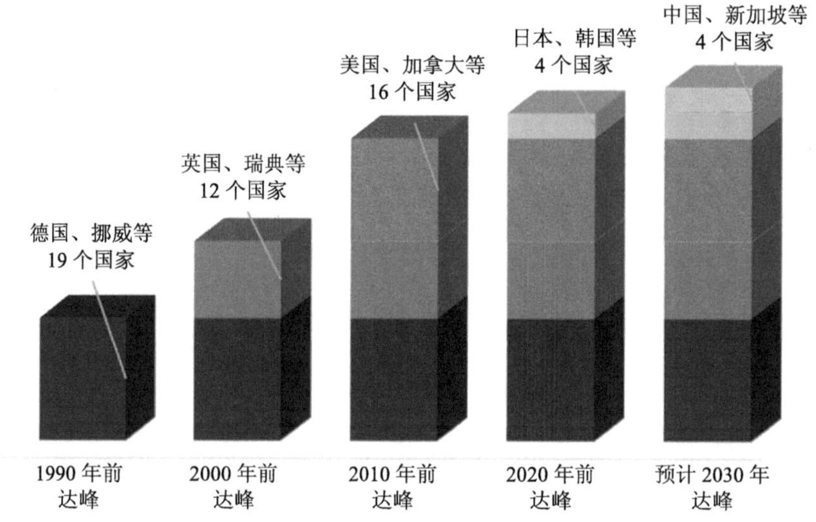

图 8-3　已达峰国家及承诺 2030 年达峰国家

8.1.1.4　净零排放成为全球气候发展战略选择

2018 年，哥本哈根、巴黎、纽约、伦敦、东京、悉尼、温哥华、华盛顿、洛杉矶等全球 19 座超大城市在伦敦签署了《净零碳建筑宣言》，承诺到 2030 年，城市中所有新建筑实现净零碳排放，到 2050 年，所有建筑实现净零碳排放，并鼓励市政府在 2030 年率先实现所有市政建筑净零碳排放。2019 年在纽约举行的联合国气候行动峰会上，66 国政府、10 个地区、102 座城市、93 家企业与 12 位投资人的“2050 集团”，全数承诺在 2050 年前达成“碳中和”目标，即碳排放量达到“净零”水平。截至 2020 年年底，全球已有 28 个国家和地区在公开场合宣布碳中和目标，另有接近 100 个国家将碳中和目标提上议事日程。2021 年 2 月 19 日，在阔别 107 天后，美国正式宣布重返《巴黎协定》。目前，全球宣布碳中和目标的国家已占全球 GDP 的 75%，占据全球碳排放量的 65%。表 8-1 为部分国家碳中和情况及目标。

表 8-1　部分国家碳中和情况及目标

已经实现碳中和	不丹		苏里南	
承诺 2030 年实现碳中和	挪威		乌拉圭	
承诺 2035 年实现碳中和	芬兰			
承诺 2040 年实现碳中和	冰岛		奥地利	
承诺 2045 年实现碳中和	瑞典		美国	
	加拿大	智利	哥斯达黎加	丹麦
	欧盟	斐济	法国	德国
承诺 2050 年实现碳中和	匈牙利	日本	马绍尔群岛	新西兰
	葡萄牙	斯洛伐克	南非	韩国
	西班牙	瑞士	英国	
21 世纪后半叶实现碳中和	中国（2060）		新加坡	

8.1.1.5　中国减排承诺成为全球气候行动的有力推手

2020 年 9 月，习近平总书记在第七十五届联合国大会一般性辩论上提出中国碳达峰、碳中和的时间表，即二氧化碳排放力争于 2030 年前达到峰值，努力争取 2060 年前实现碳中和。2020 年 12 月，习近平总书记在气候雄心峰会上的讲话中提出："到 2030 年，中国单位国内生产总值二氧化碳排放将比 2005 年下降 65%以上。""十四五"规划纲要中强调"积极应对气候变化"，要求"落实 2030 年应对气候变化国家自主贡献目标，制定 2030 年前碳排放达峰行动方案"，"努力争取 2060 年前实现碳中和，采取更加有力的政策和措施"。习近平总书记在出席《生物多样性公约》第十五次缔约方大会领导人峰会时发表重要讲话指出："为推动实现碳达峰、碳中和目标，中国将陆续发布重点领域和行业碳达峰实施方案和一系列支撑保障措施，构建起碳达峰、碳中和'1+N'政策体系。"彰显了中国在推动全球应对气候变化进程、实现绿色低碳转型、迈向可持续发展的雄心。中国的减排承诺与行动在全球应对气候变化行动进程中发挥着重要的作用，激励并推动更多国家和地区采取更加果断的行动共同应对气候危机。

8.1.2 国家和城市碳排放水平

8.1.2.1 中、美和欧盟的碳排放量占全球碳排放总量比重超过 50%

目前，全球碳排放总量约 335 亿 t，其中，中国的碳排放总量达到 95 亿 t，是全球碳排放总量最高的国家，约占全球碳排放总量的 28.4%，超过美国与欧盟国家碳排放量总和。美国的碳排放总量约 50 亿 t，全球排名第二，占全球碳排放总量的 14.7%。欧盟国家碳排放总量达 31 亿 t，全球排名第三，占全球碳排放总量的 9.4%，中国、美国和欧盟的碳排放量已超过全球碳排放总量的一半，见图 8-4。

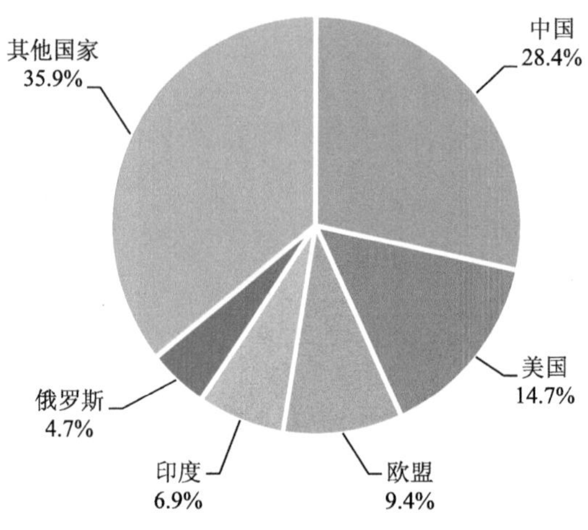

图 8-4 世界主要碳排放大国和地区排放占比

8.1.2.2 全球人均碳排放量不足 5 t

自 1990 年以来，世界人均碳排放量呈小幅上升趋势，截至 2018 年，全球人均碳排放量达 4.417 t。各大洲人均碳排放趋势迥异。欧洲、美洲的人均碳排放量近年来呈明显下降趋势，但仍高于世界平均水平，见图 8-5。2018 年，欧洲的人均碳排放量达 6.886 t，美洲的人均碳排放量达 7.025 t；大洋洲人均碳排放量在 21 世纪初达到峰值后呈逐年下降趋势。2018 年，大洋洲的人均碳排放量为 14.395 t，在各大洲中位居榜首；非洲的人均碳排放量在各大洲中处于最低水平，且排放趋势波动较小。2018 年，非洲的人均碳排放量仅为 0.976 t；亚洲的人均碳排放量呈上升趋势，从 21 世纪开始，亚洲的人均碳排放量出现较快增长。2018 年，亚洲的人均碳排放量达 4.092 t。

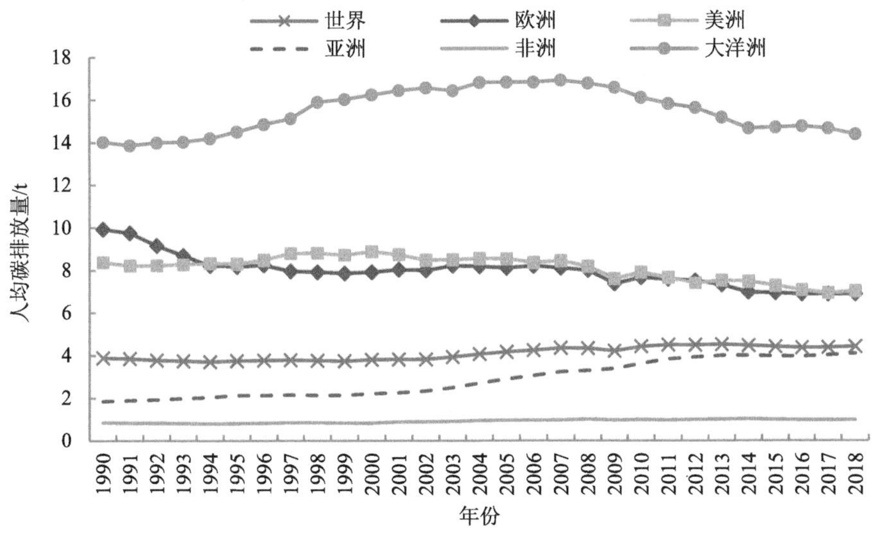

图 8-5　世界及各大洲人均碳排放水平

全球主要发展中国家和发达国家的人均碳排放水平也呈现出较大差异。由于工业化水平较低，大多数发展中国家的人均碳排放量还处在较低水平，而发达国家已迈入后工业化时代，工业化水平较高，从而导致发达国家的人均碳排放量也相对较高（图 8-6）。2018 年，美国、韩国、日本、新加坡、德国等国家人均碳排放量远超中国，分别为 15.029 t、11.738 t、8.452 t、8.399 t、8.397 t，以色列、新西兰、英国、意大利、法国等国家人均碳排放量低于中国人均碳排放量，但均超过世界平均水平，分别为 6.712 t、6.48 t、5.304 t、5.246 t、4.512 t。阿根廷、印度尼西亚、巴西、印度等发展中国家人均碳排放量较低，分别为 3.847 t、2.028 t、1.939 t、1.706 t。

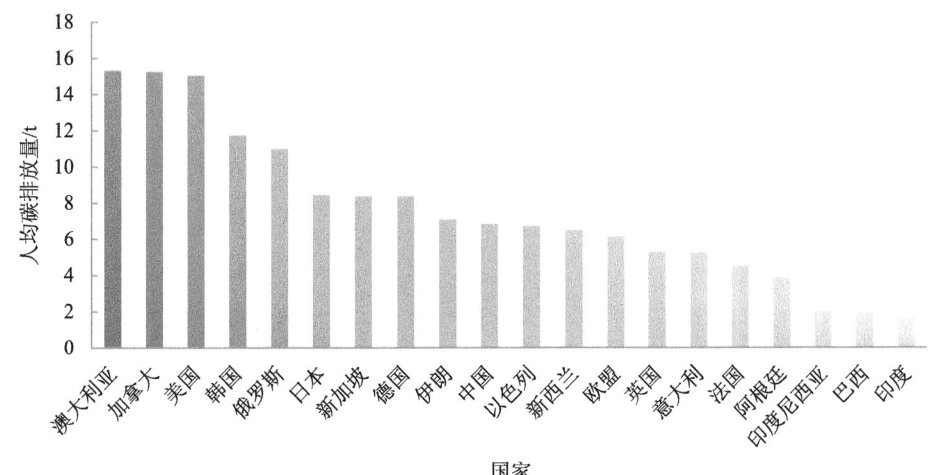

图 8-6　主要国家人均碳排放水平

8.1.2.3 城市碳排放水平

为积极应对气候变化，推动绿色转型升级，城市开展应对气候变化行动是实现绿色低碳发展的根本途径。碳排放强度指标将碳排放与国民生产总值挂钩，在经济增长的同时，碳排放强度呈下降趋势表明国家或地区已迈入低碳绿色发展道路。

目前，部分国际城市的碳排放强度已低于 0.2 tCO_2/万元，多伦多、伦敦、纽约、华盛顿、波士顿、洛杉矶的碳排放强度分别为 0.17 tCO_2/万元、0.13 tCO_2/万元、0.11 tCO_2/万元、0.10 tCO_2/万元、0.08 tCO_2/万元、0.06 tCO_2/万元，已基本实现碳排放量与经济增长脱钩。斯德哥尔摩的碳排放强度已下降至 0.01 tCO_2/万元，已经实现绿色可持续发展，见图 8-7。

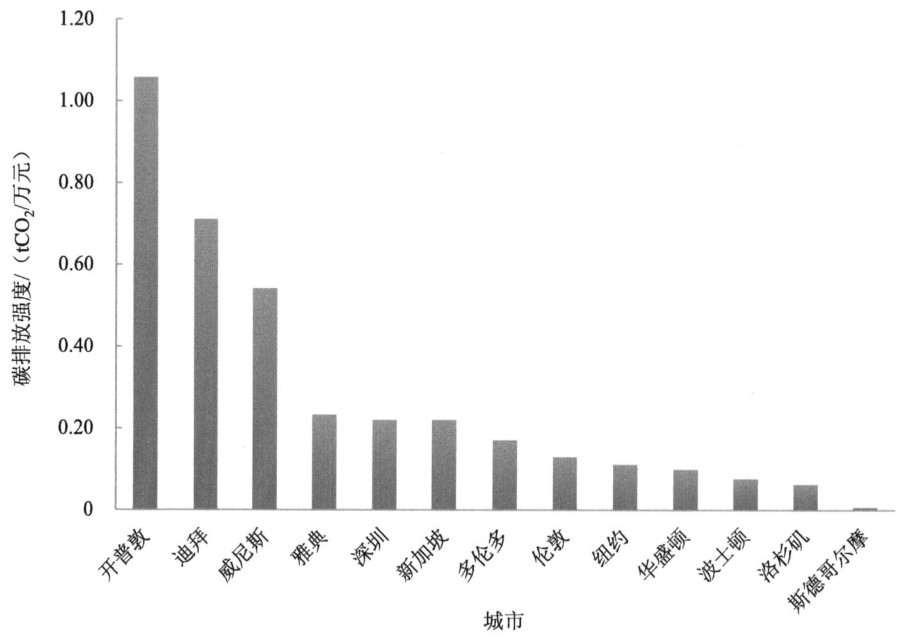

图 8-7 部分城市碳排放强度

从城市人均碳排放水平来看（图 8-8），大部分城市的人均碳排放量高于世界平均水平。芝加哥、休斯敦、洛杉矶、波士顿、西雅图等城市的人均碳排放量排名位居高位，分别为 16.7 t、14.9 t、9.4 t、9.1 t、8.7 t；巴黎、纽约、雅典等城市的人均碳排放水平略高于世界平均水平，分别为 6 t、5.8 t、5.6 t；哥本哈根及斯德哥尔摩的人均碳排放量较低，都少于 3 t，分别为 2.9 t、2.5 t，基本实现近零排放。

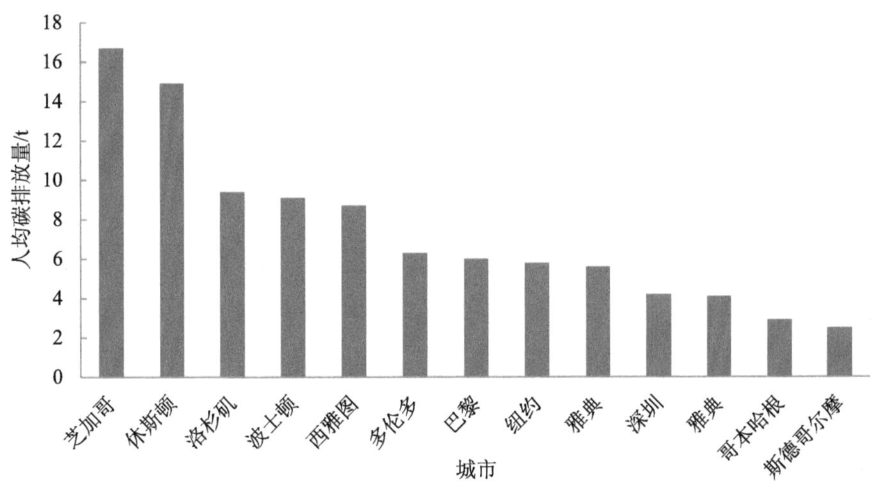

图 8-8　部分城市人均碳排放水平

8.1.3　绿色低碳发展实践

2020 年 12 月，气候组织（The Climate Group）与 CDP 全球环境信息研究中心联合发布了《2020 年全球州及地区年度披露报告》（*Global States and Regions：Annual Disclosure Report 2020*），公布了 121 个州及地区的应对气候变化目标及行动。其中，加利福尼亚州、夏威夷州、纽约州、昆士兰州、华盛顿州等 18 个州和地区已提出净零碳排放目标（表 8-2），21 个州及地区已经制定了减排 75%～90%的长期目标，15 个地区已制定 100%可再生能源目标，并有 32 个地区设定了 2030 年温室气体减排量目标，为地区绿色低碳转型，迈向零碳可持续发展提供了目标指引。

表 8-2　18 个州及地区净零碳排放目标

州及地区	所属国家	净零排放目标	州及地区	所属国家	净零排放目标
澳大利亚首都特区	澳大利亚	2045 年	纳瓦拉自治区	西班牙	2050 年
巴斯克自治区	西班牙	2050 年	纽约州	美国	2050 年
加利福尼亚州	美国	2045 年	昆士兰州	澳大利亚	2050 年
加泰罗尼亚地区	西班牙	2050 年	苏格兰	英国	2045 年
加利西亚地区	西班牙	2050 年	南澳大利亚州	澳大利亚	2050 年
夏威夷州	美国	2045 年	图林根州	德国	2050 年
赫尔辛基—新地区	芬兰	2035 年	维多利亚州	澳大利亚	2050 年
内陆郡	挪威	2030 年	瓦隆大区	比利时	2050 年
耶姆特兰省	瑞典	2030 年	华盛顿州	美国	2050 年

城市是开展全球应对气候变化行动的主要行为体。为应对气候变化，2006年，C40城市集团应运而生，共同制定城市气候目标，开展城市气候行动。目前，97个国家已加入C40城市集团，占全球GDP的25%。全球主要城市已制定气候行动政策，开展绿色低碳发展实践，在全球气候行动中扮演着不可或缺的角色。

（1）伦敦——建设最绿色的全球城市

2018年5月，伦敦市长办公室发布了大伦敦地区的首部综合环境战略文件《伦敦环境战略》。该文件整合了大伦敦地区目前为止发布的所有相关政策和资料，并阐述了大伦敦市市长对保护和改善伦敦环境的总体构想，也为市长及其合作伙伴们在协同工作的方面提供了引导。大伦敦的规划将在城市生态和环境改善上做出最大努力，这是继伦敦打造文化之都之后提出的又一个以世界城市为目标的新方向，国际发展趋势和高质量发展的经济需求让生态环境类规划终于获得了举足轻重的分量。伦敦市市长提出，伦敦要通过实现六大愿景，成为“最绿色的全球城市”。

伦敦的六大愿景分别是“建设成为全球空气质量最佳的城市”“建设世界首个国家公园城市”“建设零碳城市”“建设零废城市”“打造韧性适应城市”和“减少环境噪声”，到2050年，伦敦将成为世界城市中空气质量最好的城市之一，成为绿色建筑、交通和清洁能源的零碳城市，成为废弃物资源充分回收利用的无废城市。城市对洪涝灾害、高温天气以及干旱等极端天气的应对能力得以提升，市民生活品质和生活质量大幅提高。

（2）芝加哥——全美低碳城市先锋

芝加哥是美国典型的重工业城市，人均碳排放量大，历史遗留问题较多，减排前景并不乐观。为建设绿色城市，应对气候变化带来的威胁，2008年9月，芝加哥出台《芝加哥气候行动计划》（*Chicago Climate Action Plan*）。该计划制定了五大低碳战略，确定了26个减缓温室气体排放的具体行动措施以及9个适应气候变化的行动方案，以期实现“到2050年，温室气体排放量较1990年下降80%”的气候目标。

《芝加哥气候行动计划》的五大低碳战略涵盖了五个重点领域。在建筑领域，芝加哥需改造50%的既有商业及工业建筑，并提高50%的住宅建筑能效，以减少30%的能源消耗。此外，芝加哥还通过开展家电换购、节能灯泡更换；更新《芝加哥节能规范》，建立更高水平的规章制度；开展植树造林及绿色屋顶建造项目和倡导市民节能行为等方式减少建筑领域碳排放。在能源领域，芝加哥制订电厂升级改造计划，提高电厂能效标准，通过分布式发电和热点联供提高发电能效。与此同时，芝加哥还积极开发可再生能源以减少20%的电力排放，并积极推广家庭可再生能源发电，提高可再生能源电力使用比例。在交通领域，芝加哥致力改善客运及货运服务、大力发展以公交车为导向的公共交通，并通过创造畅通便利的步行、自行车出行条件，为市民提供更多的环保交通出行方式，鼓励绿色出行。芝加哥还通过提高公交车、出租车及运输车等能源利用效率，制定并执行更严格的能源利用标准，来实现交通领域的减排目标。在工业及废弃物领域，芝加哥奉行“3R”原则，即“减量化（Reduce）、再利用（Reuse）和再循环（Recycle）”，以减少垃圾产生。在气候适应领域，芝加哥从应对高温天气、保障空气质量、加强雨洪管理、保护树木植被、贯彻绿色设计、鼓励公众参与等方面制定应对气候变化的具体行动措施，来减缓气候变化给芝加哥带来的负面影响及损失。

（3）新加坡市——“四位一体”的低碳发展模式

新加坡是一个资源和土地都十分稀缺的国家，无法满足资源消耗型的经济发展模式。新加坡市在经济和产业转型，高科技循环技术的开发和使用上，大力减少污染物排放，坚持科学规划、绿色建设、严格管理、注重发展的“四位一体”动态发展模式，以“可持续新加坡”为发展总体目标，秉承“环保优先”的理念推动低碳生态城市建设。1968年，新加坡市政府提出建设“花园城市”目标，推动城市环境清洁绿化；20 世纪 70 年代着重美化城市环境；80 年代制定园林绿化规划总蓝图，引入色彩鲜艳的植物，推动城市景观多样化；90 年代大力推进生态廊道建设，使绿色空间网络化。21 世纪以来，新加坡市的城市建设转入立体化阶段，政府开始着力打造“花园中的城市”，将“花园”从城市的点缀变成城市的轮廓，形成了独一无二的国家风貌。

新加坡市注重城市管理，独特的管理手段是其环境治理成功的强有力保障。在经济手段方面，推行价格政策，依靠政府干预环境资源的合理定价，使各经济主体在使用环境资源时承担的私人成本等于社会成本；颁布财政政策，包括增开有利于环保的税种、税收回扣和对环保型固定资产允许加速折旧；推动资源环境管理体制的市场化改革。在法制手段方面，新加坡市立法先行，先后颁布《破坏法》《公共环境卫生法》《环境污染控制法》等法规，立法内容明确、权责清晰、操作性强。在环境执法方面，新加坡市推行“执法必严”的理念，实行集预防、执法、监督、教育为一体的系统模式。此外，政企合作、问责制度和国民环保教育也有助于推进城市管理。

（4）香港——低碳绿色的宜居城市

近年来，香港在应对气候变化领域已陆续开展了一系列工作，包含推进电力清洁化、鼓励公共交通发展、建筑节能等，与其他城市一样，香港也正在积极制订向零碳经济和社会转型的具体计划。开展电力、交通、建筑等领域的深度研究，从碳排放、成本效益、环境影响、社会公平等领域进行多角度分析，实施更加细化的减排方案，创建更加低碳绿色的宜居城市，实现 2050 年净零碳排放蓝图，是香港低碳绿色发展的长远目标。20 世纪 90 年代以来，香港的碳排放出现了几次波动。1994 年开始，香港通过深圳大亚湾核电站提供的核电来取代一部分本地化石燃料发电，使得香港本地的碳排放出现了大幅降低；2000年以后，源于电力行业煤改气政策的影响，香港碳排放呈现上升趋势，直到2014年达到最高点之后碳排放量再次开始走低。展望未来，受经济增长放缓的影响，短期来看，香港碳排放反弹的可能性不大，加之香港煤改气发电政策的实施，香港很有可能已经在2014年实现了碳排放达峰。

香港在20世纪90年代初就实现了百分百城镇化，2000年以来服务业占GDP的比重一直保持在90%以上，因此工业贡献的排放量非常少。无论是在生产端还是消费端，电力都是非常重要的减排领域——发电产生的排放量占香港总排放量的2/3，电力占终端能源消费总量的一半以上。从减排潜力来看，电力脱碳的减排潜力是建筑节能减排潜力的近3倍，是交通能效提升减排潜力的近4倍。在实现深度脱碳的同时，香港还可以实现经济、环境效益的多赢。从现在至2050年，实施进一步减排措施将为香港节约超过4 000亿港元的经济成本，同时空气污染物的减少更加有益于居民健康，相当于避免了2.6万人过早死亡。

（5）武汉——全球低碳绿色领域先锋城市

武汉市是荣获国家低碳城市和气候适应双试点的副省级城市，近年来，武汉市在气候减缓方面，相继出台了《武汉市低碳发展“十三五”规划》《武汉市碳排放达峰行动计划（2017—2022年）》等多项政策和文件，并与C40签订了气候适应性城市建设合作协议，在开展气候变化脆弱性评估，加强气候变化和气象灾害监测预警平台建设和基础信息收集，开展关键部门和领域气候变化风险分析等方面提供了技术和平台支持。

武汉市积极推进产业低碳、能源低碳、生活低碳、生态降碳，生态环境不断改善。在城市建设中，武汉市围绕“减缓为主，适应并重；突出重点，打造亮点”总体思路，积极践行绿色发展理念，加快推进低碳城市和“生态文明武汉”建设。2019年，武汉市获得全球低碳绿色领域先锋城市蓝天奖。通过采取一系列切实的低碳行动，武汉市低碳发展水平有了大幅提升，已经成为国内低碳发展的先锋。此外，武汉市首创了“个人减排赛事中和”的碳减排模式，结合第七届世界军人运动会绿色办赛理念，开发了“低碳军运”小程序，吸引了2万余市民参与。

（6）海口——打造世界一流的零碳新城

按照海南省委、省政府的要求，海口江东新区将“重点打造世界一流的零碳新城”列为打造世界一流的零碳新城、打造彰显中国文化海南特色的亮丽名片、打造城乡一体和谐共生的中国示范、打造全球领先的生态CBD“四个打造”之首，遵循“世界眼光、国际标准、海南特色、高点定位”原则，坚持“大视野、大思路、大手笔、大开合”工作思路，全力加快推进规划建设。以保护东寨港“生态绿心”和江东新区“生态本底”为前提，实行最严格的生态环境保护制度，建设零碳产业平台、打造零碳设施环境、倡导零碳生活方式，构建“零碳交通”“零碳建筑”“零碳能源”等功能系统，构建“湿地入城、蓝绿共生、陆海相依、水城相融”的优良生态环境，确保蓝绿空间占比位于全球城市前列，环境质量和资源利用效率居于世界领先水平。

同时高标准打造全球领先的生态 CBD，按照建设国际化滨江滨海花园城市愿景，运用生态经济、生态人居、生态文化、生态管理的规划理念，聚合国际最先进的生态、环保、节能、智能技术，推动自然环境生态圈与产业功能生态圈的融合，依托区域水网、路网，营造独具特色的生态绿化体系和风格鲜明的建筑景观风貌，形成生态优良、安全韧性、经济高效的 CBD，为全球企业和高端人才提供功能完善、环境优美、要素集聚、开放包容的发展环境。

8.2 深圳市绿色低碳发展评估

长期以来，深圳市一直紧密围绕国家低碳城市试点工作方案要求，锐意进取，狠抓落实，在低碳城市试点和碳交易试点等工作的推动引领下，深化低碳理念、健全体制机制、创新低碳模式、加强能力建设，低碳水平显著提升，试点示范成果丰硕，已经成为我国超大城市中万元 GDP 能耗和碳排放强度最低的城市。

8.2.1 低碳城市建设基本情况

8.2.1.1 深化低碳发展理念

经过 40 年的高速发展，深圳市面临着发展空间受限、传统发展方式受阻等诸多困难和挑战。坚持绿色发展理念，破解发展难题，抓住低碳绿色发展机遇，在全国率先开展低碳立法，率先启动碳排放权交易市场，率先全面实施绿色建筑标准，大力推广新能源汽车，将绿色发展作为引领经济新常态、提升发展质量和效益的必然选择，为深圳市下一阶段发展抢占战略制高点赢得竞争新优势。同时，深圳市先行先试，将低碳绿色发展理念作为推动特区一体化和区域跨越式发展的重要引领、培育未来产业的重要方向、加强城市治理的重要手段和提升企业发展质量的重要抓手，加快经济内涵式增长，推动城市转型发展。

8.2.1.2 建立健全体制机制

建立低碳发展组织架构体系，成立市政府层面的深圳市应对气候变化及节能减排工作领导小组，市长任组长，全部市直机关作为成员单位，全面统筹应对气候变化和低碳发展工作，整合全市力量齐抓共管，设立领导小组办公室，作为应对气候变化和低碳发展工作的综合协调机构。建立低碳发展实施机制，对《深圳市低碳发展中长期规划》中的主要指标以及《深圳市低碳试点城市实施方案》明确的 56 项重点任务逐级分解、逐项落实，明确责任主体和进度要求，建立动态分类考核机制，强化督办督察。建立跨区域工作协调机制，积极参与国家应对气候变化和低碳发展的各项活动，主动对接国家政策支持，在低碳试点城市、碳交易试点、深圳国际低碳城市建设等方面获得了国家层面的大力支持。

8.2.1.3 创新低碳发展模式

过去 10 年，深圳市坚持高质量和可持续的发展目标，通过市场驱动、企业主体、点面结合、优势突破、全民参与、开放合作的全方位推进低碳发展模式，充分发挥政府的引导作用，先后出台了《深圳市低碳发展中长期规划（2011—2020 年）》《深圳市低碳试点城市实施方案》《深圳市应对气候变化“十三五”规划》《深圳市“十三五”控制温室气体排放工作实施方案》等政策和文件，深化低碳发展目标，创新绿色发展模式，从产业低碳化、清洁能源保障、能源利用、重点领域、碳汇建设、试点示范、能力建设等不同方面推进低碳绿色工作。

8.2.1.4 加强基础能力建设

深圳市健全了温室气体排放统计核查制度，建立了温室气体清单编制组织架构，开展了市区两级温室气体清单编制工作，实现了温室气体清单编制常态化。建立了碳核查技术规范和方法学体系，在全国率先推出了碳核查标准化技术指导文件以及配套的专业行业核查方法学。完善核查机构和人员队伍的管理，出台了《深圳市碳排放权交易核查机构及核查员管理暂行办法》，推动深圳市碳核查机构和人员管理的法治化和制度化。

8.2.1.5 落实政府资金保障

深圳市设立了循环经济与节能减排专项资金，用于扶持循环经济、节能减排项目，推动节能减排公共服务平台建设和产品、技术推广，加强清洁生产示范引导和培训等。设立节能环保产业发展专项资金，支持高效节能、先进环保、资源循环利用等领域的科技研发、装备制造、技术推广和产业服务等。启动绿色低碳产业发展专项资金，带动绿色低碳产业发展，颁布《深圳经济特区绿色金融条例》，提升绿色金融服务实体经济能力，推进深圳市可持续金融中心建设，促进经济社会可持续发展。

8.2.2　绿色低碳发展成效

8.2.2.1　节能降耗力度进一步加大

单位 GDP 能耗逐年下降，能源消费总量缓慢增加。深圳市统计局能源消费数据显示，“十三五”以来深圳的能源消费总量依然呈现缓慢上升趋势，年均增速 4.3%左右，能源消费总量的实际增速远高于《深圳市“十三五”能源消费强度和总量“双控”目标分解方案》中的能源消费年均增速。2019 年，全市能源消费总量达到 4 534 万 t，同比增长 2.9%，单位 GDP 能耗同比下降 3.5%，2016—2019 年累计下降 15.2%。

能源消费结构持续优化，清洁能源占一次能源消费比重逐年升高。“十三五”期间，深圳市继续优化能源消费结构，逐步形成低碳绿色发展格局，煤炭、油品和天然气等化石能源的消费量逐步减少，基本实现新增能源需求通过低碳清洁能源满足，污染锅炉清洁能源改造基本完成，工业锅炉全部使用天然气、电等清洁能源，成品油质量提升计划顺利推进，清洁能源占一次能源比重达到 85%，非化石能源占一次能源比重达到 48%。

分行业终端能源消费结构调整，工业、交通运输、居民生活是主要的能源消费部门。近年来，深圳不断提升能源利用效率，三次产业的能源消费结构发生了较大变化。第一产业的能源消费量保持平稳，占终端能源消费量的比重最低；第二产业能源消费量占终端能源消费量的比重从 2015 年的 44.3%下降到 2018 年的 35.3%；第三产业能源消费量占终端能源消费量的比重从 2015 年的 55.5%提高到 2018 年的 64.4%。从细分部门来看，工业、交通运输和居民生活的能源消费总量占终端能源消费量的比重接近 75%。

能源基础设施建设提速，规划布局新电源。深圳市已建成投产深圳抽水蓄能电站、华电坪山分布式能源和滇西北直流工程等重点项目，积极推进光明燃机电源基地、东部电厂二期等清洁电源重点工程前期工作。统筹推进天然气产供储销体系建设，推动建成中海油深圳 LNG 项目与广东大鹏 LNG 项目互联互通管道，协调推进中海油深圳 LNG 项目与中石油迭福北 LNG 项目互联互通管道、中石油迭福北 LNG 项目外输管道深圳段等天然气基础设施重点工程前期工作，规划布局远景电源。

8.2.2.2　低碳发展水平国内领先

碳排放总量趋于平稳，碳排放强度持续降低。根据市统计局相关数据核算，2019 年，深圳市（含深汕特别合作区）二氧化碳排放总量超过 5 400 万 t，基本上与 2018 年持平，较 2015 年增加约 20%。2019 年深圳市（含深汕特别合作区）碳排放强度达到 0.218 tCO_2/万元，与 2015 年相比，“十三五”期间累计下降 11%。深圳市的碳排放强度从“十二五”

以来一直是广东省地市级中最低的，碳排放强度和能源效率在全国也处于最优水平，约为全省平均水平的 1/3，全国平均水平的 1/5。

人均二氧化碳排放水平进入平稳阶段，碳排放达峰目标有望实现。2019 年，深圳市人均碳排放量约 4.1 t，与“十二五”相比，“十三五”期间人均碳排放波动较小，根据国际达峰判断依据，在人口数量保持增长的情况下，人均碳排放进入平稳阶段，预示深圳市的碳排放峰值目标有望在“十四五”期间实现。

终端用能部门减排潜力进一步挖掘，工业、交通、建筑是主要的排放部门。大力发展绿色低碳产业，初步建立低消耗、低排放的现代产业体系，先进制造业增加值占规模以上工业比重、现代服务业增加值占服务业比重都超过了 70%。率先全面实施绿色建筑标准，制定《深圳市公共建筑能耗标准》，全市新建民用建筑 100%执行建筑节能和绿色建筑标准。颁布《深圳经济特区绿化条例》，对新建公共建筑、高架桥、人行天桥、大型环卫设施强制实施立体绿化。构建绿色低碳交通体系，全球率先实现公交车、出租车 100%纯电动化，加快新能源汽车及其他清洁燃料汽车推广应用。持续推进小型物流车纯电动化工作，加快推动绿色港口建设。

碳汇能力稳步提升，经济效益和生态效益实现双赢。在经济社会高速发展的同时，深圳市高度重视生态环境保护和生态文明建设工作，坚持“环境优先”理念，把环境保护放在更加突出的位置，不断推进生态文明制度建设和体制机制创新，形成了绿色、循环、低碳发展的制度体系，转型跨越发展和生态环境保护走在国内前列，推动了经济效益和生态效益的“双提升”。大力推进森林城区、森林街道、森林家园、森林园区、森林校区、森林营区建设，森林碳汇能力加强。提升森林质量，2018 年，深圳市被正式授予“国家森林城市”称号。2019 年全市各项主要污染物均超额完成减排目标，$PM_{2.5}$ 年均浓度降至 24 μg/m^3，空气质量明显提升，水环境逐步改善，污水日处理能力逐年提高，创建“无废城市”建设设点，实现固体废物源头减量、资源利用、无害化处置，深圳市正努力以更少的资源消耗、更低的环境代价实现更高质量、更具竞争力的经济发展。

8.2.2.3 试点示范成果丰硕

碳交易市场化机制成果显著。2013 年 6 月 18 日，深圳市在 7 个试点省市之中率先启动碳排放权交易，管控单位覆盖制造业、电力、水务、地铁等 31 个行业，已顺利完成 7 个年度的履约工作。深圳市碳市场创新性地推出了具有融资、碳资产增值、风险管理等功能的多种形式的碳金融创新产品，为碳市场参与者提供了更便捷的价格发现工具、风险管理工具和低碳融资工具，大大活跃了市场交易。“十三五”以来，深圳市碳市场配额总成交量达 5 019 万 t，总成交额 10.53 亿元，市场流动性高居全国首位。深圳碳市场凭借机制设计与减排成效，于 2016 年获得 C40 城市金融创新类大奖，2017 年获《人民日报》高度评价。

国际低碳城市成为中国低碳绿色发展风向标。为实现深圳国际低碳城市的碳排放控制目标，有效促进节能减排，国际低碳城市构建了一套低碳指标体系，并开发了碳排放监测平台系统。通过碳排放实时监测与评估信息处理及数据储存系统，以及终端数据采集与传输系统，实现碳排放数据的采集、处理、查询、公示、预警以及企业碳排放监管、启动区智慧管理等功能。同时，低碳城建设了数据中心及展示中心，对所建设的平台以及低碳技术及应用进行科普展示，增强了建设成果示范效应。作为龙岗区的“绿色名片”，国际低碳城市展示了我国应对气候变化负责任的形象和态度，成为中国低碳领域国际合作的窗口和平台。

近零碳排放区示范工程建设进展顺利。2019 年年底，深圳市开展了近零碳排放示范区试点建设可行性论证工作，通过对深圳市低碳基础、重点区域开发分析，初步选择前海深港现代服务业合作区、深港科技创新特别合作区深方园区作为可行性论证的重点研究对象。组织技术团队从创建基础、总体思路、主要任务、重点项目、进度安排和保障措施等方面开展近零碳排放示范区的建设实施路径和指导意见研究。

8.2.3　低碳发展面临的问题与挑战

（1）碳减排空间持续缩小，部分措施推行难度较大

“十三五”以来，深圳市推行了一系列的低碳措施，优化能源结构，提高能源利用效率，在工业节能降耗、构建低碳交通、推广绿色建筑、降低公共机构能耗以及加强节能基础能力建设等方面都取得了一定的成效，但各领域的减排潜力也在逐步缩小，交通和建筑领域部分减排措施推行难度较大，减排成本较高。

一是机动车实现大范围电动化阻力大。目前，深圳市新能源汽车累计注册登记数量占机动车总保有量不足 10%，道路交通领域减排空间巨大，但是电动车竞争力和性价比较低阻碍了机动车实现大范围推广。一方面，与汽油车相比，电动车续航里程较短，难以满足远距离出行需求，尤其是在物流车方面，目前生产的电动卡车最高续航仅达 805 km，难以用作长途商用运输。另一方面，电动车充电便利性差异大，全市充电桩数量不足、分配不均，绝大多数充电桩为慢充桩，充满一辆汽车大概需要 5～8 小时，难以满足紧急需要。再者，电动车电池寿命短，电池衰减过快也降低了电动车性能。通常来说，第一年电池的衰减量约为 8%，之后两年衰减量为 4%，5～6 年之后每年衰减 1% 左右。还有非常重要的一点，就是电动车整体成本较高，除了购买成本较高之外，电动车的各种配件也相对昂贵，维修费用较高，动力电池退役、回收、利用的成本也较高。

二是居民住宅近零能耗改造积极性低。目前，深圳市的建筑节能改造主要集中于公共建筑领域，居住建筑实施改造面积占比较低。居民住宅是居住建筑节能改造的重点领域，一方面，受限于宣传力度、民众认知、社会影响、市场规模等诸多因素，居民住宅的改造需求还没有被激发出来。另一方面，超低能耗建筑市场仍处于起步阶段，超低能耗建筑改造成本偏高，居民建筑改造成本约为 600 元/m^2，而居民住宅近零能耗改造投资静态回收周期长达 30 年，低经济性势必导致低积极性。此外，对于居民住宅近零能耗改造，深圳市缺乏完善的激励政策，以需求侧拉动市场的潜力没有得到充分调动，无法完全调动产业链各环节主体的积极性。

（2）“双区”建设提速，碳排放强度下降压力加大

“十四五”是深圳市高标准、高质量、高要求建设粤港澳大湾区和中国特色社会主义先行示范区的关键时期，经济总量将稳步增加，能源需求依然旺盛。2020 年 7 月，深圳市人民政府召开了新基建布局发布会，提出到 2025 年建设规模和创新水平位居全球前列。具体来看，深圳市区两级首批新基建项目约 95 个，主要有信息基础设施、融合基础设施和创新基础设施三个着力点。其中，信息基础设施方面，深圳市计划在 2020 年 8 月底累计建成 5G 基站 4.5 万个，并在未来五年内建设 5G 网络、卫星通信、算力设施等 28 个信息基础设施；融合基础设施方面，重点加快老基建设施转型升级，通过工业互联网引领制造业发展；创新基础设施方面，2025 年之前，深圳市将有不少于 5 个重大科技基础设施建成并投入使用。信息技术、生物医药、新材料产业的发展，都将带来能源需求的增加。此外，“十四五”期间，深圳市计划开展海丰电厂、东部电厂二期扩建项目以及妈湾电厂退役机组“以大代小”项目的前期或建设工作，届时深圳市新增电源项目耗能将大幅增加，CO_2 排放也会呈现较大增幅，碳排放强度持续下降的压力也必将增大。

（3）基础能力建设有待加强，体制机制尚需完善

近年来，深圳市不断强化控温基础能力建设，但在温室气体排放统计核算体系、政府激励机制、人才队伍建设和协同合作机制等方面仍有欠缺。一是温室气体排放统计核查制度仍未健全。深圳市建立了工业控排企业、建筑物、交通运输企业温室气体统计核算制度，并且规定企业每年需提交第三方核查报告，但全市建立温室气体统计核算体系和相关考核制度工作存在滞后性。二是政府激励机制仍需完善。深圳目前已有循环经济与节能减排专项资金、节能环保产业发展专项资金，但用于激励绿色低碳产业发展的专项资金扶持机制还未完备。三是缺乏低碳领域专业化人才培养机制。目前，高校在应对气候变化和低碳发展领域的相关学科相对较少，低碳等新兴领域的复合型、专业型人才比较欠缺，应着力实施高层次人才引进和培养计划，加强人才国际交流和培训。四是区

域绿色高质量发展协同合作机制不完备。作为粤港澳大湾区建设的核心引擎，深圳市要发挥比较优势，增强对周边区域发展的辐射带动作用。但目前深圳市在参与区域环境保护、深化低碳合作等方面的思路不够清晰，区域协同机制建设相对滞后。

（4）绿色金融试点尚在初期，节能减排财政压力剧增

深圳市在金融工具、产品和服务方式等领域大胆创新并取得显著成效，但在制度创新方面略有不足，尤其在绿色金融体制机制和试点建设创新突破方面存在一定欠缺。对交通、建筑、工业和能源等重点排放领域减排措施进行初步核算，深圳市加大节能减排力度，财政资金压力巨大，至少需要增加财政补贴 2 000 亿元。

道路交通以电动车置换给予 2 万元/辆补贴计，如果实现 60%电动化，需新增财政支出约 480 亿元；工业项目节能要求额外增加 20%投资，以节能减排、技术改造等补贴标准给予 20%补贴，需新增财政支出约 750 亿元；建筑近零碳排放改造每平方米成本约 400～900 元，按照中间价计算，完成 80%改造总成本约 2 260 亿元，新增建筑增加成本约 1 800 亿元，若给予 20%补贴，需新增财政支出约 800 亿元；参照目前光伏补贴政策，以 0.4 元/（kW·h）补贴计，300 kW 太阳能光伏装机将支出 60 亿元。

目前，我国实现国家自主贡献的资金需求缺口依然巨大，现有的资源和渠道无法满足日益增长的减缓和适应气候变化的资金需求。深圳市的气候投融资机制改革以及基金建设等尚处于起步和探索阶段，低碳企业的融资能力不够，导致企业自身在低碳技术研发和资金投入等方面支撑不足。

（5）低碳技术水平与国际对标仍有差距，技术研发和创新能力亟须提升

目前，深圳市在重点低碳技术、产品推广计划和低碳技术成果转化推广清单等方面仍有欠缺，绿色低碳核心技术研发的关键设备过度依赖其他地区，技术研发、示范应用和成果转化之间的联动机制以及低碳技术推广应用激励机制不够完善，绿色产业聚集效益尚未完全形成。全社会研发投入中，基础研究占比仅为 1%左右，与国外先进城市相比，绿色技术创新能力仍有较大差距。深圳市每万人申请专利数量虽在全国位居第一，但其绿色技术源头创新能力的发明专利实力与国外先进城市相比并不高，核心技术专利数量偏少，绿色发展的关键领域目前仍以技术引进为主。

一方面，碳捕集技术成本高、能耗高。碳捕集、利用和封存（CCUS）是人类应对气候变化、完成碳中和目标的一项重要减排技术，2019 年华润海丰电厂二氧化碳碳捕集测试平台项目在深汕特别合作区正式投产，目前已成功捕集高纯度二氧化碳 10 000 多 t。高成本是目前推广 CCUS 技术的主要障碍。据统计，目前 CCUS 示范工程投资规模都在数亿元人民币，而且，在现有技术条件下，引入碳捕集后每吨二氧化碳将额外增加 140～600 元的运行成本。此外，我国 CCUS 试验示范还处于起步阶段，企业部署 CCUS 将使

一次能耗增加 10%～20%，效率损失大。所以，目前碳捕集技术仍未发展成熟，大规模应用仍面临诸多问题。

另一方面，氢能产业技术发展缓慢，实施难度大。我国氢能技术尚处于起步阶段，受限于技术、氢源、建设、运输保障等方面的障碍，同时由于锂电与氢能技术差异大、转换成本高和市场竞争大，氢能的研究和应用进程缓慢。此外，因为深圳市纯电技术仍能满足当前发展需求，没有快速发展氢能和燃料电池的迫切需求，所以在牵头企业空缺的情况下，政府也缺乏主动支持氢能产业发展的积极性，没有明确发展路线，对市场处于观望的状态，这些因素导致深圳市氢能产业技术发展缓慢。

（6）产业结构和能源结构较为优化，碳达峰、碳中和任重道远

2019 年，深圳市第三产业比重高达 60.8%，核电、气电、水电等清洁电源装机容量占全市总装机容量的 77%，产业结构和能源结构均处于世界发达国家先进水平，淘汰落后产能和提高可再生能源比重的减碳方式已不适合当前深圳市的发展水平。目前，全世界已有 50 多个国家实现了碳排放峰值，接近 100 个国家将碳中和提上日程。深圳市碳排放达峰面临着碳减排潜力小、“双区”建设背景下重大项目及能源刚性需求大、可再生能源发展潜力低等严峻考验，碳排放总量短期内仍处于缓慢增长阶段，“十三五”期间达到碳排放峰值的可能性较小。

可再生能源资源稀缺，大面积开发应用难度大。目前，深圳市有条件开发利用的可再生能源主要是太阳能和生物质能，其中垃圾焚烧发电是深圳市生物质能开发利用的重中之重，海洋能可能成为未来深圳市可再生能源的重要战略选择，风能因其资源潜力有限、环境影响较大等因素，只能作为深圳市备选可再生能源，地热能因其开发利用尚处于初级阶段及深圳地理区位和气候特点，大面积开发利用的价值不高。因此，通过利用可再生能源替代化石能源，降低碳排放的路径虽然行之有效，但也面临巨大的挑战。

8.3 战略路径

近年来，深圳市积极践行“创新、协调、绿色、开放、共享”五大理念，抢抓发展机遇，坚持先行先试，全面推动城市绿色化、低碳化发展。转变经济发展方式、调整优化产业结构、构建绿色发展新格局，实施能源消耗总量和强度双控行动，形成低碳绿色生活方式；坚持生态优先，实施重要生态系统保护和修复重大工程，强化区域生态环境联防共治；加快建立低碳绿色循环发展的经济体系，构建以市场为导向的绿色技术创新体系，大力发展绿色产业，促进绿色消费，发展绿色金融。作为中国特色社会主义先行示范区，深圳市的低碳绿色发展水平已经从“十二五”时期的起步阶段迈入高速发展阶

段，低碳发展目标和战略方向更加清晰。

8.3.1 低碳绿色发展目标

8.3.1.1 碳排放强度保持领先

随着经济的稳步增长、绿色复苏，深圳市的经济实力、发展质量将跻身于全球城市前列，能源消费同步进入高质量发展阶段，非发电用煤持续压减，天然气利用规模不断扩大，外区可再生电力送入规模及电动汽车等终端用能的再电气化水平不断提高，碳排放强度继续保持全国领先水平，并逐步缩小与国际先进城市之间的差距。

8.3.1.2 率先实现碳达峰

以中国在 2030 年前达到碳排放峰值目标为方向，在各部门积极推进温室气体减排工作和重点领域实行减排措施等的共同努力下，在不影响珠三角地区 2025 年全省率先达峰的大局下，维持深圳市经济增长态势，为广东省经济持续增长贡献深圳力量，争取深圳市碳排放总量在 2025 年之前达到峰值。碳排放达峰之后，新增能源需求由清洁能源等替代，化石能源排放与经济发展实现绝对脱钩。

8.3.1.3 全面实现净零排放

以实现净零排放为长远发展目标，分阶段开展低碳行动。2025 年之前实现碳排放达峰，为珠三角乃至广东省整体达峰起到城市引领作用；2025—2030 年，城市发展从低碳模式进入“低碳+”模式的创新升级中，将生态、科技、文化、城市空间规划等与低碳发展深度融合，充分发挥“低碳+”“低碳++”等的叠加效应，大幅提升城市低碳化、绿色化水平；2030—2035 年，乃至更长一个时期内，继续秉承可持续发展理念，以碳中和为目标，推动实现城市从近零排放到净零排放的愿景目标，并为全球平均气温较工业化前水平升高幅度控制在 1.5℃的温控目标努力。

8.3.2 低碳绿色发展中长期战略

8.3.2.1 形成清洁低碳、安全高效的能源体系

以电力改革为抓手，深入推进能源供给侧改革，优化煤炭、油气、天然气结构，培育壮大能源体系新模式和新的发展业态；完善可再生能源规划和产业扶持政策，推进清洁能源产业发展，推进核电项目落地；加强能源行业大气污染防治工作力度，落实能源

领域污染防治攻坚，推动国际能源治理合作；提升能源安全生产能力，夯实能源安全基础，建设能源安全基础设施，深化能源安全领域国内外合作。

8.3.2.2 构建市场导向的绿色技术创新体系

培育壮大绿色技术创新主体，强化企业绿色技术创新主体地位，激发高校、科研院所绿色技术创新活力，促进产学研深度融合；加强绿色技术创新导向机制，确立创新方向政策和标准引导，推进绿色技术创新成果转化、应用、示范，通过健全技术转移市场化体系，完善成果转化创新和推广应用机制；创造绿色技术，创新良好环境，加强技术与成果知识产权保护，加强绿色投融资等金融政策支持力度；推动绿色技术对外开放与合作，建立绿色技术创新联盟，深化国际合作，鼓励国外优秀技术成果在国内转化落地，加强政策保障和组织实施，尝试将绿色技术创新相关指标纳入生态文明考核等体系。

8.3.2.3 建立低碳绿色循环发展的经济体系

牢固树立和践行“绿水青山就是金山银山”的发展理念，将经济的现代化发展与低碳绿色循环发展深度融合，相辅相成，以资源节约型、环境友好型城市建设为导向，以绿色低碳循环发展的产业体系为核心，推动经济创新、产业优化、产品供给、市场培育，推动人与自然和谐共生。加快转变绿色生产生活和消费方式，建立绿色金融体系、绿色基础设施体系、绿色贸易体系和绿色消费体系，降低资源消耗、生态破坏、环境污染以及其他气候变化代价，建成经济增长、资源安全、生态安全、生命安全、气候适应等多目标的经济体系。

8.4 主要任务

8.4.1 以碳达峰为目标的低碳发展路径（2021—2025 年）

低碳绿色发展是城市高质量发展的必由之路，碳达峰是实现城市低碳绿色发展的重要抓手。近年来，深圳市的碳排放强度持续下降，碳排放总量的增速逐步放缓，深圳市碳排放总量约占珠三角区域的 13.3%。“十四五”期间，深圳市将探索以碳达峰为目标的低碳发展路径，继续优化能源结构，推进制造业碳排放率先达峰，加强建筑、交通领域节能减排力度。明确深圳市碳达峰路径和行动，合理制定碳排放总量控制目标，对于制定全市“十四五”低碳绿色发展相关规划和政策，推动珠三角城市群乃至整个广东省应对气候变化工作都具有十分重要的意义。

8.4.1.1　持续优化能源结构

严格实施煤炭控制，推进燃煤电厂技术升级改造。根据全省煤电节能减排升级与改造行动计划以及全面实施燃煤电厂超低排放和节能改造等要求，加快现役燃煤发电机组超低排放改造步伐，提前完成东部地区超低排放改造任务。“十四五”期间，在没有燃煤电厂关停计划的前提下，继续推进妈湾电厂、海丰电厂退役机组“以大代小”项目的前期准备或建设工作，进一步压缩煤炭使用比例，电厂实现亚洲最低排放水平。

推进能源基础设施规划建设，提升能源利用水平。加快建设新的燃机电厂，推进光明区 9H 级燃气—蒸汽联合循环机组尽快投产，加速推进东部电厂二期项目扩建工作。提高现有燃机利用小时，在不超过国家规定的利用小时水平内，力求更大程度上满足全市燃机发电量对燃机机组的需求。加快推进管道天然气在居民、商业用户中的应用，实施老旧住宅区、城中村以及餐饮、学校、医院等集中用气场所管道气改造。建成投产深圳抽水蓄能电站、华电坪山分布式能源和滇西北直流工程等重点项目。

推进垃圾发电和分布式光伏发电，加快可再生能源发展。大力发展生物质能，加快推动东部环保电厂、老虎坑垃圾焚烧发电厂三期、妈湾城市能源生态园设备安装及调试，全部实现投入运行，在超大型城市中率先实现生活垃圾全量焚烧。大力推进太阳能等可再生能源应用，推广分布式光伏发电，支持中广核集团岭澳三期核电项目开展有关前期工作。

开展重点节能工程，培育能源新兴产业。坚持能源节约优先战略，落实重点用能单位和行业能效水平对标，加快建设企业能源管理体系和管理中心。探索能源在新基建领域的融合发展以及与数字化产业协同发展的机会，采用数字化、智慧化手段，将能源发展与工业互联网、大数据中心、信息化平台、人工智能等有机组合，合理配置新的产业链条，实现经济效益和社会效益的双赢。

8.4.1.2　推动制造业率先达峰

加速淘汰落后技术和产能，促进产业转型升级。调整优化制造业产业结构，更新产业导向目录，从科技、经济、环保、能耗等方面提高企业准入门槛，加快淘汰高污染、高能耗、低附加值的落后技术和产能。发展高端装备制造业、战略性新兴产业，超前布局未来产业，推进产业结构调整，培育新常态下的产业发展新动能。

充分发挥市场作用，促进高耗能企业节能减排。继续发挥碳排放权交易市场作用，扩大管控企业范围，通过市场机制促进制造业碳减排。关注计算机、通信设备和其他电子设备制造、电气机械和器材制造等重点排放行业，通过实施更为严格的清洁生产审核、能源审计、合同能源管理、电机能效提升等措施，加大高能耗企业节能减排力度，全面促进制造业低碳发展。

实施创新驱动，加强制造业领域节能减排技术推广应用。坚持把创新驱动作为城市发展主导战略，加快推进以科技创新为核心的全面创新，通过创新驱动高效聚集资金、人才、技术等核心要素，全面促进制造业发展质量提升和碳生产力提升。加强控制管理、温控设施、注塑机、通用机械等节能减排技术的推广应用，通过技术升级改造，从源头降低制造业碳排放。

8.4.1.3 加大建筑领域控温减碳力度

加强既有建筑节能改造，推进可再生能源建筑应用。健全既有建筑节能和绿色化改造技术标准，建立健全既有建筑节能改造政策措施，推进既有建筑节能与绿色化改造示范推广。推广应用空调风系统改造、空调水系统改造、空调系统智能控制改造、空调在线清洗、空调主机改造、冷却塔改造、燃气锅炉改造为空气源热泵、使用节能型电开水器、天然气炉灶、太阳能热水系统（电）、既有居住建筑太阳能热水系统（气）、既有居住建筑外遮阳改造、高效空调系统和既有居住建筑外窗改造等技术措施。完善可再生能源示范市工作方案、资金管理、专项规划等政策技术文件，促进可再生能源建筑应用推广。

控制新建建筑规模，打造高星级绿色建筑集聚区。新建建筑全面考虑城市的综合环境、气候条件、总体布局，采用更高标准的建筑节能设计，推广屋顶绿化等措施减弱紫外线、磁波辐射及空气温差的变化，增强建筑物抗城市热岛效应的能力，有效延长建材使用寿命，保护建筑物。推动高星级绿色建筑、绿色运营等重点领域实现快速增长和持续发展，实现从全面推行建筑节能到全面推行绿色建筑的跨越，在重点片区形成高星级绿色建筑集聚区。

推行装配式建筑，高标准建设国家生态示范城区。从源头加快装配式建筑项目落地，开展装配式建筑示范项目建设，促进装配式建筑项目提质扩面，从居住建筑向公共建筑、工业建筑和市政基础设施逐步覆盖。以点带面，全面铺开，建设国家绿色生态示范城区，为全国城乡建设领域开展绿色生态城区发展贡献可复制、可推广的建设经验。

执行能耗限额标准，严格实施建筑能耗监测管理。大力推动执行能耗限额标准，开展节能行为科普，提升节能意识，建设全市统一的公共机构能耗监测管理平台，加强能耗监测统计数据库管理，尽快实现对市直重点用能单位的能耗动态监测，推动市区两级能耗监测平台的数据对接工作，实现全市所有公共机构单体建筑的能耗动态监测。

健全绿色建材政策及技术标准，全面实行绿色施工。完善绿色建材产品标准、认证及标识，完善绿色建材的碳标签（足迹）认证体系，建立绿色建材管理体系及配套政策，并出台相关激励政策促进绿色建材行业发展。提高绿色建材应用比例，切实推进绿色建筑应用可再生资源制备新型墙材及高性能混凝土和预拌砂浆等绿色建材，鼓励使用明确碳标签的建筑材料。

8.4.1.4　深化交通领域低碳绿色发展

加强技术推广，加快公共交通低碳化、清洁化进程。加大科技投入，推行扩大常规公交线路、完善轨道交通网络等基础设施建设类措施以及汽车尾号限行、绿色出行、建设慢行网络等政策类相关措施，发展大运量、集约化的交通运输方式，构建以轨道交通为骨架、常规交通为网络、出租车为补充、慢行交通为延伸的一体化公共交通体系，提升公共交通运输能力。将公共交通领域排放纳入碳交易机制，通过市场化手段控制交通领域碳排放。

提高货运电气化水平，推进绿色港口建设。通过改进发动机、重货轻量化、子午线轮胎、改善路况等多种手段提高货车的燃油利用率，加大推广货运电气化、多式联运等货运结构调整措施，推动港口集装箱“水水中转”“海铁联运”，引导货物运输方式由高能耗的道路、航空运输向低能耗的水路、铁路运输转移，降低单位货运周转量能耗。严格落实《关于船舶进入珠三角水域排放控制区使用低硫燃油及泊岸使用岸电的通告》（深交规〔2018〕6 号）、《深圳市交通运输局　深圳市生态环境局　深圳海事局关于实施船舶大气污染物排放控制区的通告》等文件要求，加强珠三角水域船舶排放控制区管理，尽快推动实现靠港船舶使用岸电或转用低硫燃油和轮胎式龙门起重机“油改电”等工作。

研发攻关新的替代燃料，促进新能源交通发展。加快新能源汽车配套基础设施建设，出台并实施深圳市新能源汽车充电设施布局规划，实现纯电动汽车和插电式混合动力汽车产业化。大力推进新能源汽车充电网络建设，形成智能高效的充电基础设施体系，建立新能源汽车动力电池回收利用体系，落实生产者责任延伸制度，促进新能源汽车全产业链高质量发展。完善新能源汽车政策扶持和资金补贴制度，促进新能源汽车消费。加快新能源汽车以及氢能等清洁燃料汽车的研发和技术攻关，推动新能源汽车产业发展与大气污染物防治，稳步推进节能减排工作（图 8-9）。

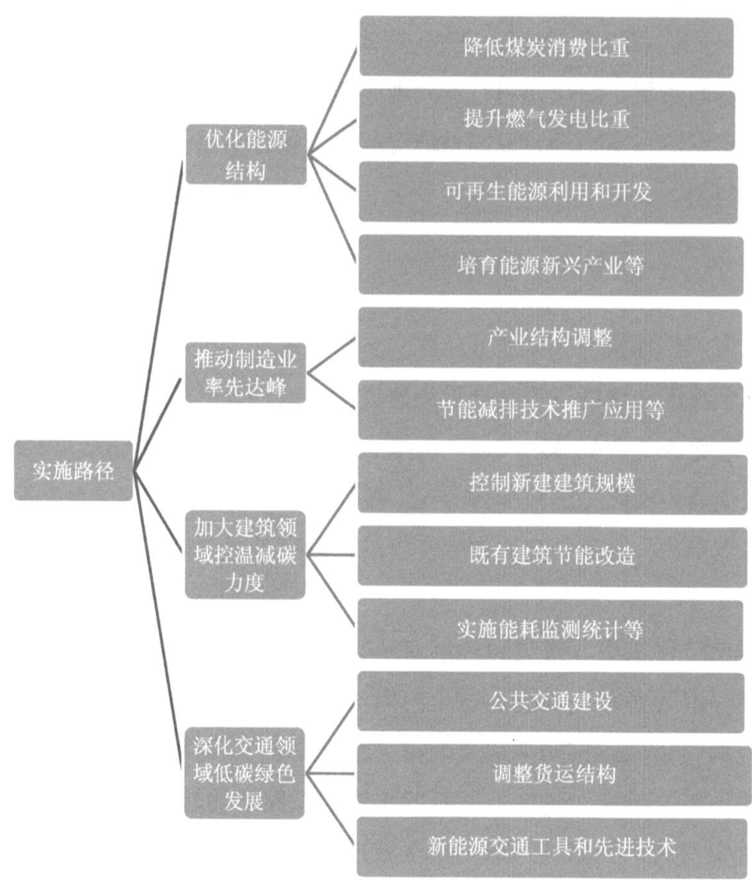

图 8-9　以碳达峰为目标的低碳发展路径

8.4.1.5　加强温室气体和污染物排放协同治理

统一污染物与温室气体的监测、统计和考核体系。充分整合和提升环境统计体系、排放源污染物在线监测体系、城市污染物总量控制制度、环境影响评价制度、排污权交易制度等，制定污染物与温室气体协同减排的统一规划和对策措施。在最初确定污染物减排目标时，就要充分考虑温室气体的增减效果；反之，在确定温室气体控制目标时，也要充分考虑污染物的增减效果，即要制定污染物与温室气体协同减排的统一规划，从源头上避免污染物与温室气体减排不协同现象的发生。在制定污染物与温室气体协同减排的具体对策措施（包括相关法规、标准、政策和技术手段等）时，要充分考虑污染物与温室气体减排的正协同效应，确保相关对策措施在实施过程中不出现减污增碳或减碳增污现象。

将应对气候变化纳入城市绿色发展和环境管理。推动气候变化和环境生态的接轨与整合，将应对气候变化有效纳入城市管理中，有效指导城市在发展过程中考虑碳排放因素，推动城市环境管理在新形势下的转型，促进城市将低碳发展的目标和要求落实到具体建设项目中，使项目建设与城市整体碳排放控制目标相协调，为城市按时完成碳排放控制目标提供重要保障。通过气候政策产生的公共卫生效益、节能增效成本节约效益、能源安全效益以及城市生活质量提升效益等协同效益，抵消由经济增长、环境保护与温室气体减排之间相互冲突产生的成本。

通过实施环境影响评价实现低碳绿色目标。将低碳发展理念融入环境影响评价体系，在规划环境影响评价、战略环境影响评价、项目环境影响评价等层面引入和强化低碳发展、温室气体减排，借助环境影响评价制度这项贯彻预见性环境政策的重要支柱和卓有成效的法律制度的优势与特点实现低碳绿色的发展目标。发挥污染控制与碳排放控制的协同作用，将低碳发展措施纳入环境保护“三同时”制度，在环境影响评价报告和环境保护部门的审批意见中，将环保和低碳措施分为强制性和建议性两类，环境保护部门重点监管强制性措施的落实情况。

8.4.2 从低碳到“低碳+”的创新协同发展路径（2026—2030 年）

“十四五”期间，全市碳排放总量达到峰值之后将进入平台期，并在一段时间内保持平稳状态。化石能源消费量下降，全市新增能源需求将主要通过电力以及可再生能源满足。同时，为促使碳排放进入更低水平而城市发展进入更高水平，需要不断创新低碳发展模式，将产业、科技、文化、生态等与“低碳”进行深度融合，走出一条“低碳+”乃至“低碳++”的新路径。

8.4.2.1 “低碳+产业”转型升级

低碳发展与产业的融合体现在以下几个方面：一是大力发展林业，提高碳转化率，提升林业固碳能力。二是将低碳发展融入产业结构转型升级，深入开展工业节能降耗，在淘汰落后产能的基础上大力培育低耗高效产业，打造低碳产业园区，采取目标管理、政策激励等一系列措施。促进新能源汽车、先进核能、高效储能、可再生能源、智慧能源、高效节能、先进环保、资源循环利用等低碳绿色产业发展，形成重点产业核心基地。三是壮大现代服务业，创新产业新模式、新业态，发展新兴服务业，形成以高科技产业和现代服务业为主的低碳产业体系，打造特色鲜明、功能完备、错位发展的低碳型服务业集聚区。

8.4.2.2 “低碳+生态”协同共进

以低碳绿色发展为指引，牢固树立和践行“绿水青山就是金山银山”的发展理念，将低碳发展理念与生态文明建设深度融合。一是坚持规划引领，以“绿色发展，生态优先”为原则，将绿色发展作为解决生态环境问题的根本之策，协同推进经济高质量发展、生态环境高水平保护和低碳绿色模式高效运行。二是建立生态优先决策机制，实行严格的环境保护制度，充分发挥环境保护优化经济发展的综合作用，着力推进绿色发展、循环发展、低碳发展，构建生态文明新景观。三是实施生态固碳，研究红树林等湿地生态系统碳循环模式，优化城市生态格局，构建全市绿色空间结构，建设城市生态绿化带和重点示范工程。

8.4.2.3 “低碳+空间”合理布局

城市空间位置、功能、密度与形态等要素与城市的碳排放有着密切的关系，在城市空间布局规划中，统筹考虑土地利用、绿地系统、交通、建筑体量与尺度、公共设施布局等方面因素，充分依据空间布局与城市碳排放的关系，科学布局，促进城市低碳化发展。一是构建基于低碳导向的交通组织体系，通过合理的城市空间结构影响交通需求，减少交通带来的碳排放。二是控制建设用地碳排放强度，通过城市空间中土地利用的变化影响热岛效应强度，抑制热岛效应带来的能源消耗。三是优化空间利用结构，通过结合气候的建筑布局和公共服务设施均衡布局，促进低碳生活方式的转变。四是推进新产业、新业态用地管理创新，促进产业集群发展，打造低碳绿色生态城市圈。

8.4.2.4 “低碳+科技”创新提升

将科学技术研发、创新、推广应用与城市低碳绿色发展紧密结合，开展低碳科技创新示范，构建以企业为主体、市场为导向、产学研相结合的绿色技术创新体系。围绕关键共性绿色技术，培育绿色技术创新载体，制定发布绿色技术推广目录。加快建设生态环境领域创新型研究机构，发挥产学研深度融合的创新优势，推动深圳市建成全球生态环境技术创新高地。加快促进科技成果转化，支持各类工程技术研究中心、产学研基地、科技孵化器等平台建设，鼓励高校、科研院所与企业采取联合开发和利益共享、风险共担的模式攻克一批绿色产业技术，加快成果转化和成熟适用技术示范推广。发挥碳捕集测试平台优势，筹备建设大规模二氧化碳捕集系统，促进 CCUS 技术及装备的产业化。促进国际低碳清洁技术交流合作，加强生态、能源、建筑、交通、空间等领域绿色技术开发应用，推动低碳绿色技术水平逐步与国际接轨。

8.4.2.5　“低碳+数字化”前沿探索

把握数字政府和智慧城市建设契机，建设区块链技术服务和数据应用平台，推动低碳产业数字化，推动互联网、大数据、人工智能和实体经济深度融合。探索智能电网、电动汽车、移动储能站、区块链技术等低碳转型相关技术，加强数字电厂、可再生电力交易、电网资产管理、电动汽车充电等数字化应用，实现以数据为核心的智能化发展。通过数字化转变低碳生活方式，创新低碳行为模式，促进消费行为的可持续发展。开展低碳数字化领域国际合作，推动能源发展产业链和生态体系升级。

8.4.3　从近零到净零排放的长远发展路径（2031—2050 年）

低碳绿色发展是实现控温的有效途径，净零碳排放是低碳发展的长远目标。习近平总书记提出中国将努力争取在 2060 年前实现碳中和，这是中国最高领导层第一次做出实现零碳排放的庄严承诺。深圳市作为中国特色社会主义先行示范区，理应在履行国家承诺时担当重要角色，通过实施更加有力的措施和政策，实现从近零碳排放到净零碳排放的美好愿景。近零碳排放围绕产业、能源、交通、建筑、生态等不同领域，通过技术措施开发、集成、应用、推广以及机制创新，实现区域内碳排放水平快速降低并接近于零。净零碳排放则意味着区域内燃料燃烧所产生的温室气体排放量减少到零，或者通过其他途径实现碳排放与碳汇之间的中和。

8.4.3.1　引领低碳试点城市，打造“碳中和”新区

开展近零、净零示范工程建设。以控制温室气体排放、实现城市可持续发展为目标，继续深化国际近零碳排放示范区建设工作，探索具有深圳特色的近零碳排放发展模式，综合利用各种低碳技术方法和手段，实施碳中和、增加森林碳汇等机制，建立碳排放监测管理体系。完善低碳技术配套政策，积极推动在产业、能源、交通、建筑、消费、生态等领域的近零碳技术产品综合集成应用，推动近零碳排放区示范工程试点在制度、管理、技术和模式等方面的创新发展。

打造“零碳”能源格局，多方位满足发展需求。全面实现“无煤化”，推动可再生能源大规模应用。未来电力全部实行绿色供电，高比例开发可再生能源，形成以调入清洁电力为主、区域内分布式可再生能源发电为辅的供电方式。大力发展分布式光伏发电，包括光伏一体化建筑、光伏屋顶发电、光伏与电动汽车充电桩相结合的光电停车棚等光伏+项目。规划建设储能、微电网和智慧能源示范项目，加快构建绿色、安全、集约、高效的清洁能源供应体系，实现从传统电网向智能电网的过渡，保障能源安全。积极推

进风力发电，开展粤港澳大湾区海上风电关键技术攻关，启动近海域风电项目，学习借鉴国际先进经验，有条件的地区可开展分散式风电项目。

强化绿色建筑标准，构建国际先进水平的净零碳建筑。将绿色发展理念融入城市规划建设和管理运营的全过程中，实施建筑物能耗控制，提升建筑能效。强制实施更加严格的绿色建筑标准，高标准推进建筑节能技术措施，制定出台净零碳建筑技术导则等规范性文件，引进国内外先进理念和建设成果，大力推广应用“净零碳”建筑，确保建筑运行用能全部来自可再生能源，构建具有国际一流水平的净零碳建筑环境。

坚持“零碳”交通原则，打造可持续的综合交通体系。加强绿色出行等“零碳”交通运行方式在交通体系中的重要作用，学习借鉴荷兰慢行交通网络建设的先进经验和做法，以“零碳”为原则规划和建设绿色交通网络，创新交通低碳绿色发展路径，充分利用、合理配置城市交通资源，合理布局交通设施，构建“方便、快捷、安全、高效、绿色、智能”的综合交通体系。

8.4.3.2 加快低碳绿色转型步伐，建设气候适应型城市

深化绿色产业植入和技术承载，促进应对气候变化的国际合作。将绿色发展理念融入社会发展的各行各业，将绿色产业植入到产业全生命周期链条中，将气候变化风险应对和管理的技术创新及政策体系构建放在与减排同等的位置上来推进。加快发展新能源技术、能源领域跨界交叉新技术，推进在应对气候变化领域的国际技术合作，为科技创新和新兴产业的发展创造机遇并提供空间。

加强环境健康监测，实现气候变化与公共健康协同治理。提高气候变化对公共健康威胁的认识，通过选择更好的运输、更清洁的能源利用方案来减少温室气体排放，进而通过减少空气污染改善健康环境。加强能力建设，开展环境健康监测和管理，实施针对气候变化的公共健康卫生应对策略，减少公共健康在气候变化应对中的脆弱性。加强城市不同部门之间的协调性，将公共健康融入适应气候变化战略与规划制定。

实施脱碳发展路径，推动城市气候治理。以全面推进现代化建设、实现高标准生态环境保护、高水平建设美丽湾区目标为指引，强化低碳绿色发展政策导向，落实和强化国家自主贡献目标。以《巴黎协定》2℃控温目标甚至更为强化的 1.5℃目标下全球减排路径为导向，确立深度减排目标和战略，推动电力和运输网络脱碳、燃料转换、直接空气捕获等在内的二氧化碳负排放措施、碳去除等手段的大规模应用，促进减排与适应气候变化战略的协同发展。

8.4.3.3 加强现代化治理手段，实现经济韧性绿色复苏

完善碳市场交易机制，推动区域碳市场联动。结合碳市场未来发展的大趋势和近几年碳交易试点运行过程中凸显的现实问题，切实开展碳排放权交易法律、法规修订完善工作，探索建立市场定期评估、配额供需调节等碳交易市场运行优化机制，出台相关配套文件，平衡市场配额供需关系，进一步推动碳市场发挥节能减排功能。依托良好的国家碳交易试点基础和试点成效，继续推进碳交易市场创新发展和中小型管控单位服务实践，积极探索中小板碳交易市场的顶层设计、交易体系、运营机制和管理模式，推进构建粤港澳大湾区中小型碳排放企业的碳交易体系，承担中小板碳交易市场的体制机制建设及运营管理职能。

创新绿色金融发展模式，推动经济可持续发展。发挥气候投融资促进中心作用，建立集研究、交流和投融资服务为一体的平台和枢纽，创新绿色发展工具和绿色金融产品，降低气候变化和环境破坏可能带来的金融风险，建立激励约束机制，加强低碳绿色领域投资，推动生态文明建设，在复杂多变的国际环境和国内发展新格局中发挥重要作用。开展经济与低碳绿色发展的协同政策研究，提高环境信息披露，深化国际合作，构建与国际接轨的绿色金融体系。

加强低碳发展法制保障，营造良好“零碳”发展环境。将“退煤”、可再生能源开发利用、实现碳中和等发展目标融入低碳立法，健全法规体系，梳理和修订与低碳发展不相适应的地方性法规、规章，形成有利于深圳市低碳发展的法规体系。强化对零碳工程建设的政策支持，完善土地、财政、税收和金融等激励政策，统筹协调财税、金融、土地、规划、科技、环保等相关部门，加大国家和省市在支持科技成果研发的投入和转化应用，加大对高新技术产业、战略性新兴产业发展等方面的扶持力度。

坚持韧性发展理念，建设国际绿色韧性城市范例。面对国际政治经济格局重大变化以及我国绿色发展新格局要求，增强城市综合发展韧性变得越来越紧迫。抓住社会主义先行示范区建设初期、国内外韧性城市建设起步、疫情防控与经济社会发展三大“时间窗口”的历史机遇，将韧性城市发展理念纳入社会主义先行示范区建设的总体部署中，以增强城市韧性为指引，确立任务导向与工作重点，优化韧性城市建设指标体系，不断提升和增强城市发展韧性，大力建设别具一格、与全球标杆城市相匹配的韧性城市发展范例。

第 9 章　宜居人居环境建设研究

深圳是超大城市的典型代表，一方面城市是现代化的重要载体，另一方面也是人口最密集、污染排放最集中的地方。要实现生产空间集约高效、生活空间宜居适度、生态空间山清水秀，把城市建设成为健康宜居的美丽家园。对标发现，深圳在国内宜居城市的排名较为靠前，在城市安全、自然环境及社会人文环境等方面均有显著优势，但交通、房价等仍是制约深圳宜居建设的主要因素，城市居民幸福感还有待提升。未来在探索美丽深圳建设过程中，要以引领人居环境建设，打造宜居生活城市标杆为目标，实施好营造舒适生活环境、提升幸福生活品质、繁荣创新生态文化等三个方面的建设路径。

9.1　人居环境建设现状分析

9.1.1　深圳与国内外宜居城市比较

9.1.1.1　与国际宜居城市比较

全球宜居城市的研究与实践正在不断扩充着人居建设的标准与内涵。英国《经济学人》智库（Economist Intelligence Unit）公布的“世界宜居城市排行榜”，美国美世人力资源咨询公司（William Mercer）的“全球最宜居城市排行榜”，以及人力资源咨询机构——ECA International 发布的“全球最宜居城市调查”是全球最具权威性的宜居城市排名榜单。通过这三份榜单，可以看到深圳在世界宜居城市中所处的大致位置，为进一步打造具有引领性的国际宜居城市和提升深圳人居环境建设提供一定参考。

（1）2018 年英国《经济学人》“世界宜居城市排行榜”

该排行榜共考察全球 140 个城市，根据各城市社会稳定程度、医疗卫生、文化和环境、教育及基础设施等 30 个项目进行评分及排名。温哥华（加拿大）、新加坡城（新加坡）、维也纳（奥地利）、墨尔本（澳大利亚）、苏黎世（瑞士）、日内瓦（瑞士）、法兰克福（德国）等城市凭借宜人的自然环境、繁荣的经济环境、高效的交通网络、完善的公共设施网络等被多次评为宜居城市。

深圳在榜单中排名第 82 位，自 2010 年起未有明显变化，与排名第一的墨尔本综合得分（97.5 分）相比差距仍然很大。与榜单中的亚洲其他城市相比，深圳排名也不靠前，仅排在第 11 位。在中国进入 100 强的城市中，深圳排在第 5 位，次于苏州、北京、天津和上海（图 9-1）。

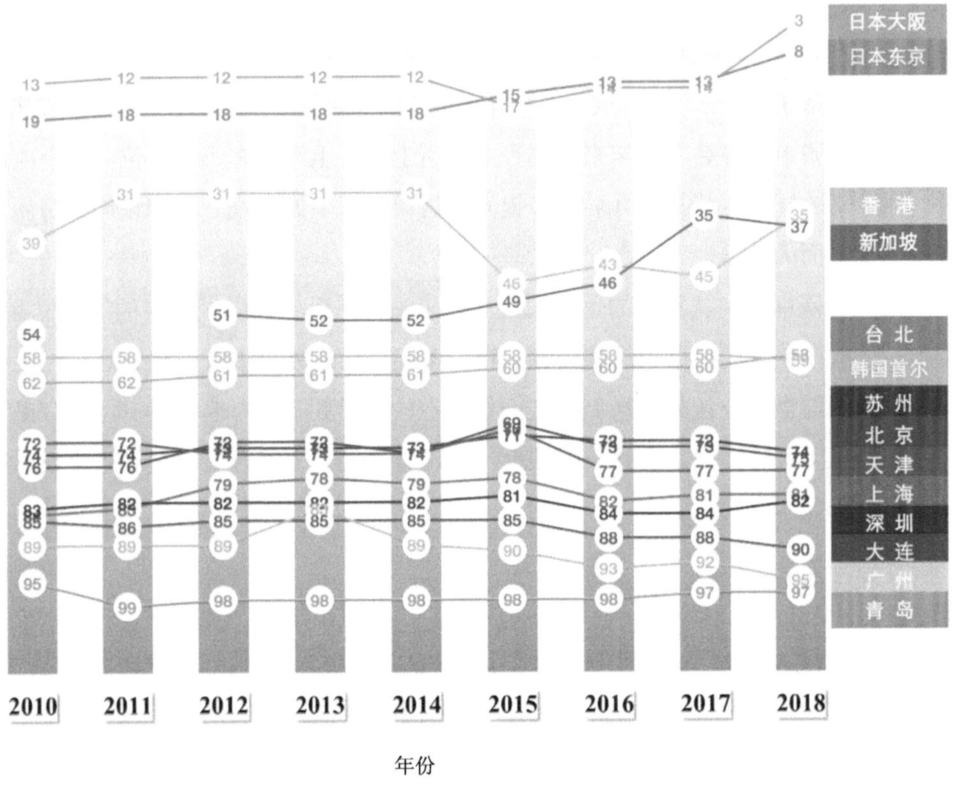

图 9-1　亚洲城市全球宜居性排名变化

（2）2019 年美国美世人力资源咨询公司（William Mercer）“全球最宜居城市排行榜”

该榜单主要通过对消费环境、居住条件、经济发展、医疗卫生条件、自然环境、政治和社会环境、公共服务和交通条件、学校和教育条件、娱乐环境、社会文化环境十大类别来对全球231个国际化大都市的生活质量进行综合评比。

前十名中有八个欧洲城市，奥地利首都维也纳已经连续十次蝉联冠军。除了维也纳、苏黎世、哥本哈根、日内瓦和巴塞尔外，德语区城市也有较好的表现（慕尼黑排名第3、杜塞尔多夫排在第6位、法兰克福位列第7）。在中国参与排名的城市中，深圳排在总排名的第132位，仅次于香港第71位、上海第103位和北京第120位。

（3）2019年人力资源咨询机构（ECA International）“全球最宜居城市调查”

ECA每年所进行的城市排名调查是通过客观分析一系列的生活环境因素评估全球超过480多个国家和地区的整体生活质量。被纳入评估内容的生活环境因素包括：气候、医疗服务、住房及公用事业、隔离程度、社交网络与娱乐设备、基础建设、个人安全、政治气氛以及空气质量等。

在2019年城市居住调查报告中，新加坡继续稳居2005年来全球第一的宝座。亚洲城市中，日本大阪、名古屋、东京、横滨等城市紧随其后。天气等不稳定因素导致香港在全球排名下降了12个名次，成为全球第41名，台北位居第68名，澳门排在第104位。中国内地城市的排名在近年来的调查中有所上升，上海排在第114位，居于内地城市之首，深圳的排名也从第140名稳步提升，这得益于生态环境、基础设施、房屋、商品和服务等方面的改善。

以上三份榜单分别从不同的角度大致呈现了深圳在世界宜居城市中的排名位置，可以看出，深圳在全球大都市中的整体宜居排名不高，均仅处于中等位置。这在一定程度上反映出深圳与世界公认的宜居城市之间仍存在较大差距，在内地城市中也仍有提升空间。深圳要想在人居环境方面处于引领地位，还需要加大力度开展宜居城市建设，增强全球竞争力和显示度。

9.1.1.2 与国内宜居城市比较

中国社会科学院和中国科学院公布的国内宜居城市排名具有广泛的国内认可度。作为国内最具权威的两大学术机构，两者从不同的角度对宜居城市进行了研究。

（1）2019年中国社会科学院《中国城市竞争力第17次报告》

中国社会科学院发布的《中国城市竞争力第17次报告》中衡量宜居城市竞争力指标主要由活跃的经济环境、舒适的居住环境、绿色的生态环境、安全的社会环境、便捷的基础设施、优质的教育环境、健康的医疗环境等几方面构成。报告显示，2018年在全国293个城市的宜居竞争力中，排名前十的城市依次是香港、无锡、杭州、南通、广州、南京、澳门、深圳、宁波和镇江（表9-1）。其中长三角地区有6市入选，珠三角地区有2市入选。中国城市宜居水平按照城市的人口规模呈现出“两头高，中间低”的分布规律。香港、无锡和深圳从 2015—2017 年均在前 10 名之列，具有较强的稳定性。综合深圳在本榜单中的排名来看，2016 年、2017 年、2018 年深圳的排名依次为第 7 位、第 10 位、第 8 位。从影响得分的因素来看，居住环境得分较低是近年来制约深圳宜居性的主要因素（表 9-1）。

表 9-1　2018 年全国宜居城市竞争力前 10 名城市

城市	宜居城市竞争力			经济竞争力排名	可持续竞争力排名
	指数	排名	排名变化		
香港特别行政区	1.000 0	1	0	1	1
无锡（江苏省）	0.779 8	2	0	11	19
杭州（浙江省）	0.740 8	3	0	19	6
南通（江苏省）	0.734 2	4	1	27	39
广州（广东省）	0.732 4	5	−1	4	5
南京（江苏省）	0.732 2	6	0	7	7
澳门特别行政区	0.711 9	7	0	14	8
深圳（广东省）	0.707 6	8	2	1	4
宁波（浙江省）	0.707 1	9	0	23	18
镇江（江苏省）	0.704 3	10	−2	26	37

（2）2019 年中国科学院《中国宜居城市研究报告》

研究团队通过大量的居民问卷调查和数据分析，从城市安全性、公共服务设施方便性、自然环境宜人性、环境健康性、交通便捷性和社会人文环境舒适性 6 大维度和 29 个具体评价指标进行全方位研究。对 40 个代表中国经济社会发展最高水准的城市基于不同维度城市宜居性评价比较发现，中国城市目前宜居指数整体不高，宜居指数平均值仅为 59.92 分，低于 60 分的居民基本认可值，安全、健康和交通等是制约中国宜居城市建设的关键因素（表 9-2）。

深圳综合宜居指数在案例城市中排第 9 位，其中，城市安全性、公共服务设施方便性、自然环境宜人性、社会人文环境舒适性、环境健康性 5 大维度得分排名进入案例城市前 10 位，自然环境宜人性、社会人文环境舒适性两大维度得分排名第 1。交通便捷性是制约深圳宜居性的主要指标，在案例城市中排名较低（表 9-2）。

表 9-2 《中国宜居城市研究报告》中国被调查城市的宜居城市分维度情况

评价类型	评价对象	排名最高的 TOP10 城市
综合评价	城市宜居指数	青岛、昆明、三亚、大连、威海、苏州、珠海、厦门、深圳、重庆
	幸福感	厦门、威海、宁波、济南、苏州、福州、青岛、长沙、南昌、三亚
分要素评价	城市安全性	深圳、北京、南京、成都、上海、贵阳、青岛、济南、厦门、苏州
	公共服务设施方便性	上海、广州、深圳、南京、青岛、北京、成都、济南、昆明、沈阳
	自然环境宜人性	深圳、上海、苏州、青岛、南京、成都、杭州、福州、威海、厦门
	社会人文环境舒适性	深圳、上海、广州、成都、威海、济南、北京、南京、武汉、苏州
	交通便捷性	厦门、苏州、济南、海口、银川、威海、石家庄、昆明、南京、长春
	环境健康性	厦门、西宁、银川、青岛、威海、长春、南宁、乌鲁木齐、昆明、深圳

通过对比以上两大榜单可以发现 整体而言，深圳在国内宜居城市的排名较为靠前，在城市安全、自然环境及社会人文环境等方面均有显著优势，但交通、房价等仍是制约深圳宜居建设的主要因素，同时在人居环境建设中应对城市居民幸福感的提升给予更多重视。

9.1.2 宜居城市建设发展现状趋势

9.1.2.1 宜居城市建设发展现状

随着对人居环境问题研究的逐步深入，宜居城市的理论得到全面的发展，人们关注的角度和问题的深度、广度都在不断更新。注重人文关爱，以人类生活为本的“宜居城市”理念逐步成为全球共识。1961 年世界卫生组织提出“安全性、健康性、便利性、舒适性”的居住环境基本理念。1996 年，联合国第二次人居大会提出“城市应当是适宜居住的人类居住地”，重点关注城市可持续性与公平性。2016 年联合国第三次人居大会通过了《新城市议程》，提出了提升城市吸引力、打造宜居城市的倡议。注重城市宜居理念及其发展方向的《联合国千年发展目标》《2030 年可持续发展议程》等重要纲领性文件也先后出台。

我国宜居城市建设虽然起步较晚，却走向了新高度。2000 年，建设部设立了“中国人居环境奖”和“中国人居环境范例奖”，提出了“创造充分的就业和创业机会，建设空气清新、环境优美、生态良好的宜居城市”的目标，自此，我国城市建设与国际接轨，并始终把创造优良人居环境作为城市工作的中心目标。2012 年 11 月，党的十八大报告中首次提出“推进绿色发展、循环发展、低碳发展”和“建设美丽中国”。而宜居城市的本质就是适宜人居住、生活和发展的城市，强调“以人为本”，是生态文明建设的重要内容。2015 年 12 月，在中央城市工作会议上，国家把“宜居城市”和“城市的宜居性”提到前所未有的战略高度加以论述，明确指出要“提高城市发展宜居性”，并把“建设和谐宜居城市”作为国家和城市发展的主要目标，在国家层面为地方“宜居城市”建设提供了方向性指导。党的十九大报告对生态文明建设提出了一系列新思想、新目标、新要求和新部署。建设绿色、智慧、健康、宜居的生态文明城市成为中国实现“两个一百年”奋斗目标、“四个全面”战略布局的历史选择、民生工程和时代要求。可以说，中国宜居城市建设相当程度上与生态文明和生态宜居紧密关联。

从具体内容来看，我国分别于 1996 年、2001 年、2016 年三次发布《中华人民共和国人类住区发展报告》，其中 2016 年《联合国第三次住房和城市可持续发展大会——中国人居报告》中，在城市棚户区与城中村改造、“低碳生态示范市”“绿色生态城区”等生态城市建设的多种实践形式等方面提出了具体的目标要求。2016 年起，国务院和国务院办公厅在对各城市的总体规划进行批复时，大都包括如下要求：“创造优良的人居环境。要坚持以人为本，统筹安排关系人民群众切身利益的教育、医疗、市政等公共服务设施的规划布局和建设”“加快棚户区、城中村、城乡危房改造及配套基础设施建设，根据城市的实际需要与可能，稳步推进城市有机更新”“不断完善城市管理和服务，提高城市发展的宜居性，努力把城市建设成为人与人、人与自然和谐共处的美丽家园”。《中共中央　国务院关于进一步加强城市规划建设管理工作的若干意见》中明确提出将“努力打造和谐宜居、富有活力、各具特色的现代化城市”作为城市规划建设管理工作的总体目标。

广东省对人居环境建设工作高度重视。2009 年，广东省委、省政府出台了关于建设宜居城乡的实施意见，提出“力争用 10 年左右的时间，将全省建成安居、康居、乐居、具有岭南特色的宜居城乡”的目标。此后，相继出台了《广东省宜居城市建设评估基本指标体系》《宜居社区建设评价》等地方标准，成为广东省宜居城市建设的重要手段和依据，在制度层面为宜居城市建设提供了良好支撑。深圳与国际主流宜居城市存在一定差距，近几年来，通过采取众多措施来加强人居环境建设。市“十三五”规划纲要中明确了“十个城市”的定位，分别从科技、产业、民生、文化等角度指明了城市未来发展方向，均为深圳“宜居城市”建设的题中之义。

9.1.2.2　国际高密度宜居城市建设典范

深圳是世界上人口密度、建设强度最高的城市之一，快节奏的都市生活压力催生了深圳人对于户外运动、放松身心的亲近自然空间和活动的需求。世界高密度城市在高质量的宜居供给与营造等方面的经验，为深圳在高密度底盘上打造世界级的高品质人居环境、建设成为代表中国的全球宜居城市标杆提供了一定的参考。

（1）纽约

面对不断上涨的人口压力及随之上升的基础设施需求、城市环境条件与全球气候变化、区域不均衡增长等问题，纽约市于 2015 年颁布 One NYC2040 愿景规划，强调解决社会公平问题、在有限的空间内解决土地供需矛盾并创造宜人的空间环境，让规划为所有纽约人服务。规划提出了蓬勃发展、公平平等、可持续发展、具有韧性的四个城市愿景。纽约在生态方面的规划以“可持续发展”为核心开展，将“公众参与、生态教育、社会公平、技术创新”等理念与生态策略融合，关注公园与自然资源建设，加强城市开放空间和绿色空间建设，促进资源公平。2019 年，纽约 OneNYC2050 愿景规划围绕营造活力的街区、健康的生活、宜人的气候、高效的出行、现代的基础设施等方面升级了重点战略目标和举措。在活力的街区战略中，纽约将通过细密网络织补建成覆盖全城所有邻里住区的高品质开放空间体系，让公园、广场、滨水区、住区、工作场所相连；让骑行、步行网络安全相连；让隐蔽的灰空间激活释放；让低收入住区得以拥有丰富的文化资源。在健康的生活战略中，明确提出了更新和提升“活跃设计指南”，优化有利于心理健康和能提升社会幸福感的建筑、街道、城市农业和公共空间的设计策略，建设引导居民健康生活方式的环境，并通过建设绿色基础设施、污水处理设施和水循环项目等改善城市河道水域质量。

对在高密度地区打造宜居环境进行深入探索，通过开放空间的营造、文化设施打造，提升空间品质和使用效率。2007 版纽约城市规划中提出：“到 2030 年，要让每个纽约人居住在可以 10 min 步行到达公园的环境里”，并提出一系列建议，包括提高现有休闲游憩场地的使用率、延长现有休闲游憩场地的使用时间、重新设计公共空间使其更具趣味性和宜人性等。2011 版纽约规划报告显示，纽约已经有超过 25 万居民居住在离公园 10 min 步行路程的区域内。实施内容包括开放 180 个校园作为娱乐场地和新建 260 条绿色街道，种植了超过 43 万棵树。2012 年前后纽约发起了保护与复兴城市口袋公园的活动，建立起纽约 525 个口袋公园数据库。2015 版纽约城市规划中提出了“所有的纽约人都将受益于有用的、可达的和美好的开放空间”的目标，力争到 2030 年居住地与公园步行 10 min 可达的人数百分比将从 79.5%提高到 85%。通过“无界公园”改善开放空间，增强社区的交流和连通性；充分利用土地，加强立体化发展与绿化建设。此外，该版规划还提出了对低收入住区低效利用的公共空间和绿地进行拨款，增加文化设施的建议，把握提高生活质量、增加就业和旅游发展的机遇，重新赋予这些地区活力，为纽约市民打造宜人的公共空间。

提供高质量交通运输网络，大力推行绿色出行等绿色生活方式。2010 年，纽约市曼哈顿区的公共交通出行占比为 73.2%，而纽约外围四区的公共交通出行占比为 36.2%（含步行），机动化出行中公共交通占比达 43%（含步行）。纽约市建立了周边区域与市中心的快捷交通网络，降低了平均通勤时间，拓展了慢行交通网络，尤其是自行车交通的线路网总长度；改善了残疾人公共交通通勤设施；提升了公共交通效率。公交成为城市出行的首选交通方式之一，2017 年纽约 MTA 地铁和公交客运量超过 25 亿人次。同时，随着自行车设施的不断增加及城市渡轮服务的推出，自行车和渡轮出行量持续增长。2016—2017 年，日均骑行量增加了 3 万次，几乎为 2010 年日均骑行量的两倍。CBD 交通也呈现绿色出行不断增加的趋势，2017 年绿色出行比例达到 78%，创造了历史新高。

（2）伦敦

注重绿地系统的保护与修复。早在 1935 年，伦敦区域规划委员会发表修建绿带的政府建议，1938 年，英国第一个《绿带法》颁布，以立法的形式赋权地方政府购置伦敦周围土地作为绿地。20 世纪 90 年代中后期，伦敦城区周边建成了很宽的绿带，占整个伦敦面积的 23%，1980 年该绿化带的面积达到 4 434 km^2，绿带内不准建筑房屋，只准植树育草，既保持了田园风光，又限制了城市盲目扩展，改善了城市环境质量，成为世界各国学习的典范。伦敦人均公共绿地面积为 140.18 m^2，绿地覆盖率达到了伦敦总面积的 42%，伦敦绿地和水体占土地面积的 2/3，公园绿地连绵不断。除了市区公园，还有大量社区公园，处处可见绿地与人们喜爱的娱乐设施。儿童与老人活动空间的地面均为安全的软性地面，如塑胶地面、细沙地面或者铺上了细小木屑的软地面。2018 年伦敦政府发布了面向 2050 年的《伦敦环境战略》愿景规划，是伦敦历史上首个综合性环境战略。该规划提出了建设全球最绿色城市的目标，以及三大发展主题。建设“更绿色的伦敦”主题旨在为伦敦居民提供高质量的公园、树木与野生动物环境；提高绿色空间的可达性，为新一轮城市发展设计更多的绿色屋顶与绿色设施，以提升民众健康水平和生活质量。建设“更清洁的伦敦”主题旨在使城市更富有魅力，保护居民健康，有效应对气候变化。

强化空间多元性与公共性，营造精致化、网络化的开放空间系统。城市滨水公共空间是市民公共生活的重要载体，具有很强的市民性。伦敦滨水区域从单一的功能转向多点多功能的网络结构，构成多样的功能群组，给空间注入多种活力之源。正如伦敦政府出台的《泰晤士河口公园系统规划》，鼓励结合水岸开发水体公园、社区公园和城市公园三类点状的绿色基础开放空间，构筑连续的滨水开放空间体系，借此加强社区、城市腹地与泰晤士河之间的联系。同时，通过滨河步道、绿色网络和绿色基础设施廊道三类线状轴线，有机地串联起各类点状基础开放空间，形成完整、丰富的绿色开放空间体系。

此外，伦敦通过对城市滨水公共空间和公共意象的强化营建出具有强烈识别性的场所，把市民广场与重要的城市公共建筑（如博物馆、市政厅、教堂等）结合起来布局，打造城市风貌；通过城市滨水区域交通设施的改造与更新达到整合城市交通体系的目的。主要措施包括强化滨水步行系统，整合水上交通，城市公交优先并提供便捷高效的换乘方式，重视自行车等慢速交通的组织，便捷的停车组织系统等，与市民形成良性互动。

（3）巴黎

保护与开发并举，注重城市绿色基础设施建设。巴黎人口密度高达 21 346 人/km^2，为欧洲之最，人均绿地面积远小于多数欧洲其他大都市；平均建筑密度达 40%，一些区域甚至超过了 60%。因此，巴黎在其高密度城市中构建绿色基础设施所面临的挑战非同寻常。在绿色基础设施的构建中，巴黎首先充分挖掘了现有绿色空间资源以及计划增加的绿色空间资源。对于计划增加的绿色空间，除了通过传统的绿化方式以外，还特别重视与交通基础设施及建筑结合等新方式。“绿色和蓝色框架”（TVB）是确保生态连续性的重要方式，巴黎将其纳入城市发展规划，将城市分为 4 大分区：一般建设区（简称 UG 区）、市政服务区（简称 UGSU 区）、城市绿地区（简称 UV 区） 以及自然和森林区（简称 N 区）。与组成绿色基础设施的绿色空间关系最为密切的是 UV 区和 N 区，但对于城市尺度的绿色基础设施构建来说，占据城市绝大部分面积的 UG 区的绿化也十分重要。为了最大限度地将城市中有潜力的土地变为绿色空间，巴黎准备增加的或有潜力变为绿色空间的地块多数位于 UV 区，也有一些分散在其他 3 个区域中。在高密度的城市建设压力下，巴黎在增加绿色空间的数量上倾尽最大努力，通过见缝插针的方式深入挖掘可能对城市绿色基础设施有所贡献的空间。

绿化设计不断创新，让城市环境焕发有机生命力。从 2005 年开始，巴黎市颁布了一项政策，要求所有公共建筑的新建或改建项目必须采用平屋顶并覆绿。这项政策在 2005—2010 年为巴黎创造了超过 4 hm^2 的绿色屋顶。除了屋顶绿化，建筑立面绿化如阳台、露台、廊架、围墙上自发形成的绿化方式也在巴黎中开始鼓励实施。2016 年年初，巴黎市政府开始推行“绿化创新”行动，计划到 2020 年，使巴黎市区墙面和屋顶的植被总面积达到 100 万 m^2，其中 1/3 为蔬果种植园。政府鼓励市民使用无公害可持续方法种植，所有居民都可以获得一份三年有效期的绿化许可证，政府提供“种植工具包”（含种子和土壤）给市民。巴黎的建筑立面正在悄悄地变绿，街头的墙体被改造成了垂直花园，形成了真正的城市绿洲。

建立以地域文化为导向的特色风貌形象。滨水空间是巴黎城市文脉的重要承载场所，其风貌形象塑造意义深远。例如，巴黎塞纳河河畔是在漫长历史过程中文化设施与城市水岸耦合发展的结果，代表了 17 世纪的古典巴黎风貌。政府通过界定历史风貌保护区的范围，注重对两岸历史建筑、河岸到水体空间进行滨水界面系统性管控和保护，强化城市风貌，并对新建项目的建筑高度、体量、布局、立面、景观及景观视廊等要素都做出了严格的控制与引导。河两岸的空间肌理、建筑风貌和场所特性在时空维度上的有机整合，延续了百年来巴黎城市的人文精神。同时，以滨水空间的适用性作为核心工作目标，将历史建筑活化为文化艺术空间，鼓励市民利用河岸开放空间组织文化和商业活动，使得塞纳河两岸成为世界闻名的文化艺术圣地。借助缤纷的滨水文化活动组织，两岸空间、水系与城市腹地通过文化纽带紧密联系，让城市生活与人文情感重新回归塞纳河畔。

（4）东京

注重人本需求，面对少子高龄、人口减少的现实困境，着力塑造生态美丽、健康的“绿色生活圈”。东京分别于 1977 年、1981 年、2000 年先后三次制定绿色总体规划，提出“水网与绿网交织的特色城市”的远景目标，而后又出台了《绿色新战略导则》《都市计划公园绿地的建设方针》《环境轴建设导则》等一系列促进城市绿化建设的新制度。东京十分重视生态功能的培育和生态环境的优化，多管齐下塑造良好的都市生态环境。在用地紧张的情况下，东京大力发展精细的城乡微观绿化，布局高度可达的城市公园与开放空间，制订各类绿色行动计划，对居民置身健康自然环境的绿色空间的重要性予以强调。到 2013 年，尽管东京的公园数量持续增加，城市总体绿量却在减少。为扭转这一局面并提升城市品质，2017 年东京制定《都市营造的宏伟设计——东京 2040》，提出了“创建四季都有绿水青山的城市”的城市绿化战略目标；具体明确了保护现有绿化、创建城市蓝绿空间体系、保护与创新城市农业、注重滨水空间的景观塑造与空间利用等具体方式及相关制度；在保护现有绿色空间的基础上，最大限度地活用丰富的绿化与水景资源以及历史文化庭院中的绿地资源，提升城市蓝绿空间的多样性，实现居民能处处感受到绿意、享受到高情趣滨水空间、四季可见美丽风景的目标，构建绿水青山、人与自然和谐共处的城市。

东京是轨道交通最发达的城市。轨道交通承担着东京主要的公共出行需求，东京都市圈已建成由国铁、私铁、地铁等多种主体运营、高密度、立体化的轨道交通系统。至2018年，东京都市圈轨道交通营业里程达到7 401.7 km，轨道交通分担比率总体达到48%，在公共交通中占比超过94%，东京都80%的区域实现车站步行10 min可达，其中40%的区域实现步行5 min可达，有效保障市民公共出行需求。都市圈内轨道网络以国铁为主体架构，实现同站多向换乘和列车跨线直通，使公众跨区域流动更加高效便捷。东京利用TOD开发形成城市功能的聚合体和城市生活的共同体，在原有车站功能基础上进行改造，集聚商业、酒店、文化娱乐、生态公园等功能，促进轨道交通场站与周边城区融合发展和城市综合实力升级。东京正以满足多样化的活动、交流、生活为目标，通过引导轨道站点及周边地区一体化开发，建设轨道上的城市，开辟令每个东京都居民都充满期望的未来。

（5）新加坡市

新加坡市政府很早就确立了“花园城市”这一长期愿景和立国之本，具有决定性、开创性的战略意义，既回应了国民对高质量生活环境的期盼，又获得了相对于马来西亚、印度尼西亚、越南等邻国的比较优势。1968 年，新加坡市政府在向公众解读《环境公共卫生法案》时首次提出把新加坡转变成清洁葱绿的“花园城市”的目标，开始大力种植行道树，建设公园，为市民提供开放空间；1970 年制定了道路绿化规划，加强环境绿化中彩色植物的应用，强调特殊空间的绿化，绿地中增加休闲娱乐设施，对新开发的区域植树造林，进行停车场绿化；1980 年提出种植果树，增设专门的休闲设施，制订长期战略规划，实现机械化操作和计算机化管理，引进更多色彩鲜艳、香气浓郁的植物种类；1990 年提出建设生态平衡的公园，建设各种各样的主题公园，引入刺激性强的娱乐设施，建设连接各个公园的廊道系统，加强人行道遮阴树的种植，增加机械化操作，减少维护费用。新加坡市创建花园城市的设计思想和手段包括：采用非对称形式建起绿色的覆盖层，为风景点缀色彩，重视果树种植，建成公园网络，“软化”水泥建筑，绿化已开垦的土地，注重保护和发展之间的平衡等。

随着新加坡市人口密度的不断提高，政府努力保障其居民的高质量生活水平。随着“花园城市”（Garden City）设想逐步成为现实，新加坡市政府和学术界又相继提出了升级版“城市建在花园中”（City in a Garden）、“自然城市”（City in Nature）等新理念，持续为新加坡市环境和经济可持续发展提供指引。目前，新加坡市既是世界金融、服务、航运、制造中心之一，更以“花园城市”“花园之国”享誉全球。美好的人居环境成为持续提升国家形象和吸引投资的重要因素，为新加坡市积极参与全球市场竞争和产业合作带来了可持续的助力。未来，新加坡市仍将继续致力于成为一个与自然完全融合的城市。

宜居和包容的社区为所有年龄段的人提供了更高质量的生活环境，让居民们生活得更愉快。一些住宅项目与城市绿化和屋顶花园相结合。城市建设尽可能地优先考虑人的流动而不是汽车的移动，充分体现了“以人为中心”。为了使生活更加方便和尽量减少交通出行，社区中心整合多种服务设施，包括商业、医疗、文化、体育等，以更好地满足居民的需要，并促进不同人口群体之间的社会互动。优质的公共空间有助于促进居民间的互动，创造难忘的生活体验。

建立了高效的道路交通系统。已连接的轨道网络加强了整个新加坡市的城市发展，并将继续成为公共交通的支柱。新加坡市公共住宅区内的交通大多采用人车分行方式。每个居住区或新镇都有若干条方便的公交线路可供选择。当地政府通过“按需巴士”提供更直接的巴士路线，减少巴士转乘。在设计道路的时候，就提前考虑为公共交通和活跃的慢行交通提供更多的空间，开辟更多的步行和自行车专用路径并形成网络，从而改善行人环境和公共交通的体验。新加坡市的公共交通出行率为 63%，计划在 2030 年达到 75%。

9.1.2.3 宜居城市建设发展趋势

国内外城市人居环境建设在理念、规划、执行力及系统性方面均存在一定差异，从而呈现出不同特征。总体看来，国外宜居城市建设大多是在城市发展出现“瓶颈”时应势而生，比较注重先期规划和后期发展的可持续性，重视城市景观及风貌的完整性、人文的传承性和制度保障的连续性，宜居城市建设关注人与自然、生态及社会的和谐统一。

随着国际宜居城市建设走向成熟，国内宜居城市建设也在城市化推动下应时而生，逐渐成为解决城市发展问题的必要手段。在借鉴国外经验的基础上，国内城市对于宜居城市建设的概念和方向也逐步明晰。目前，我国已有越来越多的城市具备了良好的自然居住环境和公共基础设施，普遍满足了公众对美好人居环境的基本需求，即优美的居住环境和便利的公共基础设施；通过不同的方式和手段创造出宜人的生活空间，如生态化社区、绿色社区、智能建筑等；塑造了鲜明的美丽与魅力特征，如杭州“数智杭州，宜居天堂”的发展导向，成都营造闲适的文化氛围，青岛“红瓦黄墙、绿树青山、碧海蓝天”的多彩风貌，珠海“海上云天，天下珠海”的建设特色等。都形成了具有亲和力的人文氛围和人性空间尺度，包括社会秩序、道德风尚、文化底蕴和休闲功能等，注重不断深化宜居内涵，为公众创造崭新的生活方式。然而，由于城市发展理念、文化、风貌与国外宜居城市标准存在差异，在把握未来宜居城市发展方向的前提下，结合城市自身发展特征进行人居环境的规划与建设成为关键。

不难看出，优美的环境是公众对宜居城市最基本的要求，无论是纽约、巴黎、新加坡这样的国际大都市，还是青岛、杭州、珠海等国内宜居城市，都十分重视生态建设，并不断深化和丰富其内涵。同时，宜居城市还应具有完备的公共空间、交通系统、基础设施、住房、医疗、教育等“硬基础”，同时要着力营造人与自然、人与人和谐共处的“软环境”，强调亲切宜人的城市人文环境和文化氛围。当前，城市人居环境建设的发展趋势大体可以概括为以下 5 个方面：

（1）可持续发展理念在人居环境规划中将更加凸显

“宜居”是人居环境建设的本质要求，而生态环境保护是可持续发展的根本。要将城市人居环境建设的规划重点转移到对生态环境的保护与修复，始终坚持生态型城市规划建设方向，着眼生态文明大环境，制定前瞻性、战略性规划，构建管控体系，形成建设宜居城市的明确蓝图。营造高品质生态宜居环境，鼓励低环境影响的城市开发新模式和生活方式，积极推进立体绿化、绿色建筑、绿色城区建设，强调人与环境的关系，突出以人为本、创造宽松舒适的生态型居住环境的设计理念；不仅关心当前城市居民生活质量的高低，更重视城市的韧性与可持续发展的潜力。

（2）城市更新与建设发展质量将持续提升

改变大尺度推进城市建设和更新的手法，通过微更新、规模适度的方式，营造贴合人体尺度的个性化公共场所，注重传统街区空间和口袋公园等小尺度空间场所的建设。在建设更加包容、开放和创新的现代城市的同时，也充分尊重城市的地域性，重视城市历史文化的保育，彰显城市特色风貌，避免千城一面，提高城市的可识别性，增强市民的认同感和归属感。在人居环境建设中进一步体现人性、突出区域文化特色、沟通历史和现代，使得人类的居住家园能够真正在时间维度更富有延续寓意性，在空间维度更富有扩展开放性。

（3）公共交通等基础设施建设的扶持力度将不断加大

基础设施和社会服务设施逐渐呈现协调发展，公共交通供给增加，交通资源利用率提升，有效缓解交通拥堵。加强城市快速交通系统的建设，促进其站点与高铁、高速公路和城市铁路站点及其周围的一体化开发及建设。优化城市公共交通线路，大力发展可供选择的公共交通，提升公共交通服务水平，培育绿色出行、共享出行的环境。同时，依托城市绿色基础设施和廊道，有机连通城市的优质公园、开放空间等，为居民提供宜人的、完整的步行休闲网络以及游憩和交流场所，让居民在快节奏的都市生活中也能感受到慢生活的惬意与舒适。塑造友好的、高效的、更符合绿色发展要求的交通体系。

（4）以人为本的社区氛围建设开始备受关注

社区已经成为现代城市建设与发展的载体与基本单元，未来城市人居环境建设将更加注重“宜人”的软环境建设在社区层面上实现全覆盖。强调社区范围尺度的人文环境和居住区的文化氛围与生活品质，注重营造亲切宜人的氛围。例如，在社区内建设满足邻里间联系需求的公共空间、聚会的公共生活空间、便宜性和舒适性的建设等。不断完善符合居民居住习惯的街区空间格局、步行主导的道路系统及停车规划、符合地域特色的景观绿化、智慧社区与绿色社区的创建、旧居住街区文化的重塑、旧居住街区社区的管理更新等。

（5）公众参与程度日趋提升与活跃

公众参与程度体现着城市的文明程度、教育水平、居民素质以及城市管理者的组织能力。居民参与城市发展的决策可以培养建立居民对这座城市的归属感，树立居民的主人翁意识。公众参与城市人居环境建设决策对于城市的建设起到重要作用，能够帮助管理者了解公众的实际需要，能够启发管理者通过不断创新满足民愿。多样化的城市生活选择与追求可以增强城市的活力，并不断深化市民对自然环境宜人、经济环境繁荣、交通网络高效、公共设施网络完善等方面的长期关注与参与的黏性，从而促进城市的永续发展。

9.1.3 深圳市人居环境建设现状

深圳市是全国首个低碳生态示范市，首个 C40 城市气候领导联盟成员城市和首批可持续发展议程创新示范区。长期以来，深圳始终把环境保护摆在与经济发展同等重要的位置，在城市绿色低碳发展道路上发挥着引领示范作用。深圳已先后获得“全国文明城市”“国家卫生城市”“全国绿色模范城市”“联合国人居奖”“国家森林城市”等荣誉，基本实现了人与自然、社会与环境、经济与生态协调发展的良好局面，为城市生态宜居建设打下了坚实的基础。在由“世界工厂”向“世界城市”转型的过程中，深圳的知识型服务业不断增长，劳动密集型制造业逐步向外转移，社会结构随之变化，公众对人居环境建设的新需求也逐渐产生。在此过程中，深圳市委、市政府坚持以“适度宜居”为指引，以打造宜居社区、宜居环境范例为重点，不断提升居民幸福指数，培育生态文明理念，繁荣生态文化。

9.1.3.1 现行标准与相关研究成果

2019 年 2 月 18 日，中共中央、国务院印发的《粤港澳大湾区发展规划纲要》（以下简称《纲要》）指出，要坚持以人民为中心的发展思想，积极拓展粤港澳大湾区在教育、文化、旅游、社会保障等领域的合作，共同打造公共服务高效完善，宜居、宜业、宜游的优质生活圈。《纲要》强调了宜居城市建设的重要性，确定了到 2035 年将全面建成宜居、宜业、宜游的国际一流湾区的目标。深圳作为湾区的中心城市，2010 年就已经出台了《深圳市创建宜居城市工作方案》，将宜居城市建设列为全市重要工作之一，全面开展对宜居城市的研究与建设。经过几年的探索与实践，深圳形成了一整套较为成熟的运行模式：以政府长远发展及居民现实生活的双重视角分析城市；通过系统的指标体系对城市发展状态进行科学评估；根据评估结果编制指导标准或规范，有针对性地提出相关政策建议和发展方向；对重大且有影响的方面提出行动计划并落实到相关责任部门，迅速将政策建议转化为全民行动；大力开展“细胞工程”，全面创建宜居社区等。近年来，深圳陆续制定出台了《深圳市人居环境保护与建设“十三五”规划》《深圳市创建宜居城市行动计划》《深圳市宜居社区建设工作方案》等文件，宜居城市建设颇有成效，实现了“有质量的稳定增长”和“可持续的全面发展”，城市功能和生态环境实现“双优化”。

深圳人居环境建设现行标准、规范及相关研究成果包括：

（1）《深圳市人居环境保护与建设“十三五”规划》

《深圳市人居环境保护与建设“十三五”规划》对深圳市“十二五”期间深圳市宜居人居环境建设工作情况进行了总结，指出了目前深圳市存在的问题以及面临的机遇与挑战，分别从推动绿色发展，促进资源节约利用；实施综合治理，提升城市环境质量；严格风险管控，保障环境健康安全；强化保护修复，建设宜居生态城市；深化改革创新，健全生态文明制度；加强能力建设，提高环境监管水平；规划实施保障措施七大方面制定了未来5年深圳市的发展方向及工作重点，为深圳市宜居环境的建设提供了参考标准。

（2）《深圳市宜居城市建设评估报告》

自2011年起，深圳市人居环境委员会每年组织开展《深圳宜居城市建设评估报告》的编制工作。该报告根据《广东省宜居城市建设评估基本指标体系》和《深圳市宜居城市建设评估基本指标体系》，围绕深圳市宜居城市建设指标完成情况、深圳市宜居城市创建的主要工作和成就、各年度指标完成情况的对比分析、国内外宜居城市的对比分析、市民满意度调查评价结果以及宜居城市建设建议六方面内容，具体从社会和谐、经济发展、环境优美、资源承载、生活舒适、文化特色、公共安全七个方面评估深圳市宜居城市建设情况，动态反映深圳市及各行政区宜居建设水平和变化，客观反映深圳市在宜居城市建设方面取得的成就与存在的不足，总结深圳市与国际宜居城市之间存在的差距和制约因素，提出促进深圳市宜居城市建设的可持续发展措施。

（3）《深圳市宜居环境指数综合评价》

深圳市于2013年起开展宜居指数综合评价研究，建立了一整套完善的宜居指数综合评价体系，包括宜居指标体系、指标权重德尔菲测评方法和宜居指数测算模型。该综合评价研究通过精细化的测算，对比分析全市及各区宜居指数变动情况的原因，研究并总结各区在创建宜居城市过程中存在的问题，针对性地提出意见和建议，为深圳市宜居环境建设提供了重要的参考依据，为广东乃至全国的宜居城市建设提供实践范例。该评估报告中的指标体系体现了“大宜居”理念，以人的需求为出发点，内涵拓展为宜居、宜商、宜业等；除参考国内外主流宜居评价体系之外，还因地制宜地选择了部分具有深圳特色的指标，例如，道路交通运行指数、地铁站点覆盖率、宜居社区比例、公共文明指数等。

（4）《深圳市市民满意度调查报告》

在深圳全面开启“先行示范区”建设进程中，为了更好地了解市民对于宜居城市建设的真实感受，深圳市自2011年起每年开展宜居城市市民满意度调查工作。该满意度调查通过对市民的抽样调查，全面、客观地呈现了深圳市民对于目前深圳人居环境的满意度和认可度；通过设置住房、物价水平、医疗卫生、教育、社会保障、交通、城市文化、社区建设、公共安全、生态环境公共设施等方面的内容，采取调查问卷的形式，听取市民对宜居城市建设最具有代表性和针对性的建议，通过对比分析，客观地评价深圳市创建宜居城市的优势及不足。针对调查结果进行研究，提出深圳市宜居城市建设的意见和建议，为实现深圳市建设国际化先进城市，更好地打造安全高效的生产空间、舒适宜居的生活空间、碧水蓝天的生态空间，以及创建宜居城市提供数据支持。该报告显示，深圳宜居城市建设逐渐得到认可，宜居城市总体满意度呈现初步上升趋势。市民对于宜居城市建设满意度不断提升，总体满意度由 2011 年的 69%上升至 2019 年的 80%（图 9-2）。社会治安、城市文化、空气质量、文体设施和绿化建设的满意度均高于 90%，而在交通等方面仍有较大的提升空间，需要进一步优化城市公共交通网络，加快建设慢行交通体系。

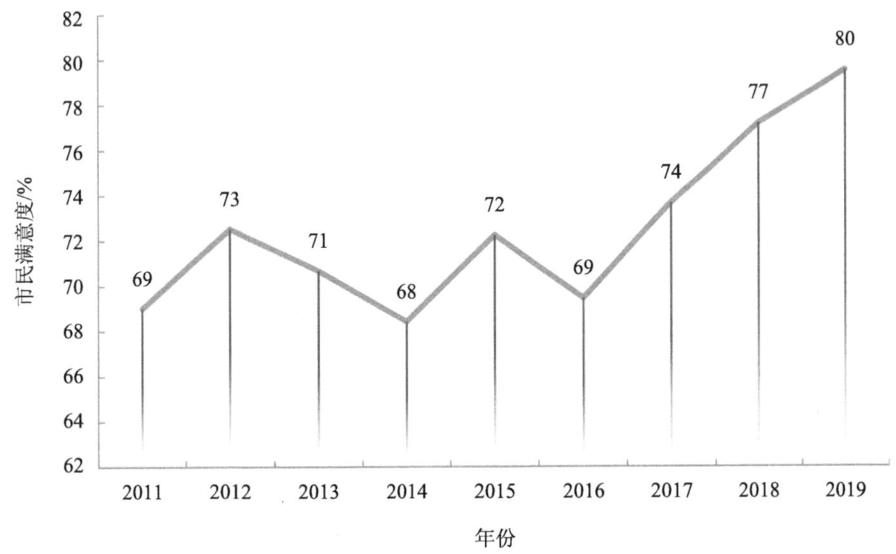

图 9-2　2011—2019 年深圳宜居城市市民总体满意度变化情况

（5）《深圳市宜居环境建设导则》

该导则以“以人为本”的人居建设为导向，推动全国领先的宜居环境建设领域“深圳标准”“深圳质量”的顶层设计；从城市综合发展的角度出发，强调宜居城市建设的整体性；为政府各职能部门、企业、社会团体和民众等参与宜居环境建设和管理提供统一的法定标准；指标方面，既包含体现物质需求的硬件指标，也包含体现精神需求的软性指标，如居住空间、交通条件、生态环境、社会安全、经济创新、公共服务、文化发展等。该导则分析研究了国内外人居环境建设经验及相关评定标准资料，结合中国人居环境奖评价指标体系、深圳市宜居指数综合评价指标体系的相关指标和内容、广东省各部门城镇化发展规划、深圳市各部门发展规划及现行标准规范等，实现宜居环境建设导则指标体系与政府相关文件的衔接；同时，对比借鉴了《中国人居环境奖评价指标体系》《EIU宜居城市2014年度评价指标体系》等国内外评价指标体系，开展了实地走访调研。

9.1.3.2 深圳宜居环境建设成就

新时期，城市与人的深层需求升级，高成本、高密度、高建成度给环境带来较大挑战，新时期“安居”“乐居”的内涵需要随之不断升级。多年来，深圳在创造经济发展奇迹的同时，也在不断强化生态的保护和利用，始终谋求以打造“好住”的城市来留住人，逐渐建起了一座令人向往的、“以人民为中心”的生态绿色宜居家园，在空间保障、居住环境供给、营造亲近自然生活、城市特征保育等方面已具有一定经验。近年来，深圳不断完善和夯实自然生态产品、追求更高品质的人居环境和公共产品的迭代进化，实现了“从背向到面向、从保护到活化、从建设到营造、从资源到体验、从环境到意境”的发展进阶。

（1）创建了位居全国前列、比肩国际一流的城市人居环境

“示范创建”已成为深圳市生态文明建设的重要支撑。深圳大力开展生态文明示范创建，通过示范创建打造了一批先进典型。“十三五”期间，深圳市成为首批国家可持续发展议程创新示范区，成功入选国家“无废城市”建设试点城市。盐田区成为“国家水土保持生态文明区”，南山区荣获“绿水青山就是金山银山”实践创新基地称号。深圳 10 个区已全部建成“国家生态文明建设示范区”，成为全国获此称号最多的城市。在实现全域创建基础上，深圳荣获第四批国家生态文明建设示范市的称号，是全国第一个也是唯一一个获此殊荣的副省级城市。

深圳不断深化生态创建内涵，生态创建工作主体逐步由市、区级延伸到街道、工业园、旅游区等各个层面，形成了以市、区创建为主体，“细胞工程”创建为补充的工作格局。截至 2019 年，全市累计建成国家生态旅游示范区 2 个，深圳市生态工业园区 13 个，深圳市生态街道 49 个，深圳市宜居社区 547 个。此外，深圳还以高标准加强城市规划建设管理，深圳湾超级总部基地、香蜜湖新金融中心、后海中心区、光明中心区、西丽湖国际科教城、坪山中心区、宝安中心区等区域，以及海洋新城、大运新城、北站商务区等片区规划设计全面优化，深汕特别合作区总体规划纲要已完成编制。

为了更好地推动范例奖的申报评选工作，广东省住房和城乡建设厅于 2010 年设立了“广东省宜居环境范例奖”。每年在全省范围内评选一批在生态保护及城市绿化、环境综合整治、居民住房改善、公共交通优化、社区公共管理与服务、历史文化遗产保护等宜居建设方面优秀的项目，并将优选出的项目推荐申报“中国人居环境范例奖”。在此背景下，深圳始终高度重视“中国人居环境奖”与“中国人居环境范例奖”的成果巩

固与深化，全面实施经济、社会、人口、环境和资源相协调的可持续发展战略，大力建设经济繁荣、社会和谐、生态良好、特色鲜明的良好人居环境，培育了一个又一个高标准、代表“深圳质量”的宜居环境典范项目，其中既有再生水、雨水综合利用项目，餐厨垃圾无害化处理和资源化利用项目，滨海休闲带生态保护及城市绿化建设项目，版画产业基地建设项目，也有被誉为“有生命、会呼吸的建筑”项目、湿地自然学校示范项目等。截至 2018 年，深圳已有累计 6 个项目获得“中国人居环境范例奖”，30 个项目获得“广东省宜居环境范例奖”。通过这些项目的带动，在全市产生示范作用，一定程度上改善了人居环境品质，提高了市民的人居环境意识。

（2）城市多中心、组团式发展格局奠定了良好的宜居本底

作为一个营造于山海间的城市，深圳一直将绿色可持续、宜居城市建设作为规划建设的主线。自 1986 版城市总体规划实施，深圳便明确了“带状组团式”的与自然相融合的城市结构，以大型绿化带分隔组团，与周边自然山水融成完整生态系统，在整体空间上形成既紧密联系，又相对独立的组团。2010 版城市总体规划持续完善中心体系，不断推进网络化带状组团格局完善，提升了城市运转效率，奠定了深圳高效、生态、弹性的宜居本底。

2005 年，深圳在国内第一次提出了基本生态控制线的概念，守住了山海资源，也初步实现了生态与都市交织的空间格局。深圳率先划定了 974.5 km^2 基本生态控制线，颁布了《基本生态控制线管理规定》，将生态安全格局转译为实际管理中的文件条例，在法规层面上为深圳城市生态空间格局的稳定提供了保障，明确了深圳城市建设的生态底线，控制保护范围接近深圳市域总面积的 50%，初步锚定了深圳“山海城相依”的绿色空间底盘。2013 年颁发的《深圳市基本生态控制线优化调整方案》，对基本生态控制线做出进一步明确要求，为全省乃至全国开展生态保护红线划定及制度研究工作提供了依据。截至 2019 年年底，已完成深圳市生态保护红线划定方案，全市生态保护红线总面积 401.59 km^2，占全市陆域总面积的 20.11%。

在此背景下，深圳逐步发展成为多中心、组团式的生态型城市，形成了独具特色的，山、海、城相依的城市格局。自 2015 年启动国家森林城市创建工作以来，深圳先后实施森林质量精准提升、绿化景观提升、绿色生态水网、特色主题公园、森林小镇等 52 项重点工程建设，2018 年被国家林业和草原局授予“国家森林城市”称号。2020 年，市委、市政府牢牢把握中国特色社会主义先行示范区、粤港澳大湾区双区建设的历史机遇，提出“山海连城计划”。该计划将在现有绿道的基础上，通过连接和修复生态断裂点，串联自然保护地，汇聚最具有代表性自然地貌的“深圳之脊”，构建连通绿脊和海岸带的生态廊道。

（3）打造“公园城市”，城市绿色公共空间网络持续优化

“十三五”期间，深圳以建设世界著名花城为目标，积极推进全域公园规划建设，打造高品质公园服务与文化品牌，努力构建覆盖全市立体空间的绿色生态网络。在公园建设品质和特色方面，深圳对标国际一流，新建公园引进国内外一流团队参与公园设计与建设，深圳湾公园西延段、人才公园、大沙河生态廊道、香蜜公园、前海紫荆园等一大批各具特色的综合公园陆续建成开放。从“城市里的公园”转变为“公园里的城市”，深圳打破公园边界设定，将公园与城市街区相融合，形成了“综合公园、郊野公园、带状公园、专类公园、社区公园、口袋公园”等丰富多样、功能互补的多级公园体系；香蜜公园、人才公园、深圳湾西延段、白石龙音乐公园、深圳北站中心公园、宝安西湾红树林公园、滨海文化公园、开明公园、盐田中央公园等一大批美丽精致、各具特色的公园陆续建成开放；莲花山公园、荔枝公园、中心公园等原有公园，在拆除了原来老旧围栏和绿篱的基础上，开展公园绿地植被梳理，营造了层次分明、舒朗通透、律动起伏的疏林草地景观，让公园与城市公共空间自然地融为一体，拉近了市民与公园的距离。此外，深圳为拓展城市绿色空间，对新建公共建筑、高架桥、人行天桥等设施强制实施立体绿化，在地面“见缝插绿”之余也将绿色延续到空中。至 2019 年，深圳共建立各种类型、不同级别的自然保护地 25 处，新建公园 117 个，总数累计 1 090 个，实现了“千园之城”的建设目标；全市建成区绿化覆盖率达 43.4%，人均公园绿地 14.95 m^2；公园绿地服务半径覆盖率达 90.87%，未来，深圳将打造“世界级公园城市”，让城市与自然更融合、更亲密，让市民充分享受更高质量的生态环境和更加健康的幸福生活。

全国最干净城市和“世界著名花城”品牌建设取得积极进展，四季花开、满眼绿色的城市环境让深圳更具魅力。2017 年，深圳市委、市政府制定了《深圳市打造“世界著名花城”三年行动计划》，市、区、街道三级联动，至 2019 年共建成 60 条花景大道、30 个花卉特色园、220 多个花漾街区、440 多个街心花园、300 多个花园路口，新增立体绿化 100 多万 m^2，种植各类观花乔木 13.8 万株。城市绿化景观、生态环境和社会文化得到进一步升华，形成了“花繁四季，彩绘鹏城”的花城景象。此外，深圳还启动了社区共建花园计划，调动专业力量、社会组织、社区居民，以共商、共建、共治、共享的方式进行园艺活动和社区环境提升，将城市边角绿地变身为居民共同打造的美丽绿色公共空间。

（4）营造亲自然城市，引领绿色健康、休闲普惠的多元生活方式

深圳通过绿色生态化营造，提升城市空间价值，极大地推动了生态保护与市民休闲活动相融合，供给了绿色公共生态产品、引领了绿色公共生活方式。国际环保组织自然资源保护协会测评显示，在全国（内地）非常适宜步行的城市中，深圳位列第一。深圳自 2010 年开始绿道建设，至 2019 年已形成全长约 2 448 km 的三级绿道网络，平均密度

达到 1.2 km/ km^2，绿道覆盖密度位居全省第一，实现了“社区绿道 5 min 可达、城市绿道 15 min 可达、区域绿道 30～45 min 可达”的建设覆盖目标；形成了以区域绿道为骨干，城市绿道、社区绿道为补充，结构合理、衔接有序、连通便捷、配套完善的绿道网络体系；福田梅林绿道、罗湖淘金山绿道、南山大沙河生态长廊、盐田滨海绿道、龙岗大运绿道、龙华环城绿道、光明大顶岭绿道等精品绿道展现出城市历史文化、自然生态、山海景观等主题特色，成为民众游玩、打卡的热门网红景点；沿绿道建成了 382 个衔接公园与自然保护区的公共目的地。深圳还启动了郊野径建设计划，新改建绿道 60 km、自行车道 300 km；出门 500 m 可达社区公园、口袋公园，2 km 可达综合公园，5 km 可达自然公园。市民既能“推窗见绿、开门见园”，又能“徒步山林、漫步郊野”，体验鸟语花香，感受人与自然的和谐共处。

（5）全面开展海绵城市建设，“绿色柔软”的深圳已初具规模

2016 年，深圳入选第二批国家海绵城市建设试点，将光明新区凤凰城片区作为先行先试的试点区域，而后全域推进，推行以生态环境优先为原则的新型城市建设理念。近年来，深圳将治水与治城有机融合，把海绵城市建设与治水提质、河长制、正本清源等工作紧密结合，革新性地推动形成了多部门协同、多专业融合、多主体参与的工作格局；注重与国土空间保护、修复融合，特别是在高强度、高密度的已建城区，将海绵城市的要求落实到老百姓身边的黑臭水体治理、内涝点治理、基础设施补短板、公共空间营造、老旧城区改造、城中村整治、城市品质提升等工作中，建成了一大批深受市民好评的优质生态产品，海绵城市建设惠民效果凸显。

试点建设获得了较高成效，全市已涌现出大批覆盖各个建设类型的海绵城市示范项目，例如，南山区后海二小、光明新区群众体育中心等海绵型房屋建筑，大鹏新区坝光片区新态路等海绵型道路，福田区红树林生态公园、福田区香蜜公园等海绵型公园绿地。深圳还先后在大运中心、东部华侨城、万科中心、南山商业文化中心、深圳市光明新区门户区市政道路等示范项目的实践中，因地制宜地开发和采用了绿色屋顶、可渗透路面、雨水花园、植被草沟及自然排水系统等低影响的雨水综合利用设施，取得了良好的环境、生态、节水效益。除此之外，深圳市还建立了海绵城市建设项目库，包括在国际低碳城、坝光片区等全市重点区域制定海绵城市建设项目库，狠抓海绵城市项目落地。

截至 2019 年年底，深圳已完工落实海绵城市理念的建设项目约 2 300 项，总面积近 210 km^2。这些项目覆盖深圳市所有行政区域，涵盖建筑小区（29%）、道路广场（26%）、水务类（22%）、公园绿地（19%）、其他（4%）等类型。其中既有设施改造项目 1 200 余个，占比 56%；新建项目占比 44%（图 9-3）。一大批“海绵”功能与景观休闲功能高度融合的项目走入了城市居民的生活，为居民提供了高品质的城市生活、生产、休闲空

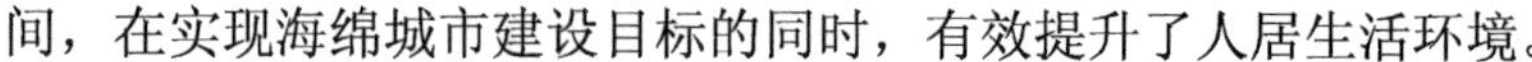

间，在实现海绵城市建设目标的同时，有效提升了人居生活环境。

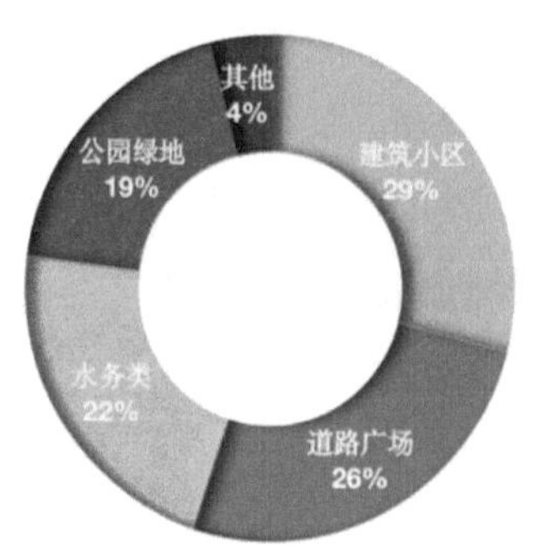

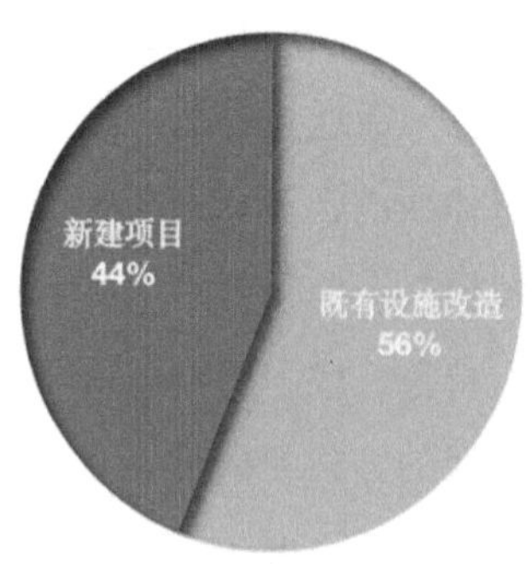

图 9-3　2019 年深圳海绵城市建设项目构成

（6）正视城中村空间价值，积极探索城中村有机更新

深圳在城市更新领域具有先进性和示范性。城中村是深圳“二元化”特征下的独特产物，2018 年，深圳城中村总面积约为 320 km^2，占城市总面积（1 997 km^2）的 1/6 左右，但城中村村民自建住房却占据了整个深圳市总租赁市场 70%的房源。城中村在提供低成本居住空间、低成本制造空间、促进城市职住平衡、传承城市历史文化上均发挥着重要作用，孕育了丰富的低成本制造、创新创业空间，成为深圳创新雨林生态中极为重要的组成部分。近年来，深圳已开始正视城中村背后的底层生境与社会生态价值，其城市更新的方式也从早期的拆除重建逐渐变得更加多元、务实。2019 年 3 月，市政府印发《深圳市城中村（旧村）综合整治总体规划（2019—2025）》，在深圳市 99 km^2 的城中村居住用地范围内划定了 55 km^2 的城中村综合整治区，鼓励分区范围内的用地开展城中村综合整治，逐步消除城中村安全隐患、改善居住环境和配套服务、优化城市空间布局与结构、提升治理保障体系，促进城中村全面转型发展。

深圳城中村综合整治工作历经了三个阶段。2009 年以前主要是为完善建筑物外立面改造、美化市容市貌而进行的城中村综合整治。2009—2018 年，城中村的综合整治工作重点转向了消除重大安全隐患、完善市政基础设施、整治治安环境等方面。2018 年以后，城中村综合整治工作进入新阶段，在更新理念、目标和机制方面进一步拓展了综合整治的含义，其核心内容是以品质提升为目标，深入挖掘城中村的独特价值；保留并活化城中村的历史传承及现状特色空间，保持城中村活力；以微改造等方式促进城中村转型及可持续发展；植入各种宜居性要素，使城中村成为安全、有序、和谐、多元的特色城市空间。针对城中村和老旧住宅区，以硬件改造为主，软性改造为辅，实现综合整治；针对历史传统特色鲜明的社区，遵循因地制宜、环境保护、有机更新的原则进行改造，保护和传承历史文化特色；体现低碳节能发展理念，打造绿色、生态型社区。

深圳是我国第一个迈入存量更新制度化和常态化阶段的城市。经过多年摸索和经验积累，深圳在城市更新、土地整备等存量规划方面，已经形成了较为完备的法规、规章、技术规范体系，建立了“市—区—片区—单元”多层级的存量规划管理制度。城市更新、土地整备也已成为深圳释放存量土地潜力、促进经济发展、协调各方利益矛盾、改善建成环境的主要途径。深圳选择了“市场运作、政府引导”的城市更新基本路径，以城市更新单元对话为空间载体，政府允许权利人自主进行选择，激活市场活力并引导市场作为，通过协商逐步达成权利人、市场主体、政府三方合力。同时，深圳的城市更新强调公共利益的实现，关注焦点逐步由空间转向人，未来发展中也更加强调以人为本这一核心。

（7）推动高标准宜居社区建设，探索历史文化传承与特征风貌塑造

营造了优质的生活体验。深圳将宜居社区创建定位为细胞工程，积极推进标准化建设路径。通过建立宜居社区孵化培育、创建指导、巩固回访及资金鼓励的机制，充分利用民生微实事、大盆菜工程、社区基金会等民生平台，从居住空间、环境质量、配套设施、公共服务与社区管理等方面打造“以人为本”的宜居社区，实现社区居住空间适宜、生态环境优美、生活配套便捷、公共安全体系完善、管理和服务水平现代化。深圳深度挖掘居民住房改善、空气污染治理、环境综合整治、历史文化遗产保护、生态保护与城市绿化建设、建筑节能推广应用等主题的优秀项目，发挥范例项目对人居环境改善的示范引领作用。为进一步优化住区人居环境，深圳还制定了《深圳市绿色住区规划设计导则》《深圳市绿色建筑设计导则》等宜居社区建设指引性文件，从街区空间、服务设施、建筑功能、社区文化等方面强调绿色宜居人居环境的重要性和相关指标要求，建立了深圳宜居社区规划的技术标准。为提升亚热带高密度居住空间的舒适度，深圳在公共住房的规划设计中十分注重社区和建筑物理环境的营造。在设施配置上，倡导社区公共活动场所及服务设施配置，体现全龄友好的社区发展理念，结合社区居民日常出行路径与慢行体验，设置老人及儿童活动设施、户外遮阳避雨空间路径、无障碍设施通道等。在物理环境上，关注社区声、光环境感知，重视社区照明组织形式与灯光。同时，通过强化社区规划意象特征及风格特色，提升居民的社区认同感和归属感。

形成了特色包容的宜居乐活空间。深圳的超常规快速发展使其较早地面临了土地和空间的巨大压力，早期拆除重建式的城市更新导致城市历史记忆湮没与特色风貌同质化，低成本空间的破坏使城市的包容性与社会多样性减弱。2018 年深圳开展了《特色风貌保护区培育与活化策略研究》，提出系统性、创造性的保育活化策略，探索如何建立深圳特征共识，留住城市记忆之根，从而保持历史空间的鲜活和再生长，为全球都会区快速城市化普遍存在的“城市发展与历史保护的尖锐对立”问题贡献了先锋、实验的解决方案。南头古城、大鹏街道王屋巷、大鹏所城及周边地区、南澳墟镇、迳口社区等多个特

色风貌地区已开展项目试点，积极推进深圳特色保育工作。

（8）以公共交通为突破，探索绿色宜行新范式

深圳交通发展模式由传统的以需定供转型为城市公共交通以需定供、个体机动化出行由供定需，再到空间、政策、智慧等多元共治新阶段。交通体系服务理念由初期的保障生产需求底线，到推动生产与生活交通功能的提质增效，再到丰富交通运输、公共出行与服务的供给选择，保障市民出行选择权。深圳在全国率先确立“公交都市”战略，并成功获评“国家公交都市建设示范城市”称号。为解决城市交通问题，深圳于 2012 年发布《深圳市城市交通白皮书》，确立了公交都市、需求调控和品质交通的策略，成为国内第一个提出建设公交都市的城市。全市公交站点已实现 800 m 半径内 100%全覆盖，公交专用道建设规模达 1 000 km 以上，地铁运营里程 284 km，公共交通机动化分担率达到 55.2%，公共交通出行服务指数达到 0.756，在全国排名第一。

轨道交通建设与智慧交通服务民生水平得到提升。新编铁路枢纽总图规划获批，盐田—惠州组合港开通，深圳成为国家交通强国试点城市；全力加快地铁建设，开通了 5 号线、9 号线延长线，地铁运营里程超过 300 km，在建里程 275 km。深圳大力推广智能灯控、停车无感支付等智慧交通新举措，地铁扫码乘车实现全覆盖，高速公路 ETC 用户总量位居全省第一，交通服务品质获得新提升。此外，深圳市还持续完善智慧出行即服务（MaaS）配套工作方案并建立相关工作机制，升级公众版交通指数系统，持续推进深圳市交通运输转型升级和创新发展。

深圳积极探索节能减排绿色发展之路，2009 年入选全国首批“节能与新能源汽车”示范推广试点城市，陆续出台了《新能源产业振兴发展规划》《新能源产业振兴发展政策》《纯电动巡游出租车超额减排奖励试点实施方案》等文件，全力开展纯电动公交及电动出租车示范推广工作，牵头编制《电动汽车充电系统技术规范》等系列行业规范标准。深圳的公共交通绿色改革推动节能降耗、智能交通、新能源产业发展等的多方共赢，“网式快捷充电”、车辆“融资租赁”、与充维企业“专业化分工合作”等多种创新模式成功解决了新车采购压力大、充电桩短缺等困难，为全国提供了可复制的纯电动公交发展模式。深圳已成为全国首个公交车和出租车基本实现全面电动化的城市，2017 年年底，深圳全市 1.6 万辆专营公交车已经全部实现纯电动化；2019 年深圳有纯电动出租车约 2.2 万辆，占运营出租车总量比例高达 99.06%。

（9）共治共享，形成兼具口碑与效益的生态文化品牌

深圳高度重视公众在生态文明建设中的参与性建设，生态文明宣传已进入常态化。深圳结合城市特质，采用多种形式，广泛传播人与自然协调发展的新观念，促使生态文明理念以具象化、浅显易懂的方式融入市民生活。深圳市人民政府、深圳市生态环境局

等官方网站、“深圳生态环境”等微信公众号上，均及时公开空气质量等实时数据，重点河流水质状况，以及重点污染源、生活垃圾处理、生态文明示范创建、中央环保督察“回头看”等相关信息，便于市民参与互动。

生态文明文化体系已成规模。深圳充分利用资源优势，通过体验自然、环境教育基地的学习交流等，培养并提升公民的环境意识和环境道德水平。深圳将生态文明教育纳入校本教材，在全市自然学校中开办“湿地知多少”“神奇的红树”“以荷为美”“湿地之美”等课程，全市中小学生均可以通过预约的方式到自然学校进行学习和体验，同时与周边学校开展“课程进校园”活动。从 2006 年起，深圳每年都会举办公园文化季，累计吸引 6 000 多万人次参与，培育了莲花山草地音乐会、深圳湾草地音乐会、深圳森林音乐会等一批高品质公园文化品牌。

至 2019 年，深圳已建成自然学校 17 所、环境教育基地 25 个，创建绿色机关、绿色社区等绿色单位 1 241 家，仙湖植物园被生态环境部宣教中心授予“国家级自然学校试点单位”的称号；培育环保组织 140 多个，环保志愿者活跃人数超过 2.2 万人，环保志愿义工规模全国最大；及时发布工作动态及重大事项，征求公众意见，环境信息公开率达 100%，切实保障公众对环境保护工作的知情权、参与权和监督权。

共治共享能够提供幸福生活的美好家园已经成为深圳城市可持续发展的共识。在加强生态文明建设、共筑命运共同体的过程中，每个人既是环境治理的获益者，也是参与者。生态制度、生态安全、生态空间、生态经济、生态生活和生态文化等领域是深圳积极开展探索与实践的关键点，共同构成了深圳生态文明建设的新名片。

9.2　存在的问题

深圳作为全国先行发展的地区，在向更高发展阶段跨越提升的过程中，面临着超常规发展和超大型城市建设中积累的矛盾和问题，距离“世界级宜居城市”的标准还有不小的差距。英国《经济学人》智库于 2019 年推出的《全球生活成本调查报告》中，深圳在中国生活成本排行中位列第三。快速城市化遗留的问题逐渐显现，局部人口密度激增、短时大范围人口迁徙等因素导致了生活高成本、空间环境高密度、高建成度等城市问题。人口飞速增长与国际化人口聚集也使人群多元化、需求多样化趋势越发明显。在工业化和城市化快速推进过程中，面对“三高环境”带来的巨大挑战，以及加快建设社会主义现代化先行区，奋力向竞争力和影响力卓著的创新引领型全球城市迈进的新使命、新要求，深圳城市品质和生态环境仍然存在短板，与新时期市民的殷切期待和对美好生活的向往还有差距，面临着较大的困难和挑战。这些问题不仅制约着城市的可持续发展，也给城市形象带来了负面影响。另外，2019年《国家发展改革委关于培育发展现代化都市圈的指导意见》的发布意味着粤港澳大湾区在居住、工作、经济社会活动等方面的密度将进一步提高，将对深圳人居环境建设带来进一步的挑战。

9.2.1 土地资源紧缺与空间利用效率低下问题凸显

深圳作为我国的新型超大城市，与国内其他大城市一样，面临着城市规划不合理、“城市病”严重的约束。一方面，城市空间开发过度，效率低下，产业和生态发展空间不足。深圳当前土地开发强度已达到50%左右，这在全世界大城市发展中是极少见的。深圳土地开发强度比土地更为稀缺的香港高1倍，而单位土地GDP产出却只是香港的1/5，过度挤占了未来的产业和生态空间。另一方面，城市规划不合理带来的城市运行成本过高、空间利用效率偏低等问题突出。城市空间布局分散必然会降低生活的宜居性，如通勤压力大、时间浪费、生活极不方便等。

制约深圳发展的最大“瓶颈”就是土地资源紧缺。新增土地空间资源供给枯竭带来了诸如产业成本上升、发展空间不足、生态吞噬严重等一系列发展难题，严重制约了城市发展。城市承载能力严重受限，优质公共资源供给不足。深圳快速发展时期用地迅速，教育、医疗等城市基层公共服务设施和各类市政基础设施建设滞后，空间分布不均，数量和质量都无法满足城市建设及市民高品质生活的需求。此外，作为城镇密集建设地区，深圳的土地资源极为有限，受到土地权属、现状建设情况的制约，大规模新增公共服务设施对于深圳而言尤为困难。实现更加紧凑型发展成为提高深圳治理现代化水平的紧迫课题。

9.2.2 市民居住条件仍需持续改善

优美宜人的生态环境是建设宜居城市最直观的标志和象征。深圳虽然一直很明确通过城市生态化建设创造宜人的居住环境、生活和生产空间，但是相比国内外典型宜居城市，生态环境的建设仍处于不断学习和借鉴的阶段。充分利用自然生态资源、有效组织自然景观、精心设计绿化空间、营造宜人的城市氛围并建造多样的活动开放空间仍是目前深圳宜居性建设主要努力的方向。

近年来深圳市住房价格上涨较快，房价收入比偏高，增加了市民的居住成本和人才的创业成本。依据自身经济能力无法进入商品房市场、不被政府的公共政策性住房保障体系所接纳的“夹心层”群体大量存在，如何解决此类社会群体的住房问题，是深圳推行“住有所居”的一大重点。在现阶段，深圳市保障性住房供应量距离市民实际需求量尚有差距。

9.2.3　城市更新与综合整治难度升级

经过十多年的存量开发后，深圳整体建成密度已经较高。合法权属比例较高、现状建设强度较低的地区几乎已经完成更新，剩下的存量空间“硬骨头”居多，改善居住环境的任务艰巨。深圳市域陆域面积仅为 1 997 km^2，仅相当于上海外环以内的面积。深圳现有的土地、建筑资源构成中，居住用地和住房建筑的占比均较低，其中城中村占全部住房建筑面积的 50%以上，城中村房屋人均居住面积仅为 15 m^2 左右。

城中村是深圳在城市发展过程中遗留下来的特殊建筑形态，成为其现代化、国际化城市品质建设进程中的一道疮疤。城中村人口密度高，楼宇密度大，建筑布局无序，道路、电力、水力等市政公共设施建设严重滞后，导致区域治理难度大、管理效率低、市容环境恶劣。深圳城中村普遍存在居住条件差、拥挤逼仄，大部分存在建筑质量和消防安全隐患、基础设施建设落后、部分公交停靠站服务设施配置不足等问题；社区环境需进一步改善提升，排水管网、垃圾转运站、公共厕所、垃圾分类回收桶等市政环卫设施供应不足；公共服务资源不足，教育、医疗、卫生等基本公共服务发展不均衡，基层文化机构的服务质量与水平不高；物业管理尚未全覆盖，专业化程度不高；服务组织类型和功能较为单一，自治组织的自我管理功能未充分挖掘和发挥。

现阶段深圳活动空间仍然存在碎片化，缺乏统筹等问题，消极空间占比较高，空间利用率低；街道设施陈旧，布局混杂，损坏情况严重；绿化中的特色植物景观及记忆点不足，封闭式大尺度种植普遍，缺乏参与感；城市生态可持续性不佳，仍存在暴雨积水问题。另外，随着人口流动放缓和社会阶层固化，深圳本土文化、独特的移民精神和先锋气质可能衰退，未来要想保持并进一步塑造独具特色的城市文化个性和特色风貌面临挑战。

9.2.4　出行友好程度与街道空间活力不足

交通舒适、便捷是人们选择宜居城市的重要条件之一。深圳公共交通设施的建设基本从数量上保障了城市居民对出行的最低需求，但距功能连通性、空间易达性、土地多样化利用性等要求还有一定差距，对城市出行效率产生较大影响。深圳地铁、公交接驳系统仍不够完善，自行车交通系统尚未健全，步行系统规模不足，道路仍存在拥堵现象，离宜居城市居民平均通勤时间 30 min 的标准尚有差距。《2018 年深圳交通运行数据》显示，2018 年深圳早高峰路网运行速度为 28 km/h，晚高峰路网运行速度为 25.1 km/h，相比 2017 年，同比下降了 7%和 5.3%。2018 年路内停车泊位数较 2017 年增长了 4.9%。在轨道交通方面，2018 年地铁运营线路和运营里程相比 2017 年无任何增长，但 2018 年地铁年日均客运量为 514.4 万人次/d，相较 2017 年增加了 13.5%，客流强度较高。

推进绿色交通发展仍有较大提升空间。亚洲城市人口密度超高，深圳、新加坡市、中国香港、东京4个城市人口密度普遍在0.7万～1.7万人/km^2。因此，在大城市机动化出行方式中，公共交通出行方式占绝对优势。2018年，深圳高峰期公共交通出行分担率增长至60.5%，对比亚洲其他城市和地区，公共交通占机动化出行分担率仍属于较低水平，对比中国香港地区90%、东京74%、新加坡市63%还有一定的差距（图9-4）。引导市民公交出行应着重优化公共交通环境，建立绿色宜行公交体系。首先，深圳应加速提升公共交通能力的分担率，在公交站点和轨道交通换乘区间，增加绿色走廊的设置，使行人在相对短途的路程中采取步行或自行车出行的方式；其次，应增加公交站点的路线及密度，缩短地铁的间隔时长，使人们更愿意乘坐公共交通出行；最后，在市区停车应该给予一定的限制性措施。

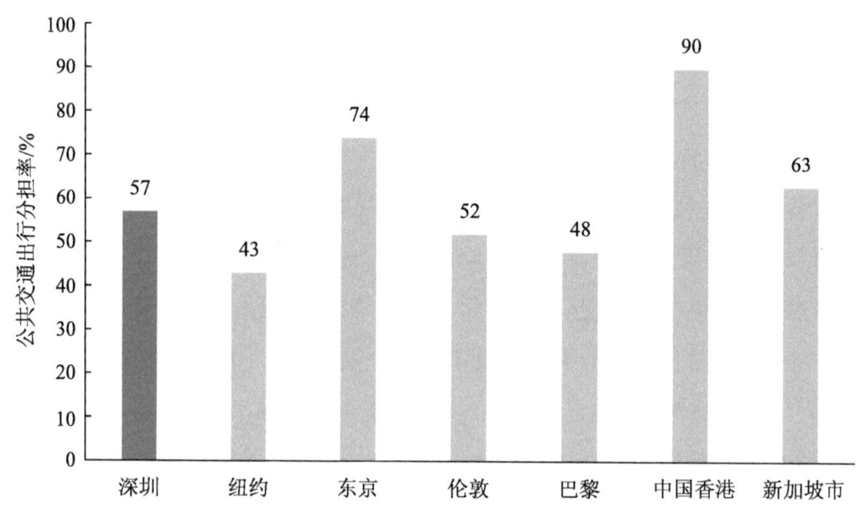

图9-4　2018年深圳与国际先进城市公共交通出行分担率的对比

深圳街道空间仍以机动车通行功能为主导，道路尺度越来越难以满足人们多元化的出行活动需求。与国际一流中心区相比尚有差距，街区空间被“大街区、宽马路”割裂，60%的道路以交通功能为主，70%的街道界面由围墙、建筑围合而成，全天候街道活力仍然不足。由于建设时序不同，全市步行空间不连续、慢行空间不合理、高差起伏出行不友好，慢行出行体验不佳等问题逐步显现。

9.2.5　慢行交通网络和慢行休闲配套设施尚未完全建成

慢行交通是公共交通的重要补充，但受城市高（快）速路建设影响，深圳自行车骑行网络连续性不好、慢行过街设施不足等问题较为突出。缺乏高品质慢行骨干通道和自行车道制约了深圳步行和自行车交通的发展，而在现有道路改建自行车道、慢行道的过程中，城市交通基础设施建设也无法及时转型调整。随着互联网租赁自行车的大规模投放，自行车出行需求的不断增长，包括自行车空间过窄，自行车道被其他交通方式占用等。自行车路权空间不足的问题越发严重。

慢行交通体系运行和管理信息化水平仍有待提升，尚缺乏有效数据支撑慢行系统的体系建设和管理。职能部门之间信息共享差，部门间缺乏良好的协调联动机制，未将慢行交通体系建设纳入统一的生活品质提升项目建设。互联网租赁行业运维服务水平较低，存在投放计划和运维服务能力不匹配、车辆投放过度等问题，局部地区供大于求现象严重。随着车辆规模的持续扩大，车辆乱停放现象也越来越明显。车辆随意停放于人行道、绿化带、景区出入口等处，挤占公共空间，既严重影响市容市貌，也给城市交通带来了不便。

9.2.6　生态文化建设水平与经济社会发展协调性有待提升

深圳生态文化建设取得显著成效，但与其经济社会发展的整体水平和生态文明建设要求仍有差距。生态文化建设依然相对滞后，市民对生态文明的理解仍有待加强。全民参与度不足，生态文明理念还未成为广大人民群众的自觉意识和行动。传统的发展观、政绩观尚未发生根本性的扭转改变，城市整体生态文化水平亟待提升，全社会深厚的生态文化氛围尚未真正形成。

绿色产品供给和市民绿色消费意识不足。在制度设计方面，深圳市政府出台了《建立统一绿色产品标准认证标识体系的实施方案》，提出六项举措。此外还出台了《深圳市质量基础设施建设发展计划》《推动高质量发展实施方案》等一系列方案。在配套方面，结合绿色发展、绿色认证方面做了一些布局。但仍存在一些问题，例如，从企业层面来看，部分企业对认证流程不知晓、不熟悉，信息不对称；认证过程烦琐，周期长，影响产品上市；部分企业的生产技术能力达不到要求；绿色认证对部分行业作用不大等。从消费日常来看，消费者主动购买绿色认证产品，进行绿色消费的比率仍然较低。对比日本、美国等发达国家已基本建立的“绿色生产—绿色产品—绿色消费—绿色生产”完整的闭环产业链，未来深圳应从管理机制、扶持政策、宣传引导等方面全面推动绿色消费体系的建设和完善。

9.3　战略路径

深圳将逐渐从年轻城市步入成熟城市，从“外地人的深圳”转向“深圳人的深圳”，其未来发展定位的基础应是深圳人的需求。未来深圳要着力于人居环境建设，营造可持续发展的宜居、宜业、宜游城市生活圈，实现更多深圳人的安居乐业；更要保持多元、包容的城市活力，满足更多人对美好生活的向往。与国际先进城市相比，当前深圳在健康、安全和民生保障等方面仍存在提升空间，仍需要关注基础设施的合理布局、高密度住房建设和大规模旧改等带来的潜在健康问题。深圳应遵循“以人民为中心”的人居环境建设理念，标的更加绿色、韧性、公平、健康、可持续发展的城市建设，营造从区域到城市到社区的多元共享空间网络体系；更加关注生命支持与生活质量的人性化，充分发挥社区、城市、区域各层级角色与作用，促进城市公共服务和生态环境健康循环体系建设，激发城市宜居活力，唤起公众参与生态文明建设的自觉性。

深圳市宜居生活城市标杆建设方向与路径如图 9-5 所示。

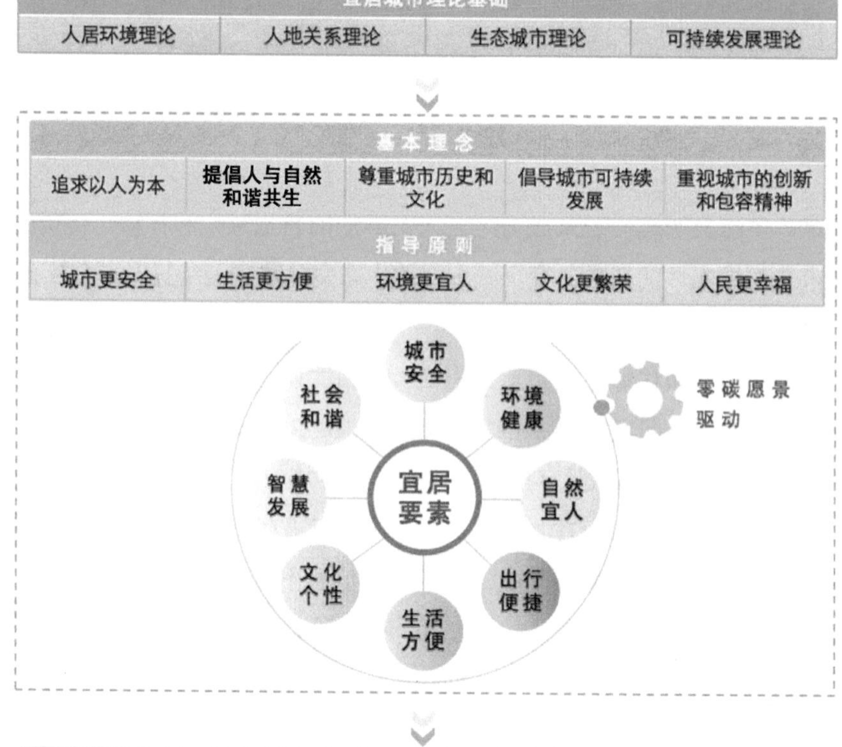

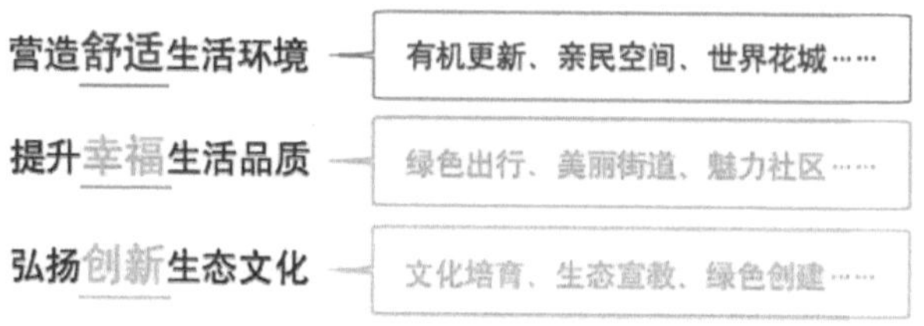

图 9-5 深圳宜居生活城市标杆建设方向与路径

9.4 主要任务

引领人居环境建设，打造宜居生活城市标杆。通过营造舒适的生活环境，提升幸福生活品质，繁荣创新生态文化，倡导绿色生活方式，高质量推进生态示范区创建，全面提升市民生活品质，打造高密度都市区幸福宜居的标杆城市，推动社会主义生态文明观成为人们的价值观、行为准则和社会风尚。

9.4.1 营造舒适生活环境

深化精致有机城市更新。以空港—福海片区、前海—宝中片区、观澜—平湖片区、国际低碳城片区、罗湖口岸经济带片区、盐田河片区、葵涌片区 7 个综合片区为重点，开展更新规划试点，推动存量用地成片、连片开发，实现片区整体功能提升。倡导以综合整治、功能改变为主导的二次开发方式，结合城市传统肌理和特色风貌，基于"三旧"改造基础，重点推进城中村、老旧社区和工业区块更新改造，形成历史文化保护、滨海特色塑造、美丽空间重焕等不同类型的整治模式。打通更新区域交通微循环，完善公共配套设施，增加公共开放空间，美化生态环境景观。

强化海绵城市建设。以光明新区凤凰城、国际低碳城、深圳超级总部基地、深汕特别合作区等为重点，综合采取"渗、滞、蓄、净、用、排"等措施，改造建设"海绵城区"。建设韧性高效的污水收集系统，全面提升管网覆盖率和收集水平。统筹开展全市雨水管网提标改造，建立高标准城市雨水防涝综合体系。

打造全域蓝绿开放空间。强化蓝绿空间一体化规划建设，打造生态、人文、舒适的高品质开放空间。构建完善的由"绿地基质—绿道骨架—公园节点"组成的绿地系统结构。以自然基质为本底继续开展公园建设和改造，建立"国家公园—自然公园—城市公园—社区公园"四级公园体系，提升公园覆盖密度，实现公园 500 m 服务半径居住用地全覆盖。对公园进行主题化、特色化改造，推动建设精品公园，实施公园绿地与生态廊道的贯通工程。推动全市蓝绿空间互联互通一体化建设，通过绿道、碧道、森林步道等串联绿地及其他公共开放空间；依托河流、溪谷、海岸线、山脊线等自然原生环境和历史文化遗迹，建设特色游憩路径，重点推动沿中部山地山脊线和东部海滨自然岸线的森林步道系统建设。

构建鲜明亮丽的景观空间。深入推进"世界著名花城"建设，不断提升绿量绿质。大力推广立体绿化，营造城市凌空风景线。充分利用深圳市优质的滨海资源，推进美丽海湾建设，打造现代化都市滨海风情景观。加快推进西部创新活力湾区建设，重点突出海城融合，结合岸线修复、湿地保护、海洋文化建设，打造国际化滨海湾区，不断提升近海亲海休闲服务功能。加强中部都市亲海休闲活力区建设，依托红树林保护区等自然生态资源、滨海步道、河道走廊等推进滨海公共空间活力再造。加快东部生态度假区建设，立足丰富的生态资源，强化珊瑚礁等生态资源保护，构建山、海、城一体化空间结构，建设高端滨海旅游区。

塑造感官亲和的特色风貌。强化城景交融的风貌特色，构建山水景观可观可感、人文内涵深度体现、休闲体验活力贯通的品质城市漫游空间。连通“四轴线、十水脉”，各级中心和滨海地区，以及特色风貌保育区。串联城市公共中心、公共空间、特色场所、人文节点等景观资源，融合历史人文、科普教育、文化旅游等多元主题，塑造特色鲜明的“多面深圳”，形成具有国际都会感、家园归属感、参与互动感的幸福宜居城市形象。

9.4.2 提升幸福生活品质

完善绿色出行基础设施建设。推动全市公共交通发展，建立以轨道交通为主体的多层次一体化公交体系。逐步消除城市轨道交通站点（含新建）500 m 半径覆盖盲区，实现居住区与公交优势服务距离范围内就业岗位、公共服务等的高效衔接。全面推进快速公交系统和公交专用路网建设，建立全链条智慧出行服务。加快充电站等配套基础设施建设，提高服务基础设施保障。统筹完善全市自行车道、步道系统，重塑立体化慢行交通体系，形成山、海、城无缝衔接，宜行可达的慢行网络；优先推进福田中心区、莲花北、后海等中心城区慢行交通设施建设。

优化低碳交通网络。加快建设现代化道路体系，提高绿色交通出行分担率，加强城市交通综合治理，有效缓解城市交通拥堵。深入实施城市公共交通优先发展和公交都市战略，构建与深圳高密度、超大城市发展相匹配的城市公共交通体系。探索智慧交通建设，精准识别公共交通出行需求和交通拥堵实况，提升公共交通出行体验。强化交通领域节能减排，继续推广新能源汽车，推动公交车、出租车、网约车 100%新能源覆盖。规范共享单车、公共自行车管理，打造骑行 5 min 可达社区绿道，15 min 可达城市绿道，30 min 可达省立绿道的全市绿道网络体系。

打造高品质居住生活空间。利用花卉植物在渠化岛绿地、中央环岛绿地和转角绿地等各类公共节点进行景观提升，初步形成精品花卉景观节点散布全市的格局。充分采用花坛、花境、花池、花带、花箱等形式，在商业街、城市广场、步行街等慢行空间，营造以花卉景观为主题的花漾街区，探索以行人为导向的花漾街区建设模式。立足群众，因地制宜，举办花事活动和开展自然教育，建设涵盖文化、体育、儿童友好、无障碍等设施的公园绿地，重塑城市、人与自然的关系。开展社区共建花园行动，持续推进“美丽街区”建设，进一步提升市容环境品质。构建美丽社区建设体系制度，建立互联互通的城市绿地、公园、绿道、碧道、慢行道、社区花园网络系统。充分调动各方面的力量和资源，努力形成共建美丽社区的合力。

创新智慧生态环境治理模式。加强 5G、物联网、云计算、大数据、人工智能等技术在城市管理中的应用，强化交通运行、环境监测、环境基础设施维护、环卫绿化、防灾减灾、环保投诉、“12369”热线等数据与智慧城市运营管理的融入，为企业和公众提供个性化信息服务和生态环境舆情大数据应用，打造智慧城市生态环境“管家”。

9.4.3 繁荣创新生态文化

积极弘扬生态文化。推动建立以生态价值观念为准则的生态文化体系，打响“特区文化”品牌。传承发扬传统生态文化，做好客家文化、广府文化的挖掘、调查和保护工作；加大岭南特色和深圳特色的非物质文化遗产保护力度。加强对重点文物保护单位南头古城、大鹏所城的保护，挖掘鱼灯舞、渔民娶亲等民风民俗文化中的生态元素和生态思想，构建传统村落原生态风貌保护体系。强化“因水得名、傍水而灵、缘水而盛、理水为景”的城市水文化特质。创新发展新时代生态文化，延续先锋城市精神，大力塑造和推广“创意深圳、时尚之都”的城市形象，加强城市人文关怀，积极塑造生态化、人性化和特色化的公共空间环境。

推进生态文旅融合发展。提升旅游休闲的生态内涵，精心设计打造以农耕、滨海、森林、湿地、野生动植物栖息地、花卉苗木为景观依托的生态体验精品旅游线路，集中建设一批公共营地和生态驿站，提高生态体验产品档次和服务水平。开发和提供优质的生态教育、游憩休闲、健康养生养老等生态服务产品，规划建设一批集文化创意、度假休闲、康体养生等主题于一体的文化旅游综合体，加快海上世界、大鹏所城、南头古城、大浪时尚创意小镇等“十大特色文化街区”建设，打造一批比肩国际一流城市的生态文化地标。

强化生态环保科普教育。全面提升公众生态文明素养，推进绿色生活宣传教育进机关、进校园、进企业、进园区、进社区。推进党政领导干部生态环境教育常态化，把生态文明作为基础性知识培训的重要内容纳入全市年度干部教育培训规划，以市委党校为主，以市监测中心站、甘坑客家小镇等现场教学点为辅，定期开展生态文明系列专题培训；完善生态文明国民教育体系，将生态文明教育融入育人全过程，提升教职工生态文明知识水平，加快推动将生态环境课程纳入青少年基础教学体系，启动校园环保科普读物编制工作；加强环境保护法律法规的普及工作，强化绿色生活知识科普宣传。建立健全生态文明宣教载体，提高工业展览馆、少年宫的科普功能，加快推进深圳自然博物馆、深圳创意设计馆等设施建设，引导社会力量建设专业科普场馆，实施数字图书馆、数字文化馆、数字美术馆、数字博物馆及数字书城工程，创新生态文明宣教服务载体；依托深圳海洋、森林、水系湿地等特色生态资源，高标准建设自然学校和环境教育基地，推动更多环境设施向公众开放，为各级学校和广大市民提供生态环保科普教育服务。

构建生态文明全方位宣传体系。整合各大主流媒体资源，协调各级各类媒体开展宣传报道，加大生态环境保护的宣传力度，积极报道深圳在率先打造人与自然和谐共生的美丽中国典范的工作进展、创新举措和取得的成效。打造环保公益活动品牌，充分发挥“六五”世界环境日、青少年环保节等大型环保节日的平台作用。定期举办主题推广、知识竞赛等活动，普及应对气候变化知识，宣传低碳发展理念，营造绿色生活的浓厚氛围。通过举办博览会、论坛等形式积极传播绿色技术创新理念和成果。在轨道站点、商场超市、旅游景区和出租车车载 LED、公交车体广告、政府宣传栏等平台开展生态文明宣传，全方位、多角度提升公众的生态文明意识。发挥各类社会团体的作用，推动构建生态环境治理志愿者体系，发挥行业协会、商会等桥梁作用，支持环保社会组织开展倡导绿色生活方式的公益活动。讲好深圳生态环境故事，树立深圳国际低碳生态城市形象，持续提高深圳城市美誉度。

培育绿色低碳生活新风尚。倡导“公民生态环境行为规范”，提倡绿色居住，节约用水用电；推行生活垃圾分类处置，推进生活垃圾全量焚烧和趋零填埋；持续推进绿色快递、绿色外卖、光盘行动，倡导简约适度、绿色低碳的生活方式。全力引导绿色消费，加快绿色产品和服务体制机制改革，推动绿色产品和服务有效供给及绿色产品认证；严格执行政府对节能环保产品的优先采购和强制采购制度；督促大型连锁商超开展绿色消费促进工作，鼓励公众采购节能、节水型产品，以及环境标志产品，倡导环境友好型消费。推动建设深圳“碳普惠”体系，搭建深圳碳普惠服务平台，建立商业激励、政策鼓励及市场交易相结合的低碳行为引导机制，鼓励全社会践行绿色低碳生活方式，培育引领低碳社会新风尚。

深化生态示范创建。推动各领域、各行业开展绿色创建行动，将生态示范建设拓展到城市发展的各个领域和环节，并努力纵深推进到基层社区。推动国家“环境健康管理试点”城市申报，持续推进国家生态文明建设示范市、“绿水青山就是金山银山”实践创新基地的创建工作，巩固提升已创成各区的建设水平。统筹推进海洋生态文明示范区、国家低碳发展先行示范区、绿色升级示范工业园区、绿色生态城区等示范园区的建设，增强与国家生态文明示范创建的联动，形成生态创建规模连片效应。

第 10 章　现代环境治理体系和治理能力现代化研究

中国特色社会主义新时代赋予了深圳在更高起点、更高层次、更高目标上推进改革开放的全新历史使命。要求深圳立足于“可持续发展先锋”的战略定位，率先打造人与自然和谐共生的美丽中国典范。2020 年 3 月，中共中央办公厅、国务院办公厅联合印发了《关于构建现代环境治理体系的指导意见》，着眼于加快推进生态文明顶层设计，要求构建党委领导、政府主导、企业主体、社会组织和公众共同参与的系统化现代环境治理体系，为当前和今后一个时期推动生态环境治理体系和治理能力提供指引方向。深圳将对标国际一流，着力长远，全面系统布局，构建符合“双区”定位的现代化环境治理体系，不断提高现代化环境治理能力。

10.1　治理体系和治理能力现代化现状

10.1.1　制度体系

（1）完善特区生态环保法律法规体系

深圳市在环境立法实践中勇于探索，大胆创新，勇于借鉴，为国家层面探索立法发挥试验田的示范作用。目前，共制定《深圳经济特区环境保护条例》等地方性环保法规 18 部，涉及环境保护、专项污染防治和生态建设等方面，初步形成了比较完善的与国家及广东省法律法规相配套的适应特区发展需要的特区环保法规体系（表 10-1）。

在资源优化利用方面，在《深圳经济特区循环经济促进条例》基础上，深圳市围绕资源节约和综合利用颁布实施了《深圳市资源综合利用条例》《深圳市节约用水条例》《深圳经济特区建筑节能条例》《深圳市建筑废弃物减排与综合利用条例》等一系列配套法律法规及相应的规范性文件。表 10-2 为深圳环保地方标准清单。

深圳市广泛开展《中华人民共和国环境保护法》宣传教育，组织专家解读新《环境保护法》，对执法骨干、各区环保系统工作人员和重点排污企业负责人进行专业培训，通过多种形式向市民宣传新《环境保护法》以及深圳环保执法工作情况。深圳市检察院结合公益诉讼试点工作开展宣传，增进社会各界对法律法规的了解，鼓励市民积极反映案件线索，加大对检察机关污染环境案件办理情况的宣传力度。

表 10-1 深圳环保法规规章清单

序号	名称	发布日期	修订日期
1	《深圳经济特区环境保护条例》	1994 年	2017 年
2	《深圳市扬尘污染防治管理办法》	2008 年	2018 年
3	《深圳经济特区海域污染防治条例》	1999 年	2018 年
4	《深圳经济特区污染物排放许可证管理办法》	1999 年	2020 年
5	《大亚湾核电厂周围限制区安全保障与环境管理条例》	1994 年	2018 年
6	《深圳经济特区饮用水水源保护条例》	1994 年	2018 年
7	《深圳经济特区机动车排气污染防治条例》	2004 年	2018 年
8	《深圳经济特区建设项目环境保护条例》	2006 年	2018 年
9	《深圳市环境保护专项资金管理办法》	2015 年	—
10	《深圳经济特区在用机动车排气污染检测与强制维护实施办法》	2017 年	2018 年
11	《深圳经济特区环境噪声污染防治条例》	1993 年	2018 年
12	《深圳经济特区饮用水水源保护条例》	1994 年	2018 年
13	《深圳经济特区海域污染防治条例》	1999 年	2018 年
14	《深圳市医疗废物集中处置管理若干规定》	2004 年	2018 年
15	《生活垃圾焚烧发电厂自动监测数据应用管理规定》	2019 年	—
16	《深圳市机动车环保车型目录管理和环保信息公开核验办法》	2020 年	—
17	《深圳经济特区碳排放管理若干规定》	2012 年	—
18	《深圳市碳排放权交易管理暂行办法》	2014 年	—

表 10-2　深圳环保地方标准清单

序号	标准编号	标准名称	专业门类
1	SZJG 42—2012	贵金属饰品加工企业废水处理及排放技术规范	水
2	SZDB/Z 249—2017	家庭吸油烟机排放控制规范	大气
3	SZDB/Z 254—2017	饮食业油烟排放控制规范	大气
4	SZJG 48—2014	建筑装饰装修涂料与胶黏剂有害物质限量	大气
5	SZJG 50—2015	汽车维修行业喷漆涂料及排放废气中挥发性有机化合物含量限值	大气
6	SZJG 52—2016	家具成品及原辅材料中有害物质限量	大气
7	SZDB/Z 55—2012	企业生产环境中十种挥发性有机物的测定	大气
8	SZDB/Z 162—2016	城市道路尘土量检测方法及限值	大气
9	SZDB/Z 247—2017	建设工程扬尘污染防治技术规范	大气
10	SZDB/Z 248—2017	房屋拆除工程扬尘防治技术规范	大气
11	SZDB/Z 280—2017	在用柴油车及非道路移动机械安装颗粒捕集器技术规范	大气
12	SZJG 41—2012	贵金属饰品加工企业废气处理及排放技术规范	大气
13	SZJG 51—2015	生物质成型燃料及燃烧设备技术规范	大气
14	SZJG 54—2014	低挥发性有机物含量涂料技术规范	大气
15	DB4403/T 1—2018	在用柴油车污染控制装置符合性查验规范	大气
16	SZDB/Z 151—2016	印制电路板企业环境风险等级划分技术规范	固体废物及化学品
17	SZDB/Z 156—2016	电镀企业环境风险等级划分技术规范	固体废物及化学品
18	SZDB/Z 160—2016	危险化学品经营单位环境风险等级划分技术规范	固体废物及化学品
19	SZDB/Z 161—2016	石油库经营单位环境风险等级划分技术规范	固体废物及化学品
20	SZDB/Z 223—2017	生活垃圾焚烧厂环境风险等级划分技术规范	固体废物及化学品
21	SZDB/Z 224—2017	生活垃圾填埋场环境风险等级划分技术规范	固体废物及化学品
22	SZDB/Z 233—2017	生活垃圾处理设施运营规范	固体废物及化学品
23	DB4403/T 22—2019	城市辐射防控 γ 射线成像探测系统技术规范	核与辐射
24	SZDB/Z 342—2018	盐田区城市生态系统生产总值（GEP）核算技术规范	自然生态保护
25	SZDB/Z 166—2016	产品碳足迹评价通则	应对气候变化
26	SZDB/Z 82—2013	规划环境影响评价规则	其他
27	SZDB/Z 83—2013	建设项目环境影响评价文件质量要求	其他
28	SZDB/Z 86—2013	人居环境技术审查规则	其他
29	SZDB/Z 111—2014	建设项目施工环境监理技术指引	其他

序号	标准编号	标准名称	专业门类
30	SZDB/Z 121—2014	建设项目环境影响回顾性评价技术指引	其他
31	SZDB/Z 140—2015	建设项目竣工环境保护验收报告编制技术指引	其他
32	DB 4403/T 67—2020	建设用地土壤污染风险筛选值和管制值	土壤
33	DB 4403/T 68—2020	土壤环境背景值	土壤
34	DB 4403T 62—2020	城市道路声屏障建设技术规范	噪声
35	DB 4403T 63—2020	建设工程施工噪声污染防治技术规范	噪声
36	DB 4403/T 97—2020	深圳港船舶排气污染物排放限值及测量方法	大气

（2）明晰生态文明建设权责分工

为明确生态环境保护权责分工，深圳市印发《深圳市生态环境保护工作责任清单》和《深圳市党政领导干部生态环境损害责任追究制度》。《深圳市生态环境保护工作责任清单》明确市委有关部门生态环境保护指导监督责任、市人大有关部门生态环境保护立法和监督责任、市政府有关部门生态环境保护主体责任、市法院与市检察院生态环境保护司法责任、其他和中直驻深有关单位生态环境保护责任。涉及 51 个部门和单位，细化分工、明确权责，各部门各司其职、紧密配合。

（3）强化生态文明建设考核机制

深圳市委组织部自 2007 年起实施领导干部环保实绩考核，2013 年升级为生态文明建设考核，在全国率先开展生态文明建设考核工作，并将考核结果纳入被考核对象领导班子考核内容，作为干部任免的重要依据。目前，考核对象已覆盖全市 10 个区、深汕特别合作区、19 个市直部门、12 个重点企业，基本涵盖了承担全市生态文明建设工作的职责部门。通过不断优化各要素环境质量考核指标，扩大考核范围，强化公众参与，成为引导、强化各级干部树立生态政绩观的绿色指挥棒，有效促进了全市环境质量提升。深圳市各行政区也在借鉴全市生态文明建设考核的基础上，逐步形成了区级干部生态文明考核评价体系。

（4）探索自然资源资产审计制度

深圳市自 2014 年起开展自然资源资产核算体系相关研究，编制自然资源资产负债表，并以此为基础，在大鹏新区试点开展自然资源资产数据采集、领导干部自然资源资产离任审计制度。2015 年，对大鹏新区开展了自然资源资产离任审计试点工作，2016 年，又选取了坪山区、龙华区开展领导干部自然资源资产离任审计，并出具审计报告。2017 年，继续开展了光明区、盐田区主要领导的自然资源资产离任审计工作。通过有关自然资源资产审计工作的开展，有效促进了全市党政领导干部树立正确、科学的政绩观，更好地落实生态环境保护责任。

（5）推进环境损害司法鉴定试点

2009 年，环境保护部启动了环境损害鉴定评估工作，为积极应对突发环境事件，加大环境责任追究力度，提高环境管理水平，市人居委大力推进深圳市环境损害鉴定评估工作，2013 年 9 月获得环境保护部批复同意（环办函〔2013〕1131 号），成为全国 10 个试点省市之一，为后续工作推进提供了高规格平台。2015 年 6 月，市人居委依托深圳市环境科学研究院和深圳市环境监测中心站成立了“深圳市环境损害鉴定评估中心”，为环境损害鉴定评估工作提供了必要的工作平台。

2012 年以来，深圳市先后开展了“深圳市突发性环境事件应急处置服务收费标准研究”“深圳市环境污染损害鉴定评估框架体系研究”“深圳市水环境污染损害鉴定评估范围和标准研究”“深圳市生态环境损害鉴定评估范围和标准研究”等基础研究，其中，“深圳市环境污染损害鉴定评估框架体系研究”获得 2015 年广东省环境保护科学技术三等奖，为深化国家试点，推动深圳形成地方工作能力、构建本地化的标准体系提供了有力支撑。2018 年 7 月，深圳市环境科学研究院环境损害司法鉴定所正式获批成为广东省首批环境损害司法鉴定机构之一。

2012 年以来，深圳市完成了 7 项环境损害鉴定评估案例，积累了必要案例经验。2012 年科学评估了“空港油料泄漏事件”的应急处置费用，并就此制定了深圳市环境污染事件应急处置费用标准。2013 年针对“光明非法提炼稀土事件”所带来的生态环境风险，提出了生态修复建议。2015 年“盈利达火灾应急处置环境损害评估”得出了该事件造成的生态环境损害，并作为深圳市首例环境保护责任保险赔付案例的依据之一。2016 年完成了“龙岗甘坑‘3·15’非法倾倒废重油事件”的损害鉴定评估，评估报告作为追究环境污染责任的依据提交给公安部门。2017 年完成了“宝安区五指耙水库环境污染事件”的损害鉴定评估，为涉事双方达成赔偿协议提供了必要依据。2018 年完成了“宝安区松岗街道溪头社区污泥堆放环境污染事件”的损害鉴定评估，评估报告作为追究环境污染责任的依据提交给公安部门。“深圳信隆健康产业发展股份有限公司电镀液渗漏生态环境损害司法鉴定”是深圳市按照司法鉴定相关程序规范以及环境损害鉴定评估相关技术规范完成的首个司法鉴定案例，深圳市对该公司造成的生态环境损害进行了准确识别、科学判定和精确评估，形成的鉴定意见书作为深圳市首个生态环境损害赔偿案件的基础性文件之一，该案件于 2020 年入选全国生态环境损害赔偿磋商十大典型案例，具有较好的示范意义和良好的社会效应。

（6）开展环境污染责任保险试点

深圳市是环境保护部确定的环境污染责任保险试点城市之一。2018 年 12 月，深圳市人居环境委和市保监局联合印发了《关于开展环境污染责任保险试点工作的通知》，选定 13 家危险废物经营单位开展环境污染责任保险试点推动工作。2010 年，深圳市政府与银保监会签署《关于深圳保险创新发展试验区建设合作备忘录》，将环境污染责任保险纳入深圳市保险创新发展试验区建设的重要内容之一。2011 年 8 月，深圳市人居环境委下发《关于在深圳市铅蓄电池及再生铅行业推行环境污染责任保险的通知》，扩大了试点范围。2012 年，深圳市人居环境委联合市保监局印发了《深圳市环境污染责任保险工作实施方案》，同年又由深圳市人居环境委印发了《深圳市环境污染强制责任保险企业名录》，将投保企业范围明确为六大类企业：危险废物处置经营单位、铅蓄电池企业、危化品企业、污水处理厂、垃圾填埋场和涉重金属企业。按照市生态文明体制改革部署，深圳市人居环境委又印发了《深圳市环境污染强制责任保险试点工作方案》，深圳市各试点企业积极参加环境污染强制责任保险，提升企业环境风险防控能力。截至 2018 年年底，全市共 774 家企业投保，保费 1 946.07 万元，保额 11.52 亿元，理赔 1 家，承保企业的承保前风控服务覆盖率达 100%。

（7）推动企业环境信用评价工作

深圳市自 2011 年开始推行重点排污单位环境信用管理，每年对全市重污染企业的环境信用等级进行评定，并对绿牌、蓝牌、黄牌和红牌企业实施不同管理措施。市环保部门负责制定全市环保信用黑名单，按照相关规定将存在违法情形的企业统一纳入黑名单，并实施动态管理。环保信用评定结果定期通报给海关、经贸、公安、市场监管、金融等政府部门，相关单位根据企业的环保表现采取相应的激励和约束措施。

2011 年 3 月，深圳市发布《深圳市重点排污企业环保信用管理办法（试行）》，深圳市环境信用制度正式应用。环境信用评价由市生态环境局直属单位监察支队负责实施，负责建立全市统一的环保信用管理平台，按职责分工对污染源环保信用信息进行收集记录、等级评定、评价结果公开与应用等，建立市管污染源环保信用档案和环保信用黑名单制度，并实施动态管理。评价结果分为环保诚信企业、环保合格企业、环保警示企业和环保严管企业四个等级，依次以绿牌、蓝牌、黄牌和红牌进行标识。普遍与环评审批、环保专项资金申请、企业采购、环境污染责任保险费率、现场监测和监测频次、绿色信贷相关联。

（8）完成党政机构改革和环保垂直改革

按照中央和省、市党政机构改革部署要求，同步推进环保监察监测执法垂直管理改革，坚决执行不走样，不折不扣全面落实深化深圳市生态环境机构改革任务，努力构建条块结合、各司其职、权责明确、保障有力、权威高效的市、区、街道三级生态环境管理机制，落实各区（新区）党委和政府对生态环境负总责的要求，明确相关部门生态环境保护责任。建立健全生态环境保护议事协调机制，强化生态环境保护综合执法，夯实基层基础，积极构建系统完备、科学规范、运行高效的生态环境机构职能体系，为建设美丽深圳提供坚强体制保障。

（9）全国首创生态服务价值（GEP）核算系统

深圳市组织开展了 2010 年、2016 年、2017 年和 2018 年的 GEP 试算，每年采集 10 余个相关部门的 130 余项社会经济数据；对深圳陆域生态系统的 9 万余绿地板块，200 多个植物样地、150 多条动物样线、68 个红树林湿地样地等进行了现场调查，组织 400 余人发放了 1 500 份生态文化服务调查问卷。在此基础上构建了适用于高度城市化地区的 GEP 核算体系。核算体系设置物质产品服务、调节服务、文化服务 3 个一级指标，以及洪水调蓄、水源涵养、交通噪声消减、海岸带防护、气候调节等 14 个二级指标，对深圳市陆域 GEP 进行核算。目前该核算体系已作为城市实践案例纳入相关在研的国家标准，并已与联合国统计署相关核算标准接轨。

10.1.2 监管执法

（1）机构设置

全市生态环境综合执法改革之后，整合原深圳市环境监察支队（正处级）、原机动车排污监督管理办公室（正处级）及原核管中心三个单位，组建了深圳市生态环境综合执法支队，为市生态环境局直属行政执法机构，副局级。设立六个处室，分别为综合处、法制与信访处、机动车排放监管处、固体废物监管处、执法协调处、执法行动处，核定行政执法编制 50 名。另设福田、罗湖、盐田、南山、宝安、龙岗、龙华、坪山、光明、大鹏、深汕 11 个管理局，其中宝安、龙岗、龙华、坪山、光明 5 个管理局共设置 34 个派出机构，共核定行政执法编制 319 名。

市级执法主要以制定执法规范、组织、督导、统筹开展全市执法行动以及办理重点、难点和复杂案件；区级执法按照属地监管职责，负责辖区所有污染源的具体监管和执法工作。

（2）监管执法成效

近年来，深圳市环保主管部门严格按照各类生态环境法律法规开展行政检查，在工作中不断创新执法方式，提高执法效能，规范执法行为，强化服务意识，坚持以最严格的执法“零容忍”打击环境违法行为，以最有效的监管“全覆盖”构建污染源治理体系。进行环境执法“查管分离”改革和开展“点菜式”随机抽查执法，探索交叉执法、跨界执法、联合执法、溯源执法和科技执法新模式，推行有奖举报，强化执法服务，实施最严现场监管执法，连续三年开展“利剑”系列专项执法行动，查处环境违法行为 6 603

宗，处罚 6.47 亿元，查办违法案件数量、处罚金额位居全国前十。

“十三五”期间，深圳市生态环境领域信访形势总体平稳可控，环境信访件处理率 100%，但仍然存在信访投诉数量高位运行的情况，突出问题依然严峻。全市环境信访受理立案量约 37 万宗（2016 年 8.1 万宗、2017 年 8.6 万宗、2018 年 9.7 万宗、2019 年 10.6 万宗），呈逐年增长态势。按污染类型分：噪声类 25.6 万宗、占 69.2%；废气类 9.4 万宗、占 25.4%；废水类 0.6 万宗、占 1.6%；固体废物及其他类 1.4 万宗、占 3.8%。按行业类型分：建筑施工类 18.7 万宗、占 50.5%；三产行业类 8.5 万宗、占 23.0%；工业行业类 7 万宗、占 18.9%；其他行业类 2.8 万宗、占 7.6%。深圳市环境信访呈现如下特征：一是增幅较大。深圳正处于各类环境问题的多发期，环境类信访投诉量连年攀升，居高不下。二是平稳可控。虽然环境信访存量较大，但未发生越级赴省进京上访和重大群体性事件。三是问题突出。噪声（69.2%）及废气（25.4%）投诉共占受理立案量的 94.6%，为市民主要的投诉对象。四是建筑施工投诉量大。建筑施工噪声投诉占受理立案量的 50.5%、占噪声类的 73%。

（3）执法设备情况

积极推进深圳市污染源监控设备采购项目（“577 工程”）建设，目前该项目已对外公开招标，即将进入项目建设阶段，该项目建成后，深圳市重点污染源水平衡设备、自动采样仪、在线监测设备等科技监管设备将实现全覆盖，届时将大大提升深圳市“互联网+监管”水平。另外，为提升执法队伍科技装备水平，2021 年以来，支队先后购置了无人机、全自动侦测无人船、便捷式快速检测仪等多项科技装备，智慧化执法水平大大提升。目前共布设了 104 个监测点位，结合污染源在线监控平台、河流断面一周一测数据、水平衡数据、企业核查数据，分析研判非法排污单位并整合数据编制周报，为精准执法提供违法线索。

（4）监管对象

①在管污染源。

2017 年，全市纳入环境统计的在管污染源包括工业企业、市政设施、医院、三产等，共 5.7 万个，市区监管执法部门对生产经营活动中产生的废水、废气、噪声、危险废物、扬尘等污染物实施统一监督管理。市、区两级环保部门按照污染负荷和类别实行分级管理，纳入日常监管的污染源总数为 4 436 个，污染负荷占所有工业污染物的 80%，其中 1 182 个实施重点监管，3 254 个实施随机抽查；除此之外的 5.3 万个污染源，由于污染负荷占比较小，且分布广泛，各级环保部门根据信访投诉进行监管。

②危险废物。

2019 年，全市工业危险废物产生量为 66.99 万 t，产生量超过 10 万 t 的类别是 HW22（含铜废物）和 HW17（表面处理废物），分别产生量为 22.55 万 t 和 16.87 万 t，占全市产生总量的 58.84%，主要包括含铜污泥、电镀污泥、酸性蚀刻液、碱性蚀刻液、有机废水等。

③机动车。

截至 2019 年年底，深圳市机动车保有量为 348.2 万辆。其中，柴油车 32.1 万辆（占比 9.2%），新能源汽车 35.3 万辆（占比 10.1%）。道路车辆密度达 760 辆/km，居全国之首。大气污染物源解析课题研究表明，机动车为深圳市首要大气污染源，对 $PM_{2.5}$ 的贡献占本地排放源的 41%。“十三五”期间，深圳市认真落实国家、省、市关于全面打赢蓝天保卫战、打好柴油货车污染治理攻坚战的重要决策部署，相继出台《深圳市大气环境质量提升计划（2017—2020 年）》《“深圳蓝”可持续行动计划》，加强“车、油、路”要素统筹，从新车、在用车、老旧车等车辆全生命周期，多举措防治机动车污染：一是持续提升新车环保准入标准。2018 年 1 月 1 日起，对重型柴油车型执行“国Ⅴ+DPF”标准，2018 年 11 月 1 日、2019 年 7 月 1 日分别对轻型柴油车、轻型汽油车全面执行国Ⅵ排放标准。二是严格新车环保达标监管。深圳市率先开展新车排放和环保信息公开监督检查工作，抽查新车 9 222 辆次，从源头遏制环保不达标车辆流入销售市场。三是严格实施在用车 I/M（检测与强制维护）制度。累计 506.7 万辆次机动车参加环保定期检测，15 万辆检测超标车辆经强制维护达标排放。四是提高在用车排放检测标准，加强执法监管力度。2019 年 5 月 1 日起，对在用柴油车、汽油车实施了更严格的排放限值和检测方法（GB 3847—2018、GB18285—2018）；通过路抽、停放地抽检、秋冬季专项整治等方式，加强在用车排放监督执法，监督检测机动车 178.3 万辆次，超标车辆 1.7 万辆次。五是不断促进高污染车辆淘汰。2016 年深圳市已基本淘汰黄标车，2017 年起实施《深圳市老旧车提前淘汰奖励补贴办法（2018—2020 年）》继续推动老旧车淘汰工作，累计提前淘汰黄标车及老旧汽车近 50 万辆。六是加强油品质量和油气污染管理。2018 年 9 月 1 日、2018 年 12 月 1 日深圳市分别供应国Ⅵ车用柴油、国Ⅵ车用汽油，每年对全市 280 家加油站、5 座储油库进行油气回收全覆盖检测，确保油气达标排放。七是大力推广新能源汽车。深圳市的新能源汽车保有量达 35 万辆，推广规模居于国内前列，公交车、巡游出租车已基本纯电动化。八是促进交通运输结构调整。深圳市大力推动城区物流电动化工作，在全市十个行政区域各设立了一个“绿色物流区”全天候禁止轻型柴油车通行；向交通运输部申报批准为“绿色货运配送示范城市”，规划建设 4 个生活物资转运基地（内陆港）。

④核与辐射源。

深圳市核设施与核技术利用规模，电磁辐射设备（设施）规模和分布密度均居全国首位，具有应用领域广、种类多、分布散、危险源比例高等特点，监管难度大。现有大亚湾和岭澳一、二期核电站共6个核动力堆，深圳大学1个研究堆，在深圳市的广东省放射性废物库（储存全省回收的放射性废物）和北龙放射性废物库。深圳全市共有各类电子辐射设备（设施）104 847座（移动通信基站102 358座），其中以通信、雷达和导航发射设备类为主，数量达104 237座，占总数的99.42%，广播电视电磁设备类70座，交通系统电磁设备类10座，输变电工程系统设备类530座。

（5）网格化管理情况

深圳市专门印发了《深圳市网格化环境监管工作方案》，明确了全市以社区为基础划分网格，建立市级督察稽查、区级执法检查、街道日常巡查的三级网格环境监管责任体系的工作要求。目前，深圳市各区网格化环境监管主要存在以下三种运行机制：

一是综合网格管理机制。该机制通过辖区现有的综治网格管理员（有时也称为“社区网格管理员”，以下统称综治网格员）和综治网格管理平台（如“织网工程”统一分拨平台）开展网格化环境监管工作，不另外组建专职环保网格管理员（以下简称环保网格员）队伍。工作流程一般为：①综治网格员在日常巡查中发现环境问题后上报至综治网格管理平台。②综治网格管理平台分拨至区管理局或街道管理所（一般有完成时限要求），由相应的生态环境部门安排执法人员查处。执法人员查处后，所属部门再反馈至综治网格管理平台。③综治网格管理平台安排综治网格员进行回访跟进。采取这种运行机制的区管理局包括福田管理局、龙华管理局和南山管理局。

二是专门环保网格管理机制。该机制则依托本单位直接管理的环保网格员（通过政府购买第三方服务等途径组建）开展网格化环境监管工作。分为两种工作模式：一是“无专门平台模式”（如光明管理局）。环保网格员根据已有的工作机制开展巡查，上门巡查时由于需要进厂（场），通常由执法人员或专干（类似于网格组长）带领，如果发现需要执法人员处理的环境问题，将直接联系所属网格的执法人员进行查处或者由执法人员当场处理，再由环保网格员进行后期跟踪。二是“专门平台模式”（如大鹏管理局），环保网格员发现需要执法人员处理的环境问题后，将通过本部门自行开发的网格化环境管理平台推送执法。以龙岗管理局为例，第三方提供的网格化环境监管专门服务已开始呈现倾向于技术支撑的特征。2020年，随着新合同的签订，环保网格员的业务重点调整为：①网格化环境监管辅助执法。具体包括协助信访投诉处理（包括对重点投诉对象进行分析，并对其进行针对性巡查。不再开展日常上门巡查，以优化营商环境）、协助开展利剑行动等执法专项行动、协助开展双随机抽查和其他辅助执法事项。②协助开展河流水环境专项网格化监管服务。具体包括运用已有的生态环境大数据等技术手段协助开展河流水环境日常管理与异常情况技术指导、对辖区入河排污口进行动态管理、开展重点流域水环境质量布点监测、协助开展异常点位溯源监测、协助开展小废水企业管理。③环境监管专业技术服务。这正是新的合同周期需要着重体现的内容。具体包括对辖区重点监管企业实施技术评估、对新领证的排污单位进行全面评估、协助开展河流水质异常分析研判、协助开展“散乱污”综合整治、开发专业 App 对企业进行动态管理等。新的网格化环境监管项目通过强调技术服务，让环保网格员既能发现问题，也能协助问题的解决，不仅仅停留在环境事件的发现和上报，并且同时提高环境监管效率。由此可见，目前深圳市环保网格员的巡查工作分为两类：一类是常态化的日常巡查，具体包括网格员上门巡查和外围巡测（如运用无人机对河流水环境进行巡查，对污染源监控视频的“短视频线上巡查”等）；另一类是针对特定对象（如重点投诉对象）的专门巡查。相关管理局根据辖区实际情况具体安排环保网格员的巡查业务。

三是综合网格管理和专门环保网格管理混合机制。此种机制既强调运用已有的综治网格巡查队伍和管理平台，又组建了环保网格员巡查队伍。宝安管理局和坪山管理局是典型代表。以前者为例，宝安管理局既处理综治网格管理平台分拨的环境事件，又聘请了 88 位环保网格员（2019 年数据，该区称为“网格巡查员”）协助开展生态环境日常监管工作。目前，该区网格化环境监管主要依托这批环保网格员队伍。混合机制下的环保网格员正在逐步发挥作用，因此，也可以将这种机制理解为完全采用专门环保网格管理机制前的过渡模式。

10.1.3　监测体系与监测能力

（1）机构设置

深圳市环境监测中心站。深圳市环境监测中心站成立于 1982 年，现为深圳市生态环境局直属正处级公益一类事业单位，主要承担全市环境质量监测、污染源监督性监测、执法监测和突发生态环境事件应急监测、环境质量预报预警、生态环境监测质量管理等职责，为生态环境管理提供技术支撑；负责全市生态环境监测网络的建设和管理；承担中国环境监测总站城市生态系统地面定位监测站（深圳）和国家环境保护快速城市化地区生态环境科学观测研究站有关工作；加挂“中国环境监测总站南海近岸海域环境监测东站”牌子，承担广东省粤港澳大湾区海域水环境质量监测工作。核定事业编制 100 名，专业技术雇员编制 5 名，领导职数 1 正 3 副，内设机构 10 个，实有职工 177 人，在编人员 100 名，其中专业技术雇员 2 名、单列管理工勤编制人员 7 名（人走岗销）。

经过近 40 年的建设和发展，深圳市环境监测中心站已成为全国环境监测能力最强的机构之一。全站总建筑面积 1 万 m^2（实验基地大楼），固定资产近 5 亿元，拥有包括一系列高精尖仪器设备在内的装备近 950 台套。具备开展 14 大类环境要素，共 759 个项目的监测能力。年提供监测数据近 500 万个。是全国环境监测系统首家“国家认可实验室”。获评“全国环境监测系统国家优质实验室”、“全国环保系统先进监测站”、“九五”期间“全国环保系统先进监测站”。获省监测技术大竞赛集体一等奖，连续 6 届五年环境质量报告书获国家一等奖。多项科技成果获省部级科技进步一等奖、广东省环保科技一等奖等奖励。长期以来引领国内环境监测技术发展，在国内环保领域第一个引进了进口环境应急监测车、流动注射分析仪、光谱法环境空气质量自动监测系统、VOCs 预冷冻浓缩仪、电感耦合等离子体质谱仪、进口污染源追踪溯源监测车等先进仪器设备，首创“天地一体”的环境空气质量立体监测网络。拥有国家级环保科研创新平台“国家环境保护快速城市化地区生态环境科学观测研究站”。承担多项国家重点研发计划、环保公益科研专项、国家自然科学基金、生态环境部项目等高水平科研项目。与中科院地理所、哈工大深研院等高校及科研院所开展交流合作，成立“城市生态监测联合研究中心”“宜居城市生态环境研究中心”“生命科学产学研基地”共同开展相关研究。加入中科院牵头的“中国通量观测研究联盟”，完成“深圳城市生态通量观测站”挂牌。

深圳市生态环境监测站。深圳市生态环境监测站成立于 2019 年，为深圳市生态环境局直属正处级公益一类事业单位，主要职责是：承担本市执法监测、污染源监测和突发生态环境事件应急监测；支持配合开展生态环境执法，为执法工作提供技术支撑；负责市级及以下生态环境监测网络的建设和管理；负责本市生态环境监测的质量管理等。核定事业编制 190 名，雇员编制 7 名，单位领导职数 1 正 3 副，内（下）设机构 17 个，实有事业编制人员 183 名、专业技术雇员 4 名和辅助管理雇员 3 名。

深圳市海洋监测预报中心。深圳市海洋监测预报中心为深圳市规划和自然资源局直属正处级公益一类事业单位，成立于 1998 年，2002 年成为独立事业法人机构，2009 年加挂“海域使用动态监管中心”牌子，2011 年加挂“深圳市海洋信息中心”牌子。主要职责是：负责全市海洋观测预报及灾害警报，为公共和应急管理提供相关服务及技术支持；负责全市海洋环境和资源的调查、监测、监视和评价；负责全市海域使用的监测、监视和动态管理；负责全市海洋综合信息的收集、处理与管理，建设、运行有关数据信息系统。核定编制 22 名，其中事业编制 17 名，雇员编制 5 名，另有 17 名临聘人员。

（2）监测网络体系逐渐完善

全市已布设生态环境监测点位 2 557 个，已初步建成覆盖全市各区，包括空气、地表水、地下水、近岸海域、土壤、声、辐射等各个环境要素的生态环境监测网络。

全市空气质量监测点 118 个，包括 96 个自动监测点和 22 个手工监测点。其中国控

15 个、省控 3 个（田心山、福永、盐田港）、街道站 59 个、路边站 10 个（南海、布吉关、滨海、侨香、深南中路、深南、泥岗、滨海大道、塘朗山隧道、北山道）、立体站 6 个（江苏大厦、吓陂、松岗、石岩、南海、莲花山）、生态站 3 个（杨梅坑、羊台山、小南山）。手动监测点位包括 3 个环境空气重金属监测点（沙井子站、龙岗子站、洪湖子站）、11 个降尘监测点和 8 个降水监测点。

全市水环境质量监测点 654 个，点位密度全国第一，包括 645 个手工监测点和 9 个河流自动监测点。手工监测点河流 426 个、湖泊 10 个、近岸海域 29 个、水库 112 个、地下水 18 个、水生态 21 个、入库支流 29 个；自动监测点包括国控 3 个自动站（深圳河口、茅洲河共和村、赤石河小漠桥）、省控 2 个自动站（坪山河上洋、观澜河企坪）、市控 4 个自动站（龙岗河吓陂、布吉河口、茅洲河燕川、深圳河保税区）。

全市土壤环境质量监测点位 167 个，布设 63 个国控土壤监测点位、74 个省控土壤监测点位。此外，根据管理需求，在全市 10 个“菜篮子”基地（菜场）布设 30 个监测点位对“菜篮子”种植基地土壤开展监测。

全市噪声自动监测点位 30 个，包括 23 个功能区站点、5 个生态站点和 2 个路边站点。区域环境噪声共布设 249 个网格监测点位，道路交通噪声在全市主、次干线设点 101 个。

全市辐射环境质量监测点 74 个，包括 17 个环境地表 γ 辐射剂量率监测点位、13 个环境 γ 辐射累计剂量监测点位、10 个空气气溶胶辐射监测点位、21 个地表水辐射监测点位和 13 个土壤辐射监测点位。

基于深圳 2007 年启动的生态安全监测系统项目，已建成 1 个生态安全中心站和 4 个生态安全子站，开展了传统环境要素及生态要素（植物）的监测工作。2017 年 2 月，中共中央办公厅、国务院办公厅印发了《关于划定并严守生态保护红线的若干意见》，提出划定并严守生态保护红线，实现一条红线管控重要生态空间，确保“生态功能不降低、面积不减少、性质不改变”。以遥感监测为主，以野外地面核查为辅。调查土壤侵蚀、水资源量、降水量、主要污染物排放量、自然保护区外来入侵物种情况等，每年开展 1 次。

监测湿地生态系统和城市生态系统的生物要素、环境要素以及景观格局等，每年开展 1 次。

全市污染源监测点位 1 164 个，包括 38 座水质净化厂 76 个监测点位（进出水点位）、市政垃圾处理设施 18 个、废水自动监测 858 个、废气自动监测企业 35 个、污染源企业周边土壤 177 个。

（3）不断提升环境信息化建设水平

强化信息化建设统筹，完成市区一体化的审批、执法、污染源监控、监测、信息公开五大平台建设。完成环境大数据建设设计方案，依托市大数据统一平台开展环境大数据中心建设，基本实现全市水、气、声、土壤、固体废物、生态资源等环境质量历史数据的汇集和实时数据更新。完成水环境综合管理平台开发，实现水环境相关的监测、监管等业务数据的整合和综合展示分析。推进“空天地一体化大气观测网”“污染源水平衡监控”等7个物联感知项目建设，构建全覆盖生态环境物联网监测体系。试点建立重点污染源全过程智能监控、水平衡监控、视频监控、污染物溯源、港口船舶空气质量自动监测等应用前沿技术的信息系统，为重点污染源自动监控系统日常运行和在线监测数据有效性审核提供准确信息基础。

（4）预报预警能力逐步增强

强化环境空气质量预报预警，完成省站预报系统联网试报工作。自2016年1月28日起，正式向省站上报未来24小时预报信息。2017年优化预报预警系统平台，提升环境空气质量预报预警能力水平，编制《比亚迪宝龙工业园大气污染应急响应预案》并开展监测预警。2018年开展大气监测站点巡察工作，加强大气子站数据监控，及时预警数据波动。

建立异常数据预警专报制度。2016年向相关管理部门发送河流、饮用水水源、近岸海域功能区水质预警专报13份。2018年，精准分析、及时通报水质异常断面，开展异常数据预警专报。

2016年开展光明滑坡跟踪、蛇口赤湾港大火、深圳湾、学校毒跑道、沙井危险垃圾非法倾倒、国庆期间系列应急、双创周应急备勤、上洋污水厂、龙宝比亚迪和处理站臭气等27次应急监测。完成2017年购置应急监测物质和设备验收并投入使用，迅速充实应急监测能力。2018年启动突发环境事故应急监测25次。罗湖区监测站紧密围绕治水提质及大气环境质量提升开展工作，应对河流突发排污事件启动应急监测50余次。

（5）监测质量管理严格规范

推进全过程的质量管理体系全覆盖，确保监测数据真、准、全。推进对监测方案编制、布点、采样、现场测试、样品制备、分析测试、数据传输、评价和综合分析报告编制等全过程的质量管理体系全覆盖，确保监测数据真、准、全。完成各季度环保税相关监测数据整理报送。

完成管理体系文件转版。开展资质认定扩项，共扩参数20个，变更12个。开展标准方法查新。完成2019年度管理评审，跟踪改进不符合项，编写质量体系运行报告。

组织实施专项任务全程序质量保证和质量控制措施。组织实施环境质量、污染源等常规监测任务和近岸海域环境监测、国家水环境监测网采测分离、国家土壤监测网土壤监测等专项任务全程序质量保证和质量控制措施。开展采测分离专项工作质控，修订检出限，完成方法和项目基础实验报告。对大气自动监测站、水环境自动监测站运行采取连续监控、巡检维护、校准核查等质控措施。

开展日常监测的质量保证工作和管理体系运行的日常维护。完成 2016 年实验室认可、资质认定监督评审，管理评审及内审工作。完成《管理手册》和程序文件、作业指导书修订和 5 次标准方法查新。制定《深圳市 2016 年环境监测质量管理工作实施方案》，组织实施环境质量监测、污染源监测、近岸海域环境监测全程序质量保证和质量控制措施。

开展环境监测质量管理各项考核工作，强化质量管理。编制实验室能力验证 2016—2018 年的三年计划。完成全市环境监测实验室比对和质量巡查。每月开展全站工作质量考核并通报相关情况。参加环境保护部标样所测量审核以及省中心能力考核。编制《2018 年全市质量保证和质量控制方案》，对各区环境监测站开展上岗证考核及质量核查。组织对承接政府委托监测任务的社会环境监测机构进行质控核查。按照省环保厅要求，对第三方检测机构业务信息化上报工作进行监督检查。加强环境监测质量管理体系的运行监控，按照“说到、做到、写到”要求，确保监测工作全过程规范严谨、合法有效。

（6）科研能力稳定提高

市科创委资助项目“饮食业油烟 $PM_{2.5}$ 与 VOCs 的监测及净化技术开发研究”“深圳市水环境生态风险监测预警网络平台构建和评价技术研究”通过结题验收。完成国家公益项目“环境空气质量立体监测关键技术研发”“基于声音识别的城市噪声环境评价及监控技术研究”。

以监测技术研发和生态系统健康为方向，加强生态调查技术、环境样品前处理和仪器分析技术创新，探索智能实验室建设；开展针对有毒有害、危险废物和新化学品问题的研究监测；强化遥感技术在生态状况、环境质量等方面的应用；探索 5G、大数据、人工智能、区块链等新技术在环境监测领域的应用。完成科学观测研究站建设验收，开展科技部野外观测研究站申报工作，推动国家级科研平台建设。积极参与 O_3 形成机理及控制策略研究等重大科研项目。

10.1.4　绿色生活

（1）促进绿色低碳发展

加快发展低碳经济。加快推进国际低碳城建设，完成国际低碳城试点期建设各项工作，国际低碳清洁技术交流合作平台已建成并上线运行。开展《典型城市（深圳）的挑战、政策和制度框架》研究，为完成深圳市碳排放目标任务提供技术支撑。编制年度温室气体排放清单，组织开展近零碳排放区示范工程。完成个人碳账户系统搭建，为用户参与绿色低碳建设提供良好平台。2019 年，碳排放权交易所累计推动深圳碳市场配额交易量超 1 455 万 t，配额流转率连续 6 年居全国碳市场首位。

深入推进节能减排工作。全面开展节能改造、节能服务体系和节能基础能力等工程建设，出台《节能减排“十三五”综合实施方案》《能源消费总量及强度“双控”目标分解方案》等文件。将挥发性有机物纳入深圳市“十三五”污染物总量控制计划，以“减量定增量”原则，动态管理 VOCs 总量指标，严控新、改、扩建涉 VOCs 排放的建设项目。完成国家公共建筑节能改造重点城市示范建设任务，并于 2017 年 1 月顺利通过住房和城乡建设部验收。积极发展绿色交通，打造一体化都市公交体系，截至 2019 年年底，深圳市万人拥有公共汽（电）车数量达到 16.2 标台，全年公共交通系统共运送乘客 40.35 亿人次，高峰期公共交通占机动化出行分担率达 62.6%，深圳市公共交通整体服务水平得到了有效提升。大力推广绿色建筑，新建民用建筑 100%执行建筑节能和绿色建筑标准，2016—2019 年年底，全市绿色建筑总面积达 7 690 万 m^2，超前完成《规划》任务要求。截至 2020 年 6 月底，深圳市各年度的化学需氧量、氨氮、二氧化硫、氮氧化物等主要污染物排放量均顺利完成广东省下达的减排目标。

加强节水和再生水利用。严格取水许可和计划用水管理，完善水资源计量监控，优化节水“三同时”审批，实行居民用水超定额阶梯水价、重点单位用户超计划用水累进加价制度。持续开展“节水好家庭”等品牌活动，提高市民节水意识。鼓励企业加大节水投入，将企业节水改造纳入企业技术改造倍增计划专项扶持范围。截至 2019 年年底，全市工业用水重复利用率（含电厂）达 92.7%，达到全国领先水平，顺利通过国家节水型城市复查。以南山、横岗为重点，加大再生水设施投入，先后实施横岗再生水厂、南山再生水厂等再生水利用示范工程，提升污水深度处理再生利用水平，截至 2019 年年底，全市再生水利用率已提高至 70%，提前完成《规划》目标要求。

加快海绵城市建设。编制完成全市海绵城市专项规划，出台《深圳市海绵城市建设管理暂行办法》《深圳市海绵城市规划要点和审查细则》《深圳市绿地系统规划修编》《深圳市海绵公园型绿地建设指引》等政策文件、技术指引 64 部，全面推进全市海绵城市建设。截至 2019 年年底，全市已有 210.85 km^2 建成区面积达到海绵城市要求，占建成区总面积的 22%以上，建成香蜜公园、人才公园、大沙河生态走廊等一批海绵建设示范项目。

加大环保产业政策支持力度。出台《深圳市关于进一步加快发展战略性新兴产业的实施方案》《深圳市战略性新兴产业发展专项资金扶持政策》，设立市战略性新兴产业发展专项资金支持绿色低碳等战略性新兴产业发展。积极支持高等院校、科研机构和重点企业创建环保方面的工程实验室、重点实验室、工程（技术）研究中心等各级研发平台，加大对节能环保领域科技研发资金的投入力度。积极鼓励和支持各类创新主体组建环保创新载体，2016—2020 年 6 月底，共计新增国家、省、市级重点实验室、工程中心、公共技术服务平台等创新载体 17 家，建设绿色低碳创新载体 45 家，其中，国家级 3 家、省级 2 家、市级 40 家，对促进深圳市环保企业自主创新能力提升，提高环保企业核心竞争力起到了推动作用。

（2）全面推进绿色创建

全面推进生活垃圾减量分类。印发《深圳市机关企事业单位生活垃圾分类设施设置及管理规定（试行）》《生活垃圾分类小区评价标准（2018 年）》《深圳市党政机关事业单位生活垃圾强制分类实施方案》等文件，推动并指导全市机关事业单位、住宅小区开展垃圾分类。截至 2020 年 6 月底，全市 1 657 个机关企事业单位、2 596 所学校（788 所中小学、高职学校和 1 808 所幼儿园）、4 844 个小区实现垃圾分类全覆盖，回收利用率达 31.5%，生活垃圾可回收物（金属、塑料、玻璃、纸类、织物、废旧家具等）达 1 036 t/d，再生资源回收量达 5 500 t/d，可回收利用量达到 6 536 t/d。

积极开展国家生态文明示范创建。以国家生态文明示范创建为平台，从生态空间、生态安全、生态经济、生态制度、生态生活、生态文化等方面全面提升全市生态文明建设水平，不断提高居民生态环境满意率。以各城区均实现示范创建为阶段性目标，最终实现全市全域生态文明示范创建目标，分批次阶梯推进全市生态文明示范创建工作。截至 2019 年年底，深圳已有盐田区、大鹏新区、罗湖区、坪山区和福田区 5 个区先后荣获“国家生态文明建设示范区”称号；南山区荣获“绿水青山就是金山银山”实践创新基地称号。

积极开展生态细胞系列创建。全市将生态文明示范创建对象延伸至街道、工业园、社区等层面，开展了生态街道、生态工业园区、绿色学校、宜居社区等生态细胞创建工作，全市及各区生态文明示范创建内涵不断得到拓展与深化。截至 2020 年 6 月底，全市成功创建“深圳市生态街道”49 个、“广东省四星级宜居社区”643 个、“广东省五星级宜居社区”20 个、“深圳市生态工业园区”10 个、绿色工厂 24 家，深圳机场获评“2019 年全球能源管理领导奖”，蛇口集装箱码头荣获四星级“中国绿色港口”称号，城市宜居水平不断提升。

开展绿色系列创建。积极推动绿色社区、绿色学校、绿色企业、绿色机关、绿色酒店和绿色公交等践行环境管理理念，截至 2019 年，全市共创建各类绿色单位 1 214 家。开展自然学校和环境教育基地创建，挖掘整合全市具备自然生态环境教育条件的场所和污染防治工程，通过标准化创建，形成一批能够代表深圳自然特色，在节能减排、治污保洁等方面领先的示范项目，打造深圳生态环境教育科普平台，提升全市生态环境科普教育水平，强化公众生态环境科普教育素养。

（3）开展各类生态宣传教育活动

开展六五环境日宣传活动。每年 6 月 5 日为“世界环境日”，每年深圳市生态环境局围绕当年六五环境日主题组织策划弘扬生态文化、展现深圳市生态环境工作成效的大型宣传活动，以强化公众环境保护意识，培育公众生态文化素养。

办好青少年环保节。自 2005 年以来，“深圳青少年环保节”已连续举办 15 届，是深圳市环保品牌宣传活动之一，借助青少年环保节，与青少年朋友们一起行动，传递绿色环保理念，让孩子们自小养成环保意识。

举办绿韵悠扬主题活动。“绿韵悠扬”主题活动已成功举办 14 届，分别以诗歌、散文、演讲、演唱、舞蹈、话剧、乐器等多种表现形式呈现，旨在向广大居民、青少年大力宣扬生态文化。

将广东省人民出版社出版的《爱护环境》一书纳入深圳市义务教育阶段免费教材，在小学二年级统一开设《爱护环境》课程。截至 2019 年，创建自然学校 8 所，环境教育基地 14 家，3 家环境设施向公众开放。在深圳市自然学校设立“湿地知多少”“神奇的红树”“以荷为美”等课程，开展自然学校学习和体验活动。

10.2 存在的问题

10.2.1 制度体系

（1）法治标准体系有待进一步完善

在法规体系方面，重点领域法规制度不够完善：大气、土壤、固体废物、地下水等领域没有配套的法规制度予以规范。在标准体系方面，生态环保类地方标准覆盖面不广：以水、大气、土壤和海洋环境质量改善为目标的生态环境地方标准体系尚未建立，部分先行先试的生态环境技术规范法定效力较弱，部分地方标准指标涵盖不全、排放限值较为宽松。

（2）生态环境治理机制尚不健全

在生态环境准入方面，生态保护红线、环境质量底线、资源利用上线和环境准入清单的“三线一单”制度尚未落地，基本生态控制线未建立分级分类管控机制。在土地利用规划方面，深圳市工业布局不合理，工业企业集聚程度较低。全市约 3 700 个“工业园区”呈点状散布，呈现出密度高、规模小、分布散、布局乱的特点，导致土地利用效率偏低，污染治理水平较差。在重点污染源监管制度方面，区域环评限批范围有限，仅针对有废水排放的项目提高水污染物排放标准，总量控制指标仅限于重点污染物，尚未建立以流域或者区域环境容量为核心的企业污染物排放总量控制制度和削减机制。重点生态环境行政许可制度管理不足，部分行政许可权限缺失，排污许可“一证式”管理制度在实践中仍存在较多问题。

（3）多元共治的治理模式尚未形成

当前的环境治理体系仍是以政府为主导的管理方式，企业、公众等主体处于被动地位，难以在该体系中发挥应有作用，影响环境治理相关政策和制度的实施效果。政府考核尚未完全树立以绿色发展为导向的政绩观，企业环境保护责任约束也尚未实现严密、高效的全流程闭环管理，市场主体的积极性尚未得到有效激发。

10.2.2　监管执法

（1）各部门环境监管执法职责有待进一步完善

环境监察部门与相关部门的监管职责分工不明，监管执法边界不清晰，其他负有法定环境监管职责的规划国土、市场监管、经贸信息、住房建设、公安、卫生、交通、水务、城管、海事等部门，对本部门环境监管执法职权和责任普遍认识不清，而环保部门又未建立一套成熟的多部门联动、联合执法机制，环保部门对环保工作实施统一的监督管理变成了环保部门对所有工作实施统一牵头管理，单部门执法威慑和影响力不足，执法效率偏低。典型案例是不少环境信访（广场舞、无证经营商户、流动摊贩、违建）往往涉及多部门职能，群众往往首先向环保部门投诉，但环保部门缺乏有效手段，难以从根本上解决问题。在环保执法“两法衔接”工作上，由于公安部门没有专职、专门机构负责环境犯罪案件和环保类行政拘留案件的侦办工作，绩效压力不够，主动性不足。环保部门的行政执法无强制执行权，所有处罚决定（如责令停止建设、经营、停产、整改、限期治理等）都需经人民法院强制执行，但目前全市缺少一套完整细化的环保执法申请执行的规程、标准，环保部门也未与法院系统建立良性沟通机制。各区法院对执行范围、立案标准、具体流程要求不一，执行时间普遍较长，一般在 3 个月以上；部分区还出现了有的处罚案件执行不被法院受理的情况，不仅降低了执法效能，还损害了环境法治权威。

（2）日常监管与查案办案工作任务繁重

深圳市环境监管执法普遍存在污染源日常管理与查案办案工作混淆的情况。目前的监管执法人力资源主要用于日常管理，疲于应付常规巡查、排污申报、排污收费、信访处理、减排核查、安全检查等日常工作，基层环保部门甚至还被要求负责环保审批，建设项目“三同时”验收等任务。此外，环境监察部门还需要完成上级部门安排的各项临时性任务。以市环境监察支队为例，其承担污染减排核查、环境统计、清洁生产、治污保洁、重点行业挥发性有机物综合整治、易制毒化学品生产使用环境监管及无害化销毁工作、环境质量提升十项重点任务、地下水利用区域环境状况调查工作、平安企业创建、市属企业环境风险源状况调研等各项任务。据调研，非环境监管执法任务占据了工作人员50%左右的工作精力，当需要深入查处违法案件时，人员配置就捉襟见肘，对违法行为打击就有些力不从心，监管执法的威慑力难以充分体现。

（3）环保审批制度管制过细，监管部门责任偏大

目前环保部门对企业的审批制度管制过细，导致企业的环保主体责任不突出，监管责任边界不清，责任无限扩大化，给监管失职、渎职埋下了巨大隐患。从理论上和法律问责实例看，环保审批带来的是无限监管责任，谁审批、谁监管，审批要求越细化，监管责任越细化。就监管部门而言，审批前，对未做环保审批的项目，要承担监管查处无证经营生产的责任；审批后，要承担监管其是否按审批要求和法律规定进行建设的责任；验收后，要承担监管项目是否始终遵守审批所有要求的责任，以及对审批不当或瑕疵遗留问题的后续监管责任，总之，只要企业出现任何环保违法问题、安全生产问题，监管执法部门都要实施全过程监管并承担无限责任。另外，由于审批造成的企业对政府的依附关系，使企业淡化甚至丧失了独立环保责任主体地位，环保守法的责任心、自主性极低，环保监管执法者与被审批企业的关系不仅是猫和老鼠的关系，更像是保姆与婴儿的关系。当前全国、全省深化行政审批制度改革，继续简政放权，深圳市正在推进商事登记制度改革，工商部门已经在工商登记审批上放权、解套，从审批转为备案、服务。商事登记制度改革后，通过信息平台提取的全市商事主体登记信息中，90%以上的企业不主动进行环保审批，导致环保部门对大量商事主体的监管处于真空状态，只能通过信访案件被动应对。

（4）环境信访处理途径不畅，占用大量执法资源

处理环境信访投诉是深圳市各环境监察机构的一项主要工作任务。根据福田区和龙华新区的调研反馈情况，环境信访处理分别耗费监管执法人员70%和50%的时间和精力。从目前环境信访案件处理途径来看，主要存在三方面问题：一是当前市民关注度高、诉求集中的几类环保信访投诉问题（如环境基础设施邻避问题、城市开发的“迎向污染”问题、工业废气达标扰民问题、地铁建设施工噪声扰民等），根源在于规划和决策层面，并非环保部门管理不当所致，也并不是环保一个部门能够解决的，需要在整体规划、综合决策、配套政策、综合整治等方面下手方可根治。针对这类信访投诉，环境监察执法人员即使重复调查、回复，占用大量执法资源，仍被舆论媒体和市民质疑为监管执法不严，市民满意度不高。二是信访案件司法解决途径不顺畅。当前，达标扰民、项目建设

的环保问题等大量环境信访案件，不是违法排污的行为，实际是环境侵权或纠纷，本应通过民事调解、诉讼解决。由于民众信访不信法的思维定式，加之诉讼门槛过高、成本过大，目前所有信访案件均转化为行政管理问题，并进一步转化为行政监管执法任务，尚无一例进入司法途径。三是普通信访投诉与违法案件混合处理，调解和监管执法手段混用，导致监管执法错位。据统计，近 3 年来，全市每年环境信访投诉立案处理量均维持在 6 万～7 万宗，其中，95%以上都转变为环境监管执法部门的任务，监管执法人员按照信访工作流程现场调查、处理和回复，信访处理的过程中又掺杂执法性质，环境信访调处与环境监管执法区分不清、混合使用，尽管处理率 100%、满意率在 87%以上，但据统计，90%的案件以“口头命令+行政指导+调解”方式处理；能按照监管执法流程和文书格式走正规程序，运用监察命令和处罚等行政手段处理的比例不到 10%。

（5）执法人员配置与监管执法任务不匹配

据统计，全市纳入环境统计的污染源包括工业企业、市政设施、医院、三产等，共 5.7 万个。其中，纳入日常监管的污染源为 3 981 个，废水、废气污染负荷占所有工业污染源的 80%；危险废物产生单位 6 011 家；在管建筑工地数量 337 个。同期，全市从事一线环境监管执法核定编制数为 377 名，工作人员共 495 人（包括水务、城建等执法队伍），人均监管上百个污染源。全市普遍存在执法人员超编和无执法资质人员从事执法工作的现象，尤其以宝安、光明、龙岗、龙华、坪山等区问题最为严重。随着公众维权意识提高，信访投诉及咨询宗数上升，特别是随着新《中华人民共和国环境保护法》和《广东省环境保护条例》的实施，强化了环境追责的深度和广度，监管执法人员不仅要负责日常监管任务，还要负责信访投诉处理、各类专项执法检查、应急值班（周末、节假日和夜间值班）、排污费征收、建筑工地超时施工许可及行政处罚的全部工作，工作线条多、工作量巨大。全市环境监管执法人员、装备的严重不足与当前环境监管任务重、责任大形成了鲜明对比，两者之间的矛盾异常尖锐，环境监管执法“小马拉大车”不堪重负的现象突出。

（6）监管执法人员素质偏低

全市环境执法人员的专业化程度较低，拥有环保、法律相关专业学历的执法人员比例占总人数的 34%。专业人员缺乏，部分环境监察人员对生产工序、废水/废气处理工艺等不熟悉，现场检查时不能透过表象看到深层次问题；对法律法规、政策规范的理解不够，对违法事实掌握不准，可能导致不能履职到位；执法人员制作执法文书的质量不高，存在违法事实描述不清、证据反映不够充分等问题；调查取证方面，存在取证不够细致、证据材料不符合规范等问题，影响处罚案卷的质量。环境执法队伍建设力度不够，培训渠道和培训手段单一，部分执法人员存在重工作、轻学习的思想，与现阶段环保工作面临的形势任务及社会公众的期待还有一定差距。

（7）配套环境监测能力不足

目前，深圳市已经建立了环境监测与监管执法的联动机制，主要体现在两个方面：一是自动监测异常数据预警，市监测站将通过污染源监控平台发现的超标和数据异常通知相关管理部门和污染源企业，有关部门接到报告后开展针对性执法。二是环境监察部门在开展各类污染专项整治、突击检查、夜查暗访等行动，以及处理群众投诉、纠纷时，预先通知监测机构，由监测机构派人参加现场取样。近年来，随着国家对环境监测要求的提高和监测项目的增加，环境监测机构面临严重的人员缺口，尤其是光明、坪山、龙华、大鹏四个功能区，由于实行大部制改革，机构编制本来就少，监测人员缺口更大。根据环境监察执法经验，每次环境执法行动需要同时出动 2 名以上监察人员以及 2 名以上监测人员。然而，通过对全市各环境监管执法机构的调研，全市一线环境监察执法人员中，持有水质采样证的人数不足 50 人，市、区环境监测站从事监督性监测的人数为 84 人，占全市执法人员的 13.2%，远不能满足查案办案需求，从而难以及时获取污染源的环境违法证据，给后续的行政执法工作带来阻碍。

（8）科技监管尚未发挥应有的作用

科技监管是解决当前执法人手不足，执法效能不高的重要抓手。深圳市的科技监控建设包括对企业的视频监控、污染防治设施运行的全过程监控、排污口的污染排放自动监测、自动采样仪设备（简称四控）等。目前，全市各级环保部门在排污口的污染排放自动监测建设方面最为完备，但在其他监控设施建设方面则发展快慢不一。市支队虽然在视频监控、污染防治设施运行的全过程监控、自动采样仪设备建设方面开展了试点工作，但由于所占比例不到污染源的 10%，覆盖范围较小，所起到的监管作用也十分有限。相对而言，宝安区环保水务局建设较快，视频监控和在线监测已覆盖 219 家企业，并且每年区政府投入 500 万元维护运营费用以保证设备的正常运行。近年来，深圳市生态环境局宝安管理局已通过视频监控发现多起违规使用软管偷排、偷卖污泥、监测设备弄虚作假的违法行为，效果显著。其他各区也都在积极建设之中。监控设备建设的快慢，将直接关系到深圳市环境监管模式的转变，影响到深圳市执法效能的提升。当前深圳市正在推进移动执法三期建设和全市移动执法平台建设，但配套资金严重不足，相关项目在发展改革委立项非常困难，现有国家配套资金远不能满足系统建设需要。此外，深圳市即将研究试点的工况监测、移动取样、危险废物转移 RFID 技术，但缺少配套资金的支持，环保专项资金对监管执法的扶持力度也不足。

（9）非现场执法有待进一步完善

一是目前各项数据比较零散，没有统一的平台进行大数据分析，无法做到更进一步的精准定位，难以实现精准执法，其真正先进的助力作用没有充分展现。二是非现场执法的法律规定支撑不足，互联网和人工智能等都是近年来才普遍使用的，且还在不断发展和更新，原来法律规定中对此没有太多的规定。

10.2.3　监测体系与监测能力

（1）体制机制方面的问题

中央、省、市党和国家机构改革方案陆续出台，地方机构配置、职能设置调整在即；环境监测垂直管理制度改革节点将至，改革调整迫在眉睫；环境监测工作在全面深化改革和污染防治攻坚背景下不可避免地面临转折、转身、转型。转折意味着垂改引发的监测管理体制和网络运行机制发生巨大转变，原有属地化管理和资源供给模式完成切换；转身意味着环境监测机构配置、职能设置将迎来调整，机构外延与内涵均发生转变；转型意味着新形势下环境监测定位和核心业务的必然演化与变迁。值此改革发展关键时刻，监测工作需改革、创新、提质、提效，立足高质量发展，提升工作能力，优化工作方式方法和作风，增强抵御外部环境变化和应对风险挑战的实力。

（2）法规标准方面的问题

国家生态环境监测标准规范仍不健全，深圳市部分监测分析项目仍采用 EPA 方法进行分析测试，曾参与完成国家一项标准制（修）订工作，完成餐饮油烟一项地方标准制定工作，但有机复合型污染物标准制（修）订能力依然薄弱，标准制（修）订能力无法满足开展新型污染物监测要求，应急监测、遥感监测等方面标准缺口巨大，亟须提升标准方法制（修）订能力。

（3）环境监管精细化支撑方面的问题

数据整合能力亟须提升。环境监测数据资源整合不充分，监测数据感知共享不充分。目前，多数环境数据分散于各部门，大多以文档、原始数据的形式存在，各业务系统之间没有统一的数据标准，缺乏应有的处理和加工，难以进行共享和应用。现有水、气、噪声、污染源、辐射、海洋等要素自动监测分散、历史数据汇聚不够，缺少统一的集成管控，亟须整合各个系统数据，建立统一的数据标准，推动信息资源共享。

监测业务协同能力亟须提升。市监测站已建设核心业务系统，其开发商不一、建设年限不一、标准不一、系统之间缺少统一的技术与应用支撑框架，除综合办公、实验室管理、数据应用管理实现了初步整合外，大多监测业务系统相互独立，业务协同性差，系统访问入口不一。注重常规质量监测，对可视监控、遥感监测、考核评价、预警预报等应用明显不足。环境监测业务与环境监管、污染防治等业务协同应用不足，精细化程度不高，亟须提升监测业务系统对内和对外协同能力。

（4）监测质量控制方面的问题

自动监测质量控制体系不完善，物联网、遥感监测等高新技术在质量监管中应用不充分，实验室的样品前处理、样品分析、结果报送、质量控制等工作自动化、流程化、模块化不足。

（5）基础能力保障方面的问题

生态环境监测网络还不能满足生态环境监管的需要。大气质量监测网功能不完善，缺乏迁移转化、污染溯源、成因机理解析，尚未建立区域通道传输站、大气污染颗粒物组分及光化学监测站、挥发性有机物组分光谱监测，酸雨、降尘、温室气体自动监测能力不足，天空地立体化空气质量监测网络尚未形成。水环境质量监测、城市（镇）噪声监测自动化水平低。城市生态系统及生态红线监测监管自动化能力薄弱，生态监测点位较少、覆盖的区域十分有限；监测指标主要集中在植物物种调查等，缺乏定量的指标体系，难以对生态保护红线评估监管、生态系统服务价值核算、生态修复评估等提供有力的监测支撑；城市生态监测分类体系不衔接和未能实现公共基础性资料共享，城市生态监测亟须整合共建。

10.2.4 绿色生活

（1）未开展环境教育立法

深圳市社会各界、政府部门、企事业单位对环境教育的支持和配合不够，不够重视，环境教育普及范围有限，深圳市环境教育立法的缺失为环境教育工作的贯彻落实带来了操作上的困难。

（2）环境教育有待进一步推广

深圳市的环境教育主要以课堂教育和书本传播为主，且环境教学分散在其他基础教学中，没有专门的生态环境科普读物。校内生态环保主题实践活动，以海绵城市、垃圾分类、红树林观鸟为主，其他类型活动较少。全市虽已建设 13 个环境教育基地和 8 所自然学校，但设施规模较小，难以满足广大中小学生的校外环保实践活动需求。对标日本、美国等国家的环境教育水平，存在环境教学零散、不成系统，校外环境实践活动不够丰富等问题。

（3）生态环境宣传影响力不足

深圳市近年来举办的青少年环保节、六五环境日、绿韵悠扬等品牌宣传活动均取得了较好的社会效应，但随着社会的快速发展和市民精神水平的广泛提高，深圳市仍需继续深入探索打造生动形象且接地气，体验度、参与度高的生态环境宣传教育活动；政务新媒体经过多年的投入使用，信息发布数量逐年增长、内容更新也比较及时，但仍存在网民关注度不高、传播力不强、公众参与热情不高的情况，需进一步优化传播内容，创新传播手段，开拓传播平台，让影响力更广泛。

（4）绿色观念尚未深入人心

随着深圳社会、经济的进一步发展，市民的环保意识有所提高，广泛开展生活垃圾分类、光盘行动、绿色创建、环保志愿者活动，但生态文明理念仍有待进一步充分融入，市民主动参与生态环境保护的意愿仍不够积极，政府、企业、公众多元共治的治理模式尚未形成。

10.3 战略路径

10.3.1 基本原则

党的十九大明确将坚持人与自然和谐共生作为基本方略之一，将建设生态文明定为中华民族永续发展的千年大计，明确了加快生态文明体制改革，建设美丽中国的任务目标，确定了新时代生态文明建设的时间表，制定了到 2020 年要坚决打好污染防治攻坚战，到 2035 年实现生态环境根本好转，美丽中国目标基本实现的战略要求，21 世纪中叶实现建成富强民主文明和谐美丽的社会主义现代化强国，建成美丽中国的目标。

深圳将以习近平新时代中国特色社会主义思想为指导，深入贯彻落实习近平总书记对深圳的重要讲话和指示批示精神，牢固树立生态文明思想，践行绿色发展理念，抢抓粤港澳大湾区和中国特色社会主义先行示范区“双区驱动”重大历史机遇，坚持党的集中统一领导，强化政府主导，深化企业行动，动员和引导社会组织和公众共同参与，通过制度完善、强化过程监管，构建以服务人民为中心，精准治理、科学治理、依法治理为核心的现代环境治理体系，为打造美丽中国典范和建设可持续发展先锋城市提供有力制度保障。

——突出先行示范。牢记“两个窗口”使命，改革创新环境治理体制机制，创造更多可复制、可推广经验，突出社会主义制度优越性，率先打造生态环境高水平保护推动经济高质量发展典范。

——突出开放协同。紧抓“双区驱动”机遇，发挥粤港澳大湾区核心引擎作用，统筹区域生态环境目标和问题，推动形成多地协同、共保共治的合作机制。

——突出科技引领。充分发挥科技优势和区位优势，将智慧化管理技术运用到生态环境治理系统中，助力产业升级和环境治理创新，推进生态环境领域治理能力现代化。

——突出全民行动。丰富宣传形式，拓宽企业、社会组织、公众参与生态环境治理渠道，提升生态环境行动的社会公信力，营造良好的社会氛围，推动政府、企业、公众共建共治共享。

10.3.2 路径规划

以综合授权改革试点为抓手，深入推进生态文明体制改革，创新生态环境治理模式与方法，构建导向清晰、决策科学、多元参与、执行有力的现代化生态环境治理体系。从生态环境保护责任体系、法律法规标准体系、监管执法体系、市场体系、能力建设、绿色宣教体系以及区域合作机制等方面，对“十四五”期间和 2035 年远景目标做出战略规划，推动构建现代化环境治理体系，打造改革创新城市标杆。

2021—2025 年：①健全生态环境管理机制。完善生态环保责任清单，深化落实生态环境保护“党政同责、一岗双责”。②完善生态环境法律法规。用好综合授权改革试点和经济特区立法权，构建科学系统、严格清晰、具有深圳特色的生态环境保护法规体系，探索制定与社会经济发展水平相适应的生态环境强制性地方标准；完善生态环境保护领域行政、民事和刑事“三位一体”的责任追究体系，优化“两法衔接”机制。③完善生态环境管理制度。推进排污许可证“一证式”管理；深化生态环境领域“放管服”改革，推进环评审批和监督执法“两个正面清单”制度化、规范化。④发挥市场机制激励作用。构建规范开放的市场，推动“谁污染、谁治理”向“污染者付费、第三方治理”模式转变；完善环境治理价格机制，推动健全生态保护补偿制度。⑤加强能力建设。研究出台“互联网+执法”的生态环境执法检查规范，完善“智慧环保”双随机移动执法模块设计，提升环境执法装备的科技化水平。构建海陆一体的生态气候监测体系，持续推进智慧环保建设。⑥完善区域生态环境合作机制，推进绿色“一带一路”建设。⑦开展全民行动，推动形成绿色生产方式。

2035 年远景目标：构建高效的环境治理机制，形成政府治理和社会调节、企业自治实现良性互动；探索推进环境法的法典化，形成国际一流的技术标准体系；构建以“互联网+环境监管执法”为主的高效执法体系；持续完善各类绿色金融产品和服务，实行资源环境权益抵质押融资制度；形成现代高效、全要素覆盖的环境监测网络和预测预警体系；促进区域生态环境保护协同发展。

10.4　主要任务

10.4.1　优化生态环境保护责任体系

10.4.1.1　落实政府责任

（1）完善生态环境管理机制

推动成立生态环境保护委员会，贯彻执行党中央、国务院、省委、省政府在生态环境领域的各项决策部署，研究决定战略举措和重大事项，分解目标任务、落实政策措施，统筹做好监管执法、市场规范、资金安排、宣传教育等工作，切实形成党委领导、政府主导的工作机制。

（2）完善督察督办机制

推动制定深圳市生态环境治理督察检查办法，通过自查、联合督察检查等工作机制，及时反馈问题、打通关节、疏通堵点，确保生态环境治理任务推进顺利、政策措施落地见效。

（3）理清生态环境管理责任

制定实施《深圳市生态环境保护工作责任清单》，明确市委、市政府对全市生态环境质量负总责，各级党委、政府部门承担具体责任，主要负责人是辖区第一责任人，其他有关领导成员在职责范围内承担相应责任。完善生态环境治理组织管理，根据现代生态环境治理体系建设要求，完善各部门内部组织机构职责，明确生态环境治理全民行动体系和信用体系等内容牵头责任单位，建立政策制定、执行和效能评估的闭环运行机制，有序推进生态环境治理体系现代化建设。根据国家、广东省有关生态环境领域财政事权和支出责任划分改革方案，落实市区生态环境领域财政事权和支出责任。

10.4.1.2　深化企业责任

（1）完善企业环境治理责任制度建设

加强企业环境治理责任制度建设，指导重点企业完善环保主任制度、构建分层分级企业环境管理责任体系，严格落实风险防范、隐患排查、污染治理、损害赔偿和生态修复责任。落实排污企业监测主体责任，重点排污企业安装监测设备，建立“谁排污、谁监测”的排污单位自行监测制度，排污企业应通过企业网站、现场公示牌、电子荧屏等途径依法公开污染防治设施建设运行和污染物排放情况，接受社会监督，坚决杜绝治理效果和监测数据造假。加强工业聚集区环境污染治理，研究划分深圳市工业聚集区类别，推动出台工业聚集区环境污染治理管理条例，明确区内业主、出租方、企业法人、企业实际控制人在环境治理过程中的责任。

（2）依法实行排污许可管理制度

加强固定污染源类建设项目环评和排污许可证内容的有效衔接，落实企业责任，严格执行现行持证排污的各项要求，加快形成“一个名录、一套标准、一张表单、一个平台、一套数据”的一证式管理。

（3）完善企业环境治理信息

排污企业应通过企业网站、现场公示牌、电子荧屏等途径依法公开污染防治设施建设运行和污染物排放情况，接受社会监督；鼓励垃圾填埋场、垃圾发电厂、污水处理厂等大型排污企业在确保安全生产的前提下，通过设立企业开放日、建设教育体验场所等形式，定期向社会公众开放；监督上市公司、发债企业等市场主体全面、及时、准确地披露环境信息。推行企业环境守法公开承诺制，打造自觉守法的企业环保文化。

（4）提高企业绿色技术水平

加快企业绿色化改造和绿色园区建设，鼓励企业积极参与绿色工厂创建，加强源头预防、开展绿色产品设计、实施绿色采购，提升原料绿色化、生产清洁化、产品生态化水平，提高产品的综合竞争力和资源环境效益。

（5）落实生产者责任延伸制度

编制深圳市推行生产者责任延伸制度实施方案，优先制定电器电子产品、汽车产品、铅酸蓄电池、饮料纸基复合包装生产者责任延伸政策指引和标准规范，探索建立重点品种的废弃产品规范回收与循环利用制度。

（6）发挥行业自律监督功能。

充分发挥行业协会、商会等社会组织在政府和企业之间的联结和沟通作用，督促其推广行业生产、治污的先进适用技术，组织企业绿色生产、清洁生产和安全生产技术交流培训，完善行业标准体系，发布行业领跑者名单，并建立对企业绿色生产、守法排污以及行业领跑者的监督机制，推动形成资源节约、环境友好、领跑光荣的行业秩序。

10.4.1.3 引导公众责任

（1）完善公众监督机制

完善公众监督和举报反馈机制，充分发挥“12369”环保举报热线、市长（区长）信箱、生态环境部门微信公众号、微博等平台作用，畅通环保监督渠道。完善“深圳12345热线”平台设计，提供定位投诉、证据上传、全流程跟踪服务。加强舆论监督，鼓励新闻媒体、人大、政协、热心市民对各类破坏生态环境问题、突发环境事件、环境违法行为进行曝光。鼓励公众参与生态环境保护监督，落实生态环境违法行为举报奖励制度，解决人民群众身边的突出生态环境问题，充分发挥举报奖励的带动和示范作用。

（2）推动全民参与环境保护

探索建立生态环境保护听证制度，政府及生态环境部门在制定关系民众切身利益或可能产生重大环境影响的生态环境政策、生态环境保护规划及生态环境立法时，都必须实行听证制度，公开征求公众意见，对公众提出的意见要认真考虑。完善公众参与环境治理机制，不断扩大生态环境保护的“同盟军”“朋友圈”，倡导人人参与环保的良好氛围，充分利用志愿者活动、社会组织积极动员公众参与到环境治理行动当中，将生态环境保护的要求内化为公众的自觉行动和主观意愿。

10.4.1.4 强化生态环境目标考评

（1）持续优化以“绿色发展”为导向的生态文明建设考核指标体系

完善生态文明建设目标评价考核制度，以生态环境质量改善为核心，科学合理设定约束性和预期性目标，进一步完善生态环境保护目标体系，并纳入“三类两级”规划。衔接国家、省生态文明建设目标考核、各生态文明专项考核，整合精简专项考核，优化调整考核指标，制定以“绿色发展”为导向的生态文明建设考核指标体系及考核办法。强化生态文明建设考核的导向作用，探索考核结果运用新机制，强化正向激励，量化刚性问责。

（2）实施生态系统服务价值核算

探索构建体现可持续发展先锋城市特点的生态系统服务价值（GEP）核算方法体系，建立 GEP 统计核算工作机制和报表制度，推动生态系统服务价值核算应用规范化、制度化，扩大 GEP 核算试点范围。以沙滩资源为突破口，大鹏新区为试点，探索生态产品价值实现机制。开展 GEP 提升及应用路径研究，持续探索 GEP“进监测、进规划、进考核、进项目”，形成 GEP、GDP 双提升解决方案。

（3）完善领导干部自然资源资产离任审计

开展领导干部自然资源资产离任审计，强化审计结果运用，实行生态环境损害责任终身追究制，对不顾生态环境盲目决策、造成严重后果的领导干部，依法严肃追究责任。完善发展成果评价体系，加大资源消耗、环境损害、生态效益等指标的权重，避免单纯以经济增长速度评定政绩的倾向。

（4）完善生态文明目标考核智慧系统

开发生态文明考核指标、生态系统服务价值核算指标资料收集与分级共享信息化平台，完善生态文明考核、生态系统服务价值核算模块设计，提高评估过程自动化、智能化和现代化水平。

10.4.2 完善生态环境法规标准体系

10.4.2.1 健全生态环境法律法规

（1）充分利用特区立法权

开展生态环境领域立法创新研究，用足、用好深圳特区立法权，制定生态环境保护条例，生态环境教育、生态环境公益诉讼、绿色金融等地方法规，修订现有生态环保领域地方法规，构建具有深圳特色的生态环境保护法规体系，探索推行环境法的法典化。

（2）完善各类制度体系

结合各项生态环境治理体系建设，优先推动在生态空间监管、工业聚集区污染防治、海域污染防治、噪声污染防治、再生资源回收、建筑废弃物管理、生态环境治理信用体系、生态环境治理激励机制等方面出台地方规章制度。

10.4.2.2 健全生态环境地方标准

（1）完善生态环境质量标准

充分利用中央授权探索制定深圳生态环境强制性地方标准，打造与建设社会主义先行示范区相适应的特区生态环境标准体系。建立与国际接轨、全指标的水环境质量标准体系和水污染物排放标准体系。实施更严格的大气排放标准，逐步建立国际领先的大气环境治理标准体系。开展土壤污染物形态特征研究，探索建立土壤—农产品、土壤—地表水、土壤—地下水等系统中污染物有效态的表征方法，逐步构建基于土壤污染物有效态的环境保护标准体系。

（2）完善监测标准建设

加快抗生素等新兴污染物和温室气体的监测方法标准研究制定与监测技术体系建设，强化有机类标准样品研发，填平补齐生态环境遥感监测、应急监测、现场执法监测、质量控制领域标准规范。

（3）完善绿色系列标准

依据国家绿色标准，结合深圳发展实际，研究制定绿色系列创建标准和指引。推动绿色产品标准体系建设，针对国家绿色产品标准未覆盖的重点行业产品，开展地方性绿色标准研究，纳入深圳标准认证。

10.4.3 加强生态环境监管执法能力

10.4.3.1 完善生态环境监管执法体系

（1）完善监管执法体制

全面实施生态环境综合执法改革，严格实行“双随机一公开”执法监管模式，推动制定《深圳市生态环境保护分类监管办法》《深圳市社会环境检测机构监督管理办法》《深圳市基层协同生态环境综合执法人员资质管理办法》，细化制定《深圳市生态环境保护综合行政执法事项指导目录》，开展在线监控、污染源溯源排查监控研究，出台深圳市“互联网+执法”的环境远程执法检查地方标准规范，完善“智慧环保”双随机移动执法模块设计。

（2）完善生态环境网格化监管机制

健全街道社区生态环境网格化监管执法体系，按照“属地管理、分级负责、条块结合、责任到人”的原则，落实生态环境保护职责，明确具体承担生态环境治理工作的机构和人员，完善生态环境网格化监管体系，建立辖区网格化环境监管队伍，实现社会治理和环境保护网络联动融合。

（3）继续完善非现场执法检查

探索构建以“互联网+环境执法”为主的非现场执法，建设数据管控平台，通过大数据分析，改变过去通过“拉网排查”“全面铺开”等费时、费力、低效的形式开展执法行动，转而通过“向科技要效率”。推动非现场执法纳入特区立法，制定执法规范指引和指南。进一步应用“在线监测”“污染源水平衡分析”“水质自动采样仪”“污泥处理工况在线监控”等科技监管手段，分析排查异常数据，为执法提供方向，实现精准、快速打击环境违法行为，对违法行为“零容忍”。

（4）统一环境执法制度、规范和细则指引

在国家、省有关监管执法和政策执行标准细则未及时出台之前，市级环保部门可以全市的环境执法、政策执行的规范和标准、指引，制定、修改和完善环境执法工作制度、工作程序，进一步规范现场执法程序、案件投诉办理程序、执法档案管理制度、工作考核责任制等，实现执法行为程序化、执法监督制度化、执法工作规范化。

（5）强化执法队伍能力建设

统筹加强全市环境监察执法人员的业务培训，定期组织对执法人员环保法律法规、企业生产工艺的培训，采取名师讲课、案件探讨、经验交流等形式，加强执法人员法律法规及业务知识的学习，培养执法人员调查取证和分析研究的能力，规范执法人员制定严谨的法律文书，提高查办案件的质量。严格落实执法人员持证上岗制度。改革监察执法人员考核机制，建立一套更为严格、更高要求的执法人员岗位能力评价体系，建立符合环境监管执法特色的绩效考核制度。

（6）提升环境监管执法信息化建设水平

制定全市统一的移动执法系统数据通信标准，并按此标准推进各区移动执法系统的建设，实现执法数据互联互通，便于市级环保部门查看监管痕迹：对于已建立移动执法系统的区，根据统一的数据标准进行改造，并与市级移动执法系统联网；对于尚未建设移动执法系统的区，可考虑直接使用市移动执法系统。摸清全市污染源基本信息，建立全市统一的污染源信息系统，与已建成的移动执法系统进行衔接，使该系统成为全市环保监管执法的基础数据来源。所有环境监察执法人员配置移动执法终端，所有生态环境保护网格管理员配置环境信息移动采集终端，建立市区街道一体、联网联动的跨业务数据库、无地理阻碍的现代化移动执法系统，提高移动执法系统的智能化监管水平。

10.4.3.2 完善环境风险监管防范体系

（1）强化环境风险防范的主体责任

落实企业主体与政府监管责任，强化企业环境保护自律自治，推动环境风险全过程管控，实现事前严防严控、事中及时响应、事后追责赔偿，“防”与“控”并重。对重点环境风险企业实施强制清洁生产审核及环境污染责任保险制度，建立企业环境信息通报和上市公司环境信息公布制度，落实环境污染法人负责制。

（2）形成有效的风险分级分类管控体系

深入开展环境风险源分类管理分级评估技术方法研究，制定相关技术标准与指南，推动重点行业、企业环境风险评估和等级划分，完善风险评估管理制度，实现对重点企业生产过程、污染处理设施等全过程监管。对核与辐射、重金属、化学品、危险废物、持久性有机污染物、医疗废物等相关行业进行全过程环境风险管理。

（3）完善环境风险预警体系建设

以环境风险源为核心，定期开展环境风险隐患排查，优化提升环境风险监测预警水平，将重点环境风险源、风险应急设施、环境风险重点防控区等要素进行整理管理，完善全市环境风险源智慧化监控平台，统筹监控各类环境风险源，并与全市气象、水文、地质、地震等城市安全监测预警体系联动，全面防控环境风险。鼓励重点风险源建立环境风险预警系统，并与全市风险预警平台实现实时数据对接。

（4）完善生态风险防控机制

把生态环境风险纳入常态化管理，推进现代感知手段和大数据等高新技术运用，系统构建全过程、多层级生态环境风险防控体系；提升红树林保护区等生态敏感区对外来入侵物种的防控能力，提高危险性外来物种、环保用微生物菌剂等生物及制剂的进出口管理水平，构建生物安全风险防控体系。

（5）加强环境风险应急能力建设

厘清环境应急管理职责，构建市、区、街道（社区）三级环境应急预案动态管理机制，完善部门协调联动机制，健全突发环境事件应急预案，强化环境应急演练。研究搭建“四基地一中心”环境应急支撑体系，规划建设宝安区、龙岗区、福田区、深汕特别合作区四个环境应急设备和物资储备库，采用政府采购服务方式建设环境应急管理服务中心，全面提高环境风险防控能力和环境应急处置能力。推进重点企业环境风险防控应急体系建设，制定风险应急预案并定期开展培训指导和防控演练，推动企业建成环境风险防范工程。建立健全由政府统一领导，环保、公安消防、安监、交通等多部门参与的应急联动机制，妥善处理环境污染纠纷和突发环境事件，鼓励专业环保机构参与突发环境事件的现场应急救援处置。加强“一废一库一品一重一核”（危险废物、危险化学品、重金属、核与辐射安全）等高风险领域的风险防控，加强对危险化学品运输车辆等流动性风险源的管理，有效防范和化解生态环境风险。

10.4.3.3　严格生态环境空间监管

（1）优化城市生态空间格局

以自然山体、森林、河流溪流、岸线、海洋等自然生态系统为基础，构建海陆连通、渗透全城、空间平衡、安全健康的城市生态网络。建设罗田—羊台山—大鹏半岛和清林径—梧桐山生态保育带，强化区域生态保育功能。推进西部珠江口—深圳湾和东部大鹏湾—大亚湾滨海生态景观带建设，严控建设开发规模，保护滨海生态系统。科学评估全市生态廊道和生态节点建设的必要性和可行性，制定深圳市生态廊道建设方案和建设标准，结合城市绿道、千里碧道等建设，推进深圳市生态廊道和生态节点优化建设，打造互联互通生态空间。

（2）完善“三线一单”管控要求

推进“三线一单”成果发布与入库，推进“三线一单”与排污许可、环评审批、环境监测、环境执法等相关数据系统共享，加快建立“三线一单”生态环境分区管控制度体系，在地方立法、政策制定、规划编制、执法监管中不得变通突破、降低标准。建立“三线一单”动态更新和调整机制，通过开展生态保护红线、环境质量底线、资源利用上线的细化研究，不断提高“三线”划分精细化水平；通过研究制定与国际接轨的地方环境质量标准和污染物排放体系，不断充实和细化生态环境准入清单，推动构建以产业生态化和生态产业化为主体的高质量发展生态经济体系。推动制订海洋、河口、滨海湿地、重要物种栖息地、自然保护地、生态保护红线等重要生态空间生态环境监管工作办法。

10.4.3.4 加强生态环境领域司法保障

（1）完善联合执法机制

建立生态环境保护综合行政执法机关、公安机关、检察机关、审判机关信息共享、案情通报、案件移送制度。开展环保公安联合执法，强化对破坏生态环境违法犯罪行为的查处侦办。继续完善环境资源法庭，实行环境保护案件专业化审判。协调公安部门移送涉刑环境违法案件，及时向公安部门移送涉刑环境违法案件，加强查封扣押、加强限产停产、加强移送公安行政拘留、加强移送涉嫌环境污染犯罪等工作。

（2）完善公益诉讼制度

加大生态环境和资源保护公益诉讼工作力度，出台加强环境公益诉讼的有关制度。健全环境公益诉讼办案组织，完善线索发现、案件管理等各项工作机制。引导具备资格的环保组织依法开展生态环境公益诉讼等活动。

（3）完善环境损害赔偿制度

继续开展生态环境损害鉴定评估标准和技术方法研究，完善生态环境损害鉴定评估管理与技术体系。加强环境损害司法鉴定机构建设，规范机构日常管理，完善硬件设施建设。持续引进生态环境损害鉴定相关人才，定期参与环境法制与损害鉴定技术培训，不断提升业务水平，形成相对稳定的专业技术队伍。积极参与生态环境损害鉴定案例研究，推动探索生态环境损害赔偿解决途径。

10.4.4 提升生态环境监测能力水平

10.4.4.1 完善统一的环境质量监测网络

（1）大气环境质量监测

以“大气环境质量持续改善、保护人体安全和健康”为主要目标，针对 $PM_{2.5}$ 污染和 O_3 污染突出问题，建成与国际接轨，以城市质量、污染源控制、综合分析超级站和卫星遥感等自动监测为主，区域差异、重点突出的深圳综合立体环境空气监测质量网络。

优化环境空气质量监测。科学评估深圳市现有环境空气监测点位布设情况，根据城市达标情况及周边污染源状况优化调整监测点位，完善一街一站空气自动监测站建设。根据街道周围污染物水平，逐渐增加对 O_3、NO_2 等其他几项污染物的监测，在城市中超过现有常规监测 3 km 的主要景点等人群聚集区，部署 $PM_{2.5}$、O_3 等重点因子单指标监测点位，提升环境空气精细化管理水平。

深化污染成因监测。完善深圳大气颗粒物化学组分监测和大气光化学评估监测，率先在大学城区域开展颗粒物组分自动监测、挥发性有机物组分谱监测、大气光化学评估监测，为不同尺度大气污染成因分析、灰霾天气诊断、污染防治及政策措施成效评估提供科学支持。探索烷基硝酸酯生成转化机制和 O_3 污染成因。加强大气重点污染源监控，在机场及主要港口布设环境空气污染监控点。在主要干道和高速公路沿线设立城市路边交通空气质量监测站，开展 $PM_{2.5}$、氮氧化物（NO_x）、O_3、交通流量等指标监测。

加强深圳都市圈大气污染物区域联防联控。开展大气污染源解析，协调建立深圳都市圈生态环境质量会商制度和大气污染联防联控机制，协同减排，削减深圳上风向城市高架源排放的 NO_x 和挥发性有机物（VOCs）。

（2）水环境质量监测

建设“三水共治”（水污染治理、水生态修复、水资源保护）一体化智能监测网络。以环境质量监测为核心，协同推进特征污染物监测与水生态质量监测，提高自动化、智能化、立体化监测能力，实现重点水体污染精准识别和实时监控，全面支撑深圳市水环境保护和综合治理。

构建水生态质量监测网络。基于“十四五”期间国家水生态监测技术体系，整合优化水环境质量、水功能与水生态质量监测，逐步增加水生态监测指标，优先在主要河流开展水量、水质与水生生物同步监测，推动水质监测向水质、水生态综合监测转变。研究建立满足业务化需求的水生态监测方法、指标体系、评价办法，在全国率先探索构建水生态监测体系。进一步拓展监测因子，逐步从常规因子扩展到重金属、有机物、生物综合毒性等特征指标。

推动水陆联动、污染溯源。结合区域河流污染特征，逐步建立覆盖重点河流及跨省、市界河流入河排污口的自动监测网络，开展入河排放口与水域水质影响关系的监测评价研究。探索建立基于功能分区的水环境质量跟踪监测评估机制，加强水环境质量监测与污染源监督监测的联动性与针对性。

强化饮用水水源水质监测。加强水源保护区和补给径流区风险监测，在罗田、铁岗、石岩、西丽、梅林、深圳、清林径、铜锣径、松子坑、三洲田、赤坳、径心、枫木浪的水源地区设置监测点位，提升源头风险监控和预警能力，推进饮用水水源地环境激素类等化学物质监测与风险评估，在国控断面“9+N”自动监测能力基础上，实现重要饮用水水源地水质自动监测全覆盖。

（3）土壤与地下水环境质量监测

以风险监控为重点，加强深圳市土壤与地下水环境监测。建立完善土壤污染防治重点监管单位及地下水污染风险管控清单，开展相关监测，全面掌握深圳土壤与地下水环境风险，打通地上地下，逐步衔接土壤和地下水环境监测，探索“地上地下”统筹监控体系构建。

加强土壤风险监控追踪。以保障农产品质量和人居环境安全为核心，以支撑农用地和建设用地风险管控为目的，加强农用地和建设用地风险点特征污染指标监测，关注敏感地区和疑似污染地区，制定“土壤污染防治重点监管单位”清单，推动土壤污染重点监管单位依法履行自行监测主体责任，开展厂界及周边土壤环境自行监测，对清单上单位的污染地块及周边土壤环境开展专项监测。在各水质净化厂、危废处理处置场、生活垃圾处理处置场、工业固体废物处理处置场、尾矿库、土壤重点监管企业周边风险区域开展追踪监测，全面掌握深圳土壤环境风险。

建立多层次地下水污染风险监控体系。开展风险源周边地下水质量监测，并对重点产业园区和工业集聚区等污染风险区域地下水开展污染动态的有效监测与监管。建立地下水污染风险管控清单，全面调查并梳理现有监测井建设及维护管理情况。结合行业特征，筛选重点污染风险区域，建立以潜水层为主，兼顾承压含水层的污染风险监测井群，有效监控地下水污染风险。

（4）海洋环境质量监测

以改善海洋生态环境质量、保障海洋生态安全为核心，通过常规监测、自动监测、专项监测等手段，建立深圳市陆海统筹立体化自动监测网络，加快构建海洋“智慧监测”体系，为全面掌握深圳市海洋环境状况和问题及海洋治理提供有效的技术支撑，能够改善海洋环境质量、保障海洋生态安全。

完善海水水质监测网络。按照近岸密、远岸疏、重要河口海湾全覆盖的原则，整合优化深圳市自然资源部门与生态环境部门近岸海域海洋监测网络，更新升级现有 13 套海洋环境浮标监测站点，以西部近岸海域为重点，在优先关注的河口、海湾等水质严重污染区和水质剧烈波动区增设自动监测点位，全面、客观地反映海洋环境状况、变化趋势以及人为活动对海洋的影响程度。提升地面监测能力，更新并新建地波雷达。

强化海洋专项监测。探索开展海洋微塑料监测。在深圳东部海域选取 1 条观测断面，布设 5 个起始采样点，逐步实现深圳海域全覆盖。按照“均匀覆盖，以线带面”的原则布设监测点位，开展海洋微塑料监测，支撑海洋塑料和微塑料管控。强化陆源入海污染执法监测。逐步建立自动监测站点，覆盖主要陆源入海排污口、入海河流。开展主要河流污染物入海总量、直排海污染源和海洋大气污染沉降自动监测，评估不同来源污染物贡献率，并以此支撑海洋污染治理。

（5）声环境监测

优化深圳城市自动噪声监测网络，实现噪声监测全面联网，实时生成反映深圳噪声水平状况的可视化噪声污染地图，促进该区域声环境质量改善，促进相关城市良性循环。

完善深圳噪声自动监测网络。在人口密集区（主要景点、美食街等）、机场、工业园区、施工区域、铁路、道路等地点加密部署声环境质量自动监测站点，新建噪声自动监测站点，通过连续监测，真实、全面地反映深圳噪声环境状况，并实现实时监测及报警管控。开展噪声源解析，识别噪声污染贡献，支撑噪声污染防治工作。

绘制深圳噪声地图。结合深圳声环境功能区及城市区划调整，优化调整功能区噪声监测点位。将深圳城市功能区和区域污染源噪声源的数据、地理数据、建筑的分布状况、道路状况、公路、铁路和机场等信息进行综合、分析和计算，实时生成反映深圳噪声水平状况的可视化噪声数据地图，为城市环境噪声治理提供精细化支撑。

10.4.4.2　构建生态质量监测体系

（1）构建生态质量监测网络

根据深圳市生态类型和土地利用结构，采用更新改造、提升扩容、共建共享和新建相结合的方式，在市内生态保护红线区、国家和市级自然保护区、自然岸线、湿地公园等不同生态系统区域布设生态质量地面监测站点，与空基无人机、星基卫星遥感相结合，构建“天空地”一体化的立体生态质量监测网络。

建设城市生态质量监测网络。在深圳率先构建以生态宜居、康养为重点的城市生态监测体系，兼顾生物多样性或污染敏感指示物种监测，探索在城镇各类绿地公园内开展负氧离子浓度、芬多精、花粉浓度、空气微生物、苔藓地衣、植物 VOCs 等监测，摸清城市生态质量，逐步探索建立满足业务化需求的监测指标体系。

建设海洋生态质量监测网络。开展海洋生物摸底调查，掌握海洋生物基本状况，推进典型海洋生态系统的环境质量、生物群落结构、栖息地变化状况长期及连续监测，科学评估海洋生态系统的健康状况。升级优化现有海洋生态环境观测体系，全面提高海洋环境观测能力，实现海岸带、近岸海域及邻近海域全覆盖，岸基观测、坐底观测有机结合，为全面掌控深圳近岸海域生态环境状况提供实时预警数据，满足深圳市建设社会主义先行示范区和国家海洋中心城市的需求。

（2）支撑生态服务监管

建成生态保护红线监管系统。建立“天空地”一体化的生态保护红线监管体系，构建全市中低分辨率卫星遥感普查、高分辨率卫星和无人机遥感详查、地面核查相协同的环境遥感监测业务模式，全面提升遥感影像处理、智能解译和分析评价能力，强化全市自然保护区、生物多样性优先保护区、重要湿地等生态保护红线区域的多尺度、全天候生态监测与评估，开展人类活动监管、植被状况监管、生态功能监管、自然岸线保有率监管、海洋水质状况监管、海洋水色异常巡查等陆海统筹生态保护红线监管。开展生态敏感区人类活动监测，综合多源、多时空分辨率卫星遥感，以及近地面无人机（船）技术，对深圳市生态保护红线区、自然保护区、饮用水水源地保护区、自然岸线、红树林等生态敏感区开展人类活动的快速监测体系实施统一监管，提高监测频次，探索建立月度—季度—半年—年度监测监管体系。

构建以自然保护地为核心的生物多样性监测网络。以深圳亚热带森林、湿地、红树林、海洋等自然生态系统及城市绿地公园为重点，开展深圳生物多样性及生物物种资源调查，摸清家底，完成深圳市地方物种本底资源编目数据库建设，以生态保护红线区和4个自然保护区、9个森林公园、湿地10个公园、1个风景名胜区、1个地质公园为重点，建立生物多样性监测网络。加强外来入侵物种监测，及时发布外来入侵物种的分布范围。整理不同部门和机构各类生物多样性资源信息，加强数据共享。优化海洋生物多样性监测，从浮游生物、底栖生物等监测，扩展到对海洋生物多样性状况及变化趋势有重要指示意义的标志物种、珍稀濒危物种监测。

10.4.4.3 健全污染源监测体系

（1）固定源监测

规范污染源自行监测。完善重点排污单位自动监控网络和质量控制体系，规范污染源自动在线监测，拓展污染源在线监控联网范围，推进深圳市挥发性有机物和总磷、总氮重点排污单位在线监测设备的全面安装与联网，覆盖全部区、重点工业园区和产业集群。推动排气口高度45 m以上的高架源，以及涉VOCs排放、涉工业窑炉重点源安装自动监测设施，并与生态环境部门联网。

加强执法监测与许可证后监管协同。对深圳市所有纳入排污许可证管理的企事业单位实施全覆盖监测，对重点区域、重点行业适当加密，对有超标记录的排污单位提高执法监测比例和频次，形成严查重罚的高压态势，倒逼企业规范监测、达标排放。推进重点区域开展排污单位工况、用电、用水等生产活动与污染物排放状况一体化监测监控试点，有力支撑污染源监管。实行监测与执法联动，规范执法监测活动中的现场采样。监督检查应严格遵守环境行政处罚程序和取证要求，规范过程记录。加强执法监测能力，推动开展生态环境监测人员持执法证件试点工作。

开展大气污染源排放特征监测。研究建立区域主要大气污染物排放源清单开发方法与业务系统，完善大气排放源清单动态更新工作机制。全面推进重点行业的可挥发性、半挥发性有机物排放监测，支撑重点行业 VOCs 排污收费制度实施。在火电行业开展温室气体排放源监测试点。

强化陆海污染源监测。加强对城市水质净化厂和分散式污水处理设施的执法监测，确保生活污水稳定达标排放。加强重污染河流和城市黑臭水体监测。建立“厂—网—河”一体化监测网络，探索推进深圳市涉水重点排污单位远程自动采样，实现进水、用水、排水等全过程监控。对入河排污口和主要工业集聚区总排口定期开展水质监测。

（2）移动源监测

建立健全涵盖机动车、非道路移动机械、船舶、飞机、铁路和油气回收系统等覆盖全要素的移动源监测体系及重点区域移动源周边环境空气质量、交通流量、噪声等一体化监测网络，完善移动源监测技术体系、标准体系，重点覆盖高速公路、港口、机场、航道等重要交通基础设施，监控移动源排放及其对沿线空气、水体及周边土壤环境质量的影响。

建设覆盖全要素、重点区域的移动源监测网络。在高速、国省干线和长大隧道等重要部位，临近敏感目标路段，国家公路运输枢纽的客运货运一级站、重点货运港区，重点内河航道等重要区域科学增设各类移动源（机动车、船舶、飞机、非道路移动机械）周边的空气质量和噪声测试点位，覆盖不同的道路、河流（船舶）、区域（机场、施工工地）。重点建设船舶生态环境监测体系，对重点船舶、重点区域、航道开展船舶硫氧化物、氮氧化物、颗粒物、烟度等移动源监测，基本掌握深圳船舶污染排放状况，满足船舶环境管理需求。

10.4.4.4　加强辐射与应急监测

（1）辐射环境监测

围绕群众需求开展前沿监测。增加 220 kV 变电站及移动通信基站等与群众生活相关的电磁辐射在线监测点位，实时监测变电站和移动通信基站的辐射水平，满足公众知情需求。针对医院、探伤企业等重点核技术利用单位，全面开展高风险放射源和放射性污染物的在线监测，保障人民群众辐射环境安全。开展针对地铁、人防工程等场所的氡、^{40}K、惰性气体在内的多种天然放射性核素的辐射环境监测，并开展相关监测技术研究，满足人民群众对监测信息的需求。选取近岸海域中沉积物、海生物、海水为对象，以总 α、总 β、^{40}K、^{137}Cs 等指标为重点，开展海洋放射性监测试点，并进行相关监测技术研究。

（2）应急监测

提升生态环境应急监测响应水平。增配车载/船载分析测试实验室系统、便携式快速监测仪器、无人机智能平台，全面提升深圳陆域、海域、流域辐射应急快速反应和设备投送能力，具备快速开展各环境要素污染事故的应急监测能力。结合卫星遥感实时观测和数值模拟技术，推进放射性污染物扩散迁移模拟预测平台建设，构建覆盖全陆域、流域、海域和重点区域的“天空地”一体化生态环境应急监测预警预测体系，全面提高环境应急管理的能力和水平，有效防范和处置各类突发环境事件。

10.4.4.5 深化监测质量管理

（1）健全监测质控体系

创新生态环境监测质量管理模式。推动建立统一管理、全市联网的生态环境监测实验室信息管理系统，实现生态环境监测活动全流程可追溯。利用不可篡改、不可伪造、方便追溯的区块链式数据结构应用技术，建立监测数据“一数一标签”管理模式，即每个监测数据均可通过唯一代码追溯其产生过程的“全周期”活动记录，实现对各类监测活动的实时监控和全程留痕。

（2）强化监督检查

落实对生态环境监测机构的行业监管责任。加强与市场监管部门的合作，建立健全以内部质量控制为主、外部质量监督为辅的质量管理制度。推动实行生态环境监测活动备案制管理，明确备案要求、监管机制、检查方式等规定。强化生态环境监测质量监管能力，加强生态环境监测量值溯源体系技术研究。重点加强社会生态环境监测机构监管。

（3）严惩监测数据造假

坚持对违规违法监测行为从严从重处罚。理顺行政执法与刑事司法衔接机制，坚持发现一起、查处一起、通报一起，绝不姑息。加强部门协同，形成守信联合激励、失信联合惩戒的长效机制，将依法查处的监测数据弄虚作假的企业、机构和个人信息纳入公共信用信息平台，实现一处违法、处处受限。将信用不良的机构和人员列为重点监管对象，加大检查频次和力度，探索建立生态环境监测人员数据弄虚作假从业禁止制度，提高企业和个人违法成本。发挥群众监督作用，实现人防与技防相结合，推动形成“不敢假、不能假、不想假”的良好局面。

10.4.4.6 深化生态环境监测综合评价与数据应用

（1）生态环境综合评价体系构建

开展生态环境综合评价。综合社会经济发展、产业结构比重、污染排放总量、环境要素质量、资源环境容量、生态系统结构与功能、人群健康状况等因素，根据不同需求，构建不同角度的综合表征指数，从绿色低碳发展、资源能源集约高效利用、环境质量优良、生态格局安全、人居环境宜居舒适等资源与生态环境角度，真实客观地反映不同层级行政单元的生态环境状况及全面协调可持续发展状态。探索开展市区综合评估考核排名先行先试，推动深圳各市县绿色转型、持续发展。

开展生态质量评价。划分环境质量监测与生态质量监测业务边界，综合考虑不同类型生态系统结构、功能和不同区域生态环境突出问题的差异性，开展城市生态系统质量、自然生态系统、海洋生态系统的结构功能、生物多样性状况、生态保护监管、生态服务价值等监测评估，科学确定评价指标与计算权重，分类设置不同类型、不同区域的生态质量表征指标，构建统一可比、科学客观的生态质量监测指标体系与评价排名方法。

开展水生态质量评价。着眼生态环境科学化、精细化监管需求，以水体植被盖度、浮游植物和微生物群落、水中和底栖动物组成等为重点，基于生物调查、遥感、DNA监测等技术手段，合理选择评价指标，研究制定符合本市流域特征的水生态质量监测指标体系与评价排名方法，探索开展市区水生态质量评估试点工作，客观科学地反映深圳水环境质量状况。

（2）生态环境监测数据互联共享

加强部门间信息共享。落实统一数据管理和统一信息发布要求，以海洋等新划转职能为重点，推动水务、规划和自然资源、住房和建设、交通运输、卫生健康、城市更新和土地整备、城市管理和综合执法等相关部门和企事业单位将所获取的环境质量、污染源、生态状况监测、各类社会经济统计、气象、水资源、林业、地理信息等与全市生态环境监测大数据平台互联共享，实现全市生态环境监测信息高速汇聚、统一集成和共享应用，形成常态化的数据汇聚和互联共享管理体系。

加强政府与社会资源共享。建立清晰明确的监测数据与信息产品共享清单，明确监测数据与信息产品共享渠道、方式、范围，推动生态环境监测部门与科研院所、高等院校、科技企业间的信息资源共享协作，加强定期会商、成果集成，提高数据共享、信息交换、协同研究、联合研判能力。

（3）生态环境智慧监测平台建设

构建生态环境智慧监测平台。将区块链、云计算、物联网、人工智能、5G 通信技术作为优先领域，加强生态环境监测前瞻性、颠覆性技术研究与应用，推动新一代信息技术和前沿科技与生态环境监测行业的深度融合，实现环境空气、地表水自动监测预警，发挥“互联网+大数据”的聚合效应，实现决策科学化、治理精准化、服务高效化。创新监测信息交互形式，实现智能、精准、便捷的支撑服务。

建成生态环境监测大数据实验室。在生态环境监测大数据平台之下，构建共享开放的生态环境监测大数据实验室，形成生态环境质量大数据联合研究机制。联合知名高校与研究机构的环境科学和人文与社会科学研究力量，组建高水平的生态环境质量综合评估研究团队，根据环境管理需求，动态布置研究任务，开展常态化合作研究，大幅提升生态环境监测的科研学术影响力和成果化水平。面向市内相关单位和社会提供环境科研与规划咨询所需的大数据环境搭建方法、挖掘算法、分析知识、数据存储、运算环境，提升生态环境监测数据应用能力，加强环境质量综合分析，提高数据分析效率和准确率，提升监测业务技术支撑的及时性、前瞻性、精准性。

加强对污染源监测信息的综合分析和应用。通过综合分析不同类型的污染源监测数据，探究数据的异同点和变化趋势，全面掌握污染源排放状况与规律。开展污染源排放清单研究、溯源研究等，逐步摸清并建立污染源排放与环境质量的关系，提高区域污染风险监管预警能力，为环境风险预警提供技术支撑。

10.4.4.7 推进生态环境监测新技术“产学研用”一体化建设

（1）建设国家环境监测技术成果转化示范区

依托深圳质控技术研究创新中心开展环境监测领域科研成果转化创新特别合作区试点，集聚全球创新资源，在深圳市打造国际化、社会化、跨区域的生态环境监测技术成果转化基地。建立优势互补、风险共担、利益共享的产学研用合作机制，紧密围绕应用需求，加强研发与应用衔接，加快创新成果示范应用。建立以企业为主体、市场为导向、产学研深度融合的监测技术创新体系，鼓励深圳企业、高校、科研院所共建高水平的研究实验室及协同创新平台，着力提升监测技术成果转化能力，设立粤港澳环境监测产学研创新联盟，推动监测领域产学研深度融合。在粤港澳大湾区国际科技创新中心建设中发挥关键作用。

（2）推动“天空地”一体化深度融合遥感监测技术应用

强化遥感技术在深圳市及大湾区生态质量、环境质量、污染源监测与评估中的应用；提升对赤潮的预测、预警、预防能力；提升开展城市生态系统数量、质量、结构和服务功能以及生物多样性监测评价的能力，逐步开展全球生态环境遥感监测应用及服务。

（3）提升社会化服务水平

通过扩大监测服务对象范围、增加服务内容、升级服务产品等方式整合现有社会监测能力，打造深圳市生态环境监测服务行业品牌，以点带面，带动全国监测服务行业整体服务水平的大幅提升。充分利用深圳市国际影响力和国际交通枢纽地位，善用经济特区和先行示范区体制机制，着眼绿色“一带一路”，推动环境监测“走出去”，让中国的监测技术、装备走向世界，助力发展中国家的生态环境质量改善。

10.4.4.8 加强生态环境监测能力建设

（1）提升智慧监测能力

推进环境健康监测，提升有毒有害物质、持久性有机污染物、海洋微塑料、环境激素、放射性物质等与人体健康密切相关指标的监测能力。推动现代化绿色智能监测大楼和智慧实验室建设，实现实验室分析工作自动化、流程化、模块化。更新升级现有环境监测仪器设备，提高自动监测设备的稳定性与精准性，开发升级便携式监测设备及实验分析设备。

（2）建立海洋生态环境科学实验室

立足打造全球海洋中心城市，以海洋科学研究院为基础，整合海洋大学、国家深海科考中心、哈尔滨工程大学、中国海洋大学即将设立的海洋科研机构，南方科技大学设立的海洋实验室深圳分部、海洋风能研究院、海洋资源研究院等优势科研资源，建立海洋生态环境科学实验室。提升专业化海洋监测能力（专业监测船舶、遥感监测应用等），提升对新型污染物检测、海洋生物生态、温室气体检测的实验室分析能力，并针对新兴海洋环境问题，建立监测技术方法，在近海关键断面开展海洋垃圾和微塑料、新型持久性有机污染物、低氧、酸化、西太放射性等监测，掌握热点环境问题的现状，分析、研究其成因机理，为维护海洋权益、参与全球环境治理提供支撑。

（3）加强监测数据整合分析能力

全面汇集水、气、土壤、生态、海洋、污染源、辐射等要素监测数据，建成统一数据资源标准体系，推动监测数据整合共享，实现 80%以上的数据资源汇聚整合，其中90%数据资源实现编目注册，部门数据共享交换率达到 70%以上，开放数据达到 50%以上。加强环境质量综合分析，提高数据分析效率和准确率，提升监测业务技术支撑的及时性、前瞻性、精准性。

10.4.5 健全高效生态环境市场体系

10.4.5.1 持续规范市场体系

（1）持续优化营商环境

深化“放管服”改革，推进“三线一单—环评—排污许可”多评合一制度，实施重污染项目环境影响评价清单制管理，持续助力营商环境改善，服务高质量发展。强化“三线一单”空间管控，建立以区域评估为核心的环境影响评价管理体系，继续优化调整建设项目环境影响评价分类管理名录，在已开展区域生态环境评价的区域，按照生态环境准入清单要求，制定需要开展环境影响评价的重点项目名录，未纳入名录的建设项目简化或豁免环境影响评价。构建以排污许可制为核心的固定污染源监管制度体系，推进排污许可与环境影响评价制度、环境执法、环境监测等环境管理制度的衔接融合，实现排污许可证“一证式”管理。

（2）规范环境治理市场秩序

平等对待各类市场主体，规范市场秩序，分类制定出台深圳市生态环境类项目评标指南，加大环境技术和环境效果分值权重，防止恶意低价中标，形成公开透明、规范有序的环境治理市场环境。研究制定深圳市重点领域生态环境治理项目基准收益率，引导行业投资合理收益，及时向社会公开生态环境治理项目储备库信息与投资需求，吸引各类资本参与环境治理投资、建设、运行。

（3）创新环境信用管理制度

完善环境信用评价、信息强制性披露等制度，修编环保信用评价管理办法，规范信用评价和修复流程，拓宽环境信用评价结果的应用领域。构建环境保护领域环境信用监管机制，严格执行重点排污单位环境信用分级分类监管，开展环境保护守信激励、失信惩戒联合行动。完善上市公司和发债企业强制性环境信息披露制度，探索扩展环境信息强制披露主体范围和内容。

（4）健全企业信用信息共享机制

加强企业环保信息共享，将企业环境违法违规、安全生产、节能减排等信息纳入政务信息资源共享平台等地方信用信息共享平台和金融信用信息数据库，建立全覆盖的信用信息归集和共享机制。建立环境信用评价失信企业与从业人员联合惩戒机制，对诚信企业在行业评优、服务招标和金融信贷等环节给予鼓励，对失信企业予以通报曝光和重点监督，充分发挥行业协会自治自律的作用，引导企业加强自身诚信建设，规范和促使企事业单位落实主体责任。

（5）推动个人诚信建设

探索推进个人生态环保诚信记录建设，将企业严重环境违法信息记入法定代表人、实际控制人、主要负责人和直接责任人个人诚信记录，将自然人严重环境违法信息记入个人诚信记录，依托政府个人信用管理相关网站依法依规公开。鼓励市场主体对环境领域严重失信个人采取差别化服务。

10.4.5.2 积极发展环保产业

（1）推动节能环保产业

培育环保技术创新龙头企业和典型示范企业，引领深圳环保产业跨越式发展，把环保产业培育成深圳经济发展的重要战略新兴产业。培育发展节能和环境服务业，推动节能环保技术咨询、系统设计、工程施工、运营管理等专业化服务综合发展，探索区域环境综合治理托管服务模式。做大做强龙头企业，培育一批专业化骨干企业，扶持一批"专、特、优、精"中小企业，建设一批具有国际竞争力的环保领域专业化园区或基地，逐步形成龙头企业带动、特色产业集聚的发展格局。发挥产学研深度融合的创新优势，围绕关键共性绿色技术，支持以企业为主体的技术攻关，培育绿色技术创新载体，制定发布绿色技术推广目录。支持先进适用环保技术装备研发和产业化，推动在生态建设和治理等领域的应用示范。制定发布环保技术、设施设备推广目录，建设面向国际的生态环境大数据与技术交易平台，推动打造深圳环保产业品牌。

（2）创新完善污染治理模式

建设完善第三方治理监管机制和制度，推动第三方治理发展，提高环境污染治理市场化、专业化、精细化水平，制定出台《深圳市第三方生态环境治理管理规定》，明确政府、企业和第三方治理企业等相关单位的责任和义务，开展第三方污染治理效果评估，引入第三方担保支付平台，执行按效付费，建立第三方治理单位惩戒和退出机制。开展试点示范，积极探索多种形式的生态环境治理模式，对工业污染地块，鼓励采用"环境修复+开发建设"的治理模式；探索开展生态环境导向的城市开发（EOD）模式，推进生态环境治理与生态旅游、城镇开发等产业融合发展；支持工业聚集区开展第三方"统一规划、统一监测、统一治理"的环境治理托管服务示范项目。

（3）强化生态环境领域创新技术知识产权保护

健全知识产权保护制度，强化固体废物技术研发、示范、推广、应用、产业化各环节知识产权保护。知识产权部门会同有关方面共同建立知识产权保护联系机制、公益服务机制、工作联动机制，开展打击侵犯知识产权行为的专项行动。建立侵权行为信息记录，将有关信息纳入公共信用共享平台。实施高价值专利培育计划，建立关键技术领域高价值专利储备机制，支持高价值专利向国家和国际标准转化。推进知识产权投融资试点，建立知识产权质押融资扶持和风险补偿机制。联合港澳培育一批专利技术评估、许可转让、投资融资等知识产权专业服务机构。

（4）打造高质量生态环境治理服务体系

引入优质环境治理企业、环境咨询机构，线上搭建平台，提供环境治理、环境影响评价、环境监测、清洁生产、资源回收、绿色清运等在线服务咨询，定制第三方专项环保服务。线下主动上门提供"企业诊疗服务队"服务，助力解决企业在政策、管理、技术、项目等方面的环保需求。

10.4.5.3 完善税费调控机制

（1）强化税务调控手段

落实环境保护税征收相关要求，积极研究创新资源利用、环境改善等方面的税收优惠政策，将更多符合条件的节能环保产业产品纳入全市增值税优惠目录，对国家、广东省和深圳市鼓励发展的高技术节能环保产业，免征环境保护税。

（2）健全价格收费机制

建立完善城镇污水处理（含污泥处置）费动态调整机制，建立企业污水排放按水量、种类、浓度实施差别化收费机制。建立健全生活垃圾处理收费机制，完善危险废物处置收费机制。综合考虑企业和居民承受能力，完善差别化用电、用水、用气阶梯价格或错峰价格政策，鼓励绿色节约行为。继续实施生态补偿试点，完善对重点生态功能区的生态补偿机制，探索生态保护成效与资金分配挂钩的激励约束机制。

10.4.5.4 加强绿色金融扶持

（1）支持绿色信贷创新发展

鼓励银行业金融机构积极开展绿色信贷业务，开发绿色信贷管理系统，开辟绿色信贷快速审批通道，配套绿色信贷专项规模，探索碳排放权、排污权、节能量（用能权）质押融资贷款，信用贷款和其他非抵押类信贷产品的持续创新。充分运用风险补偿资金池政策，对合作银行向战略性新兴产业项目库内绿色低碳企业发放信用贷款给予合作银行补贴和企业贴息。

（2）鼓励资本市场支持绿色产业发展

加大绿色企业上市培育力度，重点支持一批市场前景好、综合效益高、核心竞争力强的企业在多层次资本市场上市或挂牌。鼓励中小型绿色企业到区域性股权交易市场挂牌，对在深圳市区域股权交易中心挂牌并接受培训咨询、登记托管、债券融资、场外投行等资本市场培育服务的绿色企业给予财政补。鼓励已上市绿色企业在资本市场上以增发形式进行再融资。

（3）开展绿色债券业务试点

鼓励绿色低碳企业发行绿色债券，包括绿色债务融资工具、绿色公司债、绿色企业债等，鼓励企业创新发行绿色可续期债券和项目收益债券等结构化绿色债券产品。鼓励各类金融机构、证券投资基金及其他投资性产品、社会保障基金、企业年金、社会公益基金、企事业单位等机构投资者投资绿色债券。引导辖区内金融机构和企业积极参与“一带一路”等政府鼓励的对外投资项目，加强项目的环境风险管理，通过在境外发行绿色债券筹集项目建设资金。发挥深港合作优势，引导长期、稳定的外资投资深圳市绿色债券、绿色股票和其他绿色金融资产。鼓励银行业金融机构积极开展绿色信贷资产证券化业务。支持绿色产业中优质的、具有稳定现金流的存量资产开展企业证券化业务。鼓励绿色产业 PPP 项目资产证券化创新业务。探索高效、低成本抵质押权变更登记方式。探索开发中小企业绿色集合债。完善配套增信机制，将中小企业绿色集合债纳入深圳市集合发债再担保范围。

（4）探索设立绿色产业投资基金

在现行市政府投资引导基金政策框架下探索设立绿色产业投资基金，发挥财政资金的引导、放大效应，吸引有实力的机构投资者和社会资本向环保、节能、清洁能源、绿色交通和绿色建筑等领域的企业、项目投资。优先支持、参股符合国家绿色基金相关标准、绿色投资相关指引的绿色类子基金。政府出资的绿色产业投资基金要在确保执行国家绿色发展战略及政策的前提下，按照市场化方式进行投资管理。将绿色产业引导基金支持的、以 PPP 模式操作的绿色项目，优先推荐给发展改革部门、证券交易所进行资产证券化融资。

（5）创新绿色保险产品和服务

稳步推进涉及危险化学品、危险废物、铅蓄电池和再生铅等高环境风险行业的环境污染强制责任保险。鼓励保险机构持续推进环境污染责任险、大型环保及资源综合利用装备保险、绿色产业产品质量责任险，船舶污染损害责任保险及其他类型的创新型责任险等绿色保险。进一步优化巨灾保险制度，完善以保障自然灾害风险和重大事故风险为核心的巨灾保障体系，探索建立巨灾保险共保体。鼓励发展针对中小型绿色企业的信用保险和贷款保证保险。大力发展前海再保险中心，支持再保险机构开展跨境人民币再保险和全球保单分入业务，引导国际资本为巨灾保险、特殊风险转移提供再保险支持。

（6）支持区域性环境权益交易市场发展

支持金融机构发行碳基金、碳债券等投融资产品，开展碳租赁、碳资产证券化等创新业务，探索碳指数开发及应用。鼓励金融机构开展各类基于碳排放权资产的抵质押、回购业务。鼓励碳市场增信担保方式创新，支持社会资本发起设立专业化碳市场融资担保机构。

（7）优化绿色金融发展基础环境

鼓励商业银行、保险公司、证券公司设立绿色金融特色机构或专业团队。推动行业监管机构、行业协会加快建立绿色评估、评级标准。鼓励会计师事务所、环境咨询类公司、学术类研究机构提供绿色认证、绿色评估、绿色评级等专业服务。探索成立绿色金融产业联盟，提供绿色咨询、培训、技术研发、检测认证等绿色配套服务。

10.4.5.5 加大财政扶持力度

（1）完善财政支出责任体系

根据国家、广东省有关生态环境领域财政事权和支出责任划分改革方案，制定落实市区生态环境领域财政事权和支出责任。保障生态环境治理资金，加快推动设立国家绿色发展基金，积极组织向国家申报“深港澳”，向广东省申报“深莞惠”跨区域生态环境联防联治专项资金；落实东江流域、大鹏新区生态补偿资金；按照《深圳市生态环境专项资金管理办法》相关要求，建立常态化、稳定的财政资金投入机制。扎实推进重大生态环境治理工程项目前期工作与项目立项，建立生态环境治理项目储备库。

（2）加大资金扶持力度

加大生态环境领域的资金支持，全面保障工程项目建设需要。充分发挥各行业主管部门和各区政府在固体废物管理中的主导作用，拓宽资金筹集渠道，完善投融资机制，综合运用土地、规划、金融等多种政策，积极引进和引导各类社会投资主体，以多种形式参与到生态环境领域之中。

10.4.5.6 提升绿色创新水平

（1）打造高端科研平台

鼓励、支持生态环境领域的科学研究、技术开发，推广先进的防治技术和普及污染防治的科学知识，加强科技支撑。积极引导科研院校和企业加大节能环保和低碳等领域关键技术、工艺和设备的研发，支持深圳市企业与高等院校、科研机构开展技术研发、共建研究平台、形成技术合作。发挥大湾区科教资源高度密集优势，与香港、澳门的高校、科研机构共建优势实验室和新型研究机构，积极组织开展前瞻性问题研究，推动科技成果应用与转化。引导以企业为主体的科技研发活动，加快建设各类创新主体研究平台，形成一批地方性实验室、孵化平台、科研院所等。

（2）构建技术转移转化体系

建立面向全球的科技成果转移转化体系，依托国际科技成果转移转化示范区、粤港澳科技成果孵化基地等成果转移转化平台，与香港、澳门、广州和其他大湾区城市在生态环境领域相关创业孵化、成果转化、技术转让、科技服务等方面开展深度合作。加大市投资引导基金和财政专项资金对产学研合作项目的支持力度，建设一批面向香港、澳门的科技企业孵化器。探索率先建立利用财政资金形成的科技成果限时转化制度，健全科技成果作价投资转化机制。

（3）培养专业人才队伍

构建开放的人才引进机制，落实人才引进激励政策。完善生态环境领域深圳市紧缺人才引进目录，拓宽人才招揽渠道。深化人才分类评价和职称制度改革，完善海外高层次留学人才专业技术职称评审“直通车”。大力推进柔性引才和全球借智，设立“候鸟”人才工作站。依托深圳市高层次人才引进计划、“鹏城英才计划”和“鹏城孔雀计划”，积极引进生态环境、低碳等领域的科技领军人才、青年科技人才和高水平创新团队，为深圳提供专业技术支持和咨询服务。注重专业人才培养，支持有条件的龙头企业建立培训机构，引导、扶持公益性社会环保组织发展，着力打造一支高素质的专业人才队伍。

10.4.6　逐步形成全民绿色生活氛围

10.4.6.1　优化城市结构

（1）强化规划体系引领

充分发挥深圳市“多规合一”信息平台功能，完善以国家、省市发展规划为统领、空间规划为基础、专项规划和区域规划为支撑的规划体系，形成规划和各类政策衔接协同机制。夯实规划编制基础，全面摸清底数，制定实施深圳市国家生态文明建设示范市规划、深圳市生态环境保护“十四五”规划等规划以及相关具体的政策措施，突出目标导向、问题导向和结果导向，科学设定各项目标指标、重点任务和保障措施，完善规划实施评估机制。

（2）优化城市组团结构

构建以蓝绿网络为分界的多层级中心结构，强化城市中心，统筹战略空间，培育外围次中心和新增长极，引导城市形成“多心、多核”的空间结构。提升原特区外中心的综合服务能力，加大居住、就业和配套服务的空间供给，提高组团内部职住平衡率，减少跨组团长距离出行。组团内采取疏密结合的模式，通过多样化混合用地布局，构建步行可达、设施完备的生活便捷圈，建设安全、舒适、畅达的慢行环境，为市民提供便捷宜居的生活空间。

10.4.6.2　营造绿色空间

（1）建设层级丰富的公园绿地系统

新扩建森林公园、郊野公园、城市公园和社区公园，完善“自然公园—城市公园—社区公园”三级公园体系，增加市民活动的绿色公共空间。实施现有公园改造提升，完善公园出入口景观步道，增设观景路线导示牌等，方便市民游览出入，提高公园游览体验质量。结合公园景观特色，推进“一园一主题”的公园品牌建设，并在公园中增设自然环境教育和生态文化体验内容，充分发挥公园绿地的环境教育载体功能。

（2）推进绿道建设与改造提升

建立区域绿道、城市绿道、社区绿道三级绿道网络，整合各类绿地、慢行系统、开放空间，形成空间上相互连通的网络体系。完善社区绿道系统建设，连接学校、地铁站点、公交站点、医院等公共服务设施，构成 15 min 生活圈。推进绿道文化展示、科普教育、生态景观、休闲游憩、体育健身等功能建设，形成不同主题的廊道，为市民营造环境优美的生活空间，满足市民文化、体育活动等方面的需求。

（3）建设具有区域特色的城市碧道

充分利用现有湖库、河流、海岸线资源，遵照“一区一特色”要求，因地制宜打造都市型、郊野型、湖库型、滨海型等多类型碧道，建设集“畅通的行洪道、安全的亲水河道、健康的生态廊道、秀美的休闲绿道、独特的文化驿道”五道合一的高标准碧道。

10.4.6.3 完善绿色生活设施

（1）完善生活垃圾分类收集设施

全面推进生活垃圾强制分类，建立生活垃圾分类投放、分类收集、分类运输、分类处置体系，推动社区、社会组织、社工联动，共同推进生活垃圾分类和减量工作。编制深圳市再生资源回收行业分拣场站布局规划，加快推进再生资源回收点、回收站、分拣场选址建设，促进再生资源回收体系与生活垃圾分类收运体系“两网融合”。

（2）完善绿色交通设施建设

推进轨道、公交、慢行交通“三网融合”建设，从设施融合、网络融合和运营服务融合等方面加强各方式间的协同配合，构建紧密配合、无缝衔接、可靠舒适的公共交通网络，在公交系统出行链的各个环节提升服务品质。完善公交专用道建设与管理，加强公交专用道占道抓拍系统建设和违法处罚管理，推进公交车信号优先系统建设，保障公交路权。推进智慧公交系统建设，依托公交出行大数据管理，优化调整公交线路，提供动态公交、定制公交、预约公交等服务，满足市民公交出行需求。通过改善车容车貌、提高服务质量、优化公交候车亭环境，进一步提高公交出行环境品质，增强市民公交出行意愿。大力推进慢行系统建设完善，推动慢行复兴。继续完善步行和自行车交通系统规划，研究规划跨区自行车专用道，构建慢行系统骨干网络。持续推进重点综合整治片区自行车道建设和完善，恢复和扩展自行车独立路权，完善自行车道标识系统，提升自行车道绿化环境，加强自行车停放管理，实现“一年示范、两年成网、三年完善”的建设目标。

10.4.6.4　引导践行绿色消费

（1）鼓励绿色产品消费

继续推广高效节能电机、节能环保汽车、高效节能照明产品等节能产品，鼓励选购高效节水产品、有机绿色无公害农产品，推广绿色建材和环保装修材料。以餐饮酒店、机关事业单位和学校食堂等为重点，推行“光盘行动”，减少餐厨垃圾产生量。在餐饮、酒店等服务性行业，推广使用可重复利用物品，限制一次性用品消耗。商场超市和餐饮行业全面升级“限塑令”，同城快递基本实现绿色包装应用。

（2）加大绿色产品推介力度

鼓励建立绿色商场、绿色超市、绿色农贸市场等绿色流通主体。支持商场、超市、市场通过设置绿色产品专区、突出绿色产品标识、定期推介绿色产品、购买绿色产品双倍积分等手段，引导消费者优先选购绿色产品。

（3）加大绿色产品采购力度

把通过法定机构认证的节能节水产品、环境标志产品和符合品质要求的再生产品纳入政府采购品目清单，依据采购品目清单和认证证书实施政府优先采购和强制采购，逐步加大政府强制绿色采购力度，扩大绿色产品市场。

（4）推行绿色消费积分制

在全市层面建设绿色消费信息管理平台，将购买绿色产品、落实节水节能政策、绿色出行、参与环保主题活动等纳入绿色消费范畴，累积计算绿色消费积分，获得的绿色消费积分可兑换商品或享受优惠服务。通过适当的物质奖励，调动公众践行绿色消费的积极性。

（5）推进绿色快递

推广物流配送无纸化电子运单。监督电子商务和物流服务企业执行电子商务绿色包装、减量包装标准，推广应用绿色包装技术和材料，支持快递企业开展包装回收和循环利用合作试点。推进同城快递使用可循环利用的物流盒和填充物。

（6）逐步推行绿色外卖

餐饮服务业外卖推广使用可循环利用的送餐箱、餐具，不得主动向消费者提供一次性筷子、调羹、叉子、刀等餐具，推广使用可降解一次性餐盒。督促外卖平台履行企业环境责任，创新环保推广形式，增加“无须餐具”选项。

10.4.6.5 积极参与绿色行动

（1）积极推进绿色创建

各职能部门依据国家绿色标准，结合深圳发展实际，研究制定一系列绿色创建标准和指引，实施绿色认证、推动绿色创建。在全市开展一系列绿色评选活动，由相关职能部门和各区政府推荐优秀创建项目，每年评选出一批先进绿色创建单位并进行授牌，包括绿色工厂、绿色园区、绿色学校、绿色社区、绿色家庭、绿色商场、绿色机关、绿色地铁站、绿色酒店、绿色景区等。设立专项资金，对通过绿色创建评估和复核的单位给予奖励支持。通过树立绿色示范典型，推广绿色创建经验，逐步形成推进绿色生活的深圳氛围。

（2）完善“碳币”激励机制

将市民和小微企业生活垃圾分类、节能减排等行为进行减碳量化，建立“碳币”激励机制，完善实物、增值服务兑换办法，探索“碳币”与碳交易衔接机制，带动绿色文化建设。开展“碳币”服务平台第三方独立运营管理，建立“碳币”服务长效工作机制。做好“碳币”激励机制总结评估，适时推广至全市进行试点实施。

（3）鼓励生态环境志愿者队伍

构建生态环境治理志愿者体系，联合团市委、工会、妇联等社会团体，在现有深圳义工联基础上，制定并完善深圳志愿者积分和应用机制（可与信用修复体系衔接），积极动员广大职工、青年、妇女参与环境治理，扩大环保志愿者队伍，充实网格化生态环境监管人员队伍，加强对志愿者的培训与引导，充分发挥志愿者在生态环境治理过程中的作用。

（4）完善社会公益组织管理

加强对生态环境治理社会公益项目的组织和管理，研究制定生态环境公益项目和公益活动项目库，向社会公布资金需求和人员需求，通过社会捐资（可与信用修复体系衔接）和重点项目政府出资为项目开展提供资金保障。通过志愿者+社会团体组织实施，开展年度优秀环保志愿者、环保公益项目评选。

10.4.6.6 积极培育生态文化

（1）营造特区文化品牌

挖掘岭南文化、客家文化、移民文化中的生态元素，打响特区文化品牌。推动建立以生态价值观念为准则的生态文化体系，打造生态文化地标。鼓励举办以生态环保为主题的音乐会、电影展、摄影展、读书会、行业论坛等活动，营造浓厚的生态文化氛围。

（2）强化海洋文化氛围

强化“因水得名、傍水而灵、缘水而盛、理水为景”的深圳城市水文化特质，丰富海洋城市文化内涵，建设完善海洋特色文化园，开展海洋文化活动、海洋生态模拟体验活动。

10.4.6.7　多渠道开展宣传教育

（1）组织举办大型主题活动

在每年的 2 月 20 日“国际湿地日”、3 月 12 日“植树节”、3 月 22 日“世界水日”、4 月 22 日“世界地球日”、5 月 22 日“国际生物多样性日”、6 月 5 日“世界环境日”、6 月 8 日“世界海洋日”、6 月 17 日“全国低碳日”、9 月 22 日“世界无车日”等重要活动日，由相关部门组织开展专题宣传活动，鼓励举办以绿色环保为主题的音乐会、电影展、摄影展、读书会、行业论坛等活动，营造浓厚的绿色文化氛围。充分利用各行业协会、环保志愿者团体、市属重点企业的宣传力量，丰富宣传形式、增强人力保障、扩大影响范围。

（2）深入推进行业宣传教育

各职能部门大力推进绿色宣传教育。推进生活垃圾分类公众教育“蒲公英计划”，持续开展“资源回收日”宣传教育。依托各类培训基地搭建节能宣传平台，面向市民和重点企业组织节能主题宣传活动。每年面向市民定期举办水务公益讲座，通过水务局公众号向市民普及节水小常识。开展丰富多彩的绿色出行宣传活动，在轨道站点设置“绿色出行宣传站”、建设轨道交通“绿色专列”、组织绿道骑行竞赛等活动，增强公众对绿色出行的认知和认同。组织餐厅酒店、商场超市、旅游景区等消费场所开展形式多样的绿色消费宣传。

（3）多途径、多平台宣传推广

充分利用电视、报纸、公益广告等传统媒体，借助微博、微信、公众号等新媒体，加大各类新闻媒体对绿色生产生活的宣传力度。充分借助环保志愿者协会、市义工联的志愿者力量，推广绿色生活理念、普及绿色环保知识。通过在线访谈、问卷调查、咨询投诉、民意征集等方式积极开拓公众参与渠道，着力提高政府信息公开工作质量和实效，多途径回应公众关心的热点问题，引导公众参与绿色生活。

第 11 章　区域环境协作治理研究

近年来，深圳与区域周边生态环境协同治理等方面开展了一系列工作，在流域海湾环境治理、环境空气质量改善、绿色低碳发展等领域取得了一定的治理成效，但同时也面临区域生态环境协作目标存在差异、合作机制不完善、国际合作还需要加强等问题。通过分析国际国内区域环境协作经验与做法，在建设美丽深圳过程中，深圳要强化区域环境协作目标协同、完善区域环境协作顶层设计、加强一体化区域协作组织保障、强化国际交流合作，努力打造引领区域环境治理、全球交流合作的窗口。

11.1　深圳与周边生态环境保护协作现状

11.1.1　区域合作历程

（1）深港合作前期（2004 年之前）

早在 1996 年，深圳市城市总体规划就对深港合作有了明确的定位和思路。在深圳的城市职能中，“96 版”总体规划提出，要将建立与香港功能互补的区域中心城市作为深圳二次创业的主要目标之一。但当时香港还未回归，两地经济体量及生态环境等各项社会发展差距悬殊，港方反应并不积极。1997 年，回归祖国之后的香港与深圳的发展对比情形大大改变，金融危机对香港经济造成了很大的冲击，而深圳却呈现出一派欣欣向荣的景象。深圳高新技术产业迅速崛起，经济水平不断提高，人民生活明显改善，城市面貌大为改观。这种巨大变化大大改变了香港民众对深圳的看法。这种改变一方面体现在香港市民“北上消费热”的不断升温，另一方面体现在香港各种民间团体、专家学者开始关注深圳，并对深圳的优势和未来前景开始看好，香港民间开始出现积极推动深港合作的力量和热情，但是香港政府高层并没有达到民间认识的程度，尚未有重要的实质性动作。

（2）深港合作实质阶段（2004 年之后）

2004 年 6 月 17 日，深港双方政府签署了《关于加强深港合作的备忘录》，这个在深港合作史上具有里程碑意义的文件，确定了两地合作的大方向、大原则，为深港合作奠定了坚实的基础。同时，两地还签署了法律服务、经贸合作和投资推广、旅游、科技等方面的 8 个具体合作协议。这 9 份文件表明，深港合作进入了新的发展阶段。一方面，民间推动深港合作的力量日益增强、热情日益高涨，另一方面，香港政府高层也开始考虑一些实质性的合作项目和措施，同时，深港双方合作更加规范化。2007 年 2 月 1 日，时任香港特首曾荫权在其参选行政长官的竞选纲领中明确提出，“与深圳建立战略伙伴关系，共同建设世界级都会”，要求“建立双方紧密合作关系，尤其是在科技及金融方面”。香港方面提出的深港国际大都会概念，与深圳的思路不谋而合。在深圳 2007—2020 年城市总体规划中，首次提出了“与香港共建国际大都会”的概念，并获得国家认可。

在生态环保方面，开展了一系列水资源、环境监测、污染治理等方面的区域合作。2004 年，广东省颁布《珠江三角洲环境保护规划》，提到香港、深圳及珠三角共同开展区域大气、跨界水环境等监测和治理工作。2005 年 1 月和 6 月分别召开了大鹏湾及后海湾（深圳湾）区域环境专题小组第九次和第十次会议，双方交换了在深圳湾和大鹏湾进行的主要工程项目的环境影响报告书；共同开展深圳湾水动力及水质模型研究，制定了《深圳湾水污染控制联合实施方案》（以下简称《实施方案》）。同年 9 月，根据《实施方案》的要求，深圳市环保局和香港环保署联合制定了《深圳湾水污染控制联合实施方案第一次检讨工作大纲》，双方成立了合作研究小组。为推进深港开发落马洲河套地区环境影响评估工作，成立了专家小组，开展落马洲河套地区环境基线调查，对土壤污染进行调查和分析。在生态环境保护合作方面，深港对共同的区域大气、海域、河流均设有常规监测点，并定期进行监测。2007 年正式签订《加强深港环保合作协议》，确立合作框架和合作机制。2008 年 11 月，香港特区政府环境保护署和深圳市环保局签订了《加强深港清洁生产工作合作协议》。

（3）珠三角区域环保合作（2009 年之后）

广东省委、省政府和珠三角各级政府在加快经济发展的同时，不断加强环境保护，取得了明显成效，为珠三角环保一体化奠定了坚实基础。相继颁布了《广东省珠江三角洲水质保护条例》《广东省珠江三角洲大气污染防治办法》等多部地方环境法规，编制实施了《珠江三角洲环境保护规划》等区域性环境保护规划。实施了节能减排、治污保洁、珠江综合整治等一批重大工程，为贯彻落实国务院批准的《珠江三角洲地区改革发展规划纲要（2008—2020年）》《中共广东省委、广东省人民政府关于贯彻实施〈珠江三角洲地区改革发展规划纲要（2008—2020年）〉的决定》（粤发〔2009〕10号）《关于加快推进珠江三角洲区域经济一体化的指导意见》（粤府办〔2009〕38号），2009年，广东省颁布了《珠江三角洲环境保护一体化规划（2009—2020年）》。珠三角区域环保一体化进程加速推进，合作层次和合作机制向纵深化拓展，有力地促进了各城市之间合作治污、同步治污和联防联治。

深莞惠合作方面，为全面深化和有序推进珠江口东岸地区环境保护合作，2010年，深圳、东莞、惠州三市确定了联合召开环保合作会议的机制并召开第一次会议，建立了深莞惠信息共享平台，开展了跨界河流综合整治、大气污染防治区域合作，联手推动了黄标车淘汰。加强深圳与周边城市界河及跨界河综合治理，建立区域大气复合污染综合防控体系，优化区域生态安全格局，共同打造珠三角优质生活圈，使全市人居环境保护与建设置于区域的格局、借助区域的合力，为解决长期困扰深圳的区域污染问题提供了良好的外部条件和保障。深圳、东莞、惠州三市政府于2013年8月签署了《深莞惠大气污染防治区域合作协议》，通过建立重大环境影响项目通报制度、污染源信息共享及跨界污染协调等10个方面的合作措施，合力提升区域空气质量。深圳与东莞、惠州的环保部门连续多年联合开展整治黑烟车专项行动，在三市交界处联合查处高污染排放车辆。

深港合作方面，双方以区域大气污染联防联控为重要抓手开展了深入合作，2013年以来，深圳市政府与香港特区政府多次召开会议，就共同推进区域港口岸电建设和船舶低硫燃油推广工作达成了共识。在深圳出台港口船舶减排补贴政策后，香港特别行政区政府通过立法强制要求靠港船舶使用低硫油，形成推动区域船舶污染减排工作的合力，为珠三角海域规范船舶污染起到示范带头作用。深圳环保等部门还积极协调香港环保署、生产力促进局等单位，通过香港“清洁生产伙伴计划”，资助在深港资企业开展节能、清洁生产及污染减排工作，并将资助资金重点投入到开展挥发性有机物治理等大气污染防治项目中。

2014年，深圳首次提出将聚焦湾区经济发展，布局湾区经济，再次对粤港澳环保合作提出要求。2017年7月1日，国家发改委和粤、港、澳三地政府共同签署《深化粤港澳合作　推进大湾区建设框架协议》。2019年2月18日中共中央、国务院印发了《粤港澳大湾区发展规划纲要》，坚持把生态保护放在优先位置，编制实施粤港澳大湾区生态环境保护规划。2019年7月，组织召开深港环保合作第二十七次会议，与香港环保署共同推动区域空气质量提升、水环境质量提升、清洁生产、自然保护合作等事项。2019年8月，组织召开深莞惠经济圈（3+2）环保合作第八次会议，与东莞、惠州、汕尾、河源四市生态环境局共同推进大气、水、固体废物污染的联防联治，签署《深圳东莞惠州汕尾河源五市突发环境事件应急联动合作框架协议》。2019 年 10 月，组织召开大鹏湾及后海湾（深圳湾）区域环境管理专题小组第二十五次会议，审议并通过了《“大鹏湾行动计划”审核报告》和《“深圳湾进一步行动计划”审核报告》，并将会议成果向粤港持续发展与环保合作小组报告。

（4）国际合作历程

在国际合作方面，深圳市也走在全国各大城市前列，积极主办和参与了一系列国际环保会议和活动。2007 年，在灰霾天气日益严重的背景下，组织召开了深圳灰霾控制国际研讨会，会上，多国专家、学者就灰霾控制的工作经验和成果进行了交流讨论，并对深圳灰霾控制提出了 6 条对策及建议。2009 年组织环保企事业单位参加澳门、北京、以色列、香港等国际环保展和研讨会，推进环保产业的国际交流与合作。2011 年，《深圳市人居环境保护与建设“十二五”规划》提出深化与匈牙利、以色列的环保交流合作，组织环保企业和科研院所参加国际环保展和环保博览会，组织环保产业论坛、环保技术交流会和官产学研资介环保洽谈会。

在绿色低碳发展方面，深圳以多种形式加强低碳城市建设，有力推动城市各项应对气候变化的工作，打造深圳国际低碳城。2012 年 5 月 3 日，中欧城镇化伙伴关系高层会议在比利时布鲁塞尔举行，李克强出席开幕式并发表题为“开启中欧城镇化伙伴关系新进程”的主旨演讲。时任深圳市市长许勤应邀发言，提出了深圳与欧盟各方务实推进可持续城镇化伙伴关系发展的建议，重点提出深圳与荷兰合作规划建设深圳国际低碳城，打造中欧可持续城镇化合作旗舰项目。2012 年 8 月 21 日上午，深圳国际低碳城启动区项目启动仪式在龙岗区坪地街道高桥工业园举行，标志着作为中欧可持续城镇化合作旗舰项目的深圳国际低碳城开发建设正式拉开序幕。深圳国际低碳城项目总规划面积约 53 km^2，以高桥园区及周边共 5 km^2 范围为拓展区，以核心区域约 1 km^2 范围为启动区，建筑面积约 180 万 m^2，建设周期为 7 年。作为中欧可持续城镇化合作旗舰项目，深圳国际低碳城将努力打造国家低碳发展的综合实验区。2014 年联合国气候峰会期间，全球瞩目的“C40&西门子城市气候领袖奖”获奖名单在纽约揭晓，深圳击败米兰、约翰内斯堡等世界名城勇夺“全球城市交通领袖奖”。在 2016 年召开的 C40 城市气候领导联盟墨西哥市长峰会上，由于在碳排放交易体系建设上取得瞩目成就，深圳市荣获“C40 城市金融创新奖”。2020 年 11 月深圳举办绿色发展城市高峰论坛暨第八届深圳国际低碳城论坛。2016 年国际低碳清洁技术交流合作平台在第四届深圳国际低碳论坛上发布。国际低碳清洁技术合作交流平台（ICTP）由深圳市发展和改革委员会发起，绿色低碳发展基金会组织建设与维护运营。平台将线上展示、线下实体体验相结合，鼓励技术对接合作、信息共享、项目落地孵化、产业培育，并带动低碳环保领域的投融资业务。

在生态保护方面，2017 年 7 月 23 日，第 19 届国际植物学大会在深圳开幕，近百个国家和地区的 6 000 名植物科学工作者参会。这是大会自创办以来首次走进发展中国家。本届国际植物学大会由中国植物学会和深圳市政府联合主办，规模空前，注册人数创历届之最。大会汇聚了全球一流植物科学家，围绕“绿色创造未来”这一主题交流思想、探讨真知。会议还组织了一系列展现中国特色和深圳印记的活动，包括以大会决议的形式发布《植物科学深圳宣言》，在大会永久设立“深圳国际植物科学奖”，在深圳红树林公园建设大会纪念园等。如今，福田红树林自然保护区已经入选了 2020 年国家重要湿地名录，为了更有效地保护深圳湾红树林湿地资源，目前正在积极申请加入拉姆萨尔国际湿地公约。

在“一带一路”绿色合作方面，2016 年“一带一路”生态环保国际高层对话会在深圳国际低碳城开幕，“一带一路”环境技术交流与转移中心（深圳）揭牌，2018 年正式投入运营。该中心是由生态环境部与深圳市政府共同建设的全国首家以推动“一带一路”生态环保合作为主的国家级平台，旨在发挥深圳特区在环保国际合作中的综合优势，深化深圳市在粤港澳大湾区建设中的核心引擎作用，带动国内外环保产业优势资源集聚，形成技术研发、转移、项目应用、高端环保服务于一体的集群示范区，探索产业“走出去”和“引进来”的创新模式，服务绿色“一带一路”建设，建设环保创新的“中国硅谷”。与此同时，作为“一带一路”中心产业国际合作旗舰项目，该中心每年举办一次“一带一路”绿色创新大会，旨在抓住深圳先行示范区建设重大机遇，把握绿色技术作为跨界融合技术的发展趋势，完善产业国际化发展服务体系建设，打造具有深圳特色的产业国际化对接交流机制性平台，服务深圳生态文明城市建设，进一步落实中心发展目标，树立深圳中心在“一带一路”共建国家间的品牌形象。此次大会为下一阶段与相关国家开展务实产业合作，发挥了重要的桥梁和纽带作用。2019 年 6 月，由“一带一路”中心、生态环境部环境规划院和世界资源研究所共同举办的首届绿色可持续城市论坛暨“一带一路”绿色发展国际联盟环境质量改善及绿色城市专题伙伴关系启动活动在深圳举行，该论坛以“共建城市发展命运共同体，携手迈向绿色可持续未来”为主题，共同探讨绿色可持续城市发展与合作。除此之外，该中心进一步加强平台建设，一方面，通过“一带一路”环境技术交流与转移展示大厅的建设，搭建“促交流、推合作、助建设”重要平台；另一方面，计划与南方科技大学共建绿色可持续修复重点实验室。该实验室计划打造“一带一路”地区环境风险评估体系、环境技术绿色可持续评估体系、最佳可达环境技术集成示范平台及跨区域环境能力建设合作平台。

11.1.2　区域合作特点

（1）合作形态多样

纵观 40 年来深圳与周边区域的生态环境合作，合作形态逐步升级，呈现出以“政府合作、市场主导、民间交流”为主的特点。从合作推动力来看，从单纯的市场驱动合作、企业的自发行为到政府间的正式合作机制建立，制度性合作开始出现。交通、网络等基础设施建设，使得区域间人流、物流、车流的往来更加方便。合作形态由基于产业发展优势的功能性合作到机制、制度层面的合作，区域间的合作形态已经明显升级，逐步实现了环保合作从过去“民间、被动、单向、低端、局部、一元”到“官方、主动、双向、高端、全面、多元”的重大战略方式的转变。

（2）生态环境合作促进提升城市群综合竞争力

经过 40 年的发展，深圳和香港之间、深莞惠“3+2”经济圈层内逐步形成了优势互补、互利共赢、共同发展的关系。深港合作机制逐步建立和完善，合作领域逐渐扩大，合作水平明显提升，促进了区域经济的发展。区域合作的优势之一在于要素的聚集功能，以深圳为核心的湾区城市群成为物质集散中心、资金配置中心、信息交换中心、人才汇聚中心和经济增长中心；城市的扩散功能则表现在湾区市场占有扩大，配置和利用资源的作用范围扩大，经济协作体系的空间扩大，技术、资金、管理、加工体系也将进一步得到扩散。所以，以深圳为核心的湾区环保合作加强融合之后，城市群的综合竞争力会大大增强。

（3）区域优势逐步转化为制度和政策优势

区域优势包括资源优势、地理优势和发展阶段优势。深圳资源匮乏，一直面临土地、资源硬约束，但是在 40 年的发展中，深圳充分发挥毗邻香港、连接内陆的区位优势，以及应时而生、顺势而为、主动谋划的阶段优势，40 年改革开放探索取得的卓越成效，使深圳逐步把地理优势、发展阶段优势转化为制度优势和政策优势。在快速发展、经济总量不断提升和国际影响力日益增强的中国，客观上也应当培育和建设一个或数个具有较强国际竞争力，并发挥全球重要影响力的世界级大都市。深圳区域合作尤其是与香港之间的长期合作是当代中国改革开放和现代化发展的战略性探索和成功实践，奠定了深圳窗口示范和改革开放试验地的地位。新的历史使命赋予深圳更加艰巨的区域合作任务，也有助于深圳在新的历史阶段进一步发挥政策和制度优势，先行先试，创新完善、探索推广区域生态环境合作机制体制。

11.1.3 区域合作成效

（1）构建合作框架和协调机制

2007 年 12 月 18 日，深港双方环保部门签署了《加强深港环保合作协议》，确定在以下几个方面深化和拓宽环保合作内容：建立定期交流会议机制、信息互享机制和突发环境事件通报机制，开展持久性有机污染物方面的合作，协调推进其他合作框架下的环保工作，加强技术经验交流、培训。深圳市生态环境局与香港环保署建立了每年召开两次高层会议的机制，“半年会”由深圳市生态环境局分管副局长和香港环保署副署长共同主持，“年会”由深圳市生态环境局局长和香港环境局常任秘书长（环保署署长）共同主持，议题主要分为固定事项和议定事项两类，到目前为止已举行了 27 次会议。

深莞惠环保合作方面，于 2010 年建立了深莞惠三市环保合作机制，并于 2011 年召开了第一次环保合作会议，签署了《深圳市东莞市惠州市环境保护与生态建设合作协议》，共商环保合作事宜。2015 年召开了第五次环保合作会议，汕尾市、河源市按照“3+2”（深莞惠+汕尾、河源）模式参与深莞惠经济圈环保合作，建立深莞惠“3+2”每年一次环保合作会议机制，至 2019 年 8 月已召开 8 次深莞惠环保合作会议，就具体工作签署了《深莞惠经济圈（3+2）跨界流域非法养殖场整治工作协议》和《深莞惠经济圈（3+2）环境保护联合交叉执法工作机制协议》等一系列合作协议。

（2）合作领域和深度不断扩展

经过 30 多年的发展，深圳和香港之间，深圳、东莞、惠州之间逐步形成了优势互补、互利共赢、共同发展的关系。合作范围逐步扩大，参照深莞惠经济圈“3+2”党政领导班子联席会议的模式，2015 年，汕尾、河源也加入了深圳区域合作机制。合作领域逐步深化，从最初监测数据共享，到区域大气和跨界水环境治理，再到饮用水水源、突发环境事件应急联动，危险废物联合监管执法，开展了由浅入深一系列的生态环境合作工作。在 2019 年召开的深莞惠经济圈（3+2）生态环保合作第八次会议上，深圳、东莞、惠州、河源、汕尾就强化区域臭氧联防联控，共同提升东江水质，共同谋划固体废物处理处置等问题达成合作协议。深圳和周边区域环境共治、生态环保共建、环境联合执法等生态环保合作交流水平不断提升。

（3）联防联治工作取得成效

深港生态环保合作通过多次环保合作会议，协调跟进了一系列深港环保合作项目，推动了相关工作的开展。具体有深圳湾（后海湾）和大鹏湾水环境整治、深港互动合作推动清洁生产、深港持久性有机污染物（POPs）合作、推动构建“绿色大珠三角地区优质生活圈”、探讨减少船舶废气排放污染及深港突发环境事件通报与交流等合作。

深莞惠环保合作模式建立以来，通过召开 8 次环保合作会议，加强了区域合作，稳步推进了环境保护工作，有力推动了区域环境质量改善。通过签订《深圳市东莞市惠州市界河及跨界河综合治理计划》《跨界跨市河流综合治理四年行动重点项目表》等协议，就推进石马河、茅洲河、沙河等跨界河流的污染治理以及畜禽养殖业等面源污染问题的解决达成了共识。在加强大气污染联防联治方面，签订了《深莞惠大气污染防治区域合作协议》《深莞惠经济圈（3+2）大气污染联防联控工作机制协议》等文件。在加强区域环境执法监管和信息共享方面，签订了《深莞惠环境保护联合执法工作机制协议》《深莞茅洲河流域污染源联合监管执法行动方案》《深圳东莞惠州三市饮用水水源与跨界河流水质监测工作一体化协议》，同时启动了环保信息共享系统，进一步增强了三市环境信息对接共享，提高了环境监管效率。在应急联动方面，签订了《深圳东莞惠州三市突发环境事件应急联动工作框架协议》《深圳东莞惠州汕尾河源五市突发环境事件应急联动合作框架协议》等协议，有效提升了突发环境事件处理处置效率。

11.1.4　存在的主要问题

（1）发展目标存在差异

由于地区间经济社会发展程度不同，面临的环境问题也存在差异，各地的环境保护目标也必然有所不同。就粤港澳大湾区来说，现阶段香港、澳门经济发展已进入后工业化阶段，并进入了以第三产业为主导的生活消费模式；深圳、广州则紧随香港的脚步逐步实现经济转型；而其他地区的经济发展则仍面临着经济结构转型和消费模式转变的挑战。发展阶段、消费模式的不同导致了区域污染物排放量和排放种类存在差异，环境治理的目标和需求也因此存在差别。同时，各地方政府对于跨区域环境保护合作所投入的成本具有较强的外溢性，政府间环保成本分摊存在困难。因此，各地政府需要在解决好自身环境污染和改善环境状况的基础上，以更长远的目光来考虑生态环境的合作治理，促进区域的可持续发展。

（2）合作机制仍不完善

建立有效的激励机制对于推进政府间生态环境保护合作至关重要。深圳与其他地区间的生态环保合作机制仍不完善，合作范围和领域仍存在一定局限性，尚未形成稳定可行并能够兼顾多元主体具体情况的激励机制，尚未做到跨界生态环境保护合作和经济发展的统一。同时，生态环境区域合作中的监督和约束机制也不健全，相关合作多数是通过签订政府协议的方式实施，合作行为建立在各方互信的基础上，没有相关法律法规作为约束和保障。此外，媒体和公众等外部监督体系尚不完备，没有充分发挥舆论监督作用的有效途径，对政府间生态环境区域合作的监督和约束作用同样有限。

（3）法律法规有待健全

法律手段是保障工作开展的必要方式，在现阶段，虽然国家层面的立法力度在不断增强，但对于跨区域的环境治理合作方面的法律法规的制定还较为薄弱，跨区域环境治理合作工作的推动缺少上位支持。同时，在粤港澳大湾区层面，虽然广东省已出台了《广东省环境保护条例》等一系列法律法规，但对区域生态环境保护中政府合作的协调多为框架性规定，缺少具体规定，其实施落实更多依赖于政府间的合作协议，对区域政府生态环境合作协调的目标达成与否以及合作协调程度都缺乏明确的规定。除此之外，各个地方政府在对相关法律法规具体落实方面的政策、措施、标准都不统一，存在普遍的政策碎片化现象。不健全的法律法规已经成为区域间政府开展生态环境保护合作相关工作的重要阻碍。

（4）组织保障还需完备

目前，粤港澳大湾区政府间生态环境合作主要通过联席会议和专责小组来进行，主要内容包括对重大生态环境合作事项进行讨论，签订合作协议，对合作行为进行统筹协调等。但这种组织结构较为松散，每年定期召开会议，间隔时间往往较长，而会议持续时间又较短，对商讨生态环境合作事项的投入有限，因此，虽然联席会议制度取得了较好的成效，但区域生态环境合作基本局限在日常工作上。专责工作小组虽然负责具体合作事项的执行，但小组之间的沟通协调不足，往往仅专注于各自区域的事务。另外，各专责小组的成员都是由各地政府相关部门中的工作人员组成，除了专责小组的工作以外，往往还需要承担本职工作，对生态环境合作相关事项投入的精力有限，在工作默契度上也有所欠缺。

（5）国际合作亟须加强

深圳作为中国改革开放的排头兵，理应在各方面走在全国前列，甚至是引领全球。特别是在生态环境国际合作方面，虽然深圳目前做了很多很好的创新型探索和尝试，也取得了不小的成就，但是仍存在合作范围有限、合作质量不高、示范引领作用不明显等问题。在肩负建设中国特色社会主义先行示范区，创建社会主义现代化强国新路径责任的背景下，在深入推进“一带一路”绿色发展、应对全球气候变化、加强海洋生态环境保护合作、履行联合国 2030 年可持续发展目标的关键时期，深圳生态环境保护国际合作亟须加强，生态环境保护引领高质量发展的“深圳经验”和“深圳模式”仍需深入探索。

11.2 国际国内经验

11.2.1 国际经验

以美国、加拿大跨境大气污染防控合作经验为例，北美五大湖周边地区由于地理条件和经济活跃等原因，区域大气污染问题较为突出，因此美国和加拿大开展了长期的跨境大气污染防控合作。

（1）签订区域大气污染防治合作协议

为了应对跨境传输造成的区域大气污染问题，美国和加拿大早在 1991 年 3 月就联合签署了《美国—加拿大空气质量协议》，开展以酸雨污染防控为主的跨境大气污染防治合作。随着北美五大湖周边地区跨境大气污染传输引发的近地面 O_3 污染问题日益凸显。2000 年 12 月，美国和加拿大共同在原有的《美国—加拿大空气质量协议》中增加了附则 3《近地面臭氧前体污染物的特别防控目标》（以下简称“臭氧附则”），开始了跨境的 O_3、NO_x 和 VOCs 的防控合作。该臭氧附则致力于减少北美五大湖周边地区近地面 O_3 的前体污染物（NO_x 和 VOCs）的排放，规定了北美五大湖周边的美国 18 个州和哥伦比亚特区，以及加拿大安大略省中部和南部、魁北克省南部地区作为跨境 O_3 污染防控的污染排放管理区，同时规定双方应公开相关的污染排放和环境空气质量监测数据，在保持各自法律法规体系独立的情况下，进行数据、技术、工具和方法的共享，加强对区域大气污染排放的治理和减排。

（2）建立固定的议事监督机构和运作机制

基于《美国—加拿大空气质量协议》，美国和加拿大共同成立并运作了一个双边空气质量委员会，作为开展跨境问题磋商和措施执行的组织机构。双边空气质量委员会由美国和加拿大双方各自委派同等数量的代表组成，主要职责是：开展《美国—加拿大空气质量协议》执行情况和进展的评估；运转后，第一年提交一份进展报告，此后每两年发布一次进展报告，同时向美国和加拿大的国际联合委员会（International Joint Commission）提交一份进展报告；进展报告提交给双方审核后，向公众公开。为保障持续有效的沟通和决策，双边空气质量委员会每年至少举行一次会议，并可根据任意一方的要求不定期增加会议频次。

（3）设立独立的技术支撑机构

为有效推动《美国—加拿大空气质量协议》的执行，双方共同指定由美国和加拿大共同建立的国际联合委员会为支撑机构。国际联合委员会是美国和加拿大在 1909 年基于边境水域协议（Boundary Waters Treaty）建立的，在美国和加拿大都有常设机构，《美国—加拿大空气质量协议》签订后也开始承担美国—加拿大跨境大气污染防治相关的咨询和调查等工作。国际联合委员会相关主要职责包括：组织对双边空气质量委员会所提交进展报告的评估；向美国和加拿大双方提交综合评估分析意见；按要求将综合评估分析意见向公众公开。国际联合委员会专门成立了国际空气质量咨询委员会，按照政府要求，根据专家的专业领域委任美国和加拿大双方同等数量的专家组成专家组，开展调查研究，并提出解决跨境污染问题的建议。

（4）研究制订区域工作计划并跟踪评估进展

基于《美国—加拿大空气质量协议》，美国和加拿大共同推动了在工业、机动车、船舶发动机排放的协同管理和油气开采加工领域排放控制的政策研究和实施。2003 年 1 月，美国国家环境保护局和加拿大环境部联合开展了边境空气质量策略研究，以确定合适的边境空气质量试点项目，识别重要的跨境大气污染问题并开展持续的区域大气污染削减。同年 6 月，美国国家环境保护局和加拿大环境部共同发布了 3 项试点项目，具体包括：

①佐治亚盆地—皮吉特湾国际空气区策略；

②五大湖流域空气区管理框架；

③美国和加拿大边境排放上限的污染物排放权交易可行性研究。

此外，基于《美国—加拿大空气质量协议》的要求，每两年定期开展一次协议进展情况的评估并发布评估报告，定期分析、评估 1990 年以来美国和加拿大在酸雨、臭氧及其前体污染物控制方面的进展和成效。截至 2018 年年底，已编制发布 13 期进展评估报告，客观评价了美国和加拿大边境空气质量改善的成效。进展评估报告向社会公开并征求意见建议，有效落实了第三方和公众的监督责任。

11.2.2 国内经验

（1）京津冀地区生态环境保护合作

生态环境保护是京津冀协同发展率先突破的重点领域之一，三地以打好污染防治攻坚战为重点，在扎实开展各市生态环境保护各项工作的同时，积极推进京津冀生态环保工作协同发展。

推进完善区域协作机制。由北京市牵头，会同七省（区、市）（北京、天津、河北、山西、内蒙古、山东、河南）及有关部委，成立了京津冀及周边地区大气污染防治协作小组。在此基础上，2018 年，国家成立京津冀及周边地区大气污染防治领导小组，统筹推进区域大气污染治理重点工作。北京市按照京津冀协作机制要求，主动作为、率先垂范，积极推动各项工作的开展。

推动区域统一规划、统一立法、统一标准。以区域空气质量改善为核心目标，会同周边各省（区、市），组织编制《京津冀及周边地区深化大气污染控制中长期规划》，谋划区域大气污染防治任务和措施。2018 年，规划研究成果提交生态环境部和相关省（区、市），为推动区域大气污染防治提供了有力支撑。协同研究出台《机动车和非道路移动机械排放污染防治条例》。2020 年 1 月，《北京市机动车和非道路移动机械排放污染防治条例》经北京市第十五届人民代表大会第三次会议表决通过，于 2020 年 5 月 1 日起施行。2017 年 4 月 12 日，京津冀三地联合发布首个环保统一标准《建筑类涂料与胶黏剂挥发性有机化合物含量限值标准》，对建筑类涂料与胶黏剂生产、销售、使用进行全过程管控，减少挥发性有机物排放。

加强大气污染联防联控。在生态环境部统一部署下，七省（区、市）搭建了区域空气重污染预警会商平台，及时开展预警会商，科学判断污染变化趋势，采取有效防治措施。2016 年，京津冀三地率先统一了空气重污染应急预警分级标准，修订了重污染天气应急预案，进一步加强联合应对，实现区域空气重污染过程“削峰降速”。自 2017—2018 年秋冬季起，连续 3 年联合印发了京津冀及周边地区秋冬季大气污染综合治理攻坚行动方案，聚焦重点区域、重点领域，加大治理力度，改善了区域秋冬季大气环境质量。

深化水污染联保联治。京冀两地政府于 2018 年签订了《密云水库上游潮白河流域水源涵养区横向生态保护补偿协议》，推动密云水库上游潮白河流域生态保护补偿工作的开展。京冀两地生态环境部门多次协调对接，联合印发了《白洋淀流域跨省（市）界水污染防治工作机制》，建立联合监测、信息共享、联合执法、应急联动等机制；北京市房山区与保定市生态环境部门签订了《跨省（市）界河流水污染防治工作机制》，开展大石河流域水污染问题专项执法，督促属地提高精细化管理水平。共同完善水污染应急联防联控机制。京津冀三地生态环境部门根据《京津冀水污染突发事件联防联控机制合作协议》要求，三省市（厅）环境应急管理部门采取轮值方式开展联防联控工作，联合编制了首个跨区域突发环境事件应急预案。每年都组织开展京津冀联合突发水环境污染事件应急演练，为跨界突发环境事件的妥善处置奠定了坚实基础。

推进环境执法联动。共同建立联动机制。2015 年，京津冀三地生态环境执法部门建立了京津冀环境执法联动工作机制，明确了定期会商、联动执法、联合检查、信息共享等工作制度。三地通过每年轮值召开联席会议，明确年度京津冀环境执法重点任务，推动联动执法机制下沉。2019 年，印发《关于进一步加强京津冀交界地区生态环境执法联动工作的通知》，将联动执法机制进一步向县（市、区）一级下沉。目前，北京市各相关区已全部完成了与津冀交界的县（市、区）联动执法协议的签署工作，推动联动执法下沉试点工作，进一步加强了交界地区联合执法力度。联合开展联动执法。在大气污染防治方面，联动做好空气重污染应急应对工作。多次针对区域内电力、钢铁、冶金、焦化、水泥等行业高架源，冬季供暖燃煤锅炉和重点行业挥发性有机物排放源，以及当地应急减排措施进行联合检查。在水污染防治方面，三地生态环境执法部门联合公安、水务等部门，紧盯重点区域、重点行业、重点断面，开展同期、同步执法，联合打击交界地区突出环境违法问题。

（2）长三角地区生态环境保护

近年来，在相关部门的高度重视下，三省一市（江苏省、浙江省、安徽省、上海市）积极推动全面落实污染防治攻坚战任务，着力强化长三角区域污染联防联治，不断夯实长三角地区绿色发展基础，取得明显成效。

不断强化顶层设计。编制《长江三角洲区域生态环境共同保护规划》，推动建立三省一市地方生态环境保护立法协同工作机制，加快制定生态环境统一执法规范。完善生态环境公益诉讼制度，与行政处罚、刑事司法及生态环境损害赔偿等制度进行有效衔接。推进长三角区域统一规划管理、统一标准管理、统一环评管理、统一监测体系、统一生态环境行政处罚裁量基准等。对三省一市健全生态补偿机制、共建环境基础设施、做大做强区域环保产业、共建产业合作园区等进行统筹谋划和系统设计。优化绿色发展格局，打造具有国际竞争力的绿色发展示范区。

健全区域生态环境保护协作机制。统筹构建长三角区域生态环境保护协作机制，协同推动区域生态环境联防联控。研究解决跨区域、跨流域生态环境保护重大问题，推动重大政策实施、区域合作平台与合作机制建设。研究出台配套政策，加强协作机制运行保障。成立长三角区域生态环境保护专家委员会，强化绿色长三角论坛的作用。印发《关于促进长三角地区经济社会与生态环境保护协调发展的指导意见》，为引领长三角区域宜居宜业、产业绿色转型和高质量发展提供有效指引。健全信息公开渠道，建立基层生态环境听证会制度，完善和健全社会公众及利益相关方参与决策的机制。

持续深化协作联动。深化区域污染防治协作机制。自 2014 年成立长三角区域大气污染防治协作小组以来，在上海市、江苏省、浙江省、安徽省和国务院有关部门的共同努力下，逐步形成国家指导、地方担责、区域协作、部省协同，以协作分工为基础协同治理的工作机制。截至 2021 年，长三角区域大气污染防治协作小组已组织召开 9 次协作小组工作会议、9 次办公室会议和 30 多次各类专题会议，本着共商、共治、共享的原则，实施了一系列联防联控创新特色工作，联合建立区域机动车监管信息共享平台，率先建设船舶排放控制区，组织开展区域环境执法互督互学等。2016 年 12 月，成立长三角区域水污染防治协作小组。协作小组先后召开了 6 次小组会议，指导三省一市加快推进区域水环境治理，强化大气、水污染联防联控。

提升空气质量预测预报能力，深化大气环境信息共享机制。推动跨区域大气污染应急预警机制和队伍建设，构建区域大气环境管理长效制度，进一步夯实区域协同治理制度基础。建立长江、淮河等干流及重要跨省支流联防联控机制，全面加强水污染治理协作。三省一市相继签订了《长三角地区跨界环境污染事件应急联动工作方案》《沪苏浙边界区域市级环境污染纠纷处置和应急联动工作方案》等文件，实现了长三角地区省、市、县环境应急联动机制全覆盖。2020 年 1 月，生态环境部联合水利部出台《关于建立跨省流域上下游突发水污染事件联防联控机制的指导意见》，指导推动长三角区域进一步完善跨界水污染应急处置机制，建立健全危险废物集中统一收集转运体系，加快补齐危险废物和医疗废物收集处理设施方面短板。

不断推进标准建设。推进区域生态环境标准协同。推动制定区域生态环境保护标准一体化建设规划。加强排放标准、产品标准、技术要求和执法规范对接，联合研究发布区域环境治理政策法规及标准规范。联合制定控制高耗能、高排放行业和汽车、船舶等的排放标准，研究重点行业涉 VOCs 及有毒有害污染物的排放标准，逐步统一区域重点行业大气、水污染物排放标准以及行业污染防控技术规范。推进长三角地区固体废物管理标准和规范体系的衔接，研究建立并试行区域统一的管理标准及编码体系。探索推动入湖河流水质标准修订，加快制定有机废弃物无害化处理处置技术规范，开展船舶生活污水处置标准、设备泄漏 VOCs 控制技术规范，VOCs 治理设施运行管理技术规范、尾气脱硫脱硝技术规范的研究。三省一市完成“三线一单”（生态保护红线、环境质量底线、资源利用上线，生态环境准入清单）的编制、发布工作，指导三省一市通过开展区域对接研讨会，衔接相邻区域要素分区、环境管控单元划分的整体性，确保三省一市生态环境管控尺度和管理要求相统一。

推进生态环境监测数据共享。探索推进跨界地区、毗邻地区生态环境联合监测，完善区域环境信息共享机制，联合制定实施长三角生态环境信息共享行动方案。搭建长三角生态环境监测数据共享与应用平台，推动三省一市各级环境质量、重点污染源、水文气象、自然资源和生态状况等数据常态化共享，加大环境信息公开力度。建设长江、淮河等重点流域水环境综合治理信息平台，完善太湖流域水环境综合治理信息共享平台，推进水资源、水生态、水环境信息全面共享。加快环境科技联合攻关。组织成立国家长江生态环境保护修复联合研究中心，联合 207 家优势科研单位，组织近 5 000 名优秀科研工作者，向长江干流沿线和重要节点城市共派出 58 个专家团队进行驻点研究和技术帮扶。其中，向长三角区域派驻了 19 个驻点专家工作组，开展污染成因与“一市一策”生态环境问题综合解决方案研究，为长三角生态环境保护修复提供科技支撑，切实提升了长三角区域的环境治理能力。

不断强化机制建设。加强区域环境应急联动。加强重污染天气应急联动，统一区域重污染天气应急启动标准，降低污染预警启动门槛。加强海上溢油及危化品泄漏风险防范和应急响应技术支撑，研究建立危险化学品指纹鉴别数据库。完善危险化学品运输和船舶污染事故信息通报制度。开展河流湖泊环境风险评估，以长江干流、淮河干流、京杭大运河、太浦河、太湖、吴淞江等跨界河流为重点，编制流域突发环境事件应急预案，并纳入三省一市突发公共事件应急管理体系。建设区域环境应急实训基地，依托水处理、危险废物利用处置、环境检测等环保技术企业，培养发展一批第三方应急处置专业队伍，提高应急队伍处置能力。加快建设应急救援基地，深化区域应急联动机制建设。统一区域危险废物污染防治标准。推动建立重大项目环境影响评价机制。此外，着力做好重大项目环评审批服务，2018 年以来，建立了“三本台账”（国家层面、地方层面、利用外资层面）环评审批服务机制，对纳入清单的项目提前介入指导，调度推进，开辟绿色通道，提高审批效率。将长三角区域重大项目纳入台账，先后召开水利、铁路、煤炭、油气开发等重大项目环评专题调度会，推进重大项目依法有序落地。

建立健全跨省横向生态补偿机制。积极推进包括长三角区域在内的长江流域上下游生态补偿，推动流域生态环境质量持续改善。先后印发《关于加快建立流域上下游横向生态保护补偿机制的指导意见》《中央财政促进长江经济带生态保护修复奖励政策实施方案》，对流域生态补偿基准、补偿方式、补偿标准、建立联防共治机制以及协议签订做出规定。借鉴新安江流域横向生态补偿试点经验，推进长三角区域建立以地方补偿为主、中央财政给予支持的省（市）际间流域上下游补偿机制。探索实施生态综合补偿。健全市场化、多元化生态补偿长效机制，探索建立资金、技术、人才、产业等相结合的补偿模式，促进生态保护地区和受益地区的良性互动。总结研究浙江“经济产出价值+生态环境增值”的土地开发出让等实践经验，探索生态环境资产变现途径。研究建立长三角跨流域生态补偿、污染赔偿标准和水质考核体系，研究推动跨界断面水量指标纳入生态补偿基准，不断提升补偿的科学性。

（3）粤港澳大湾区生态环境保护

在粤港澳大湾区层面，2005 年，泛珠三角区域的 11 个省区在北京共同签署了《泛珠三角区域环境保护协议》，明确区域内各方将重点围绕生态环境保护、水环境保护、大气污染防治、环境监测、环境信息和宣教、以及环境保护科技和产业等方面开展合作，标志着粤港澳在泛珠三角区域环保合作平台上实现区域性协作，截至 2020 年，泛珠三角区域环境保护合作联席会议已举办 16 次。空气治理是三地携手合作较早的领域。2014 年 9 月，粤港澳三地环保部门共同签署《粤港澳区域大气污染联防联治合作协议书》，商定三方共同运行维护和优化完善粤港澳珠三角区域空气监测网络。协议书把环保合作由粤港、粤澳、港澳双边合作推进到粤港澳三边合作，为建立粤港澳大湾区大气联防联治机制奠定了基础。在粤港澳大湾区大气污染联防联治三方合作机制下，粤港澳三地合作完成了粤港澳珠三角区域空气监测网络的升级优化，发布监测结果报告，联合开展大气治理科技攻关。“十三五”以来，粤港澳生态环境保护工作持续深化，VOCs在线监测纳入粤港澳珠三角区域空气监测网络，建立了粤港澳大湾区环保产业联盟，粤港澳应对气候变化合作和环保合作机制不断完善。

整体来看，目前在实际工作中仍以粤港、粤澳间的两两合作为主。作为粤港澳合作主体，广东省积极探索生态环境协同治理，不断深化粤港澳生态文明建设合作，大力提升生态文明建设的合力。一直以来，广东省依托“9+2”泛珠三角经济圈以及粤港、粤澳联席会议工作机制，不断深化同香港、澳门的生态环保合作。自《粤港澳大湾区发展规划纲要》颁布以来，广东省积极对标世界一流湾区，努力开辟粤港澳生态文明合作新领域、探索新机制，大力推进美丽湾区建设。同时，大力推进珠三角都市圈内部全方位的合作，推动珠三角与粤东西北地市之间建立起一系列以流域为基础的合作机制，并积极开展与福建、江西、湖南、广西等省（区）的跨界污染治理合作。广东已与广西、福建、江西等邻近省（区）签订了跨界河流生态补偿协议，并付诸实施，确保入粤河流跨省界断面水质持续改善。这些区域合作新机制的建立和深化，成为破解跨界污染治理难题的利器，为广东以及粤港澳大湾区的生态环境安全提供了有力保障。2020 年 9 月，广东省在《关于加快构建现代环境治理体系的实施意见（征求意见稿）》中提出，一要加强跨区域、跨流域环境监管，建立健全粤港澳大湾区生态环境保护协作机制，协同推进泛珠三角污染联防联控。二要建设粤港澳大湾区绿色金融合作平台，加强绿色金融标准研究。三要推进环境应急处置规范化建设，建立跨部门、跨区域环境应急协调联动机制。四要推动建立粤港澳生态环境科学平台，引导国家重大科技资源集聚和项目成果落地。五要推动高水平开放合作，完善粤港澳地区各项环保合作机制，强化环境信息共享、监测执法协作与应急联动。深度参与全球环境治理，加强绿色技术创新国际交流，探索开展国际绿色金融标准互认和应用等方面的合作。

在粤港合作方面，两地合作进行生态环境保护已有 20 多年的历史。1995 年，深港两地就携手开展了深圳河治理工程，先后完成了河道清淤、堤防巩固、排污口整治、水面保洁等一系列工程。为促进粤港合作，广东省和香港特别行政区自 1998 年起，每年轮流在广州和香港召开一次粤港合作联席会议，参会人员由广东省与香港特区政府高层人员组成，会议由两地行政领导共同主持，通过签订各种环保协议，为粤港环保工作提供宏观指导。2000 年以来，粤港持续发展与环保合作小组（在该小组之下成立了大鹏湾及后海湾（深圳湾）区域环境管理专题小组）、粤港清洁生产合作专责小组和粤港环境保护合作会议等组织和机制相继成立，加强了粤港在多个环保议题上的交流合作。为进一步加强区内的空气质量监测、水环境保护及自然保育，粤港于 2016 年 9 月签订了《2016—2020 年粤港环保合作协议》，并于 2017 年完成珠三角地区空气污染物减排目标中期回顾研究，总结两地 2015 年以来的减排成果及确立 2020 年的减排目标。双方于 2016 年成立了粤港海洋环境管理专题小组，就海漂垃圾和应对跨境海上重大环境事故等海洋环境事宜加强沟通和合作，并于 2017 年建立粤港跨境海漂垃圾事件通报机制。截至目前，粤港间已经成功举办 22 次粤港联席会议、16 次粤港持续发展与环保合作小组会议和 15 次粤港持续发展与环保合作小组专家小组会议，有效推动了粤港在空气、水、环境监测、环保科研、环保产业、突发环境事件事故通报等领域的合作。

在粤澳合作方面，早在 2000 年，双方就协商建立了粤澳环保合作机构，2002 年 5 月建立“粤澳环保合作专责小组”，粤方成员除了省环保厅、省水利厅、省港澳办外，还包括珠海市环保局、中山市环保局等单位；澳方成员包括澳门环保局、港务局、民政总署、气象局等部门。专责小组下设林业及护理专题小组、空气质量合作专项小组、水葫芦治理专项小组。从 2002 年开始，水葫芦治理专项小组联合澳门、中山市和珠海市，开展澳门附近海域和航道的水浮莲治理，取得了较好效果。2006 年，粤澳共同成立空气质量合作专项小组，开展空气监测合作和项目研究，加强双方在空气质量和管理领域的交流，为粤澳改善区域空气质量提供管理和决策支持。2011 年签订《粤澳合作框架协议》，其中第五章对环境保护做出了概括性的表述：加强区域水环境管理和污染防治，治理珠澳跨境河流污染，创新流域整治的合作机制，构建完整的区域生态系统，建设跨境自然保护区和生态廊道；加快环珠江口跨境区域绿道建设，共建区域空气质量监测网络，完善区域污染信息通报机制，完善联防联治机制。2017 年 3 月，广东与澳门签署《2017—2020 年粤澳环保合作协议》，推动编制粤港澳大湾区环境保护规划，推进环境监测、环境科研与交流、环境培训、环保宣传、环保产业、废旧车辆跨区转移处置、突发环境事件通报等方面的合作。2020 年，粤澳环保合作专责小组会议在澳门召开，肯定了双方近年来在空气监测、水环境管理、固体废物处置、环保产业以及宣传教育等合作领域取得的新进展。明确了未来将深化在碳排放达峰路径方面的研究，继续深化海洋环境管理、废物处理处置以及绿色金融方面的交流与合作。另外，在省区合作的基础上，珠澳合作也是两地环境合作的主要内容。2008 年 7 月，在粤澳合作联席会议框架下成立珠澳合作专责小组，作为政府间直接沟通联系的部门。2010 年 10 月，珠澳合作专责小组增设“珠澳环保合作工作小组”。珠澳环保合作工作小组每年召开一次联席会议，建立环保专责和联络机制。2013 年，珠澳共同签订《珠澳环境保护合作协议》，协议重点开展两地水环境污染治理，特别是界河的治理；开展大气污染联防联治，废物利用及环保产业合作，深化环境紧急事故通报。

11.2.3 经验小结

综合国际、国内区域生态环境治理经验，总体上可以总结出以下几点经验作为借鉴：

一是强调顶层谋划。通过成立共同领导小组、出台相关规划、完善法规标准、建立协作机制等方式不断完善区域生态环境顶层设计。

二是强调多领域协同共治。针对不同区域特点和地区突出生态环境问题，加强水、气、土、生态、风险等多领域联防联治，加强执法联动，形成区域生态环境治理合力。

三是强调基础保障。通过建立科研平台、强化科技支撑、加强人才队伍建设等方式为区域生态环境治理提供有效保障。

11.3 战略路径

（1）强化目标协同

协调一致的生态环境目标是提高区域生态环境治理水平的前提和关键。要寻求区域各方环保部门在环境规制途径和管制措施中的利益契合点，结合区域内不同地区经济发展结构、发展水平和发展特征的差异性，因地制宜地制定方向一致、分类指导、分期实现的生态环境目标。

（2）完善顶层设计

科学而严密的顶层设计能够为区域生态环境治理提供良好支撑。一方面，要理顺区域现有生态环境管理制度的逻辑关系，查缺补漏，为区域生态环境治理营造良好制度环境；另一方面，要建立健全区域生态环境治理的法律法规和标准体系，确定区域合作治理主体平等的法律地位，明确各主体的法律权利和义务，统一标尺。

（3）加强组织保障

多元主体参与，一体化协调统一的治理模式是区域环境治理的重要保障。现有的联席会议和专责小组等组织管理模式虽然在一定程度上加强了区域不同主体之间的联络，但仍存在很多不足。需要在此基础上，研究设立跨越行政边界的环境合作机构，如治理委员会、专门的议事机构等。一方面，加强中央与地方、地方政府之间以及政府与企业之间的联系；另一方面，通过制定统一法规、规划、标准等政策体系，明确各方责任，平衡区域间各主体利益与诉求，顺畅沟通渠道。统一协调的组织模式，也有利于集中优势技术、设备、人员等，保障区域生态环境治理成效。

（4）面向国际先进

国际先进的区域生态环境治理模式可以提供经验借鉴。通过这些成熟经验，一方面可以规避错误的发展方向，另一方面也可以发现不足。要通过对标国际一流的做法，发现与世界先进水平之间的差距，科学精准发力，主动发挥典型示范引领作用。坚持展示与交流并重，加强生态环境保护国际交流合作，衔接国际生态环境治理规则与行动，加大生态文明宣传力度，讲好美丽深圳故事，为全球生态环境治理提供深圳经验和模式。

11.4 主要任务

11.4.1 完善顶层设计，推进湾区同保共享

推动粤港澳大湾区环境治理统筹机制。推动建立粤港澳大湾区生态环境保护协调机制，共同研究跨区域生态环境保护重大问题，推动区域生态环境一体化协同发展。探索深圳都市圈内生态资源保护利用和环境协同治理，坚持区域同步、系统治污、精准施策，构建五地（深圳、东莞、惠州、汕尾、河源）协同、分工有序、共保共治的工作机制。

完善区域合作法律基础。推动粤港澳大湾区形成生态环境合作治理方面的法规、条例、章程、规范性文件等一系列相关法律法规的建立，并且详细规定合作内容、原则、程序、方法、途径等核心内容。逐步健全相关司法机制，通过完善区域行政调解、行政裁决、行政诉讼、行政行为确认的司法审查程序来协调跨区域生态环境合作治理纠纷与争端，维护和保障治理主体权益的合法性、公平性、正当性。

统一区域环境标准。统一珠三角与港澳在车、油、路、港、船、大气污染排放等方面的环境标准。统一地表水、近海海域主要污染物的监测方法与评估标准，建立统一的环境规制标准体系。加强内地与港澳环保相关从业人员资质、环保设备产品标准等领域的对接与相互认证，协调海域排污、供水水质管理，协同进出口商品环境管制，强化危险废物的跨境转移监管等，消除粤港澳生态环境合作的标准冲突。

11.4.2 拓宽合作领域，加强区域生态环境治理

深化区域大气污染联防联控。推动珠三角地区、粤港澳大湾区建立常态化的区域协作机制，完善重度及以上污染天气的区域联合预警机制，从区域尺度上对 O_3 污染进行全面防治。区域内协调推广统一的环境标准限值、落后产业的升级措施，合作推动新能源汽车、新能源港口机械等的应用。实现区域空气质量监测信息的互通和共享。

强化海洋生态环境联防联控。依托大湾区生态环境保护合作平台，建立海洋生态环境联防联控机制，推动珠江口污染联防联控、跨界海洋垃圾联防联控、海洋环境应急联防联控、生物种质资源保护和外来物种入侵联防联控，实现区域海洋生态环境全方位治

理监管。

推动固体废物协同处置。构建区域固体废物协同处置机制，积极推进与潼湖生态智慧区等的合作，配合省生态环境厅促进跨区域土方平衡，推动建立建筑废弃物处置城际协作机制。研究深圳市危险废物跨市处理标准体系，防止恶性竞争，维护市场秩序。

增强区域气候变化风险防范能力。完善灾害风险管控体系，增强气候风险预警、灾害应急管理部门联动机制，加强粤港澳大湾区应急信息共享与联防联控，探索气候变化风险分担体系。

加强区域执法合作。完善深圳、东莞、惠州三市环境监管执法协作机制，定期开展三市跨界河流、大气、固体废物等领域联合执法检查行动。以“两法” 衔接为基础，落实环保、公安部门之间联合执法机制和案件交接机制。加强环保与水务、海洋、交警等部门协作，联合打击违法排污等行为。

11.4.3　深化国际交流，打造全球交流合作窗口

推动“一带一路”交流合作。推动“一带一路”总部、“一带一路”生态环境大数据与技术交易平台、“一带一路”绿色技术创新孵化基地以及“一带一路”国际高端环保产业园建设，力争到 2025 年，“四个一”产业创新发展体系基本建成。全面参与由生态环境部牵头的“一带一路”绿色发展国际联盟，推动绿色可持续城市国际合作，深度融入全球生态环境治理，积极参与全球生态环境标准和规则制定。组建“一带一路”环境技术联合体，谋划举办具有国际影响力的“一带一路”绿色创新大会暨绿色技术博览会，探索在“一带一路”沿线国家建设具有重要影响力的国家重点检测实验室，带动先进环保技术、装备、产能“走出去”和“引进来”。鼓励更多企业、机构向“一带一路”沿线国家（地区）输出先进绿色技术，为全球生态环境治理提供中国方案。

搭建科技创新平台。建设生态环境领域应用导向型研究机构，加快建设深圳高等环境研究中心和国际城市生态创新研究院，鼓励全球生态环境组织、行业协会、研究机构等落户深圳。搭建“产学研政资介”创新体系，为相关产业发展、技术孵化、成果转化、国际转移等提供“一站式”创新管理与服务平台。在全球生态资源和技术优势地区尝试建设“科研高地”。

深化区域绿色金融合作。依托粤港澳大湾区绿色金融联盟，深化大湾区的绿色金融合作。支持在大湾区开展绿色金融服务绿色建筑、高密度城市太阳能光伏资产、绿色供应链管理等研究和实践活动。依托“绿色金融服务实体经济实验室”，深化深圳市与全球金融中心城市绿色金融联盟成员城市间的绿色金融合作。

参考文献

[1] Land Transport Authority. Land Transport master Plan 2013 [R]. Singapore：Land Transport Authority，2013.

[2] Liang，Xun，Liu，et al. Delineating multi-scenario urban growth boundaries with a CA-based FLUS model and morphological method[J]. Landscape and Urban Planning，2018.

[3] Liu X，Liang X，Li X，et al. A future land use simulation model（FLUS） for simulating multiple land use scenarios by coupling human and natural effects[J]. Landscape & Urban Planning，2017，168：94-116.

[4] Nelson E，Mendoza G，Regetz J，et al. modeling multiple ecosystem services，biodiversity conservation，commodity production，and tradeoffs at landscape scales[J]. Frontiers in Ecology and the Environment，2009，7（1）：4-11.

[5] Sadiq Khan. The mayor's Transport Strategy 2018[OL]. March 2018. https：//www. london. gov. uk/sites/default/files/mayors-transport-strategy-2018. pdf.

[6] Transport for London. Travel in London Report 11[R]. London：Transport for London，2017.

[7] Wang S Q，Zheng X Q，Zang X B. Accuracy assessments of land use change simulation based on markov-cellular automata model[J]. Procedia Environmental Sciences，2012；13：1238-1245.

[8] 包瑞. 深圳生态文明建设的历史演进与时代贡献——生态存在、生态观念、生态实践的协调互动[J]. 哈尔滨工业大学学报（社会科学版），2020，22（4）：142-148.

[9] 曹宇. 深圳市：创新探索海绵城市建设管控新模式[J]. 城乡建设，2018（24）：36-40.

[10] 陈士银，周志翔. 小尺度下湛江市土地利用景观格局变化及驱动力[J]. 安徽农业大学学报，2004（4）.

[11] 陈晓丹，车秀珍，李焕承，等. 深圳市环境信息公开和公众参与管理实践与对策[J]. 中国环境管理，2012（3）：31-35.

[12] 单樑，周亚琦，荆万里，等. 住有所居　居乐其境——新时期深圳宜居城市规划的探索与实践[J]. 城市规划，2020，44（7）：110-118.

[13] 党秀云，郭钰. 跨区域生态环境合作治理：现实困境与创新路径[J]. 人文杂志，2020（3）：105-111.

[14] 董战峰，杜艳春，陈晓丹，等. 深圳生态环境保护 40 年历程及实践经验[J]. 中国环境管理，2020，12（6）：65-72，57.

[15] 郭洁. 基于未来生活方式的宜居城市规划设计思考[C]// 2018 中国城市规划年会，2018.

[16] 黄娟，许媛媛，詹必万. 深圳市生态文明建设道路探析[J]. 当代经济，2014（15）：11-15.

[17] 王越，彭胜巍. 深圳市生态文明建设考核制度研究[J]. 特区经济，2014（8）：11-14.

[18] 纪莎莎. 弹性城市视角下的《纽约绿色基础设施规划》剖析[J]. 城市观察，2019，60（2）：92-100.

[19] 靖传宝. 基于 Landsat 时间序列数据的城市景观格局分析[D]. 济南：山东师范大学，2019.

[20] 李志青，刘瀚斌. 长三角绿色发展区域合作：理论与实践[J]. 企业经济，2020，39（8）：48-55.

[21] 林震，栗璐雅. 生态文明制度创新的深圳模式[J]. 新视野，2015（3）：67-72.

[22] 张德淼，刘琦. 中国环境立法的地方经验——以武汉和深圳为例[J]. 长江论坛，2009（3）：54-58.

[23] 南京市城市与交通规划设计研究院有限责任公司，凌小静，等. 公交出行分担率指标探讨[J]. 城市交通，2014（5）：26-33.

[24] 凌小静. 公交出行分担率指标探讨[J]. 城市交通，2014（5）：26-33.

[25] 刘冬，杨悦，张文慧，等. 长三角区域一体化发展规划与政策制度研究[J]. 环境保护，2020，48（20）：9-15.

[26] 刘建，龚小强，任心欣，等. 深圳市海绵城市的建设与创新[J]. 深圳大学学报（理工版），2020，37（4）：334-346.

[27] 刘京一，张梦晗，林箐. 巴黎城市规划体系中的绿色基础设施构建方法与启示[J]. 风景园林，2017（3）：79-88.

[28] 刘召峰，周冯琦. 全球城市之东京的环境战略转型的经验与借鉴[J]. 中国环境管理，2017，9（6）：103-107.

[29] 陆峻岭，罗莹华，谢泽莹，等. 新加坡生活垃圾分类收集处理对我国的启示[J]. 再生资源与循环经济，2016，9（2）：41-44.

[30] 陆仕祥，覃青作. 宜居城市理论研究综述[J]. 北京城市学院学报，2012（1）：13-16.

[31] 苗力，耿钱政，李冰. 基于存量规划视角的“大巴黎计划”解读及后续影响研究[J]. 华中建筑，2019（12）：15-19.

[32] 欧阳慧，李沛霖. 东京都市圈生活功能建设经验及对中国的启示[J]. 区域经济评论，2020（3）：99-105.

[33] 潘泽强，宁超乔，袁媛. 区域环境管理中的协作规划——以粤港澳大湾区跨界河流为例[C]. 2019 中国城市规划年会，2019.

[34] 全永波. 全球海洋生态环境治理的区域化演进与对策[J]. 太平洋学报，2020，28（5）：81-91.

[35] 深圳市规划和国土资源委员会. 转型规划引领城市转型——深圳市城市总体规划（2010—2020）[M]. 北京：中国建筑工业出版社，2011.

[36] 深圳市规划和自然资源局. 深圳市城中村（旧村）综合整治总体规划（2019—2025）[Z]. 2019.

[37] 深圳市国房人居环境研究院. 深圳市宜居环境建设导则研究[R]. 深圳：深圳市国房人居环境研究院，2017.

[38] 深圳市交通运输局. 2018 年深圳市综合交通年度评估报告[R]. 深圳：深圳市交通运输局，2019.

[39] 苏武江. 黄河流域生态保护与高质量发展路径研究[J]. 新乡学院学报，2020，37（8）.

[40] 田亦尧，赵燊. 改革开放以来地方环境立法经验总结助推新时代高质量发展[C]. 第十四届中国软科学学术年会，2018.

[41] 田亦尧. 改革开放以来的地方环境立法：类型界分、深圳经验与雄安展望[J]. 深圳大学学报（人文社会科学版），2018，35（6）：64-73.

[42] 王燕. 深圳市自然灾害风险评估及应对策略研究[J]. 中国农村水利水电，2014（6）：77-81.

[43] 王玉明. 粤港澳大湾区环境治理合作的回顾与展望[J]. 哈尔滨工业大学学报（社会科学版），2018，20（1）：117-126.

[44] 王越，车秀珍，陈晓丹，等. 深圳生态文明制度体系建设现状及对策研究[J]. 特区经济，2015（11）：33-34.

[45] 吴翱翔. 国内大城市公交分担率变化比较及经验借鉴[C]. 中国城市规划学会城市交通规划学术委员会. 品质交通与协同共治——2019 年中国城市交通规划年会论文集. 中国城市规划学会城市交通规划学术委员会：中国城市规划设计研究院城市交通专业研究院，2019：1969-1978.

[46] 吴岩，王忠杰，束晨阳，等. “公园城市”的理念内涵和实践路径研究[J]. 中国园林，2018，34（10）：30-33.

[47] 向楠，尤文晓 . 国际大城市机动化交通出行方式结构变化特征研究及应用[J]. 交通运输研究，2017.

[48] 湛东升，张晓平. 世界宜居城市建设经验及其对北京的启示[J]. 国际城市规划，2016，155（5）：7-13.

[49] 张军. 打造生态文明之都建设美丽宜居深圳[J]. 特区实践与理论，2013（2）：14-16，48.

[50] 张文忠，湛东升. “国际一流的和谐宜居之都”的内涵及评价指标[J]. 城市发展研究，2017，24（6）：116-124，132.

[51] 张文忠. 中国宜居城市建设的理论研究及实践思考[J]. 国际城市规划，2016，31（5）：1-6.

[52] 张衔春，栾晓帆，马学广，等. 深汕特别合作区协同共治型区域治理模式研究[J]. 地理科学，2018，38（9）：1466-1474.

[53] 郑连革，江玲洁，杨储帆. 共建美丽长三角：浙江的特色做法、成效及若干建议[J]. 浙江经济，2020（8）：34-37.

[54] 中国（深圳）综合开发研究院课题组. 深圳经济特区 40 年探索现代化道路的经验总结[J]. 特区经济，2020（8）：9-12.

[55] 周丽旋，罗赵慧，朱璐平，等. 粤港澳大湾区生态文明共建机制研究[J]. 中国环境管理，2019，11（6）：28-31.

[56] 周丽旋，易灵，罗赵慧，等. 粤港澳大湾区生态环境一体化协同管理模式研究[J]. 环境保护，2019，47（23）：15-20.